AF344166

CATALOGUE SYSTÉMATIQUE

DES

LÉPIDOPTÈRES DE L'ANDALOUSIE

Par P. RAMBUR

DOCTEUR EN MÉDECINE, MEMBRE ET ANCIEN PRÉSIDENT DE LA SOCIÉTÉ ENTOMOLOGIQUE
DE FRANCE, DE LA SOCIÉTÉ BOTANIQUE DE FRANCE, DE L'ACADÉMIE
DES SCIENCES ET ARTS DE BARCELONE, ETC.

PARIS

LIBRAIRIE DE J. B. BAILLIÈRE, rue Hautefeuille, 19.

A LONDRES, CHEZ H. BAILLIÈRE, Regent street, 219.
A MADRID, CHEZ BAILLY-BAILLIÈRE, calle del Principe.
A NEW-YORK, CHEZ H. BAILLIÈRE, Broadway, 290.

1858.

ERRATA MAJORA

DE LA PREMIÈRE LIVRAISON.

Page 36, ligne 32, *au lieu de :* l'épine très-tibiale souvent, *lisez :* l'épine tibiale très-souvent.

— 42, — 14, — Hubn. *Pap.* fig. 322-25, *lisez :* fig. 922-25.

— 46, — 23, — sommet et bord postérieur, *lisez :* sommet des supérieures et bord externe.

— 65, — 29, — qui est jaunâtre ; ainsi que la postérieure, *lisez :* qui est jaunâtre, ainsi que la postérieure.

Plusieurs fois nous avons employé le mot de : *crochets* des tarses, pour onglets.

IMPRIMERIE LADEVÈZE.

AVERTISSEMENT.

Je publie ce catalogue systématique des LÉPIDOPTÈRES
du midi de l'Espagne, pour faire suite et servir de com-
plément à ma *Faune Entomologique de l'Andalousie* interrompue depuis longtemps, et dont il n'a paru que
quatre livraisons, et une cinquième, de *Lépidoptères*
tirée à part.

Plusieurs naturalistes et entomologistes distingués ont
visité depuis moi l'Andalousie, d'où ils ont rapporté
plusieurs espèces que je n'avais pas rencontrées, et tout
récemment M. Staudinger, à qui la science doit une
excellente monographie des Sésies, a colligé dans ce
pays un grand nombre de Lépidoptères dont plusieurs
inédits, et surtout beaucoup de Sésies et une grande
quantité de petites espèces recueillies avec le plus grand
soin et sur lesquelles il compte faire un travail particu-

lier ; tous ces matériaux, joints aux espèces peu connues et même nouvelles que je n'avais point encore publiées, me permettront de donner un catalogue assez complet des Lépidoptères de ces riches contrées de l'Espagne.

Je profite de ce catalogue pour développer mon système de classification et pour essayer de donner aux différentes divisions, de tribus, familles, genres et même espèces, des caractères plus solides que ceux qui avaient été donnés jusqu'à présent, et surtout tirés des différents organes de l'insecte parfait, comme pouvant presque seuls servir à la classification et à la connaissance des espèces.

CATALOGUE SYSTÉMATIQUE

DES

LÉPIDOPTÈRES DE L'ANDALOUSIE

LÉPIDOPTERA Linné. — GLOSSATA Fabricius

PREMIÈRE DIVISION.

DIURNES Latreille

RHOPALOCÈRES *Duméril.*

Point d'yeux lisses, antennes presque toujours longues, presque toujours plus ou moins renflées vers l'extrémité, spiritrompe bien développée; ailes plus ou moins verticales dans le repos, rarement abaissées, les inférieures n'ayant jamais, à la base du bord antérieur, une ou plusieurs soies raides pour les tenir en rapport avec les supérieures (ACHALIVOLTÈRES Blanchard).

Ils forment deux tribus.

PREMIÈRE TRIBU. PAPILIONIENS.

Scutellum du mésothorax laissant entre lui et les pièces du métathorax un espace vide subtriangulaire plus ou moins grand. Une seule paire d'ergots aux tibias des jambes postérieures, point d'*épiphyse tibiale* excepté chez les Papilionides;

antennes rapprochées à leur insertion ; *rameau nervulaire* des ailes[*] inférieures à peu près aussi épais que les autres[**].

Elle se compose de plusieurs familles.

A. Pattes antérieures toujours incomplètes dans les deux sexes (*Tetrapi* L.), *Torque* du prothorax présentant deux pièces dont la 1re divisée en deux écailles dilatées, transversales (*scutum*), la 2me très-petite, luisante (*scutellum*).

Première famille. NYMPHALIDES.

Pattes antérieures incomplètes chez les femelles (4 articles), modifiées chez les mâles et servant comme d'ornement (dites

---

[*] Nous considérons les ailes étendues ; elles sont plus ou moins triangulaires et ont trois bords : l'*antérieur* ou *costal* aux supérieures, très-souvent épaissi par une nervure de ce nom, très-mince et souvent dilaté, surtout à la base, aux inférieures, où, à l'exception des Diurnes, il porte, dans presque tous les autres, une ou plusieurs soies épaisses qui s'accrochent, chez les mâles, dans une sorte de lanière roulée (*frein* Poëy), partant du bord antérieur de la première nervure des supérieures, avant la base, et chez les femelles dans un faisceau d'écailles épaisses naissant sous la base de la troisième nervure qui reçoit aussi la soie du mâle quand elle s'échappe de la lanière ; l'*externe* bordé d'une frange formée d'écailles allongées ; le troisième qui est *postérieur* aux premières ailes, *interne* ou *abdominal*, cilié, aux secondes ; dans les Diurnes ce bord est souvent excavé et entoure l'abdomen ; la réunion de ces bords forme le sommet et l'angle postérieur qui devient *anal* aux secondes ailes.

[**] Nous avons cherché, pour faciliter la connaissance des nervures, à modifier leur nomenclature en la présentant de la manière la plus simple. En effet, si l'on examine l'aile supérieure, dans la plupart des *Lépidoptères*, on voit qu'il part de la base quatre nervures principales et constantes (*primitives* Boisduval); je dis principales, parce qu'il s'en ajoute souvent d'autres, mais assez souvent aussi il n'en existe que quatre bien apparentes, du moins aux supérieures.

La première et la quatrième sont presque toujours *simples*, les deux intermédiaires toujours *composées* ou ramifiées ; la première sera pour nous la nervure *simple antérieure*, la quatrième la *simple postérieure*; il en sera de même pour les deux nervures *composées*; ces nervures pourront aussi être désignées par ordre numérique 1re, 2me, 3me, 4me; elles sont toujours faciles à distinguer.

en palatine) ; tarses ayant les onglets simples ; nervures des supérieures non dilatées, la troisième ou *composée postérieure* ne fournissant que trois rameaux, le quatrième, le *nervulaire* se trouvant toujours en avant du milieu de la *nervule* ou réuni à la deuxième nervure ou *composée antérieure* ; nervule très-mince, souvent à peu près nulle ; bord interne des secondes ailes embrassant le dessous de l'abdomen.

Chenilles toujours plus ou moins épineuses ; chrysalides très-souvent anguleuses, ayant des séries de tubercules, suspendues par la queue.

GENRE. **MELITÆA**, *Fabricius.*

Tête aussi large que le corps ; antennes terminées par une massue oblongue ou plus ou moins pyriforme, épaisse ; palpes assez longs, hérissés, comprimés, aigus, divergents vers l'extrémité, plus ou moins redressés. Scutum du mésothorax à peu près lisse, étant à peine échancré pour recevoir la partie antérieure du scutellum, celui du métathorax ayant ses deux pièces courtes, renflées et le scutellum très-déprimé. Tarses antérieurs des mâles, velus, assez grêles, ceux des femelles un peu épaissis,

---

Les deux nervures *composées*, ou les 2me et 3me s'anastomosent vers le milieu de l'aile, et émettent, extérieurement, un certain nombre de rameaux ; la portion de nervure qui les réunit et qui est transversale s'appellera la *nervule* ; sa longueur est très-variable et sa démarcation très-souvent vague ou arbitraire, ce sera toujours la partie la plus mince ; mais elle peut être aussi épaisse que les autres rameaux ou à peu près ; elle est souvent aussi d'une extrême ténuité, et presque insensible, on peut aussi prendre pour elle les portions à partir du point où la nervure se recourbe et qui sont plus ou moins épaisses, cependant nous les considérons comme la continuation de la nervure ; elle est bien visible dans les HESPÉRIDES et les LYCÉNIDES.

L'espace entre ces deux nervures qui est bordé en dehors par la *nervule* s'appelle *aréole discoïdale* ; cette aréole est quelquefois divisée par des nervures *supplémentaires* (*Hepialus*) ; en dehors d'elle, il peut aussi se produire d'autres aréoles dont une plus constante, placée à son angle antérieur, entre le deuxième et le troisième rameau de la deuxième nervure, et qui a reçu de M. Lefebvre le nom inacceptable de *sus-cellulaire*. Avec M. H. Schæffer, nous la nommerons *accessoire*, elle existe dans la plus grande partie des Noctuides, *Chelonia caja, pudica ; Call, hera, jacobæa,* etc.

presque nus; crochets des autres tarses ayant, à la base, deux prolongements étroits, qui les font paraître comme doubles, membraneux, divisés à la base, entre lesquels se voit une pelote assez grande; nervule nulle aux inférieures, souvent aux supérieures, deuxième nervure de celles-ci ayant quatre à cinq rameaux y compris le nervulaire qui est placé vers le tiers du bord externe de l'aréole, et trois à quatre ramuscules; ailes entières, à peine sinuées, bord abdominal engainant.

Ces caractères ne concernent que les espèces européennes; parmi les exotiques, quelques-unes ont les ailes sinuées comme dans certaines Vanesses (ancien genre) avec lesquelles elles paraissent s'unir intimement. Chenilles ayant des tubercules spiniformes hérissés de poils, se nourrissant de plantes diverses; chrysalides courtes non-anguleuses ayant de très-petits tubercules.

Les insectes se distinguent de suite des argynnes, en ce que les ailes n'ont pas en dessus des rangées de points arrondis, mais des bandes maculaires, et par le dessin du dessous des inférieures.

Reprenons ces nervures : la première, ou *simple antérieure*, (*costale* Lefèbvre) plus ou moins épaisse dans la plupart des diurnes, vient se terminer au bord antérieur, vers le milieu ou au-delà, plus ou moins près du sommet ; ce bord, qui a été nommé *costal*, est souvent épaissi par une nervure qui doit aussi porter ce nom ; c'est une vraie nervure, souvent aussi épaisse que les autres (*Callimorpha*, Noctuides, etc.), et déjà sensible chez les Hespérides.

La deuxième, ou *composée antérieure* (*sous-costale* Boisduval) se divise extérieurement en plusieurs rameaux (appelés antérieurs) dont un ou deux se divisent eux-mêmes en ramuscules, ils sont le plus souvent au nombre de 4 à 6, et atteignent l'extrémité des bords antérieur et externe; le dernier qui continue la nervure (Lycenides) s'éloigne souvent et peut devenir *nervulaire* (*Papilio*), mais nous réservons ce nom pour le rameau suivant qui est le dernier de la troisième nervure en partant de la base et qui paraît la continuer dans le genre *Papilio*, tandis qu'il est placé au milieu de la nervule dans les Lycenides, rameau *nervulaire* dont la valeur caractéristique est très-grande.

La troisième nervure ou *composée postérieure* (*médiane* Boisduval) fournit trois à quatre rameaux (appelés postérieurs) , dont le troisième et quatrième (rameau nervulaire) se trouvent placés sur une courbure plus prononcée qu'à la précédente (*Catocala*, *Callimorpha*) et qui s'unit à la nervule ; mais cette

I. Melitæa Parthenie, *Borkhausen.*

Her. Schæff. Suppl. tab. 57.

Cette espèce est encore douteuse; étant très-variable, tantôt il y a des individus qui diffèrent à peine de l'*Athalia*, tandis que d'autres se rapprochent de la *Deione*.

Elle est presque toujours plus petite que l'Athalie et la teinte du dessus est ordinairement plus claire et quelquefois un peu variée chez les femelles, comme dans la *Phœbe*. Les lignes noires du dessus sont moins marquées, la deuxième et la troisième, après la bordure noire, sont peu marquées et disparaissent souvent en partie; les bandes maculaires du dessous des secondes ailes sont d'un fauve plus pâle, presque jaune.

Les pinces des parties génitales mâles sont moins saillantes, plus courbées, moins dentelées, elles ne sont pas bifides en

nervure n'a souvent que trois rameaux comme chez la plupart des Rhopalocères, car le quatrième que nous appelons *nervulaire* pour le désigner (nervule indépendante de M. Guenée aux ailes inférieures), et qui doit conserver ce nom, n'importe la position qu'il occupe, si l'on veut lui conserver sa valeur, tantôt continue la troisième nervure (*Papilio*), tantôt se trouve sur le milieu de la nervule (Lycenides), alors c'est la *fausse nervure* de M. Boisduval; tantôt, au contraire, semble appartenir à la deuxième nervure (*Colias*, *Pieris*), mais toujours assez facile à reconnaître quelque sa position varie à l'infini, même chez les Lasiocampides, où la nervule n'offre aucun rameau. Ce rameau peut donc se trouver au-dessus comme au-dessous du pli médian de l'aile qu'on a voulu considérer comme point de repère par rapport aux rameaux (M. Guenée), mais dont la valeur caractéristique semble presque nulle. Il y a le plus souvent des plis entre toutes les nervures, mais ils peuvent disparaître complétement (*Saturnia*). Cette nervure présente quelquefois postérieurement en dessous, vers la base, un renflement qui souvent se prolonge en un petit rameau tantôt transverse (*Papilio*), tantôt longitudinal (*Cath. Julia*).

La quatrième nervure ou *simple postérieure* est presque toujours simple, et se rend à l'angle postérieur; dans le pli de l'aile, entre cette nervure et la précédente, il s'en produit quelquefois une autre (*Zygæna*).

Enfin, après la quatrième nervure, il part quelquefois de la base de l'aile (*Papilio*), une cinquième nervure très-courte et qui se termine, soit dans le bord postérieur, soit vers la quatrième nervure, mais très-souvent elle est rudimentaire ou insensible, nous l'appellerons nervure *basilaire*.

avant ; chez la femelle, la plaque de l'avant-dernier segment
en dessous est plus large, non rebordée sur les côtés comme
dans l'Athalie par une pièce étroite qu'elle recouvre.

Je pense que c'est une espèce différente ; l'insecte paraît
bien plus tard. Chenille blanchâtre avec un réseau noir qui
produit en dessus trois lignes de la même couleur ; neuf épines
coniques roussâtres, hérissées de poils noirs sur la plupart
des segments, quatre seulement sur le premier et le dernier.
Stigmates noirs ; tête d'un noir brillant avec de petits tubercules blancs.

Elle vit sur le *Plantago major*, à la fin de juin.

Abondante dans certaines parties humides de la Sierra-
Nevada. Habite aussi une grande partie de la France.

Les secondes ailes présentent quelques différences dans leur système nervural.
La première nervure naît presque toujours d'un tronc commun avec la deuxième,
elle fournit souvent à sa base ou avant, un rameau qui se retourne vers le bord
antérieur ; ce rameau souvent bifide n'a pas toujours la même direction ; il est
rudimentaire ou disparaît chez les *Lycenides*, *Hespérides*, etc., et dans les
familles dont les espèces ont un frein pour maintenir ces ailes ; il devient libre
chez d'autres et paraît former une nervure propre (*Saturnia*), nous le nommons
rameau *divergent*; la première nervure, presque toujours simple, fournit jusqu'à
cinq rameaux dans le *G. quercifolia*, où elle est très-robuste et indépendante.

La deuxième nervure, lorsqu'elle est libre, s'anastomose souvent avec la
précédente en formant une aréole basilaire (*Hesperia*, etc...), elle fournit ici
moins de rameaux (antérieurs), le plus souvent deux, (*Lycenides*, *Hespérides*,
Noctuides), et assez souvent trois (*Vanessa*), mais ce troisième est celui que
nous nommons *nervulaire*, il peut s'unir à la troisième nervure et la continuer
(*Gastropacha*), mais il s'anduit beaucoup lorsqu'il part de la nervule comme
dans les trois familles citées plus haut. La deuxième nervure peut envoyer un
rameau à la première et produire une deuxième aréole dissoidale (*Quercifolia*),
elle peut aussi devenir simple en cédant l'un de ses deux rameaux à la première
nervure (*Botydes*).

La troisième nervure n'a ordinairement que trois rameaux (postérieurs), mais
quelquefois aussi elle en a quatre, le nervulaire se joignant à elle ; c'est cette
disposition que M. Guenée a voulu désigner dans les *Noctrous*, en faisant une
division, sous le nom de QUADRIFIDES, mais dont l'application est inexacte pour
la plupart des espèces qu'elle comprend ; elle existe complétement dans les
LASIOCAMPIDES ou BOMBYCINI de M. Boisduval, moins mon *Herculeana* et les

2. Melitæa Deione, *Hübn-Geyer.*

Hübn-Gèyer, Pap. fig. 947-50.
Dup. suppl. 1, p. 276, fig. 1-3.
Herr. Schæffer, Suppl. 366-67.

Elle est aussi très-rapprochée de l'Athalie et surtout de la *Parthenie* par le dessous. Les lignes noires sont bien plus étroites que chez la première et ne paraissent pas s'oblitérer comme dans la seconde, elles sont plus anguleuses ; les femelles, qui égalent quelquefois celles de la *Phœbe* pour la taille, ont la bande du milieu plus pâle et presque jaune, ainsi que celle qui borde la marge et qui est formée de lunules très-courbées et aiguës.

Les parties génitales du mâle se rapprochent plus de celles de l'Athalie que de la Parthenie ; les pinces sont avancées, aiguës, dentelées et bifides en arrière ; chez la femelle la plaque du dessous du dernier segment est très-large et un peu rebordée par le côté d'un autre pièce.

Je n'ai rencontré que deux mâles chez lesquels les taches fauves de la bande du milieu des secondes ailes en dessous sont d'un fauve foncé et confluentes.

---

autres processionnaires (excepté le *Neogena* qui est un *Eriogaster*) *Dumeti* et *Taraxaci* qui ne sont pas de la même famille.

La quatrième nervure placée moins près du bord interne, est également simple ; enfin une cinquième nervure que nous avons signalée sous le nom de basilaire, et qui est ici beaucoup plus constante et plus prononcée, suit le bord interne ou abdominal, et peut conserver ce dernier nom ; elle est nulle chez les *Papilionides*, rudimentaire ou nulle chez les *Métrocampides*, les *Saturnides lucq. pyri*, mais bien sensible chez le *Bombyx mori*, elle peut aussi être appelée cinquième nervure. Les ailes ont aussi parfois quelques nervures ou rameaux supplémentaires.

Les intervalles entre les nervures venant aboutir au bord externe pour la plupart, et selon la forme de l'aile, varient selon le nombre de rameaux et de ramuscules ; il y en a six chez la P. *brassicæ* et huit chez le P. *podalyrius* ; leur nombre diffère aussi sur les deux ailes, il est souvent plus considérable à l'inférieure, on peut les désigner numériquement d'avant en arrière.

La nomenclature du système nervural a varié selon les auteurs. M. Lefebvre,

La chenille vit sur les Linaires ; trouvée à la base de la Sierra-Pietra.

3. MELITÆA PHŒBE, *Fabricius*.

Très-grande et bien marquée, un peu variable selon les individus. Très-commune dans les environs de Grenade.

4. MELITÆA ÆTHERIE, *Hubn-Geyer*.
Hüb-Geyer, Pap. tab. 477.

Cette mélitée ne paraît être qu'une variété de la *Phœbe* ; elle en diffère surtout en ce que la teinte du dessus est d'un fauve uniforme foncé et que les bandes maculaires du milieu des ailes tendent à disparaître surtout aux inférieures, en ce que le dessous des supérieures est fauve avec le sommet seulement, et le dessous des inférieures jaunes, et que les lunules d'un fauve rouge de celles-ci, sont bordées par une bande presque de la même couleur.

---

en France, est celui qui a donné le plus de détails à ce sujet, il a publié de bonnes figures représentant les nervures ; mais aucun n'en a fait un usage aussi général que M. Herr. Schæffer, et n'en a tiré d'aussi utiles résultats ; M. Guenée s'en est aussi servi heureusement ; avant lui, M. Boisduval, suivant l'exemple donné par Godart, dans l'*Encyclopédie*, par rapport à l'aréole discoïdale, et en cherchant à désigner ces nervures (*Spec. gén. des Lépid.*, I vol., p. 11 et suivantes) les a considérées d'une manière si erronée, qu'à l'exemple de M. Guenée, et à cause de la célébrité de l'auteur, nous ne pouvons la passer sous silence.

Ainsi, M. Boisduval prétend que : « quelquefois comme dans les *Melitæa*, les *Argynnis*, la costale (première nervure) *n'existe pas*, ou si elle existe, elle se réunit dès son origine avec la sous-costale (deuxième nervure, et on ne distingue plus réellement qu'une seule nervure ; » ces deux nervures sont toujours parfaitement distinctes et indépendantes (ailes supérieures) dans ces deux genres, et la première, loin de disparaître, est toujours la plus épaisse, étant un peu dilatée dans la plupart des diurnes. M. Guenée semble accréditer la même erreur, en ne considérant pas cette nervure comme constante ; même dans les Noctuides, elle est toujours très-sensible, et loin de disparaître, elle prend quelquefois un rameau à la deuxième et peut devenir plus épaisse que les autres et libre, même aux inférieurs (*Cymatophora*). M. Boisduval prétend, et toujours à tort, que : la première et la deuxième peuvent s'unir et produire des rameaux, ce qui n'a jamais lieu ; que : dans les *Sesia*, la radiale, ou la

Mais nous avons des individus intermédiaires et surtout un mâle de Grenade, tout à fait semblable en dessus à l'*Æthérie*, mais dont la bande qui borde les lunules est plus pâle ou moins uniforme. Elle a été prise dans les environs de Cadix, par M. Lorquin, et ensuite rapportée en assez grande quantité par M. Staudinger.

Celle figurée dans Duponchel, suppl. 1, pl. 44, f. 4, 5, sous le nom d'*Etheria*, n'a aucun rapport avec cette mélitée; celle que figure aussi M. Lucas, Expl. Alg. Lep. pl. 2, fig. 2, n'est pas la véritable *Æthérie*.

5. Melitæa Didyma, *Fabricius*.
Hübn, Pap. fig. 9, 10, *Cinxia*.

Assez commune dans les environs de Grenade.

6. Melitæa Cinxia, *Linné*.
Hübn, Pap. fig. 7, 8, *Delia*.

M. Lederer nous a écrit avoir rencontré cette espèce.

---

quatrième nervure, ne semble pas exister du tout, (quoiqu'elle existe réellement) et que le plus inférieur des rayons de la médiane (troisième) doit être cette nervure, tandis qu'en partant de la base elle occupe le bord postérieur sans aller jusqu'à l'extrémité. Enfin, il termine en disant : « Nous devons signaler deux ou trois petits rameaux supplémentaires qui naissent quelquefois de la costale ou de la sous-costale réunies comme dans la plupart des *Pieris* et des *Colias*; j'ai dit que la première nervure ne fournissait pas de rameaux, très-rarement elle s'anastomose avec la deuxième (*Zygæna*); la deuxième ne naît pas non plus d'une souche commune avec la troisième comme cet auteur l'affirme; aux inférieures, M. Boisduval confond aussi deux nervures sous le même nom; il appelle abdominale, la quatrième nervure (*Papilio*); lorsqu'il s'en ajoute une cinquième, il la nomme de nouveau abdominale, tandis que la quatrième devient son interabdominale (*Pieris*).

Les nervures ne présentent point de caractères absolus, mais seulement relatifs aux différentes divisions et tribus; ainsi le système nervural de la *Catocala elocata* ne diffère pas très-sensiblement de celui de la *Call. hera*; nous n'emploierons donc les caractères tirés des nervures que lorsque les autres nous feront défaut, ou pour les corroborer; car il ne faut pas oublier que ce ne sont que des caractères secondaires, étant tirés d'un appendice organique qui peut manquer.

7. Melitæa Desfontainii *, *Godart*.

Catal. syst. And., pl. 1, fig. 1, 2.
God. Encycl. meth. IX, p. 278.
Boisd. Icon. hist. I, pl. 23, fig. 1, 2, p. 446.
Her. Schæff., Suppl. fig. 1, 2, et 569-70.

Arg. Alis subrotundatis integris utrinque vivido fulvis; suprà anticis fasciis quatuor macularibus ochraceis nigromarginatis, posticis duabus, his punctorum nigrorum serie intermediâ. (God. Encycl).

J'ai reproduit la diagnose de Godart pour rappeler l'espèce ou variété qu'il avait décrite, mais les individus qu'il a eus sous les yeux et qui avaient été rapportés de Barbarie par Desfontaines ne se trouvent plus au Musée.

Les figures de M. Boisduval surtout, et celles de M. Schæffer (569-70) les représentent à peu près.

La variété que j'ai rencontrée aux environs de Grenade, et dont les figures, 1, 2, de M. Schæffer, sont la représentation **, diffère surtout en ce que les bandes de taches jaunes en dessus, disparaissent quelquefois complétement chez les mâles, surtout celle du bord externe, et il y en a trois bien marquées en dessous aux secondes ailes ; une autre variété dont le fauve devient presque rouge, se trouve à Barcelone et a été appelée *Beckeri*.

J'ai trouvé dans la même localité, où cette espèce était très-commune, la chenille sur le Plantin ; depuis, M. Lorquin a

---

* Les auteurs Allemands ne paraissent pas connaître le travail de Godart concernant l'article papillon de l'*Encyclopédie Méthodique*, ouvrage cependant remarquable pour l'époque, de sorte qu'ils citent M. Boisduval comme s'il avait dénommé la *Desfontainii* le premier; mais elle était nommée et décrite bien avant par Godart en 1819, tandis que les œuvres n'ont commencé à paraître qu'en 1822; seulement leur auteur a mal à propos changé *Desfontainii* en *Desfontainesi*.

** Mes figures laissent un peu à désirer pour l'exactitude.

rapporté des sociétés de chenilles semblables, vivant sur le chèvrefeuille. Produit-elle l'espèce suivante? ou bien, toutes ne sont-elles que des variétés de l'*Artémis* dont la *Mérope* serait le point de départ? c'est assez probable.

Dans cette série de variétés, tantôt le second rameau de la composée antérieure est bien distinct (*Beckeri* surtout), tantôt il naît sur le troisième rameau et devient ramuscule [*].

8. MELITÆA BÆTICA, *Mihi.*
Catal. syst. And. pl. 1, f. 3, 4.

Le dessus est d'un fauve un peu moins foncé que chez la précédente; il y a trois rangées de taches jaunes sur les ailes supérieures, une seule sur les autres et une série de lunules d'un blanc jaunâtre plus ou moins obscurcies de brun, et traversées par un trait noir, sur le bord externe; ce même bord, en dessous, et les ailes inférieures, à l'exception du bord des bandes jaunes, sont de couleur d'ocre; ces bandes maculaires sont en dessus bordées de noir.

Elle vole dans les landes de Cistes, tandis que la précédente se rencontre dans les lieux boisés. Depuis elle a été retrouvée par M. Staudinger, dans les mêmes localités.

GENRE. ARGYNNIS, *Fabricius.*

Il diffère peu du précédent; *palpes tantôt assez minces, très-velus, à troisième article assez long; tantôt épaissis, peu velus, hérissés, à troisième article court, mince, presque nu; scutum du mésothorax échancré largement pour recevoir le scutellum qui s'y engage en manière de coin, plus ou moins caréné en dessus, celui du métathorax ayant ses deux pièces dilatées, écailles du prothorax plus dilatées que dans les Mélitées, nervule ne paraissant presque jamais nulle, ailes plus ou moins sinuées ou anguleuses, ayant le bord abdominal sou-*

---

[*] Lorsque je ne désigne pas les ailes, ce sont toujours les antérieures.

cent évidé ou échancré vers l'extrémité, deuxième nervure des inférieures naissant avant le rameau divergent comme dans le genre précédent.

Les parties génitales sont très-différentes ; l'extrémité abdominale du mâle, au lieu d'être comme tronquée, se trouve prolongée à cause de la forme allongée des pinces, et chez la femelle, on ne voit jamais de plaque régulière ou à bords contournés en partie nue, comme chez les mélitées ; le bord abdominal est très-engainant.

Les chenilles portent des épines plus allongées, plusieurs mangent les Violettes, mais aussi des plantes très-différentes ; les chrysalides sont un peu plus anguleuses ayant souvent la partie abdominale recourbée sur la poitrine qui est gibbeuse.

Les unes ont le bord abdominal presque arrondi vers l'extrémité, les autres l'ont évidé ou presque échancré ; parmi celles-ci plusieurs ont, chez les mâles, des rameaux ou nervures chargés d'écailles noires qui les font paraître dilatées, ou formant une sorte d'arête saillante, mais ce n'est qu'apparent ; le premier rameau de la composée postérieure naît près de la base. Ce genre, dont les espèces se lient insensiblement, présente de grandes différences, surtout dans les palpes, si l'on compare les premières et les dernières.

1. ARGYNNIS HECATE, *Fabricius.*

Hübn, Pap., fig. 42-44.

Je n'ai pris qu'une seule femelle à teinte pâle, dans les montagnes d'Alfakar.

2. ARGYNNIS NIOBE, *Linné.*

Hübn, Pap. fig. 61, 62.

Dans les parties élevées de la Sierra-Nevada ; je n'ai pris qu'un individu chez lequel, la ligne sinuée médiane, bordant les taches argentées en dessous, se rapproche moins de l'angle anal.

3. ARGYNNIS AGLAIA, *Linné*.

Hubn, Pap., fig. 61, 62.

Dans les parties élevées de la Sierra-Nevada.

4. ARGYNNIS ADIPPE, *Linné*.

Hübn, Pap. fig. 63, 64.

Cette espèce se distingue de suite de la *Niobe* par les deux nervures dilatées en arête, chez le mâle.

Elle produit ici la variété *Chlorodippe*. En dessous, le sommet des ailes supérieures et les inférieures sont d'un vert jaunâtre; les taches argentées sont petites et nombreuses et l'espace où se trouvent les ocelles n'est jamais nuancé de rouge-fauve, les lunules argentées marginales sont plus étroites. Commune dans les parties élevées et boisées de la Sierra-Nevada.

Les argynnes *Aglaia*, *Niobe*, *Adippe*, présentent chez les mâles, en dessus, entre la première et la deuxième nervure des secondes ailes, et vers la base, un espace couvert de poils assez longs et serrés, comme dans certaines Héliconies.

5. ARGYNNIS PANDORA, *Syst. Verz*.

Elle vole tout l'été dans les localités un peu boisées des environs de Grenade. Le mâle n'a que deux nervures dilatées et saillantes en arête. Chez la *Paphia*, que je n'ai pas rencontrée ici, sur quatre nervures dilatées, une seule est saillante en arête.

6. ARGYNNIS LATHONIA, *Linné*.

Dans les environs de Grenade. En comprenant cette espèce, le genre peut se diviser en trois groupes, dont les caractères diffèrent un peu.

GENRE. VANESSA, *Fabricius*.

Tête un peu moins large que le thorax, yeux très-velus

massue des antennes ovoïde ou allongée, mucronnée; palpes le plus souvent très-velus, peu redressés, le troisième article souvent très-velu, presque abaissé. Crochets ayant des appendices aussi longs qu'eux, pattes antérieures très-velues en palatine dans les deux sexes ; dessus du mésothorax caréné; nervule très-fine, deuxième nervure des inférieures naissant bien avant le rameau divergent, celui-ci droit, bifide, la deuxième des supérieures produisant cinq rameaux (excepté la Levana); bord abdominal des inférieures formant une gaine très-prononcée, échancré dans sa partie postérieure, base du bord antérieur arrondie et dilatée, bord externe des quatre sinué, formant le plus souvent un ou plusieurs angles.*

Les larves sont très-épineuses, avec la tête échancrée et quelquefois épineuse; les chrysalides sont anguleuses, tuberculeuses, et très-souvent marquées de taches métalliques.

Ils se divisent en trois groupes.

1. Vanessa Urticæ, *Linné.*

Dans les environs de Grenade; la chenille se métamorphose au mois d'avril.

2. Vanessa Polychloros, *Linné.*

La larve mange souvent le *Celtis australis.*

---

* Excepté chez la *Levana*, dont les yeux sont peu velus et qui se rapproche des genres suivants. La villosité des yeux distingue bien nos espèces, mais elle se retrouve dans d'autres genres exotiques de la même famille; aussi les espèces appelées *Epiclelia*, *Rhadama*, *Goudoti*, *Andromaja*, que M. Boisduval décrit comme du genre *Vanesse* dans sa faune de Madagascar, se distinguent des nôtres par un dessin différent, par les yeux glabres, les palpes non-hérissés, les pattes antérieures des femelles glabres, l'aréole discoïdale, quoique large, beaucoup plus courte, entièrement ouverte aux deux ailes par l'absence de la nervule; ils peuvent former avec d'autres un genre sous le nom de *Psilopia*; ils ont parfois un ou deux angles prolongés en queue.

3. VANESSA C-ALBUM, *Linné.*

On la trouve dans les environs de Grenade ; je n'ai pas vu
le *V-album*.

4. VANESSA ATALANTA, *Linné.*

Dans les environs de Grenade et à Gibraltar.

5. VANESSA CARDUI, *Linné.*

Très-répandue sur le littoral de l'Andalousie ; la larve après
avoir dévoré les *Carduus*, *Cirsium* et *Centaurea*, attaque les
Echium, *Ulmus*, etc.

6. VANESSA LEVANA, *Linné.*

M. Boisduval m'a assuré qu'elle avait été trouvée par
M. Lorquin dans la Sierra-Morena ?

GENRE LIMENITIS [1], *Fabricius.*

Thorax assez mince, à peu près de la largeur de la tête ;

---

[1] Ce genre a de grands rapports avec celui de *Melitæa*, et il eût peut-être
mieux valu l'en rapprocher. On pourrait alors commencer la série, comme
Latreille en a exprimé l'idée dans l'*Encyclopédie*, par les Héliconies ; celles-
dont le tibia et les tarses des pattes antérieures sont souvent réduits, chez les
mâles, à un tubercule, dont les palpes sont petits, très-minces, très-éloignés
l'un de l'autre par la trompe qui est forte, appliqués sur le front, avec le troisième article très-petit, un peu redressé, dont le système nervural est plus ou
moins anomal, surtout aux ailes inférieures ; la composée postérieure (troisième) pouvant avoir quatre et même cinq rameaux, anomalie qui ne peut
servir de caractère puisque chez d'autres, qu'il est impossible de séparer, la
même nervure ne produit que trois rameaux, et que chez certaines femelles la
deuxième nervure peut disparaître ; ils peuvent former le genre *Heliconia* que
M. Boisduval semble comprendre ainsi en donnant pour type l'*H. Dœta* ; les
mâles ont tous un pinceau de poils serrés entre la première et la deuxième
nervure des inférieures en dessus ; parmi les autres Héliconies des auteurs, les
unes qui doivent suivre le genre *Heliconia* viennent se lier aux Danaïdes qui,
par les *Euplea*, forment comme un rameau isolé, qui a cependant des affinités

ayant le scutum du mésothorax fortement caréné, rebordé, les deux pièces du scutum du métathorax, courtes presque arrondies, gibbeuses; yeux saillants presque toujours glabres; antennes longues, ayant la massue étroite, allongée; palpes peu redressés, minces, velus, hérissés, dépassant la tête, ayant le dernier article assez long, presque aigu; pattes antérieures glabres dans les femelles et ayant cinq articles aux tarses, petits et incomplets; nervule très-fine, nulle aux inférieures où la deuxième nervure naît au même point que le rameau divergent, celui-ci recourbé vers l'angle externe; ailes, souvent peu solides, bord abdominal peu ou pas droit embrassant peu l'abdomen, angle anal souvent très-arrondi et comme nul.

Chenilles à tête bifurquées, ayant des mamelons épineux sur la plupart de leurs segments; chrysalides un peu anguleuses, ayant deux prolongements autour de la tête et une bosse comprimée sur la partie dorsale.

---

avec les Nymphalides, les autres vont s'unir aux Cethosies, et celles-ci aux Argynnes, dont les Acrées paraissent être un rameau anormal par les couleurs et la forme bizarre des onglets. Les Argynnes elles-mêmes, et par les Mélitées, se rapprochent beaucoup des Nymphales dont les rapports s'irradient, pour ainsi dire, avec beaucoup de genres des familles suivantes.

Les auteurs Allemands ont toujours commencé par les Mélitées, mais sans paraître avoir été guidés par des caractères; les Français, au contraire, toujours par le genre Papilio; pourtant, dans son Catalogue Méthodique, qui est son dernier ouvrage, M. Duponchel met en tête les Danaïdes, et rejette les Papilionides entre les Satyres et les Piérides, et commet la faute de mettre les Lycénides immédiatement avant les Hespérides, et après les Piérides; sous ce rapport, sa méthode est au-dessous de celle d'Ochsenheimer. M. Her. Schæffer est le premier qui, se basant sur l'organisation, ait rapproché les Papilionides des Hespérides, mais, entraîné sans doute par les caractères des nervures, il a intercalé les Lycénides au milieu des hexapodes, entre les Papilionides et les Piérides; cependant, le dernier article des pattes antérieures des mâles n'est jamais complet, ce ne sont pas de vrais hexapodes, ils devraient suivre les Érycinides.

M. Boisduval, dans l'exposé de sa méthode (*Species des Lépid.*, p. 162), dispose ses tribus d'une manière assez naturelle, mais il rompt de suite l'harmonie de la série, en suivant l'ancienne habitude de commencer par le genre Papilio et en divisant les hexapodes par les tétrapodes et par ceux dont les

Dans les figures de son *Species des Lépidoptères*, M. Boisduval, donne le *Populi*, comme type du genre *Limenitis*; plus tard, dans son *Index*, il le donne comme celui du genre *Nymphalis*; cependant, certaines espèces de ce genre, comme la *L. Melicerta*, ont moins de rapports ensemble que le *Populi* et la *Sibylla*; cette dernière a les yeux un peu velus, ainsi que le groupe K, du genre Nymphale de l'*Encyclopédie*, dans lequel rentre le genre *Heterochroa* de M. Boisduval, qui ne diffère guère de ses Nymphales que par ce caractère.

J'ai vu voler cette espèce dans les parties élevées de la Sierra-Nevada; la chenille vit sur le chèvrefeuille comme celle de la *Sibylla*. Je n'ai point rencontré le *Populi*. Les deux genres suivants forment la famille des APATURIDES, de M. Boisduval.

GENRE. CHARAXES, *Ochsenheimer.*

Tête très-étroite d'avant en arrière, formant un rebord saillant autour de la base postérieure et interne des antennes qui sont placées très en arrière, occiput formant une petite saillie pyramidale; massue des antennes mince, allongée, obtuse; palpes assez épais, érigés, non-hérissés, couverts d'écailles très-serrées,

---

tarses sont imparfaits chez le mâle; ainsi, le genre *Papilio* et les Hespérides sont placés aux deux extrémités, au lieu de se suivre, et les Libythées précédant ces dernières avec lesquelles elles n'ont aucun rapport, ne pouvant être éloignées des Erycinides dont elles ont les mêmes caractères de pattes; il aurait donc dû commencer par ses *Suspensi*, les faire suivre des *Succincti* qui s'unissent à ses *Involuti*.

Il met, comme M. H. Schæffer, les Lycénides parmi ceux qui ont les pattes complètes, ce qui est contraire à l'observation; il éloigne beaucoup ses Péridromides des Nymphalides; cependant je ne puis croire qu'ils doivent en être séparés; en effet, la chenille commune de l'*Amphinome* ne paraît pas s'éloigner beaucoup de celles des Apatura; le port de cette espèce et de la *Feronia*, ainsi que leurs caractères les en rapprochent certainement, et si l'*Arethusa* qu'il donne pour type, a un aspect différent des précédentes, on ne peut l'en éloigner, et il est difficile d'admettre que la chrysalide ne soit pas suspendue. Plus tard, dans son *Index*, M. Boisduval modifie un peu sa méthode; d'une partie de ses Nymphalides il forme avec raison ses Apaturides, mais il a le tort de laisser les Libythées au milieu des tétrapodes.

médiocrement longs, le dernier article court, abaissé ou horizontal; mésothorax ayant le scutellum très-long, épais, caréné; métathorax court; ptérygodes allongés, étroits; pattes antérieures glabres dans les femelles, ayant les tarses serrés, un peu réunis en masse, onglets des autres forts, courbés; leurs appendices à deux divisions, la première filiforme, la deuxième plus courte courbée sur la pelote; nervule très-fine nulle aux inférieures, deuxième nervure de celles-ci naissant bien avant le rameau divergent qui se trouve, ici, loin de la base, leur bord antérieur arrondi à la base, l'abdominal enveloppant l'abdomen, peu ou pas écids postérieurement, l'externe ayant deux angles prolongés en queue.

Chenilles chagrinées, sans épines, ayant la tête cornue et l'extrémité échancrée; chrysalide épaisse, courte, nullement anguleuse.

Je ne l'ai rencontrée qu'une seule fois dans les environs de Cadix.

Je n'ai pas trouvé le genre *Apatura*; il diffère du précédent en ce que la partie postérieure de la tête est plus large et non-amincie en un bord divisé pour entourer la base de chaque antenne, en ce que l'aréole discoïdale des supérieures est plus courte, ouverte, le bord abdominal sinué, etc.

Troisième famille. SATYRIDES.

Tête petite, rétrécie postérieurement, ayant le front saillant; antennes grêles peu allongées; palpes assez longs fortement comprimés; prothorax ayant les deux écailles du scutum petites plus élevées que le scutellum qui est écailleux triangulaire; mésothorax médiocre avec le scutellum, prononcé, triangulaire déclive; onglets des tarses simples, munis d'appendices, et d'une pelote saillante. Nervure composée postérieure ne fournissant que trois rameaux, le nervulaire se trouvant sur la nervule en avant du milieu, non au-delà, ni uni à la composée antérieure; première nervure toujours

dilatée ou vésiculeuse, souvent aussi les troisième et quatrième ;
simple antérieure des secondes ailes se terminant sur le
même bord bien avant l'angle externe, base de ce bord plus
ou moins sinuée ou échancrée, dilatée avant l'échancrure ;
composée antérieure, naissant avant le rameau divergent ;
nervule bien sensible. Ailes plus ou moins sinuées ou dentelées,
avec le bord abdominal engaînant, plus ou moins sinué ou
échancré vers l'extrémité.

Les chenilles sont hérissées de poils épais subépineux,
plus ou moins longs, avec la tête arrondie ou échancrée, et le
dessus de l'anus bifide ; les chrysalides sont épaisses, peu
anguleuses, souvent suspendues ou cachées parmi les débris,
ou même enfoncées dans la terre.

Dans cette famille, les pattes antérieures sont très-variables
selon le genre et même l'espèce, et souvent plus longues dans
les mâles ; d'autres fois, quoique plus petites, elles sont
armées d'onglets et ne paraissent pas avoir plus de quatre
articles ; quelques-uns (*Arge*) ont un tubercule à la place des
yeux lisses et qui les simulent. Les mâles ont souvent sur les
ailes supérieures des nuances ou des taches produites par des
poils ou des écailles différentes des autres.

Ils ont de commun avec une partie des Héliconies et surtout
des Danaïdes, d'avoir la première nervure des secondes plus
courte que le bord antérieur. Le seul genre *Pararga* a les
yeux velus.

A. TIBIAS INTERMÉDIAIRES, N'AYANT PAS, A L'EXTRÉMITÉ, D'ÉPINE EXTERNE, MAIS
SEULEMENT LES DEUX ORDINAIRES INTERNES, ET DEUX RANGÉES LATÉRALES,
FINES.

GENRE. ARGE, *Boisduval.*

*Thorax court ; tête petite ayant les palpes très-comprimés,
redressés, hérissés en avant, avec le troisième article long,
aigu, presque nu ; massue des antennes mince, très-allongée ;
pattes antérieures réduites à un moignon, plus longues chez les
mâles, velues, en forme de petits crochets chez les femelles, et*

glabres; onglets assez grands, courbés. Rameau divergent, courbé presque dès sa base, où il est épaissi et prolongé extérieurement; première nervure seulement, dilatée à la base.

Les chenilles sont finement hérissées, un peu rugueuses avec la tête arrondie. Les chrysalides sont épaisses, non-anguleuses, placées sous les débris.

1. ARGE LACHESIS, *Herbst.*

Hübn., Pap. fig. 488.

Assez commun dans la plaine de Grenade et dans les parties montagneuses.

Je n'ai point rencontré le *Galathea* *.

---

* M. Lucas figure dans la partie entomologique de l'ouvrage sur l'*Exploration scientifique de l'Algérie*, LÉPID. pl. 2, fig. 4, le dessus d'un *Arge* qu'il nomme *Clotho* avec doute, et auquel il joint le dessous d'une espèce totalement différente tenant du *Larissa* et du *Cleanthe* et qui ne peut habiter l'Afrique. Le dessin de ce prétendu *Clotho* a quelque rapport avec le *Galathea*, mais paraît former une espèce distincte que nous nommons *Lucasi* en l'honneur de notre savant collègue; M. Lucas, a rencontré cet *Arge* près de Bougie, il pourrait habiter l'Andalousie. Nous pensons donc que le *Clotho* ne se trouve pas en Afrique. En effet, tous les entomologistes savent qu'à partir des points où nous bouchons l'Italie dans le midi de la France, ensuite dans tout ce pays, dans le midi de l'Autriche, autour de l'Adriatique, dans la Turquie d'Europe, la Hongrie, la Russie Méridionale, la création entomologique diffère essentiellement de celle de notre Midi, de l'Espagne et du nord de l'Afrique; de sorte qu'une partie des espèces sont remplacées par d'autres analogues, mais distinctes; le genre *Arge* se trouve dans ce cas, par rapport au *Clotho*, il commence à se montrer dans nos Basses-Alpes sous le nom de *Cleanthe*, se modifie plus ou moins en *Larissa*, en *Herta* qui est peut-être une espèce, mais il s'étend dans tous les pays cités d'abord jusqu'en Crimée, et à l'exclusion de presque tout le midi de la France, de l'Espagne, du nord de l'Afrique; de même le *Nostradamus*, qui habite l'Afrique, est remplacé par l'espèce très-voisine que nous appelons *Lefeberii*, la *Thais rumina* par la *Polyxena*; la *Vespertinalis* d'Hübner, figurée d'après un individu rapporté d'Espagne ou de Portugal, est remplacée aussi par une autre espèce confondue avec elle jusqu'à présent et que nous distinguons sous le nom de *Matutinalis*, la *Zig. sarpedon* par la *Punctum* etc., etc.; au reste, les végétaux ont éprouvé la même influence.

2. ARGE INES, *Hoffmannzegg.*

Il est commun dans toute l'Andalousie, où il vole depuis le mois d'avril jusqu'en juin.

Il se trouve aussi dans une grande partie de l'Algérie et dans le Maroc.

3. ARGE PSYCHE, *Hübner.*
— Pap. fig. 498, 499.

Rare; je n'ai trouvé qu'un seul individu dans les montagnes de la Sierra Nevada.

GENRE. **PARARGA**, *Hübner.*

Thorax court; tête petite, dernier article des palpes le plus souvent court, hérissé; massue des antennes dilatée ou un peu allongée; yeux velus; pattes antérieures médiocres, très-velues chez les mâles, ayant le tarse composé d'un grand article et du rudiment d'un autre et sans onglets, en massue chez la femelle, de quatre articles, dont trois réunies (excepté dans le groupe du Roxelana, où il paraît y avoir cinq articles); nervule des inférieures s'insérant au niveau de la naissance du deuxième rameau de la troisième nervure (seulement dans ce genre), première nervure des antérieures très-dilatée, deuxième plus ou moins selon les groupes, bord abdominal entier, bords externes sinués ou dentés, rameau divergent court, bifurqué.

Les chenilles sont un peu hérissées; les chrysalides, peu anguleuses, ont de petits tubercules et se suspendent. Ce genre se distingue de suite par les yeux velus et l'insertion de la nervule aux inférieures; le mâle du *Roxelana* présente une courbure prononcée de la quatrième nervure des supérieures.

1. PARARGA MERA, *Linné.*
Hübn., Pap. fig. 474, 475.

Dans les parties élevées des environs de Grenade.

2. Pararga Megera, *Linné.*

Hübn., Pap. fig. 177, 178.

Commun partout en Andalousie.

3. Pararga Egeria, *Linné.*

Var *Meone*, Esp., tab. 95 f. 1.

Environs de Grenade.

Je n'ai point rencontré le *Xiphia*, quoiqu'il soit indiqué du Portugal par M. Herr. Schæffer; je doute même que ce soit une espèce distincte.

Genre. HIPPARCHIA, *Fabricius.*

Thorax court; antennes et pattes antérieures (excepté dans le groupe du Janira), comme dans le genre Arge; palpes longs, redressés, à troisième article assez long, très-hérissés; onglets assez courts, écartés, courbés; deuxième nervure naissant au même point que le rameau divergent comme dans les deux genres précédents, celui-ci presque nul; nervule peu prononcée; première et troisième nervures très-dilatées; bord abdominal évidé, l'externe plus ou moins denté ou sinué.

Les mâles, à l'exception du premier groupe, ont sur le disque des supérieures, des marques obscures ou noires, formées par des écailles différentes.

Les chenilles sont hérissées; les chrysalides, un peu anguleuses, à tête bifide, sont presque toutes suspendues.

Ce genre comprend trois groupes; je n'ai pas trouvé le premier formé par l'*Hyperanthus*, chez lequel le bord abdominal est entier; celui du *Janira* a les pattes antérieures plus développées.

1. Hipparchia Pasiphae, *Esper.*

Hübn., Pap. fig. 467-469.

Il vole presque partout en mai et juin; habite aussi l'Algérie.

2. Hipparchia Tithonus, *Linné*.
Hübn., Pap. fig. 456, 457, *Herse*.

Dans les parties fraîches des environs de Grenade.

3. Hipparchia Ida, *Esper*.
Hübn., Pap. fig. 458-459.

Il vole en juin sur toutes les collines; habite aussi l'Algérie.

Dans cette espèce surtout, les pattes antérieures sont très-petites; la partie du bord antérieur des ailes inférieures, qui touche le corps, est arrondie et relevée et aide à former une petite fossette comme dans le genre *Arge*.

4. Hipparchia Janira, *Linné*.
Var., *Hispulla*, Esp. tab. 119.
Hübn., Pap. fig. 595, 596.

Très-commun dans toute l'Andalousie.

5. Hipparchia Eudora, *Fabricius*.
Hübn., Pap. fig. 460-464.

Très-commun dans les environs de Malaga.

Genre. CŒNONYMPHA, *Hübner*.

Ressemblant beaucoup au précédent; thorax plus allongé; antennes à massue un peu allongée, palpes très-grands, longuement hérissés, à troisième article long, presque nu et aigu; pattes antérieures assez allongées, ayant quatre articles; les première, troisième et quatrième nervures très-dilatées; rameau divergent nul; mâles n'ayant pas de marques produites par des écailles différentes.

Les chenilles sont presque lisses; les chrysalides épaisses, courtes, non anguleuses, un peu bifides à la tête, se suspendent.

M. Zeller distingue le *Phryne*, sous le nom de *Triphysa*.

1. COENONYMPHA PAMPHILUS, *Linné.*

Var. *Lyllus*, Esp., tab. 422, fig. 1.

Commun en Andalousie.

2. COENONYMPHA DORUS, *Esper.*

Hübn., Pap. fig. 247, 248. *Dorion.*

Dans les environs de Grenade.

GENRE. EREBIA. *Dalman.*

Thorax court ; massue des antennes courte et épaisse, palpes assez longs, très-hérissés, le dernier souvent court, peu distinct ; pattes antérieures plus courtes chez les mâles, très-velues, cachées dans les poils, presque nues dans les femelles, souvent assez longues, ayant parfois des onglets et quatre à cinq articles, mais le dernier à peine sensible, onglets des autres médiocres ; première nervure plus ou moins dilatée à partir de son attache, mais toujours bien sensiblement, la troisième un peu épaisse ; inférieures ayant le rameau divergent bien sensible, deuxième nervure naissant bien avant lui, troisième forte, bord abdominal médiocrement engaînant.

Chenilles courtes, épaisses, un peu hérissées, chrysalides courtes, épaisses, non-anguleuses, cachées sous les débris.

Ce genre, si nombreux dans les parties montagneuses de l'Europe, a presque disparu en Andalousie ; le *Tyndarus*, seulement, s'est offert à nous assez communément dans les pentes élevées et herbeuses de la Sierra-Nevada ; je pense pourtant que les sommets de celle-ci et de la Sierra-Morena doivent en fournir d'autres.

1. EREBIA TYNDARUS, *Esper.*

Schm., Tab. 67, f. 4.

Il est mieux marqué que dans les Alpes ; sa couleur en dessus est d'un brun-noirâtre légèrement fauve, avec une bande transverse aux premières, très-élargie antérieurement, ne touchant pas les deux bords, d'un jaune fauve, marquée d'une tache noire bipupillée bien sensible; les secondes ont trois à quatre taches de la même couleur, plus ou moins visibles, rétrécies antérieurement, marquées sur leur bord postérieur d'un petit œil noir dont, surtout l'interne, est souvent pupillé; ces taches disparaissent rarement; le dessous diffère peu ; celui des premières est plus fauve avec des lignes et la marge plus brunes.

Pattes de la femelle glabres, assez longues, paraissant avoir cinq articles, sans onglets.

B. Tibias intermédiaires comme chez les précédents, et de plus, très-chargés d'épines à leur face externe et vers l'extrémité qui présente une petite dilatation sans porter une forte épine.

Cette division comprend le genre *Chionobas*, de M. Boisduval, qui ne paraît pas exister dans le midi de l'Espagne; les mâles ont les pattes antérieures plus longues, souvent armées d'onglets, mais ne paraissant avoir que quatre articles; ils s'unissent presque insensiblement au genre *Satyrus*.

C. Tibias intermédiaires beaucoup plus courts que la cuisse, quelquefois même que le premier article des tarses, munis de rangées ou de groupes d'épines fortes et d'une plus forte à l'extrémité extérieurement.

GENRE. SATYRUS, *Latreille*.

HIPPARCHIA, *Fabricius*.

Thorax assez grand ; massue des antennes souvent courte et épaisse; palpes médiocres, hérissés, le troisième article court abaissé ; pattes antérieures variables, mais le plus souvent très-petites, velues, surtout chez le mâle, onglets variables avec des appendices, tantôt aussi longs qu'eux, tantôt très-courts; première et le plus souvent troisième nervure dilatées; ailes infé-

*rieures, la troisième et la base de la première robustes, la deuxième
prenant naissance bien avant le rameau divergent ; base extrême
de ces ailes formant une espèce de fossette souvent bien sensible ;
bord abdominal plus ou moins engainant, entier, bords externes
entiers ou sinués, ou fortement dentés aux inférieures.*

Les espèces de ce genre présentent souvent entre elles des
différences assez notables : ainsi le *Circe* n'a qu'une nervure
dilatée tandis que l'*Hermione*, qui en paraît si près, en a
deux ; les *Actœa*, *Cordula*, n'en ont qu'une, tandis que
l'*Abdelkader*, qui semble être du même groupe, en a deux.
Cependant ce genre ne peut guère être divisé ; l'épine tibiale
déjà signalée (quelquefois deux), le tibia intermédiaire toujours beaucoup plus court que la cuisse, quelquefois de moitié,
le plus souvent plus court que le premier article des tarses,
suffisent pour réunir ces espèces. Les chenilles sont épaisses,
atténuées aux extrémités, finement hérissées et tuberculeuses ;
elles se forment parfois une cavité à la surface de la terre où
elles produisent leurs chrysalides ; celles-ci sont épaisses,
courtes, non-anguleuses.

1. Satyrus Arethusa, *Fabricius.*

Ramb., Faun. And. Lep, pl. 12, f. 1, 2, p. 296. Var. *Boabdil.*

Cette variété est remarquable en ce que les bandes maculaires fauves du dessus, tendent à disparaître, et que les lignes
du dessous, avant la marge, sont fortement anguleuses.

Il vole au mois d'août dans les parties moyennes de la
Sierra-Nevada et les montagnes d'Alfakar, près de Grenade.

2. Satyrus Semele, *Linné.*

Hübn., Pap., fig. 143, 144.

3. Satyrus Hippolyte, *Herbst.*

Herr. Schaff., Supl. 80-83.

Il diffère de celui de la Russie Méridionale, en ce que les
bandes du dessus sont d'un jaune blanchâtre, et le dessous

des inférieures est traversé au milieu, par une large bande nébuleuse de la même couleur; il vole communément au mois d'août sur les pentes élevées de la Sierra-Nevada.

4. SATYRUS BRISEIS, *Linné*.

Hübn., Pap. fig. 130, 131.

Il se trouve avec le précédent.

5. SATYRUS STATILINUS, *Hufnagel*.

Esper., tab. 63, fig. 7 *Fauna*.

Cyril., Ent. Neap., t. 2 fig. 13, Var. *Allionia*.

Je crois qu'on réunit à tort d'autres espèces à celle-ci, entr'autres le *Fatua*. Commun sur les collines aux environs de Malaga, Grenade, etc.

6. SATYRUS FIDIA, *Linné*.

Hübn., Pap. fig. 147, 148.

Il vole dans les mêmes lieux que le précédent.

7. SATYRUS ALCYONE, *Syst. Verz.*

Hübn., Pap. fig. 125, 126.

J'avais d'abord cru que cette espèce n'était qu'une variété de l'*Hermione*; mais maintenant je pense qu'elle est distincte; les couleurs présentent de légères différences, les ailes sont plus allongées et plus étroites. Les parties génitales du mâle diffèrent très-notablement; en effet, les deux pièces qui se trouvent au-dessus et en arrière des pinces, sont ici, courtes, arrondies et bordées d'une série de longues épines noires obtuses, déprimées, tandis que chez l'*Hermione* ces mêmes pièces sont étroites, allongées, et ne portent que trois à quatre épines.

C'est l'*Hermione* qui est commun à Fontainebleau et se trouve répandu dans le centre de la France; *l'Alcyone* habite les montagnes du midi; j'en ai pris un individu au Mont-Salève, près de Genève; il se trouve seul dans les montagnes de l'Andalousie où la femelle égale et dépasse l'*Hermione* en grandeur.

Les espèces qui suivent n'ont qu'une seule nervure dilatée.

8. SATYRUS ACTÆA, *Esper.*

Var? *Podarce*, Ochsenh. I. 4, p. 195, n° 14.
Esp. Pap. tab. 123, fig. 1, 2.

Il ne paraît au premier aspect qu'une variété d'*Actæa*, dont il diffère par le dessous des ailes inférieures plus obscur, et dont les lignes noires ne sont pas bordées d'une nuance blanchâtre aussi apparente ; les pattes antérieures des mâles m'ont paru plus petites ; quelques-uns tendent à avoir deux taches ocellées en dessus, et le deuxième point blanc (souvent nul) après la première tache oculaire, peut être remplacé par un point noir. Les parties génitales du mâle ne diffèrent pas sensiblement de celles de l'*Actæa* ordinaire ni même de celles du *Cordula*.

On m'a écrit que le *Phædra* avait aussi été pris en Andalousie, mais ce fait demande à être confirmé de nouveau.

B. PATTES ANTÉRIEURES COMPLÈTES CHEZ LES FEMELLES, INCOMPLÈTES OU EN FORME DE PALATINE ET NE POUVANT SERVIR A LA MARCHE CHEZ LES MALES.

Quatrième famille. LIBYTHEIDES.

Tête moyenne rétrécie postérieurement, avec le front bombé; antennes grossissant de la base au sommet qui est obtus et formant une massue très-longue; palpes très-longs, prolongés sur la même ligne que le corps, enveloppés de poils touffus peu hérissés, ayant le premier article très-court, le deuxième, assez long, épais, dilaté (dénudés), le troisième en aiguille plus long que le précédent; écailles du prothorax à peine sensibles, très minces, moins élevées que le scutellum; scutum du mésothorax, coupé carrément en arrière et non-échancré pour recevoir le scutellum, celui-ci très-déclive, couvrant les deux pièces tergales du métathorax qui sont petites, peu saillantes, ce qui rend le thorax comme tronqué postérieurement. Onglets courbés, accompagnés d'appendices, paraissant peu saillants à cause des écailles du tarse qui enveloppent leur base, celle-ci aussi large que le tarse qui semble dilaté par les écailles; pelote non saillante.

Ailes peu développées, rameau nervulaire naissant très-peu en avant du milieu de la nervole aux supérieures, celle-ci très-fine, nulle après le rameau nervulaire qui est situé un peu plus en avant aux inférieures, celles-ci ayant la base du bord antérieur arrondie et réfléchie avec la première nervure prolongée; la deuxième, prenant naissance au niveau du rameau divergent qui se courbe extérieurement; base des supérieures présentant une cinquième nervure très-fine qui s'unit bientôt à la quatrième; bord abdominal peu engainant, entier; dernier segment de l'abdomen en dessus, fourchu chez les mâles, un peu bifide dans la femelle.

Les chenilles, peu caractéristiques, sont allongées, à tête arrondie, non bifides au-dessus de l'anus, un peu velues et produisent une chrysalide suspendue, mais non verticalement à cause de la courbure de son ventre, ce qui rend son dos très-bossu; elle est courte, peu anguleuse, carénée.

Cette famille ne comprend qu'une espèce européenne.

1. LIBYTHEA F. CELTIS, *Fabricius*.

Au premier aspect cette espèce ressemble à une Nymphalide du genre *Vanessa*, cependant elle en diffère beaucoup par les caractères thoraciques et par les pattes des femelles qui l'éloignent aussi des autres tétrapodes, mais elle se rapproche extrêmement des Erycinides. Toutefois elle paraît avoir les mœurs des *Vanessa* et je crois, quoique le fait mérite confirmation, que l'espèce hiverne pour pondre au printemps. Je ne connais, du reste, aucune espèce dont la chrysalide soit suspendue, qui passe l'hiver en cet état; en effet, elle serait immanquablement entraînée et détruite. Rien d'ailleurs ne prouve que, parmi les Erycinides étrangères qui, pour la plupart, diffèrent tant de la nôtre, il n'y en ait pas dont les chrysalides soient suspendues et n'aient les mœurs des Libythées.

Cinquième famille. ERYCINIDES.

N'ayant point rencontré en Espagne la seule espèce européenne comprise dans cette famille, le *Nemeobius lucina*, L., nous n'en donnerons point les caractères; la chenille, et surtout la chrysalide, ressemblent à celles des Lycénides; en effet, elle est courte, épaisse, obtuse, finement hérissée, et se trouve légèrement attachée par un lien transversal et par l'extrémité anale.

Cette espèce, du reste, diffère beaucoup de la plupart des autres, dont les formes et les couleurs si variées donnent à douter qu'elles puissent être contenues dans la même famille, et dont l'ensemble des caractères n'a point encore été présenté.

C. PATTES ANTÉRIEURES COMPLÈTES CHEZ LES FEMELLES; LEURS QUATRE PREMIERS TARSES COMPLETS CHEZ LES MÂLES, LE CINQUIÈME IMPARFAIT, SPINIFORME, NU, ÉCAILLEUX, N'AYANT JAMAIS LES DEUX ONGLETS ORDINAIRES (*Hexapi L.*)

Sixième famille. LYCENIDES.

Tête moyenne avec le front non saillant, arrondi, partie postérieure formant un bourrelet saillant derrière les antennes, celles-ci à massue plus ou moins épaisse, le plus souvent terminale et distincte de la tige; palpes assez longs, redressés, hérissés, ayant le dernier article souvent long, presque nu.

Écailles du prothorax presque insensibles ou nulles, avec le scutellum étroit, transversa, très-enfoncé.

Scutum du mésothorax, grand, fortement échancré pour recevoir le scutellum qui est en losange et soudé avec lui;

pièces tergales du métathorax, grandes, bombées, couvrant le scutellum, qui est petit et inférieur.

Cuisses intermédiaires présentant, avant leur extrémité interne, une saillie surtout formée par des poils très-serrés ; onglets courbés, accompagnés d'appendices bifides ou bilobés qui, en s'avançant sur la base de l'onglet, semblent parfois le rendre bifide ; pelote peu saillante.

Ailes ayant le rameau nervulaire situé vers le milieu de la nervule ou un peu en avant, celle-ci, nulle ou ne laissant qu'une trace blanchâtre, celui-là, aminci aux inférieures, dont la deuxième nervure n'a que deux rameaux, rameau recurrent nul, bord abdominal légèrement engaînant.

Les chenilles sont courtes, larges, aplaties en dessous avec les côtés amincis, crénelés, ainsi que le dos qui est saillant, un peu rugueuses et finement hérissées, avec la tête petite, enfoncée dans le premier segment.

Les chrysalides sont courtes, obtuses, tantôt attachées par un lien transversal et par la queue, tantôt cachées sous les débris ou même un peu enterrées.

La forme du dernier article des tarses antérieurs distingue bien cette famille de la précédente et des suivantes.

GENRE THECLA, *Fabricius.*

Tête assez petite, massue des antennes allongée, peu épaisse, très-obtuse et peu amincie à son extrémité, cylindrique, dénudée et glabre à sa face interne et à l'extrémité, dénudation qui se prolonge plus bas, yeux velus ; thorax épais, long ; tarses courts, larges, surtout le dernier, dans lequel sont enfoncés les onglets qui sont à peine saillants, pelote large remplissant l'espace entre eux, tarses antérieurs des mâles ayant la pointe qui les termine très-courte et obtuse.

Ailes supérieures, très-entières, les secondes arrondies, dentées, ayant l'angle anal saillant, et souvent une queue très-grêle fournie par le premier rameau de la troisième nervure.

Plusieurs mâles présentent une tache obscure sur les premières ailes qui est produite par des écailles différentes, laissant une trace sur la membrane; parfois les mâles ont les tarses antérieurs raccourcis et épaissis (exotiques), quelques femelles ont la partie anale garnie d'écailles serrées comme dans le genre *Cnetocampa*.

Les chenilles vivent sur les arbres et s'attachent par la queue et par un lien transversal.

† Ailes n'étant jamais marquées chez les mâles de points noirs en dessus, le plus souvent toutes noires.

1. THECLA SPINI, *Syst. Verz.*

Hübn., Pap. fig. 376-77, 674-75, 692-93.

Il se trouve le long des bois dans les environs de Malaga et de Grenade.

2. THECLA ILICIS, *Esper.*

Esp., tab. 39, 4, b. pag. 353.

Trouvé en Andalousie par M. Lederer.

3. THECLA ESCULI, *Hübner.*

Hübn., Pap. fig. 559-60.

Très-commun dans les bois en été, surtout dans les environs de Grenade; on rencontre des individus qu'il est difficile de séparer du précédent.

4. THECLA RUBI, *Linné.*

Il se distingue des individus ordinaires par la couleur ocrée de ses ailes supérieures et par la continuité de la ligne blanche du dessous des inférieures; le dernier article des palpes est aussi plus court.

5. THECLA QUERCUS, *Linné.*

Dans les bois de chêne-vert, aux environs de Grenade.

GENRE LEOSOPIS, *Nobis.*

Caractères du précédent ; *mais ayant les yeux glabres ; bord abdominal des inférieurs, non évidé, ni saillant à l'angle anal, point de queue sensible ; ligne blanche interrompue du dessous des ailes, nulle.*

LEOSOPIS ROBORIS, *Esper.*

Esp. Pap. tab. 103.

Hübn. Pap., fig. 366-3, *Evippus.*

Je l'ai pris dans les environs de Grenade.

GENRE TOMARES, *Rambur.*

Massue des antennes assez épaisse, terminale et distincte de la tige, peu obtuse, pas entièrement glabre à la face interne et à l'extrémité ; yeux velus ; palpes courts, n'atteignant pas les poils du front qui sont longs, le dernier article très-court, obtus, ovoïdo-sphérique peu distinct, hérissé ; jambes courtes, les quatre antérieures ayant la cuisse et le tibia épais, celui-ci très-court, plus court que le premier article des tarses, les deux premiers terminés par une épine large à la base, presque aussi longue qu'eux, avec la pointe du dernier tarse, longue, aiguë, en forme d'onglet, les seconds armés de plusieurs épines fortes, plus prononcées chez les femelles, crochets des tarses petits, avec des appendices aussi longs qu'eux ; les deux nervures composées, un peu dilatées vers leur sommet, dans un point, par des écailles, chez les mâles ; point de queue, bord abdominal sinué.

THOMARES * BALLUS, *Fabricius.*
Hübn. Pap. fig. 366, 556.

Cette espèce, par les palpes et la forme des quatre premières pattes, se distingue complétement du genre suivant. Je l'ai rencontrée au commencement d'avril sur le rocher de Gibraltar; elle a aussi été prise à Chiclana, par M. Staudinger.

†† *Ailes toujours marquées de points noirs en dessous chez les femelles, les supérieures toujours fauves chez celles-ci, et souvent chez les mâles où elles ne sont jamais bleues, mais parfois violacées.*

GENRE **POLYOMMATUS**, *Latreille.*

Massue des antennes courte, épaisse, terminale, submucronée, n'étant pas entièrement dénudée à la face interne; yeux glabres; palpes assez longs, à troisième article long, nu, très-distinct, dépassant de beaucoup les poils du front qui ne forment pas une touffe bien saillante; jambes ordinaires, les quatre tibias antérieurs, allongés, inermes ou n'ayant que l'épine ordinaire, plus longs que le premier article des tarses; premier tarse des postérieures plus ou moins épaissi chez les mâles, crochets des tarses assez saillants.

Les chrysalides sont attachées par la queue et par un lien transversal très-mince.

Le nom de *Polyommatus*, que M. Boisduval a restreint à ce groupe, eût mieux convenu au suivant; ces deux genres qui ne présentent que des caractères légers se distinguent bien par les couleurs.

Les ailes inférieures sont parfois dilatées vers l'angle anal chez les mâles et cet angle peut être saillant dans les deux sexes; il y a quelquefois une petite queue variable pour la longueur.

---

* Ce genre comprend deux autres espèces, l'une de la Russie Méridionale, et l'autre des bords asiatiques de la mer Noire, ce sont les *Tomares* epiphania et nogelii de Kindermann.

1. Polyommatus Phlæas, *Linné.*

Très-commun en Andalousie; la variété *Eleus*, de Fabricius,
a l'angle anal plus saillant et une queue courte.

La chenille vit surtout sur le *Rumex acetosella.*

2. Polyommatus Gordius.
Hübn. Pap. fig. 343-45.

Il n'est pas rare dans les lieux herbeux de la partie moyenne
de la Sierra-Nevada.

††† Ailes le plus souvent bleues en dessus chez les mâles,
quelquefois noires.

Genre. LYCÆNA, *Fabricius.*

Massue des antennes assez courte (un peu variable) et épaisse,
dénudée à la face interne et inférieure qui se creuse en fossette
par la dessication; yeux tantôt glabres, tantôt velus; palpes
assez longs, le troisième article souvent long, presque nu et aigu,
dépassant de beaucoup les poils du front; ailes le plus souvent
arrondies et sans queue.

Ce genre diffère très-peu du précédent par les caractères;
une espèce de Californie, nommée *Heterogyna*, par M. Boisduval, semble, par sa femelle surtout, faire le passage.

Les chenilles mangent différentes plantes, mais surtout les
Légumineuses; elles se transforment pour la plupart sous les
débris végétaux et même un peu en terre.

1. Lycæna Hylas, *Syst. Verz.*
Hübn. Pap. fig. 670-673. *Panoptes.*

Nous avons trouvé surtout cette variété qui est commune
sur les collines arides des environs de Grenade pendant l'été.

2. Lycæna Hypochiona, *Nobis.*
Boisd. Icon. I, pl. 45, fig. 4, 5? *Argus Calliopis.*

Alis integris supra violaceo-caruleis, anticis margine externo
intus radiato, posticis punctis marginalibus fuscis; subtus cine-

*reo-niveis, nigro seriatim punctatis, seria media intus angulata,
lunulis fulvis submarginalibus; posticis viridi-argentea notatis,
tibiis anticis submucronatis (mas).*

Cette espèce est intermédiaire entre l'*Argus* et l'*Ægon*, avec
lequel nous l'avions d'abord confondue, mais elle se rapproche davantage de ce dernier, surtout par ses parties génitales et la bordure noire des ailes supérieures.

En dessus elle est d'un bleu violacé un peu obscur; les
ailes supérieures ont une bordure noire, large, rayonnant
sur les nervures; les inférieures ont une série de points bruns
quelquefois un peu confluents extérieurement, parfois isolés
du bord et entourés de bleu.

Le dessous est d'un cendré blanc presque éclatant, avec la
ligne médiane de points noirs, anguleuse après son milieu et
plusieurs points noirs marginaux marqués d'atomes d'un bleu
argenté comme chez l'*Ægon*; les lunules fauves sont à peu près
comme dans les deux espèces citées; les franges sont largement
blanches.

Les tibias antérieurs ont une petite épine plus ou moins
sensible, mais toujours moins que chez l'*Ægon*, quelquefois
presque nulle.

La femelle est tantôt noire en dessus, tantôt nuancée de
bleuâtre, avec une bande de lunules submarginales fauves,
tantôt confluentes sur les quatre ailes, tantôt nulles aux supérieures et plus ou moins réduites aux inférieures, souvent
appuyées, dans celles-ci sur un point noir marqué de blanc-
bleuâtre postérieurement.

Il diffère de l'*Argus*, qu'il égale en grandeur, par la large
bordure noire des ailes supérieures, par la frange blanche plus
large, par les points noirs des inférieures le plus souvent nuls
chez l'*Argus*, où il ne sont point bordés de blanc bleuâtre, par
l'épine très-tibiale souvent sensible, enfin par la massue des
antennes plus longue, colorée comme chez l'*Ægon*; celui-ci
s'en distingue par ses quatre ailes également bordées de noir,
par l'épine tibiale toujours plus forte.

Il est commun dans les montagnes des environs de Grenade *.

Nous n'avons pu donner à cette espèce le nom de *Calliopis*, parce que M. Boisduval l'avait imposé à l'*Argus* qui paraît s'éloigner davantage de notre espèce que l'*Ægon*, et parce que nous ne pouvons être certain que ce soit bien la même espèce qu'il figure, l'*Ægon* et l'*Argus* pouvant avoir des femelles de la même couleur; l'épine tibiale, dont il ne dit rien, pouvait seule aider à les distinguer.

3. LYCÆNA ÆGON *Syst. Verz.*
Hübn., Pap. fig. 313-15.

Alis integris supra obscure violaceo-cæruleis marginibus externis latis nigris; tibiis anticis in spinam uncinatam desinentibus; clava antennarum longiore.

Il se trouve rarement, dans les montagnes de la Sierra-Nevada **.

4. LYCÆNA ARGUS, *Linné.*
Hübn., Pap. fig. 316-18.

Alis integris supra subviolaceo-cæruleis margine externo tenuissime fusco; posticis aliquando ad marginem fusco subpunctatis, fimbriis fusco intus marginatis vel submaculatis; tibiis anticis inermibus.

Rare; mêlé avec l'*Hyperchiona* dans les montagnes de la Sierra-Nevada. Des individus sans apparence d'épine tibiale, mais avec une bordure marginale un peu plus large que d'ordinaire, m'ont paru appartenir à cette espèce.

5. LYCÆNA AGESTIS, *Syst. Verz.*
Hübn., Pap. fig. 303-306.

Il se trouve dans les environs de Malaga et de Grenade.

---

* Il se prend aussi dans le midi de la France.

** Cette espèce est commune dans les montagnes de la Corse et du midi de la France.

J'ai rencontré une variété, très-répandue dans la Sierra-Nevada, dont les ailes supérieures sont plus aiguës, avec le dessous des inférieures d'un roux blanchâtre et les points noirs très-petits; chez le mâle les lunules fauves du dessus disparaissent quelquefois presque complétement, même aux inférieures où elles sont échancrées par un point noir plus allongé que dans l'espèce ordinaire.

6. Lycæna Idas, Rambur.

Faune de l'And. Lép. p. 266, pl. 10, fig. 5, 6, 7.

Alis integris supra fuscis; anticis lunula discoidali nigra interdum albido-notata ; posticis sæpe 2-4 fulvo-lunulatis; subtus fusco-rufescentibus ocellatis, marginibus albo-flavidis lunulis flavo-fulvis, anticis lunula ultima alba, aliis sæpe nullis, serie media ocellorum distorta, duebus anticis valde deviis, posticis radio lato, acuto ocelloque discoidali albis, seriei mediæ ocello secundo intus maxime devio.

Cette espèce qui se rapproche de l'*Agestis* par la couleur noire du mâle, ressemble davantage aux *Dorylas* par les couleurs du dessous.

Les deux sexes sont semblables en dessus ; la lunule noire discoïdale des supérieures est souvent marquée de blanc, et l'on ne voit que deux à quatre lunules fauves sur les inférieures, qui disparaissent souvent, ce qui n'arrive jamais chez les femelles d'*Agestis*.

Le dessous est plus foncé que chez l'*Agestis* avec les lunules marginales fauves, pâles ou jaunes, et parfois nulles aux antérieures, ce qui n'arrive pas chez l'*Agestis*; la dernière est remplacée par du blanc qui s'étend jusqu'à la frange, ce qui le distingue de la variété femelle de *Dorylas* (Faun. And. II, pl. 10, f. 10.) ; les petits traits noirs qui bordent ces lunules sont droits au lieu d'être lunulés ou anguleux; la série médiane d'ocelles est beaucoup plus sinueuse, comme brisée, et les antérieurs se trouvent rapprochés de l'ocelle discoïdal et hors de l'alignement des autres.

Le dessous des inférieures diffère aussi beaucoup; les lunules fauves sont plus étroites, nullement coniques ou triangulaires, bordées d'une ligne noire souvent mucronée dans son milieu; la série médiane d'ocelles est plus sinuée ou brisée, les deux ocelles antérieurs sont comme isolés des autres, le second est très-rapproché de l'ocelle discoïdal qui forme une tache blanche triangulaire, il se trouve souvent plus rapproché de la base que le premier; les autres se trouvent beaucoup plus éloignés des lunules que chez l'*Agestis*, et les trois derniers sont placés en triangle.

La ligne brune qui borde la marge externe est divisée par du blanc, et une série de traits un peu élargis, mais sensiblement séparés aux supérieurs; enfin la massue des antennes est presque entièrement noire. Quelquefois les points noirs du dessous disparaissent en partie, surtout aux inférieures.

M. Herr. Schæffer, considérant notre espèce comme étant à peine distincte de l'*Agestis*, ne l'aura probablement pas vue puisqu'il cite à l'appui l'*Allous* d'Hübner qui n'est qu'une légère variété d'*Agestis*. M. Heydenreich commet la même erreur, dans son *Catalogue méthodique*, en citant aussi l'*Allous* et la variété d'*Anteros* de M. Schæffer (fig. 26-27); l'*Idas* est parfaitement distinct de ses congénères.

7. LYCÆNA DORYLAS, *Syst. Verz.*

Hübn., Pap. fig. 688-89, Variet.
Ramb. Faune de l'And. Lép. p. 272, pl. 10, fig. 8, 9, 10, Var.

J'ai rencontré deux variétés remarquables de cette espèce, l'une dans les parties peu élevées des environs de Grenade, l'autre dans les hautes montagnes de la Sierra-Nevada.

La variété *a* acquiert la taille du *Corydon*, et la couleur du mâle devient en dessus d'un blanc bleuâtre un peu grisâtre; le dessous est aussi beaucoup plus pâle, et la série médiane des ocelles, aux inférieures, est souvent bien marquée; les marges deviennent plus ou moins grises, et le rayon blanc du dessous des inférieures disparaît souvent.

La variété *b*, beaucoup plus petite, reprend sa vraie couleur en dessus, tandis que le dessous qui est d'un brun roussâtre, reproduit vivement les différents ocelles, points et lunules qui ont en partie disparu dans le type; chez un individu (fig. 10), le second ocelle de la série médiane se rapproche du discoïdal un peu comme chez notre *Idas*, et lui ressemble.

8. Lycæna Eumedon, *Esper.*

Hübn., Pap. fig. 301, 302.

Je n'ai rencontré qu'un seul individu femelle, au mois de juin, dans des lieux humides sur la Sierra-Prieta.

9. Lycæna Alexis, *Syst. Verz.*

Hübn., Pap. fig. 292, 294.

Il est très-commun dans les environs de Grenade.

10. Lycæna Agestor, *Godart.*

Encycl. Méth. IX, p. 690, n° 224.
Hübn., Pap. 799, 800, *Escheri.*
Boisd. Icon. I., p. 52, pl. 42, f. 4, 5, 6.

Extrèmement commun près d'Alfakar, dans des lieux remplis de *Genista cincrea*, aux environs de Grenade.

Nous croyons que le nom imposé par Godart est antérieur à celui d'Hübner.

11. Lycæna Hesperica, *Rambur.*

Faune de l'And. Lép. p. 270, pl. 10, f. 1, 2, 3, 4.
H. Sch. Suppl. 14, 15, et 349-50.

Alis integris supra azureis, margine tenui externo et posticis punctis marginalibus nigris (mas); *fasciis, posticis lunulis marginalibus fulvis nigro notatis* (femina); *subtus cinereis ad extremum candidis, margine tenui nigro, maculis marginalibus fulvis nigro binotatis, ocello medio; anticis serie ocellorum subsinuata, posticis duabus, maculis fulvis elongatis et infus lineolis albidis, absque macula radiante alba.*

Elle est très-près de l'*Agestor*; en dessus le bord costal, chez le mâle, n'est pas nuancé de blanc, et les points de la marge externe des inférieures sont presque tous libres, et quelquefois marqués de rougeâtre, surtout le plus interne.

Le dessous est plus obscur dans ses deux tiers internes, blanchâtre dans le reste; les taches fauves des supérieures sont moins marquées et ne se fondent pas avec les traits noirs internes, les externes sont plus allongés et les deux derniers ne sont pas divisés; la série d'ocelles est moins sinueuse et moins courbée; aux inférieures les taches fauves sont plus vives et plus allongées, et touchent les traits noirs qui les cernent en avant et en arrière où elles sont rétrécies (plus larges chez l'*Agestor*), les traits sont plus étroits, les antérieurs moins anguleux, ceux-ci et les taches sont enveloppés dans une bande blanchâtre qui s'unit aux ocelles, et la bande ordinaire, qui forme un rayon blanchâtre vers le disque, a disparu; la ligne médiane d'ocelles est plus rapprochée des taches fauves.

La femelle n'est pas sensiblement plus foncée que le mâle, en dessous.

Le *Zéphyrus* de la Russie Méridionale paraît s'en rapprocher beaucoup.

12. Lycæna Icarius, *Esper.*

Hübn., Pap. fig. 283-84, *Amandus.*

Il n'est pas rare dans les parties herbeuses et élevées de la Sierra-Nevada.

13. Lycæna Adonis, *Syst. Verz.*

Hübn., Pap. fig. 295-300.

Il se trouve dans les environs de Grenade.

14. Lycæna Corydon, *Syst. Verz.*

Hübn., Pap. fig. 286-88.

De même que le *Dorylas*, il est modifié par la chaleur et
produit une variété *Albicans*, c'est-à-dire qu'il devient en
dessus d'un blanc grisâtre à peine bleuâtre, et la partie noire
de la marge des ailes supérieures tend à disparaître.

Très-commun dans toute l'Andalousie.

15. Lycæna Acis, *Syst. Verz.*

Hübn., Pap. fig. 269-71, *Argiolus.*

Je l'ai pris au fond des torrents desséchés, près d'Alfakar,
au bas du revers nord des collines boisées.

16. Lycæna Cyllarus, *Fabricius.*

Hübn., Pap. fig. 266-68 *Damœtas.*

J'avais oublié de mentionner cette espèce dans ma faune ;
je l'ai prise dans les environs de Grenade.

17. Lycæna Alsus, *Fabricius.*

Hübn., Pap. fig. 178, 179 et 851-54. Var. *Sebrus.*
Boisd. Icon. I, p. 72, pl. 17, f. 1, 2, 3.
H. Scheff., Suppl. 442-44, Var. *Lorquinii.*

Je ne puis reconnaître aucune différence entre le *Lorquini* et
l'*Alsus*, ce n'est même pas une variété. Le dessus du mâle est
souvent d'un bleu obscur avec une bordure noire assez large
qui, souvent aussi, envahit la plus grande partie des ailes;
on trouve du reste des mâles d'*Alsus* dont le dessus est en
grande partie bleu.

Le *Sebrus* d'Hübner ne nous semble non plus qu'une variété,
aussi M. Boisduval pour le décrire, et les caractères distinctifs
lui manquant, le compare-t-il surtout, et mal à propos avec
l'*Acis*, dont il est très-facile de le distinguer.

Il est assez commun aux environs de Grenade, dans les parties élevées des collines et des petites montagnes.

18. LYCÆNA ARGIOLUS, *Linné.*

Hübn., Pap. fig. 272-74, 4 etc.

Dans les environs de Grenade, au printemps et en été; la larve vit sur divers arbres.

19. LYCÆNA LYSIMON, *Hoffmanzegg.*

Hübn., Pap. fig. 334-35.

Il se trouve dans les prairies humides et les fossés de la plaine de Malaga, mais il est surtout très-commun à Grenade, le long du Génil; il voltige très-bas parmi les herbes.

20. LYCÆNA MELANOPS, *Boisduval.*

Icon. 1 p. 75, pl. 17, f. 4-6.
Hübn., Pap. fig. 322-23, *Sapphæ.*

Il devient ici au moins aussi grand que l'*Alexis.* Il se trouve à la fin du printemps le long des collines, et toujours dans les lieux où croissent des genêts (*Genista umbellata*) sur lesquels il se repose; il disparaît dans les montagnes.

21. LYCÆNA TELICANUS, *Herbst.*

Hübn., Pap. 371-72 et 553-54.

Il se trouve au bord des ruisseaux dans les environs de Malaga; il commence à paraître pendant l'été, puis toute l'automne. La larve est polyphage quoique se trouvant surtout sur le *Lytrum salicaria;* elle est tantôt verte, tantôt rougeâtre, et son premier segment, en forme de capuchon, peut cacher entièrement sa tête.

22. LYCÆNA BÆTICA, *Linné.*

Commun dans toute l'Andalousie; la chenille ne vit pas

seulement sur le *Colutea arborescens* mais sur la plupart des Legumineuses ; je l'ai aussi trouvée dans les gousses de la *Phaca batica*. Elle est parfois si abondante, qu'après avoir mangé les gousses et les graines, elle dévore les feuilles de la plante, et se jette sur tout ce qu'elle rencontre, même sur les débris végétaux, et devient alors omnivore.

D. Pattes antérieures complètes dans les deux sexes et servant comme les autres a la marche ; tergum du prothorax très-variable selon les genres (*hexapi veri*).

Septiéme famille. PIÉRIDES.

Onglets des tarses fortement bifides [*] ; rameau nervulaire naissant presque toujours en avant du milieu de la nervule

---

[*] Les onglets des tarses ayant été mal observés jusque dans ces derniers temps, par la plupart des auteurs, qui les ont crus bifides lorsqu'ils étaient simples, ou simples lorsqu'ils étaient bifides, il devient indispensable d'en dire un mot. Ils prennent naissance d'une base épaisse plus ou moins longue, qui est reçue dans l'extrémité du dernier tarse ; ils sont comprimés, plus ou moins courbés en arc, plus épais à leur côté supérieur, et se terminent en pointe aiguë ; parfois ils sont très-étroits et presque droits et varient beaucoup pour la longueur, leur base est aussi plus ou moins enfoncée dans le tarse ; leur bord inférieur peut devenir saillant à la base, et presque former une dent comme chez la *Nerias susanna* ; ils sont très-souvent entourés par un appendice souvent bilobé (*appendices basilaires*) dont une portion accompagne l'onglet et a quelquefois la même forme et la même longueur, ce qui, d'après un examen superficiel, a pu faire croire celui-ci double ou bifide. La pelote est une partie noirâtre allongée en travers, ayant une face libre inférieure plus ou moins plane ; elle peut aussi être arrondie, paraissant dure et coriace, placée entre les onglets, portée sur un pédicule mou qui la rend plus ou moins saillante ; elle est un peu entourée par la partie inférieure ou petit lobe des appendices. Dans les *Diurnes* il n'y a que la famille des *Piérides* qui ait les onglets des tarses bifides ; c'est à tort que M. Boisduval le suppose pour ses *Peridromides* ; elles ont les onglets parfaitement simples comme toutes les *Nymphalides*. Les onglets bifides distinguent donc complétement les *Piérides* de tous les autres diurnes. Nous avions mentionné ces caractères dans notre Faune de l'Andalousie ; depuis, M. H. Schæffer les a figurés assez exactement dans son grand ouvrage supplémentaire, et M. Lucas, Expl. S. Alg. L. pl. 2, f., 2, f.

aux supérieures; nervure basilaire ou cinquième mince, venant se perdre sur la quatrième nervure; première nervure des inférieures se terminant le plus souvent avant l'angle externe qui, ordinairement, est très-arrondi et insensible; deuxième nervure naissant de la base ou sur la première nervure, mais alors bien avant le rameau divergent, ou l'endroit de sa naissance, lorsqu'il est nul; bord abdominal peu ou pas engaînant et sans changement de couleur; première nervure presque toujours un peu dilatée aux supérieures.

Les chenilles sont allongées, pubescentes (celles de la *Leptalis amphione* aurait deux épines charnues;) les chrysalides sont maintenues par la queue et par une anse de soie (*Succincti* Boisduval).

Quelques espèces telles que les *Leptalis amphione, vacuta*, et autres, et un peu le genre *Leucophasia*, ont une nervuration anomale et ressemblant à celle des Héliconies; d'après cela, M. Boisduval (*Spec. Gén. des Lépid.*, p. 413), va jusqu'à dire : « il est même possible que dans nos Héliconies nous réunis- « sions quelques espèces qui sont de véritables *Leptalis*. » Et il ajoute plus bas : « Si la chrysalide est seulement suspendue « par la queue, comme on pourrait le pressentir d'après ce « que dit Stoll, la tribu que ce genre formerait devrait être « placée entre celle des *Danaides* et celle des *Héliconides*! » Il faut que cet éminent lépidoptériste soit bien prévenu en faveur des caractères de larve et de nymphe, pour perdre ainsi de vue un des faits principaux et des plus curieux de l'organisation des lépidoptères diurnes, à savoir s'ils sont *tetrapi* ou *hexapi!!* car les Héliconies en question ont des pattes antérieures rudimentaires ou presque nulles, tandis que les *Leptalis* citées les ont bien complètes et surtout très-développées [1].

---

[1] Quant à la forme des ailes, les différences sont aussi grandes; le sommet des supérieures est très-raccourci, et leur angle postérieur très-saillant et tout à fait extérieur chez ces Héliconies, tandis que c'est tout le contraire pour les

GENRE. **RHODOCERA**, *Boisduval.*

Tête petite, ayant une touffe de poils serrés conique et très-
saillante sur le front; antennes courtes avec la massue allongée
très-obtuse au sommet, ayant un côté interne dénudé qui se
prolonge sur la tige, celle-ci hérissée en dessous avant la base
et comme épaissie; palpes comprimés, non hérissés, couverts
par des écailles serrées, ayant le dernier article court; pattes
épaisses, courtes, onglets courts, larges, avec un appendice
presque aussi long qu'eux, pelote nulle; abdomen très-com-
primé; ptérigode petit, prolongé en une pointe obtuse aussi
longue que le reste; écailles du prothorax, petites, arrondies,
tuberculiformes.

Deuxième nervure des supérieures plus mince que la première,
qui ne dépasse pas le milieu du bord costal et qui est un peu dila-
tée vers la base, fournissant deux rameaux externes bien avant
l'angle de l'aréole discoïdale; première nervure des inférieures
n'ayant pas de rameau divergent, deuxième plus épaisse, naissant
de la base de l'aile, troisième un peu plus épaissie dans sa moitié
postérieure.

Les ailes inférieures sont marquées d'une tache discoïdale,
petite, arrondie, couleur souci en dessus, d'un brun violet
blanchâtre en dessous ou les écailles deviennent plus grandes;
cette tache est à peine visible aux supérieures et placée sur la
nervule; le sommet et le bord postérieur des ailes inférieures
dans son milieu, sont anguleux.

Les chenilles sont finement hérissées; les chrysalides présentent une pointe a la partie antérieure et une large dilatation
à la poitrine.

---

leptalis effacé; le sommet est très-allongé, et le même angle est presque effacé
et peut se trouver au milieu de la partie postérieure de l'aile qui est très-
oblongue (*L. amphione*).

1. Rhodocera Rhamni, *Linné*.

Elle a été prise dans les montagnes de l'Andalousie par MM. Lederer et Staudinger.

2. Rhodocera Cleopatra, *Linné*.

J'avais d'abord cru qu'elle n'était qu'une race méridionale de la précédente, mais je pense maintenant avec M. Lederer, qu'elle forme une espèce distincte; les parties génitales du mâle présentent des différences notables et constantes.

La larve vit comme la précédente sur les arbrisseaux du genre *Rhamnus*.

Genre. COLIAS. *Fabricius*.

Ce genre, quoique ayant des rapports avec le précédent, en diffère essentiellement.

Tête plus grosse avec la touffe de poils moins élevée, lâche; antennes un peu plus en massue, moins obtuses à l'extrémité, submucronées, tronquées, ayant le côté interne subdénudé avec une petite impression sur chaque segment, lisses et glabres avant la base; palpes un peu hérissés, ayant le dernier article très-court, conique; pattes assez grêles; onglets allongés très-saillants, sans pelote avec des appendices courts peu visibles; ptérigode petit, se rétrécissant en pointe obtuse très-allongée; écailles du prothorax petites, saillantes en tubercule, séparées par un petit avancement du scutellum; abdomen comprimé.

Nervures uniformes, la première des supérieures dépassant le milieu du bord costal, la deuxième ne fournissant qu'un rameau avant l'angle de l'aréole discoïdale, et le troisième rameau se bifurquant avant le sommet comme dans le genre précédent; la deuxième des inférieures naissant sur la première, rameau divergent nul.

Les ailes inférieures sont marquées en dessous, d'une tache
ocellée souvent double, dont une plus petite à fond blanc
argenté, fauve ou pâle en dessus ou nulle; elle est remplacée
aux supérieures par une tache noire qui peut disparaître.

Chenilles vivant sur les Légumineuses herbacées; chrysalides à poitrine moins saillante que chez les précédents.

1. Colias Edusa, *Fabricius.*
Hübn., Pap. fig. 529-31 et 540, *Helice.*

Il est très-commun pendant l'été dans toute l'Andalousie;
sa larve vit sur les *Medicago*; la variété *Helice* n'y est pas rare.

Cette espèce présente comme plusieurs autres, à la marge
de la base des secondes ailes, entre la première et la deuxième
nervure, une tache formée par des écailles plus serrées.

2. Colias Hyale, *Linné.*
Hübn., Pap. fig. 438-39, *Palæno.*

Il se trouve dans les environs de Grenade.

GENRE. LEUCOPHASIA, *Stephens.*

*Corps très-grêle, court; abdomen très-long; massue des
antennes assez épaisse, dénudée au sommet qui n'est pas obtus;
touffe frontale, divisée, bifide; palpes médiocres; onglets allongés, grands; pattes longues, grêles, avec un appendice long,
mince, pas de pelote sensible.*

*Ptérigodes très-petits, en triangle allongé, mucronés; pro-
thorax très-différent de ce qu'il était chez les précédents, composé en dessus de quatre écailles minces dont les antérieures se
continuent sur les côtés après avoir fait un angle, placées sur
les côtés du scutellum dont les angles latéraux s'allongent* .*

---

* Cette forme se modifie peu dans le reste des PIERIDES et dans les VANES-
SIDES.

*Nervuration anomale; aréoles discoïdales très-courtes pres-
que basilaires; première nervure des antérieures ne fournissant
des rameaux que très-loin après l'aréole, la même des quatre
ailes longeant le bord, celle des inférieures ayant un rameau
divergent droit, la troisième de celles-ci paraissant avoir
quatre rameaux, un peu comme dans le genre Papilio; première, troisième et quatrième un peu dilatées aux ailes antérieures.*

LEUCOPHASIA SINAPIS, *Linné.*

Elle se trouve dans les environs de Grenade; la chenille est
verte avec une ligne plus obscure sur le dos, et une autre
jaune sur les côtés; elle vit sur les Légumineuses, telles que
Vicia, Lotus, etc.; la chrysalide d'un gris blanchâtre, avec des
traits roux, ressemble pour la forme, à celle des *Colias.*

GENRE. ZEGRIS, *Rambur.*

*Thorax et abdomen épais, courts; antennes très-courtes, ter-
minées par une massue ovoïdo-sphérique; palpes médiocres très-
hérissés, le dernier très-court, hérissé, dénudé, obtus, ovoïde,
dépassant un peu les poils du front qui sont épais, un peu
divisés en deux touffes; pattes robustes, inermes, onglets assez
longs avec des appendices moins longs qu'eux, pelote insensible;
scutellum du mésothorax largement et complétement uni en
avant avec le scutum; ptérigodes petits, larges, courts, triangulaires; nervules formant en dedans une courbure prononcée;
deuxième nervure aux supérieures, n'émettant qu'un rameau
avant l'angle de l'aréole, d'où elle en émet un second, le
troisième trifide ou fournissant trois rameaules vers le sommet;
deuxième des inférieures naissant de la première, qui produit un
rameau divergent bien sensible; bord abdominal légèrement et
assez largement enguinant; ailes supérieures ayant toujours une
tache noire sur la nervule.*

La larve est plus épaisse que celles des espèces du genre
suivant ; la chrysalide est très-épaisse, courte, pointue aux
deux bouts, avec le bas de la poitrine et le dessus du ventre
gibbeux.

1. ZEGRIS EUPHEME, *Esper.*

Esp. Tab. 113, fig. 2, 3, p. 105.
Eversm. N. Mém. des Nat. de Moscou, II. t 20, f. 1, 2. p. 354, *Erothoë.*
Menetr. Cat. rais. p. 245, n° 1165, *Menestho.*
Hübn-Gey, pap. fig. 1604-5.
Ramb. Ann. S. Ent. de France, V, p. 385.
Ramb. Faune Ent. de l'And. Lép. pl. 11, p. 247.
Boisd. Sp. Lép. p. 553.
Her. Schæff. 194-95.

Il n'est pas très-rare pendant le mois d'avril, dans les champs
du midi de l'Espagne.

La chenille vit sur les Crucifères ; la chrysalide, outre ses
attaches, est enveloppée d'un léger réseau.

Les œufs sont ovoïdo-sphériques, déprimés au bout le plus
épais, avec des côtes saillantes presque aiguës.

M. le professeur Graells me l'a envoyé de Madrid.

GENRE. ANTHOCHARIS, *Boisduval.*

Ce genre, qui se rapproche beaucoup du précédent, en diffère :
*par le corps bien moins épais ; les antennes plus longues ainsi
que les palpes qui sont très-hérissés ; le front couvert d'une touffe
plus longue, surtout au centre ; les pattes plus allongées, plus
grêles, ayant des onglets plus courts, avec les appendices plus
longs et une pelote très-petite, mais très-saillante, et portée sur
un pédicelle allongé ; par la nervule des ailes inférieures qui est
presque droite, et celles-ci toujours moins larges.*

Le groupe de l'*Eupheno* présente quelques différences *, en

---

* M. Lefebvre avait déjà fait cette remarque.

ce que la deuxième nervure des ailes antérieures fournit deux
rameaux avant l'aréole, et que la nervule des inférieures est
plus courbée.

Les chenilles sont beaucoup plus minces et plus allongées.

Les chrysalides, surtout, présentent des différences extrêmes; elles sont du double plus allongées, courbées, et un peu
en forme de bateau; l'extrémité postérieure est dirigée par en
haut, tandis qu'elle est fortement abaissée dans les *Zegris*;
l'antérieure se prolonge en un très-long bec uni, et n'ayant
point la dépression profonde que l'on remarque dans l'autre.

1. ANTHOCHARIS TAGIS, *Hübner*.

— Pap. fig. 565-66.

La *Tagis* et la *Bellezina* sont très-rapprochées comme les
différentes espèces de ce groupe, mais elles paraissent
distinctes *. Elle diffère de la *Bellezina* par les couleurs en
général qui sont beaucoup moins vives; en dessus, la partie
noire du sommet de l'aile est rendue plus pâle et nébuleuse
par le mélange d'une grande quantité d'atomes blancs, et son
bord interne est moins irrégulier et courbe; les taches
blanches dont elle est marquée sont plus petites et moins
visibles; la tache noire qui couvre la nervule est nébuleuse
sur ses bords, et le bord costal est moins marqué de lignes et
d'atomes noirs; le dessous diffère d'une manière encore plus
notable; le sommet de l'aile supérieure est d'un vert jaunâtre

---

* Ayant donné le nom de *Bellezina* à une espèce du midi de la France,
M. Boisduval voulut plus tard y reconnaître la *Tagis*; entraîné par son
exemple, nous désignâmes aussi sous ce nom une variété Corse de *Bellezina*;
pour prouver qu'il avait raison, cet auteur prétendit avoir vu la vraie *Tagis*
du Portugal qu'aucun auteur entomologiste n'avait su reconnaître et que la
figure d'Hübner était mauvaise! Quoiqu'il en soit, la figure d'Hübner est fort
bonne, et M. Boisduval n'a point figuré la *Tagis*. (Voyez Icon. hist. I, p. 25,
pl. 5, figure 1, 2, 3, (errata *Tagis*). Nous ne citons pas Duponchel qui la figure
trop mal.

pâle, et les taches blanches y sont à peine visibles, le bord costal est bien moins tacheté de noir; le dessous des inférieures est d'un vert jaunâtre pâle, un peu grisâtre ou bleuâtre, avec les taches blanches moins sensibles, moins grandes, plus arrondies et moins nombreuses. Cette espèce, rapportée autrefois du Portugal, a été prise dans les environs de Cadix et de Grenade par M. Staudinger.

2. ANTHOCHARIS BELIA, *Esper.*

—Hübn., Pap. fig. 447-48.

Dans les environs de Malaga *.

3. ANTHOCHARIS AUSONIA, *Hübner.*

— Pap. fig. 445.

Hübner figure bien le type de cette espèce qui, en Espagne, varie beaucoup, pour le dessous des ailes inférieures; elle s'y montre en avril et en mai (seulement en juin dans le centre de la France).

4. ANTHOCHARIS GLAUCE, *Hübner.*

— Pap. fig. 446-47.

5. ANTHOCHARIS BELEMIA, *Hübner.*

— Pap. fig. 442-43.

Ces deux espèces paraissent bien différentes, lorsqu'on observe des individus extrêmes, mais il s'en trouve souvent dont les couleurs tiennent si bien de l'une et de l'autre, qu'on est fort embarrassé pour savoir à laquelle des deux, les rap-

---

* Elle n'est pas très-rare dans certaines parties du centre de la France où elle paraît dans le mois de mars; la chenille mange le *B. cheiranthos.*

porter ; il existe aussi des *Glauce* qui semblent se confondre avec l'*Ausonia* ; ces espèces paraissant en même temps et étant fort communes dans les champs du midi de l'Espagne, il doit se produire beaucoup d'hybrides [*].

6. Anthocharis Eupheno, *Linné.*

En avril à Malaga, Grenade et Gibraltar.

Genre. PIERIS, *Schrank.*

Antennes assez longues, terminées par une massue épaisse, courte ; palpes très-hérissés, assez longs, le troisième article long, peu hérissé, dépassant les poils du front ; pattes longues un peu hispides, ayant des onglets assez forts, accompagnés d'une pelote saillante, et d'appendices un peu dilatés, presque aussi longs qu'eux ; deuxième nervure des ailes antérieures fournissant deux rameaux avant l'aréole discoïdale ; troisième rameau à peine ou pas sensiblement bifide au sommet ; nervure basilaire insensible, première nervure des inférieures ne dépassant pas sensiblement le milieu du bord antérieur ; bord abdominal peu engaînant ; nervules presque droites, rarement marquées d'une tache noire aux supérieures [**], franges très-étroites.

Chenilles pubescentes, vivant sur les Crucifères, les *Réséda*, les *Tropeolum et Capparis* ; chrysalides beaucoup plus courtes que les précédentes, anguleuses sur les côtés et le dos, où elles sont carénées, pointues au sommet.

1. Pieris Daplidice, *Linné.*

Très-commune toute l'année.

---

[*] M. Staudinger, pense qu'il n'y a que deux espèces ; il dit avoir obtenu de la même ponte, la *Belia* et l'*Ausonia*, puis la *Glauce* et la *Belemia* ; l'époque différente de l'apparition produirait les différences de couleurs.

[**] Les *Piérides chloridice et callidice*, chez lesquelles la pelote est peu sensible et qui diffèrent aussi par les nervures, devraient former un groupe à côté du genre *Zegris*, aussi M. Heydenreich les place-t-il dans les *Anthocharis*.

2. PIERIS NAPI, *Linné.*

Dans les montagnes de la Sierra-Nevada.

3. PIERIS RAPÆ, *Linné.*

Très-commune.

3. PIERIS BRASSICÆ, *Linné.*

Très-commune.

GENRE LEUCONEA, *Donzel.*

Antennes longues, à massue allongée ; palpes médiocres, le dernier article peu hérissé, de la longueur des poils du front qui sont peu longs ; pattes grandes, assez fortes ; onglets forts, ayant des appendices aussi longs qu'eux, pelote bien saillante ; première nervure des supérieures très-épaisse ou un peu dilatée, la seconde fournissant deux rameaux avant l'aréole, dont le second très-rapproché, le troisième bifide au sommet ; aréoles ayant une petite impression, et très-légèrement marquées de noirâtre ; bord externe rugueux, épaissi, dénudé, et n'ayant pas de frange.

Chenilles velues, assez épaisses, vivant sur des arbres ; chrysalides moins anguleuses que les précédentes.

La forme du bord externe, complétement privé de frange, présente un caractère unique dans nos Lépidoptères diurnes.

LEUCONEA CRATÆGI. *Linné.*

Parties montagneuses des environs de Grenade.

Huitième famille. PAPILIONIDES.

Prothorax formant une sorte de collier dénudé irrégulier, plissé sur les côtés, surmonté d'une partie saillante, échancrée on fourchue, qui est le scutellum; onglets des tarses grands, simples, sans appendices, ni pelotes; rameau nervulaire se portant après la nervule, et se joignant à la troisième nervure aux supérieures; nervure basilaire bien prononcée; première nervure des inférieures paraissant aller jusqu'à l'angle externe, ayant un rameau divergent bien sensible; la deuxième nervure mince, naissant sur la première, dont la base est épaisse; bord abdominal excavé, nullement engainant, avec la cinquième nervure d'une longueur ordinaire. Les larves présentent une fente sur le premier anneau, d'où sort un tentacule rétractile bifide.

A. ONGLETS DES TARSES UN PEU INÉGAUX DANS LES FEMELLES, TRÈS-INÉGAUX, CONTOURNÉS ET IRRÉGULIERS, SURTOUT LE PLUS PETIT, CHEZ LES MALES.

GENRE. PARNASSIUS, *Latreille.*

PARNASSII, *Hübner.*

Tête petite; antennes très-courtes terminées par une massue oblongue mucronée; palpes médiocres, grêles, velus en dedans et en avant, égalant les poils du front qui sont déliés, peu serrés, avec le dernier article au moins aussi long que le précédent; prothorax ayant un scutellum redressé, échancré, rebordé, d'où descendent trois plis dont l'antérieur forme un bord ou bourrelet assez épais; pattes très-grandes, très-robustes, épineuses, tuberculeuses; ailes couvertes d'écailles très-peu serrées, le plus souvent très-dilatées, terminées par une pointe d'autant plus longue que l'écaille est large, variables selon leur position*

---

* Le tergum du prothorax subit chez les lépidoptères de telles modifications qu'il est fort difficile, sinon impossible, d'appliquer avec certitude leur vrai nom aux petites pièces qui le composent; ici, et déjà vers la fin des Piérides, ce qui formait deux ou quatre pièces dilatées, saillantes, très-visibles dans les *Argynnis*, *Satyrus*, etc., ne paraît plus être que des plis; ce que j'appelais scutellum forme une partie moyenne plus développée, surmontant les autres, redressée et échancrée antérieurement, d'où descend latéralement un bord assez épais; ce scutellum pourrait bien être le scutum.

et souvent entremêlées ; nervure basilaire venant se perdre dans le bord postérieur ; aréoles discoidales étroites, oblongues, arrondies à l'extrémité, surtout aux inférieures où la nervule, aussi épaisse que les nervures qui forment l'aréole, ne semble pas s'en distinguer ; rameau divergent épais, très-droit ; base du bord antérieur dilatée en angle arrondi.

Les deux nervures composées se trouvent avoir quatre rameaux, séparés par la nervule[*], c'est surtout dans le genre *Dorytis* que cette disposition, considérée par nous comme typique, dans les diurnes, est bien exprimée ; aux inférieures ces deux nervures ont, la première deux rameaux, la deuxième quatre, et la portion qui les sépare est la nervule.

Dans ce genre, le troisième rameau de la deuxième nervure aux antérieures n'a que deux ramuscules ; la nervule des mêmes qui est courbée, est marquée, d'une tache noire.

Les mâles ont des parties génitales très-caractéristiques, et l'abdomen très-velu ; les femelles sont munies, sous l'extrémité de l'abdomen, d'une poche cornée, caduque, qui peut recevoir momentanément les œufs.

Les chenilles sont épaisses, un peu velues, et se métamorphosent dans un réseau.

PARNASSIUS APOLLO, *Linné.*

Il diffère en ce que les taches rouges sont d'un blanc jaunâtre ; sur les sommets de la Sierra-Nevada.

GENRE. **THAIS**, *Fabricius.*

Tête petite ; antennes très-courtes en massue un peu allongée,

---

[*] Chez les Parnassiens, le troisième et quatrième rameau de la composée antérieure (deuxième nervure) naissent d'un tronc commun partant de l'angle de l'aréole, ainsi que chez les *Thaïs* ; ils sont séparés dans les *Doritis*, et dans le genre *Papilio*, le quatrième rameau descend sur la nervule, parfois jusqu'à moitié, et remplace le rameau nervulaire à peu près tel qu'il est, dans les Lycénides.

presque denticulée en dessous (comme dans le G. Doritis); palpes longs, grêles, velus, avec le dernier article plus long que le précédent, un peu épaissi; deuxième nervure aux ailes antérieures ayant ses deux premiers rameaux très-rapprochés dans leur trajet (écartés et laissant un espace triangulaire dans le G. Parnassius), éloignés du troisième qui naît du même tronc où du même point que le quatrième, (angle antérieur de l'aréole), ce troisième produisant trois ramuscules.

Les ailes sont couvertes d'écailles serrées; les inférieures sont plus ou moins dentées.

Les chenilles assez épaisses ont des rangées d'épines charnues, hérissées; elles vivent sur les Aristoloches; les chrysalides allongées, cylindriques, déclives à la partie antérieure, s'accrochent par les deux extrémités sont entourées d'un lien transversal.

1. Thais Rumina, *Linné.*

Hübn., Pap. fig. 633-34.

Elle est commune dans certaines localités, et l'on trouve facilement la chenille aux mois d'avril et de mai. La chrysalide est bifide à la partie antérieure, et s'accroche par cette partie à deux cordons de soie. Nous pensons que les *T. medesicaste* et *honnoratii* ne sont que des variétés; on a indiqué à tort la *Polyxena* dans le midi de l'Espagne, elle n'habite point cette partie de l'Europe, mais elle remplace celle-ci en Autriche, en Italie, en Sicile, en Grèce, etc.

Genre. PAPILIO, *Linné.*

Ce genre se distingue de suite de tous les précédents par la présence de l'*épiphyse tibiale* *.

---

* Nous avons appelé ainsi une sorte d'appendice spiniforme, obtus, assez épais, plus ou moins allongé, naissant de la face interne des tibias antérieurs, le plus souvent au dessus de la partie moyenne, et appliqué contre le tibia qu'il dépasse

Palpes très-courts dépassant à peine la spiritrompe; première nervure des ailes supérieures se prolongeant presque jusqu'au sommet, la deuxième ayant ses deux premiers rameaux très-minces, presque contigus dans leur trajet, et le troisième naissant de l'angle de l'aréole au même endroit que son premier ramuscule qui devient alors rameau et qui, se rapprochant des deux premiers, leur devient parallèle et presque contigu dans son trajet ; ce trosième rameau ne produit plus que deux ramuscules ; quatrième rameau se trouvant placé vers le milieu de la nervule, et le rameau nervulaire formant le quatrième rameau de la troisième nervure ; celle-ci envoyant, vers sa base, un rameau anastomatique transverse, à la quatrième nervure .*

Première nervure des ailes inférieures bifide à la base où elle produit une petite aréole supplémentaire allongée ; ces ailes sont presque toujours plus ou moins dentées, et le plus souvent munies d'une queue.

Les chenilles sont épaisses, sans épines apparentes (espèces d'Europe) ; les chrysalides épaisses, anguleuses, bifides ou échancrées antérieurement, sont maintenues par la queue et par un lien transverse. Aucun genre n'est mieux caractérisé que celui-ci, soit qu'on le divise en plusieurs groupes, soit qu'on le laisse entier ; cependant le P. *Curius* fut longtemps considéré comme une Erycine !

---

quelquefois et dont il peut égaler la longueur ; il se retrouve dans toute la série des Lépidoptères, à partir du genre *Papilio*, ce caractère prouve qu'on ne peut séparer ce genre de la tribu des Hesperiens. L'épiphyse, variable pour la forme et la longueur, est creuse et communique avec la cavité du tibia.

* On retrouve ce petit rameau tantôt rudimentaire et formant seulement un épaississement, tantôt sous l'apparence d'un petit rameau libre, dans quelques Héliconides et Céthosies.

1. PAPILIO PODALIRIUS, *Linné*.

Var. Feisthamelii Duponchel, suppl. 1, p. 7, pl. 1, f. 1.

Il est assez commun dans les environs de Grenade ; sa chenille mange l'Amandier, le Pêcher, l'Épine-blanche, etc.

Il passe de la variété à l'espèce ordinaire, selon la hauteur où il se trouve.

PAPILIO MACHAON, *Linné*.

Il se trouve dans les environs de Grenade. La larve vit sur certaines Ombellifères et sur les *Ruta*.

On a prétendu que l'*Ajax* se trouvait dans le midi de l'Espagne, et M. Lucas a annoncé dernièrement, à la société Entomologique, qu'il avait été pris en Portugal ; on conçoit que la chrysalide ait pu y être apportée, mais nous croyons qu'il est complétement étranger à la péninsule Ibérique.

DEUXIÈME TRIBU. **HESPÉRIENS.**

Elle se compose d'une seule famille.

CELLE DES **HESPÉRIDES**, *Latreille.*

Deux paires d'ergots aux jambes postérieures [*] ; tibias
antérieurs toujours munis d'une épiphyse tibiale; deuxième
nervure des supérieures produisant six rameaux simples qui
naissent tous de l'aréole ; nervules [**] très-minces ou presque
nulles, du milieu desquelles part le rameau nervulaire qui,
aux inférieures, est très-grêle et presque insensible [***].

Dans cette famille la tête est très-large, non saillante à
l'occiput ; les antennes sont très-écartées à leur insertion,
souvent courtes, d'autres fois assez longues ; la massue peut-
être courte, épaisse ou allongée et obtuse, mais le plus souvent prolongée en une pointe plus ou moins crochue et aiguë,
parfois pliée de manière à devenir parallèle avec la tige,
d'autres fois très-allongée et amincie et toujours fléchie dans sa
longueur ; près de leur base externe, naît un pinceau de poils
épais, caractéristique dans cette famille, mais qui devient

---

[*] Dans les Hespérides *Steropes* et *Paniscus*, l'épiphyse tibiale est rudimentaire ; chez le dernier et quelques exotiques, la première paire d'ergots est
peu sensible.

[**] Dans certaines espèces exotiques très-grandes, et qui doivent peut-être
commencer la tribu, telles que *Polyzonus*, *Versicolor*, *Xantippe*, *Phidias* et
plusieurs autres, ainsi que dans le groupe de *Proteus*, l'aréole discoïdale s'allonge quelquefois beaucoup vers le sommet de l'aile ; la nervule s'épaisit
postérieurement, devient oblique, et lorsque cette disposition est très-prononcée, elle paraît faire suite à la troisième nervure qui émet alors jusqu'à cinq
rameaux ; cette disposition anomale est d'ailleurs variable dans les espèces du
même groupe.

[***] M. H. Schæffer s'est déjà servi de ce caractère.

presque nul ou insensible, dans les espèces citées plus haut en note.

Les palpes sont le plus souvent très-épais, très-larges à articles dilatés, vésiculeux, surtout le moyen, souvent dépassant à peine le front avec le troisième très-court, conique, beaucoup plus étroit que le précédent, au centre duquel il forme une petite pointe, à peine saillante; il est presque nu; les autres sont couverts d'écailles uniformément serrées; d'autres fois hérissés, plus minces, assez souvent aussi le troisième article est velu, abaissé ou redressé, long, aigu; ils sont séparés par la trompe qui est très-épaisse, très-longue, se terminant en une partie très-mince; yeux toujours glabres très-écartés l'un de l'autre.

Le thorax est le plus souvent très-épais avec le mésothorax et son scutellum très-grands, recouvrant parfois le métathorax, entre lequel il laisse un espace étroit, et le prothorax très-étroit, garni, surtout à son insertion avec la tête, de très-larges écailles placées en manière de collerette, composé en dessus de quatre pièces en forme d'écailles, dont les deux premières, sensibles surtout par leurs poils, deviennent facilement caduques; les deux autres parfois assez épaisses et saillantes, transverses, un peu dilatées et un scutellum très-petit, enfoncé, cordiforme; le métathorax présente parfois à sa partie postérieure, au dessus des hanches, deux appendices velus, cachés sous le ventre, entre lesquels et celui-ci, s'engage, de chaque côté, un pinceau délié de poils allongés partant de la base interne des tibias postérieurs, et dont l'usage est difficile à expliquer, à moins qu'ils ne soient destinés à les maintenir comme une espèce de frein.

Les ailes sont peu développées, fortes, souvent entières, parfois dentées, ou les inférieures prolongées en queue; le bord costal présente, chez les mâles d'un grand nombre, un pli déhiscent comprenant une grande partie du bord, et dont l'intérieur est velouté et d'une couleur différente; la nervure basiliaire peu sensible, forme une courbe pour se joindre à la

quatrième; le premier rameau de la troisième nervure, aux
quatre ailes, est parfois très-rapproché de la base et éloigné
du second; aux inférieures, une partie du bord antérieur vers
la base se replie pour s'accrocher au bord correspondant des
supérieures qui est un peu excavé; cette partie est dilatée et
présente en dessous une petite excavation basilaire, et près de
l'attache de l'aile, une petite nervure qui correspond à celle
(qui n'est souvent qu'un tubercule) où s'articule le frein.
(*G. Castnia*); les deux premières nervures, d'abord unies vers
la base, se séparent avant leur insertion et forment une petite
aréole basilaire. Le bord abdominal engaine un peu l'abdomen, et avant lui, l'aile forme un pli saillant; celui-ci quoique assez court dépasse quelquefois les ailes, qui relativement
aux autres familles sont petites.

Les pattes assez robustes, variables, présentent souvent
des touffes et des pinceaux de poils, surtout les premières et
les dernières; les intermédiaires ont les cuisses les plus longues. Les onglets sont courts avec des appendices bilobés,
à peu près aussi longs qu'eux, et une pelote large saillante.

L'abdomen, le plus souvent assez court et épais, est parfois
excavé en dessous, pour recevoir les deux appendices métathoraciques, et alors il est caréné dans le milieu; d'autres fois il
présente une gibbosité remarquable chez les mâles, au même
endroit. Les parties génitales se composent d'une armure
remarquable, formée de trois principales pièces, une supérieure que j'ai appelée *stylet*, mais qui peut être fourchue et
s'avance entre les deux inférieures; celles-ci recourbées par
en haut forment une sorte de *pince*, ayant une division large
qui est la *pince* et une autre, le plus souvent plus étroite, qui
est le *style*. (*Ramb.*, *Faun. And.* II. pl. 8).

Les Hespérides sont très-nombreuses et habitent toutes les
parties de la Terre, de sorte que, le petit nombre particulier
à l'Europe ne représente que très-imparfaitement l'ensemble
des caractères qui les distinguent; cependant certains groupes
sont proportionnément plus nombreux en Europe.

Les larves même de la plupart de nos espèces étant peu
connues, et celles des exotiques l'étant beaucoup moins, elles
ne peuvent aider à la classification ;

Les chenilles sont tantôt assez allongées, presque glabres,
tantôt épaisses, finement hérissées, avec la tête arrondie ou
un peu échancrée, rugueuse et le premier segment étranglé ;
elles vivent sur diverses plantes ; les chrysalides sont enveloppées d'un léger réseau et souvent couvertes d'une poussière
blanchâtre, elles sont souvent assez épaisses, sans rugosités,
obtuses antérieurement, parfois mucronées aux deux extrémités.

Quoique dans la série des Hespérides on remarque des
formes très-variées et des caractères assez tranchés, cependant les différents groupes se lient les uns aux autres par des
nuances presque insensibles, de sorte qu'il est difficile de
faire des genres bien circonscrits.

A. Un pli déhiscent au bord antérieur des premières
ailes.

Genre. SCELOTRIX, *Nobis*.

Syrichtus* Boisduval

Massue des antennes assez épaisse, allongée, courbée, mais

---

* Nous n'avons pas adopté le genre *Syrichtus*, de M. Boisduval, parce que
ce nom est celui d'une espèce de cette famille, et que nous n'admettons pas
qu'on puisse changer le nom d'une espèce pour l'appliquer à un genre ; en effet,
un genre est une division arbitraire et modifiable, et de nos jours bien des
auteurs, tout en faisant de nouveaux genres, en ont laissé de côté d'anciens et
fort mal à propos ; mais l'espèce étant un être qui ne peut changer selon nos
caprices, que nous n'avons point fait, mais seulement reconnu, son nom doit
être immuable comme elle.

toujours obtuse et jamais prolongée en une pointe aiguë réfléchie; palpes très-hérissés de poils et d'écailles fines et longues, assez épais, avec le troisième article assez long, dépassant le front au moins de toute sa longueur, un peu hérissé, très-peu abaissé; pinceau de poils du dessus des yeux bien prononcé, courbé sur les yeux, formé de poils d'autant plus longs qu'ils sont inférieurs.

Pattes ayant les cuisses également et médiocrement velues, avec l'épiphyse tibiale dépassant un peu le tibia, à peine courbée; tibias postérieurs portant à la base chez les mâles, un long faisceau de poils qui s'engage de chaque côté, entre un appendice métathoracique et la base de l'abdomen; onglets ayant le grand lobe des appendices étroit, filiforme, aussi long qu'eux, avec la pelote médiocre; base de l'abdomen des mâles excavée pour recevoir les appendices, carénée dans son milieu avec le bord garni de larges écailles; ailes entières; première nervure aux supérieures, se terminant à peine au-delà du milieu du bord costal; aréole étroite, dépassant le milieu de l'aile, ayant son angle antérieur un peu saillant, avec la nervule presque insensible, visible à sa partie postérieure, et le rameau nervulaire naissant très-peu avant son milieu; nervule des inférieures nulle, avec le rameau nervulaire très-mince.

La chenille d'une espèce de ce genre vivrait sur les *Rubus* et ressemblerait pour la forme à celle de la *Proto*.

Toutes les espèces d'Europe ont les franges blanches, entrecoupées de noir; elles sont toutes noirâtres avec des taches blanches qui ne sont jamais transparentes [*]. L'excavation abdominale est variable pour l'étendue et la profondeur.

Ce genre est proportionnément plus répandu en Europe, que dans les autres parties du Monde; la couleur et la disposition des taches étant presque toujours les mêmes, on éprouve

* Parmi les exotiques, il y en a qui ont le fond de la couleur, blanc et même de presque toutes blanches, telles que *Syrichtus*, *Nivea*.

les plus grandes difficultés pour séparer les espèces; aussi avions nous essayé, dans une sorte de travail monographique, de trouver des caractères spécifiques dans la forme des différentes pièces des parties génitales, dont nous avons figuré les plus importantes.

1. SCELOTRIX CARTHAMI, *Hübner*.

— Pap. fig. 720, 723, et 721, 722?
H. Schæff. Suppl. Hesp. 31, 32 *Onopordi*.
Godart, Lépid. de France, 1, pl. 42, f. 4, 5.
Ramb. Faun. And. Lep. pl. 8, f. 8, 1.

L'espèce que nous nommons *Carthami* paraît bien être la même que celle figurée par Hübner, sous ce nom, 720-23, et peut-être aussi sous les numéros 721-22? mais nous ne croyons pas comme M. H. Schæffer, qu'ils représentent le *Cynaræ*.

Il devient presque aussi grand que le *Tessellum*; en dessus il est d'un brun plus ou moins noirâtre, souvent nuancé de jaunâtre, avec les taches blanches ordinaires bien marquées; parfois sur la marge, et sur d'autres parties, on aperçoit les traces d'autres taches mais plus ou moins confuses. Souvent les inférieures offrent deux séries de taches bien visibles, d'autrefois elles s'obscurcissent, et la série externe reste la mieux marquée, et est composée de six taches; on voit en outre quelquefois une ou deux taches vers la base et même quelques-unes entre les deux séries.

En dessous les supérieures sont noirâtres, plus ou moins nuancées de blanc jaunâtre, avec la reproduction des taches du dessus; le dessin s'arrête avant la marge externe qui est jaunâtre; ainsi que la postérieure, celle-ci est nuancée de brunâtre avec une ligne brune sur l'extrême bord; l'extrémité de l'aréole présente parfois une ligne blanchâtre, mais toujours moins marquée qu'en dessus, et elle ne contourne jamais cette partie en s'unissant à la tache discoïdale, qui est plus intérieure, et en produisant une tache bien marquée.

Les postérieures sont d'un blanc jaunâtre avec deux bandes et des taches rousses ou roussâtres, quelquefois un peu brunâtres et s'arrêtant toujours avant la marge externe qui reste de la couleur du fond ; la base est un peu nuancée de jaunâtre un peu obscur, et il existe une tache dans l'angle formé par la réunion de la première et de la seconde nervure ; mais il n'y en a jamais entre la base et la première nervure, comme chez l'*Alceus* ; la bande qui vient après est large dans son milieu et très-rétrécie antérieurement, par une tache ovale, couleur du fond qui la sépare de la précédente, avec laquelle elle communique souvent par un prolongement, et par une autre tache semblable plus longue, du côté opposé ; parfois cette extrémité se prolonge le long de la première nervure, et aussi le long de la seconde, mais elle n'est jamais carrée comme chez l'*Alceus*.

La deuxième bande, en zig-zag sur ses bords, ou irrégulièrement crénelée et formant des angles sur les nervures, n'envoie jamais de prolongements jusqu'au bord externe qui reste de la couleur du fond ; elle est large à son extrémité interne, terminée antérieurement par une petite tache parfois isolée ; peu à près, entre ses angles externes, il y a une petite tache en lunule, dans le second intervalle des nervures qui se réunit à un ou deux de ses angles, en renfermant une petite tache du fond ; le troisième et quatrième intervalles sont sans tache ; dans les deux suivants, on voit deux petites taches, dont la première, en s'élargissant un peu, touche souvent un des angles de la bande ou même deux ; la deuxième reste le plus souvent isolée. Enfin, dans l'intervalle suivant, il y a deux points dont un plus externe ; l'angle anal qui vient après est marqué d'une tache brune. Ces bandes ne dépassent jamais la première nervure, et laissent libre le bord abdominal dans une large étendue (cette disposition est générale dans toutes les espèces) ; celui-ci est souvent jaunâtre ou un peu nuancé de brun.

Quelquefois le bord externe présente une nuance roussâtre; d'autrefois les bandes se réunissent dans le milieu par leur angles, en renfermant deux taches du fond. La tache de la massue des antennes est plus ou moins obscure ou noirâtre.

L'abdomen est couleur des ailes en dessus, finement annelé de jaunâtre surtout sur les côtes, jaunâtre en dessous; les poils de l'anus sont noirâtres en dessus, jaunâtres en dessous; leurs touffes sont serrées et rendent l'extrémité amincie presque pointue, parfois ils se trouvent un peu dilatés. L'extrémité de la pince est très-étroite, arrondie au sommet et finement rugueuse, contournée par le style qui est large, lui est contigu, et entoure le sommet; le milieu de la base est du double plus large qu'elle; le stylet, en se rétrécissant, s'infléchit et devient excavé dans cet endroit, puis il se redresse entre la pince et se recourbe; il est court.

Nous avons décrit cette espèce, assez facile à reconnaître, pour servir de comparaison aux autres [*].

Les individus recueillis dans la Sierra-Nevada diffèrent un peu de ceux de France, surtout par le dessous des ailes inférieures, dont le bord externe présente une nuance d'un roussâtre obscur, mais ne s'unissant pas complètement avec le dessin des ailes comme chez l'*Alceus*; la tache de la massue des antennes est obscure ou noirâtre.

Ils se rapprochent beaucoup de la variété de l'*Alceus* de la même localité, mais ils s'en distinguent nettement d'après les caractères énoncés, et surtout, par les différences très-grandes des parties génitales.

Nous possédons, de la Russie méridionale, un individu femelle,

---

[*] Elle n'est pas la plus commune; elle se trouve rarement à Paris, et, dans le centre de la France, elle n'habite que les collines pierreuses, arides et exposées au midi; on la retrouve dans tout le midi de la France. Chez quelques individus la teinte blanc-jaunâtre envahit la plus grande partie du dessous des ailes, et les bandes sont très-étroites.

d'une autre espèce qu'on pourrait confondre avec le *Carthami*, mais qui nous paraît distinct [*].

Les *Scelotrix carthami*, *galactites*, *cynaræ* [**] et *alveus* peu-

---

[*] 1. SCELOTRIX GALACTITES, *Nobis*. Il est de la grandeur du *Tesselum*; les taches du dessus sont bien marquées; en avant de la tache discoïdale, il y a trois traits blancs obliques dont l'interne est peu sensible, mais dont l'externe est très-long et se prolonge vers le bord costal jusqu'à la première tache de la série transverse qu'il touche presque, de manière à former avec les autres taches une espèce de cercle un peu anguleux; l'antépénultième tache de la série est plus rapprochée de la discoïdale que chez le *Carthami*, et le trait qui borde l'extrémité de l'aréole, presque insensible en-dessus, est assez visible en dessous. Le dessous ressemble extrêmement au *Carthami*, surtout aux supérieures, où les taches sont reproduites plus larges; de même le dessin ne s'avance point sur les marges externes, qui restent jaunâtres; aux inférieures, le dessin est d'un brun roux un peu rougeâtre; il produit un liséré fin qui longe le bord antérieur, et un autre plus court longeant la première nervure; ils sont séparés par un filet jaunâtre, ensuite une tache entre les deux premières nervures avant leur jonction. La première bande conserve presque partout la même largeur; un peu rétrécie à son extrémité interne, elle ne l'est pas à l'antérieure comme chez le *Carthami*, par des taches du fond, mais se termine carrément; la deuxième bande est aussi plus large et moins irrégulière sur ses bords, elle laisse, entre elle et la précédente, un espace plus étroit, et la joint entre les rameaux de la troisième nervure, en enfermant deux petites taches du fond; elle s'avance aussi sur les deux rameaux de la seconde nervure; son extrémité antérieure, rétrécie, produit une petite tache dans le premier intervalle des nervures, la lunule du second s'unit à elle, ainsi que la petite tache du cinquième et un peu celle du sixième; les deux points du septième tendent à former une ligne oblique, et l'angle anal est un peu obscurci; le bord abdominal, d'un jaunâtre pâle, est légèrement bruni le long de la cinquième nervure, et surtout vers la base; la frange des mêmes ailes a ses petits traits noirs peu marqués. La tache de la massue des antennes est obscure. Les figures de M. H. Schæffer 37, 38. *H. meschleri*, se rapprochent un peu de notre espèce, mais surtout de certaines variétés de *Carthami*.

[**] 2. SCELOTRIX CYNARÆ, Ramb. Faune And. Lép. pl. 8, fig. 4, 5, j. — H. Schæffer, Suppl 4, 5, et 6, 7? Cette dernière ressemble beaucoup à l'*Alveus*. Il se distingue facilement des autres par ses taches plus grandes, surtout la discoïdale qui est surmontée de trois petits traits, et après laquelle on aperçoit deux ou trois autres taches, dont la dernière plus grande; aux inférieures la série externe, dont la tache la plus interne disparaît, est plus éloignée

vent se distinguer même par leurs couleurs; nous n'avons point vu les parties génitales du second.

2. SCELOTRIX ALVEUS * *Hübner*.

— Pap. fig. 462, 463.

Ramb. Faune. And. Lep. pl. 3, f. 3. a-i.

Dup. suppl. I , pl. 42. f. 34 *Carthami* : texte, p. 259 *Alveus*.

Cette espèce diffère à peine en dessus, de la précédente; l'extrémité de l'aréole est marquée aux supérieures d'un trait blanc bien plus sensible, surtout en dessous, où il forme une tache assez large; à ces mêmes ailes en dessous, la partie obscure du milieu après le tiers antérieur, s'avance toujours jusqu'à la frange, et la dernière tache blanche disparaît dans la partie blanchâtre du bord postérieur, qui est plus pâle que dans le *Carthami* ; aux secondes ailes, la base est toujours marquée d'une tache avant la première nervure (jamais dans le *Carthami*); la première bande a son extrémité externe plus large carrée, jamais fortement échancrée en avant ni prolongée sur le bord de la nervure en arrière; elle s'unit souvent avec la deuxième, en renfermant une ou deux taches

du bord postérieur que chez les autres ; en dessous, aux premières, les teintes noire et jaunâtre obscure sont bien tranchées, et le bord externe est un peu éclairci ; aux secondes, le dessin est comme chez l'*Alveus* avec les bandes larges, plus régulières, d'un brun roussâtre un peu verdâtre ; la pince est comme chez l'*Alveus*, large, elliptique, arrondie, formant un petit angle en dessous, tronquée presque carrément par en dessus, avec une échancrure profonde, peu large dont l'angle postérieur, un peu saillant, pointu, et le sommet un peu saillant, arrondi ; les styles sont grêles, courts, larges à la base, contournés au devant de la pince.

* M. Boisduval, dans ses Icon. I, p. 230, tout en cherchant à débrouiller les espèces de ce genre, ajoute encore à la confusion qui y règne, en figurant sous le nom d'*Alveus* celle que nous avons appelée plus tard *Cacaliæ*, et en prenant l'*Alveus* d'Hübner pour le *Fritillum*.

du fond, qu'elle peut couvrir. Celle-ci, qui est très-sinuée sur
les bords, envoie des prolongements aux petites taches ou
points du bord externe et s'avance largement jusqu'à la frange
en laissant une grande tache du fond; la teinte de ces
bandes est ordinairement d'un jaune obscur verdâtre, quelquefois brunâtre avec des parties plus foncées. Le bord abdominal et l'angle anal sont plus ou moins bruns. Ces ailes ont
l'angle anal plus saillant et arrondi, et l'extrémité anale du
mâle est plus large sur les côtés et comprimée (*). Les antennes
ont la tache de la massue d'un rouge vif.

Les parties génitales du mâle diffèrent complètement de
celles du précédent; les pinces ont l'extrémité très-large, plus
large que leur base, arrondie presqu'en cercle, plus ou moins
échancrée vers la base, avec cette partie anguleuse; les styles
sont très-grêles, droits.

Les individus que nous avons pris dans la Sierra-Nevada
sont un peu différents, mais nous n'avons pu en faire une
espèce distincte.

Ils sont très-grands, parfois marqués de blanchâtre avec les
taches blanches bien prononcées, même aux inférieures; en
dessous, les premières sont en grande partie d'un blanc jaunâtre avec des taches et lignes noires; le bord externe de
l'aréole forme une tache noire complètement entourée de
jaunâtre; aux inférieures, le dessin est assez bien marqué,
souvent bordé de brun, et quelquefois la partie de la deuxième
bande, qui se prolonge au bord externe, est très-pâle, et le
bord abdominal presqu'entièrement blanchâtre; mais l'extrémité de la première bande, et la tache basilaire, en avant de
la première nervure, le cercle blanc de l'angle de l'aréole aux
premières, les distinguent du *Carthami*.

Les pinces des parties génitales sont aussi un peu différentes;

---

* Cette espèce est surtout commune dans les parties montagneuses du midi;
elle habite toute l'Europe, car nous en avons un individu de la Norvége, et un
autre du centre de la Russie.

elles sont plus larges d'avant en arrière, avec l'échancrure bien
moins sensible, et l'angle avant quelquefois tout à fait arrondi; mais il y a des passages, et l'individu de la Norvège
est celui qui diffère le moins d'avec ceux d'Espagne. Sans le
secours des parties génitales, on pourrait facilement confondre
des variétés avec quelques-unes des espèces suivantes, car
cette espèce varie beaucoup pour la taille.

3. SCELOTRIX SERRATULÆ, *Rambur.*

— Faune And. Lép. pl. 8, fig. 9, m.
H. Schæff. Suppl. Hesp. 18-20.

Elle est plus petite que la précédente; les taches du dessus
sont assez bien marquées aux supérieures; en avant de la
tache discoïdale, il y a presque toujours deux ou trois petits
traits dont un plus long; les taches des inférieures sont plus
ou moins obscures; en dessous, les supérieures sont plus obscures que chez l'*Alveus*, surtout au bord postérieur, où la
dernière tache blanche se voit très-bien; la marge externe
présente une bordure plus pâle; aux inférieures, les bandes
sont souvent confluentes, d'un gris verdâtre plus ou moins
obscur ou un peu jaunâtre, formant la couleur du fond et
laissant voir trois séries de taches jaunes et quelques marques
à la base. Ces taches, plus ou moins grandes, forment parfois
comme des bandes interrompues; il y en a trois avant la base,
toujours enveloppées par la couleur du fond: celles du milieu
forment une bande interrompue, dont la moitié antérieure très-
large, est divisée par les nervures en cinq taches, dont l'antérieure très-étroite, plus longue, mais pouvant disparaître, la
troisième souvent plus petite et plus courte, les deux autres
réunies, peu ou pas échancrées postérieurement; puis viennent
deux petites, dont la première plus reculée et la seconde pouvant manquer; enfin, une dernière touchant le bord abdominal
qui est plus ou moins brunâtre. Celles de la marge externe

qui est souvent éclaircie sur son bord, placées comme d'ordinaire, sont en partie étroites, allongées, lancéolées. L'extrémité abdominale du mâle, médiocrement large, a les poils un peu roussâtres, un peu dilatés en triangle par en dessous; les pinces un peu en spatule courbée par en haut, sont arrondies extérieurement, coupées obliquement et profondément échancrées supérieurement, non mucronées dans cette partie comme chez le *Carlinæ* *, et couvertes de poils moins longs, moins divariqués, avec des styles assez grêles, longs, partant du bord antérieur de l'échancrure, élargis à leur naissance, très-courbés au devant de la pince; celle-ci est aussi large ou plus large que sa base.

4. SCELOTRIX ONOPORDI, *Rambur.*

Ramb. faune And., Lép., pl. 8, fig. 13, p.

M. Schæffer a figuré le *Carthami* pour cette espèce.

Les individus d'Espagne sont beaucoup plus petits que les *Alvæus* du même pays, mais ils égalent souvent ceux du midi de la France.

---

* 3. SCELOTRIX CINARÆ, Rambur, Faune Andal. Lép. pl. 8, fig. 11, n. Elle ressemble un peu à la *Serratulæ*, mais ses ailes en dessus sont d'un brun noirâtre plus foncé; les supérieures sont noirâtres en dessous avec le tiers antérieur du bord externe, la moitié interne du bord costal, jaunâtres; le sommet est aussi assez largement lavé de cette couleur; le bord postérieur est en grande partie brun; le dessous des inférieures est d'un roux obscur souvent un peu rougeâtre, formant des bandes larges et plus ou moins confluentes, ne laissant à la base que trois taches jaunes, et éteignant au bord externe une partie des petites taches qui deviennent presque insensibles à l'exception de la plus large qui touche la frange; l'angle anal est brun avec un partie jaunâtre entre lui et les bandes, cette couleur brune s'étend sur le bord abdominal; les traits noirs des franges sont larges et bien marqués. L'extrémité abdominale des mâles est garnie de poils roussâtres formant des touffes dont les deux inférieures sont écartées en triangle; la pince est plus étroite et plus profondément échancrée que dans la *Serratulæ*, avec la base plus large, plus saillante, et les styles plus épais, un peu plus courts que l'extrémité de la pince, ayant leur pointe un peu denticulée; cette espèce habite les Alpes.

Il est en dessus d'un brun légèrement fauve, avec les taches médiocres, d'un blanc un peu jaunâtre, ainsi que les franges; la lunule du bout de l'aréole est assez marquée, mais plus en arrière, il y a souvent deux petites taches au-delà du milieu vers le bord postérieur, et l'antépénultième de la série transverse est placée plus en dedans que les autres; les taches des postérieures sont assez confuses, mais celle du bord antérieur est parfois assez visible. Le dessous des supérieures a la marge antérieure largement, et le bord extérieur lavés de jaune fauve, avec la plus grande partie du centre noire ou noirâtre, et la marge postérieure ordinairement obscure; le dessous des inférieures est nuancé de jaunâtre et de fauve, et le dessin est disposé à peu près comme chez l'*Alceus*, mais entremêlé de brun ou noirâtre et de roux brunâtre; parfois même, tout le dessin est fauve avec des parties un peu plus brunâtres ou bordées de brun, et des taches jaunâtres; d'autrefois le fond est presque blanchâtre, avec quelques parties ou lignes d'un blanc un peu brillant; il y a même des individus dont le fond présente un reflet luisant ou argenté, la marge externe est plus envahie par le dessin que chez l'*Alceus*; l'angle anal est marqué de brun, et le bord abdominal est légèrement bruni le long de la cinquième nervure; les nervures de ces ailes sont fauves; quelquefois le dessin a des teintes olivâtres. La partie anale est peu velue; la pince est assez étroite, un peu allongée, arrondie et rugueuse sur ses bords qui sont couverts de poils très-persistants, plus étroite que sa base qui est aussi arrondie ou dilatée, un peu excavée, médiocrement échancrée avec des styles courts un peu élargis vers leur extrémité.

Je l'ai prise dans les environs de Grenade; elle habite aussi le midi de la France.

Il se trouve des individus qui ressemblent beaucoup au *Cirsii* *.

---

* 1. SATYRUS CIRSII, Ramb., France, Ind. Lép., pl. 8, fig. 12, ♀. — H. Schæff. Suppl. 33, 34. Il ressemble à l'*Onopordi* et à l'*Alceus* qu'il égale »

5. Scelotrix Fritillum, *Hubner.*

— Pap., fig. 464-65.

Ramb. Faun. And. Lép. pl. 8, f. 44, q.

Le *Fritillum* et l'*Alveolus* sont des espèces très-rapprochées, mais bien distinctes ; c'est donc à tort que M. Lederer, dans sa Revue des Lépidoptères, ne mentionne pas cette espèce qu'il pense être une variété d'*Alveus*, et il commet une double erreur en supposant que notre *Cirsii* pourrait s'y réunir.

Il est rarement aussi grand que l'*Alveus* et quelquefois aussi petit que l'*Alveolus*.

Les ailes sont souvent nuancées de jaune ou ont une teinte

---

peu près pour la taille. Sa couleur est d'un brun un peu nuancé de jaunâtre ; en dessous les ailes supérieures ont le sommet, le bord costal et le bord externe, qui est un peu obscurci postérieurement, lavés de jaunâtre ; le postérieur est un peu brunâtre avec le disque noirâtre, reproduisant les taches blanches ; les secondes ont le fond jaunâtre un peu nuancé de brun le long de la cinquième nervure ; le dessin est couleur de rouille, formant trois taches à la base, dont la plus interne communique avec la première bande qui est très-large dans son milieu, amincie à ses deux extrémités ; la deuxième est très-sinueuse ; le bord externe forme une troisième bande, interrompue par une tache jaune du fond, et un peu avant l'angle anal, qui est marqué d'une tache d'un brun roux faisant suite à cette bande ; elle communique par les nervures, avec la précédente en enfermant quatre taches du fond un peu lancéolées ; le sommet des supérieures est traversé par une tache d'un brun roux, et le bord costal par plusieurs lignes brunes ; l'angle de l'aréole est cerné par un croissant jaunâtre ; les taches de la série transverse et la discoïdale sont d'un jaunâtre presque blanc, la dernière est bien marquée, et plus en dedans, on en voit deux autres bordées de brun ; aux inférieures il y a des taches du fond plus blanches et un peu luisantes, et quelques parties du dessin sont brunâtres. Les parties génitales ressemblent beaucoup à celles de la *Carlinæ* ; la pince est un peu allongée et rugueuse, arrondie à son bord extérieur et en forme de capuchon, largement et fortement échancrée, se terminant, par en haut, en une petite pointe vers laquelle vient aboutir l'extrémité des styles ; ceux-ci sont courbés, médiocrement longs et assez épais ; la base est un peu arrondie, dilatée, rétrécie antérieurement. Elle est assez commune en France.

un peu fauve; les taches, très-variables, sont toutes bien marquées, parfois petites, mais elles ne s'élargissent jamais comme chez l'*Alveolus*, et celles des inférieures disparaissent assez souvent. Les franges, jaunâtres ou roussâtres, ont des traits noirs bien marqués. Le dessous des supérieures est d'une teinte plus uniforme que chez les précédents, tirant sur le roux olivâtre, noirâtre vers le bord externe; l'angle de l'aréole est cerné par un croissant blanc, qui s'étend souvent jusqu'à la tache discoïdale qui est élargie en avant par les petits traits devenus confluents; le dessous des inférieures est en grande partie envahi par le dessin qui forme le fond, il est d'un brun fauve un peu olivâtre, sur lequel les nervures sont apparentes et plus claires, et laisse voir deux séries de taches jaunâtres ou roussâtres, et quelques autres petites vers le bord externe; quelquefois ces taches sont presque blanches et bien marquées; des trois de la base, l'antérieure qui est arrondie est quelquefois seule visible, l'interne se continue avec une partie jaunâtre ou blanchâtre du bord abdominal. La série médiane n'est presque jamais interrompue dans son milieu; celles près le bord externe, souvent presque nulles ou réduites à de petits linéaments et à quelques petites taches en avant du bord, sont quelquefois assez apparentes, surtout une ordinaire, avant l'angle externe, l'autre avant l'angle anal et une plus avant, lancéolée, parfois allant jusqu'à la marge, d'autrefois placée sur un point brun.

Les parties génitales diffèrent extrêmement de toutes celles des précédentes; la base de la pince est large et remonte en un lobe, le long de la pince qui est très-étroite, courbée, arrondie extérieurement, avec un style presque aussi large qu'elle, remontant en se courbant extérieurement le long de son extrémité, qui est arrondie, et la dépasse; le stylet, d'abord large, se rétrécit en une partie carrée, déprimée, ayant deux angles, du milieu de laquelle il se continue entre les deux pièces de la pince, en une lame comprimée en sens inverse de sa base.

Les antennes ont la massue un peu plus courte que chez les précédentes.

Je l'ai prise dans les environs de Grenade, et elle n'est pas rare dans le midi de la France.

6. Scelotrix Alveolus *, *Hübner*.

— Pap. fig. 597 et 464-65.
Ramb. faun. And. Lép. pl. 8. fig. 13, r.

M. Boisduval rapporte à cette espèce le *Malotis* ** de Duponchel, que nous pensons être très-différent.

---

* C'est à cette espèce que l'on attribue le nom de *Malvæ*, donné par Linné, mais comment en être certain sans avoir vu la collection linnéenne, puisque plusieurs autres espèces se trouvent en Suède?

** 5. Scelotrix Malotis Duponchel, suppl. pl. 42, fig. 1, 2, p. 157?—Lederer, Beitrag, Schmet., Syr., Taf. 1, F. 8, *H. Hypoleucos*. M. Lederer nous a envoyé cette espèce, mais nous n'avons pas vu celle figurée par Duponchel, et malgré leur ressemblance nous ne pouvons assurer leur identité; le *Malotis* est figuré avec le dessous des ailes inférieures plus foncé; l'auteur les dit d'un gris brun. L'*Hypoleucos* ressemble en dessus aux *Fritillum*, mais il a les taches plus larges; la tache discoïdale est large et l'on voit en avant, deux petits traits blancs placés l'un au-dessus de l'autre, et non obliquement comme d'ordinaire; il y a une double tache, bien visible postérieurement avant la base; aux inférieures, la tache antérieure de la première série sur le même bord est bien sensible; en dessous, les supérieures sont noirâtres, lavées de blanchâtre, surtout à la base, au bord antérieur, et un peu sur le bord externe; les inférieures sont plus blanchâtres et surtout largement au bord abdominal, et vers le milieu de l'aile, dans sa longueur et en forme de rayon; on y aperçoit les traces du dessin ordinaire qui est d'un brun roussâtre, plus pâle vers la base, avant laquelle on voit antérieurement, une tache blanchâtre, ronde, puis une série médiane, d'autres taches rondes ou plus arrondies que chez les autres espèces; vers leur extrémité, à partir du milieu, le dessin suit les nervures jusqu'au bord postérieur, divisé par des petites taches linéaires, et celle plus grande, du troisième et quatrième intervalle. La massue des antennes plus courte et plus épaisse que chez les autres, est blanchâtre en arrière, noirâtre en dessus, rouge obscur en avant. La poitrine et les palpes sont d'un blanc jaunâtre, ainsi que l'abdomen qui est à peine noirâtre en dessus, ou annelé de cette couleur; la partie anale a la touffe supérieure allongée dépassant beaucoup celles des côtés qui sont un peu divariquées; cet individu vient de Syrie; nous l'avons décrit pensant qu'il est le même que le *Malotis*, et alors, espèce européenne rapportée depuis longtemps de l'île de Milo, par M. A. Lefebvre.

Il est plus petit que le précédent et d'une teinte noire assez foncée ; très-souvent, sur les premières ailes, il y a des taches ou des traits blanchâtres, en plus ; les deux petits traits placés en avant de la tache discoïdale, sont plus extérieurs, et souvent aussi près du croissant du sommet de l'aréole, ou placés entre les deux ; aux inférieures, la moitié antérieure de la première série ne disparaît presque jamais, et la deuxième est plus rapprochée de la frange ; le dessous des supérieures est assez foncé, plus ou moins strié de traits fins jaunâtres qui, antérieurement, aboutissent aux parties blanches de la frange ; il y a souvent aussi plusieurs rameaux ou nervures visibles et plus clairs. Le dessous des inférieures varie beaucoup pour la couleur du fond, qui est toujours assez foncée et même noirâtre, mais ordinairement d'un brun olivâtre, un peu jaunâtre, sur lequel tranchent les taches, lignes et points blancs jaunâtres, et toujours d'une manière assez vive. La série médiane, presque toujours interrompue par l'absence de deux taches, entre les rameaux de la troisième nervure, le distingue du *Fritillum*, ainsi que la couleur, en grande partie noirâtre, du bord abdominal ; les antennes ont la massue courte, et les palpes plus hérissés que dans aucun autre.

Elle a été prise dans les environs de Grenade par M. Staudinger (*).

---

* Nous avons figuré dans notre Faune plusieurs autres espèces dont il est indispensable de faire ressortir les différences par rapport aux précédentes.

6. SYRICHTHUS CACALIÆ, Ramb. Faun. Ent. And. Lep. pl. 8, fig. 6, 7, k. — Boisd. Icon. I, p. 218, pl. 10, fig. 1-3 *Alceus*. — H. Schæff. Suppl. 23, 24. Chez cette espèce, les taches du dessus tendent souvent à disparaître ; mais la même chose arrive chez d'autres ; aussi ne peut-on être certain que la figure 500, d'Hubner, la représente. Ses ailes sont plus velues que chez les autres, et elles présentent une légère teinte verdâtre ; les inférieures ont des taches presque insensibles, nébuleuses ; le dessous est généralement jaunâtre, avec très-peu de parties brunes aux supérieures, et le dessin des inférieures, un peu nébuleux d'un jaune verdâtre obscur, est confluent à la base où il y a une tache avant la première nervure. La première bande, qui s'unit largement avec la base, est rétrécie avant son

GENRE. PAMPHILA, *Fabricius*.

Point d'appendices métathoraciques ni de faisceau de poils, à la base interne des tibias postérieurs; antennes ayant la massue épaisse et courte, très-obtuse; troisième article des palpes hérissé, aboissé. Excavation de la base de l'abdomen en dessous, non bordée d'écailles plus larges, avec une élévation au milieu non en carène, la même partie dans les femelles, gibbeuse; ailes entières ou les postérieures un peu denticulées.

Pour le reste des caractères, les couleurs et le dessin, les espèces de ce genre ressemblent complètement aux précédentes; la *Sao* et plusieurs espèces exotiques ne paraissent différer de celles-ci, que par l'absence du pli costal[*].

---

extrémité antérieure; la dernière, très-irrégulière, en zig-zag, envoie quatre à cinq prolongements à la frange; le bord abdominal est en partie brun. Les parties génitales la distinguent de suite; la pince est allongée, d'une figure ovoïde avec une échancrure étroite; les styles montent au devant d'elle et sont en spatule étroite; la base beaucoup plus large est un peu arrondie; le stylet a base large, puis rétréci fortement, se courbe entre les branches de la pince sans atteindre leurs bords postérieurs.

Elle habite les montagnes Alpines où elle est rare.

7. SCELOTRIX CANTABRÆ, Ramb. Faune. Ent. And. Lép. pl. 8, fig. 10. — H. Schæff. Suppl. Hesp. 1, 2, 3. La teinte du dessus présente une légère nuance d'un jaune verdâtre; les taches des supérieures sont bien marquées; en avant de la discoïdale, on voit un ou deux traits, dont l'un s'allonge beaucoup en dehors; la septième tache est très-avancée vers la discoïdale, et la touche presque; la tache postérieure, la plus près de la base, est souvent double et, entre elle et la discoïdale, il y en a parfois une troisième petite; les inférieures ont leurs taches peu vives, celle du bord antérieur est plus apparente. En dessous, les supérieures sont noires avec les taches du dessus élargies, et le bord externe, jaunâtre, et quelquefois, un peu nuancé de cette couleur; mais elle se distingue de suite par le dessin des ailes inférieures, qui forme quatre bandes de taches noirâtres, arrondies et séparées à la dernière; ces ailes n'ont pas du tout l'angle anal saillant.

[*] Les espèces, appelées *Tessellum*, *Cribellum*, doivent commencer ce genre.

Nous possédons une espèce à côté de celles-ci venant de la Russie méridionale, et qui nous a été envoyée par M. Lederer; elle ressemble beaucoup au *Tessellum*, mais elle paraît bien distincte.

Pamphila Proto, *Esper.*
— Tab. 123, fig. 5, 6.

Commune dans les montagnes de l'Andalousie au printemps
et en été.

La chenille vit entre les *feuilles* de l'extrémité de la tige
des *Phlomis*, qu'elle lie ensemble ; elle est d'abord noirâtre,
puis elle devient d'un gris jaune ; sa tête est noire, fortement
chagrinée et hérissée ; le premier segment est rétréci et un
peu écailleux, avec deux taches d'un brun roux ; les stigmates
sont arrondis, de la couleur du corps, et leur bordure est plus
foncée ; les pattes sont jaunâtres, tout le corps est couvert de
poils blancs, courts ; elle file un réseau entre les feuilles et
produit une chrysalide assez épaisse, allongée, rougeâtre et
couverte d'une poussière blanche.

Genre. **SPILOTHYRUS**, *Duponchel*.

A peu près les mêmes caractères que le genre précédent et
de plus : *Ailes supérieures, ayant des taches transparentes* [1],

---

Pamphila Protomon, *Nobis*. Elle a la taille et l'apparence du *Tesselum*,
mais les ailes supérieures sont proportionnellement plus larges et plus courtes,
on y voit à peu près les mêmes taches ; la série externe est un peu plus
sinueuse, la médiane présente un groupe antérieur de cinq taches, dont la
première très-petite ; la tache qui vient après, et qui est éloignée, se trouve
bien plus rapprochée de l'aréole, et l'on en voit une autre petite en dehors des
trois suivantes, un peu comme chez le *Cribellum* ; sur les inférieures les séries
sont plus régulières, et plusieurs des taches ne dépassent pas les autres comme
chez le *Tesselum*. Le dessous est généralement plus jaunâtre ; la seconde bande
des postérieures est bien plus large, plus régulière, et beaucoup moins crénelée et échancrée à son bord externe, surtout sur les troisième et quatrième
espaces entre les nervures ; elle est plus rapprochée de la frange le long de laquelle règne un liseré qui enferme, entre cette bande et lui, une série de
petites lunules jaunâtres ; les taches jaunâtres de la série médiane sont un peu
plus étroites et plus arrondies. Ces mêmes ailes ont l'angle anal moins arrondi
et plus saillant.

[1] Le caractère d'avoir des taches transparentes est commun avec un grand
nombre d'espèces exotiques, dont beaucoup ne sont pas de ce genre.

*les inférieures plus ou moins dentées; massue des antennes
épaisse, courte, avec l'extrémité quelquefois un peu courbée;
palpes hérissés, surtout vers l'extrémité; base de l'abdomen
excavée chez les mâles.*

Ces espèces pendant le repos, et surtout la *Malvæ*, tiennent
leurs ailes fortement abaissées.

Les chenilles vivent sur les Labiées et les Malvacées; les
chrysalides assez épaisses, s'enveloppent d'un réseau entre les
feuilles et sont saupoudrées d'une poussière blanchâtre.

1. SPILOTHYRUS, BÆTICUS, [*] *Rambur.*

— Faune And. Lép. pl. 12, f. 3, 4.
— In litteris, *Marrubii.*
H. Schæff. Suppl., Hesp. 14, 15. *Malvarum* var. Marrubii.

Nous n'avons pas à prouver l'authenticité de cette espèce,
elle est évidente; nous sommes donc surpris que M. H. Schæffer
l'ait méconnue dans ses suppléments à Hübner.

Nous allons faire ressortir quelques-unes des différences
qui la séparent nettement de la *Malvæ.*

Les ailes supérieures sont plus courtes et plus arrondies;
les inférieures sont bien sensiblement moins dentées, et les
angles moins aigus; les premières sont d'un gris souvent un
peu violâtre, avec les taches (le dessin), d'un brun roussâtre-
olivâtre, jamais noires ou noirâtres comme chez la *Malvæ,*
et ayant presque toutes une forme un peu différente, et
étant plus confuses, surtout la série qui se trouve avant la
base, et qui est disposée différemment; celles qui sont après
les trois petites taches blanches antérieures, sont plus courtes
et forment un angle bien moins avancé vers la frange; la
dernière des trois petites taches est très-étroite et toujours la
plus petite, chez l'autre, elle peut être la plus grande, et
s'avance souvent au-delà des autres; la tache discoïdale est

---

[*] J'ai découvert cette espèce, en 1827, dans les environs de Montpellier.

presque toujours plus grande et bien plus dilatée en avant ; la bande irrégulière couleur du fond qui traverse le milieu de l'aile est beaucoup plus étroite et moins visible ; les séries transverses de petites taches claires, des inférieures, sont beaucoup plus apparentes que chez la *Malvæ* ; en dessous, les petites taches transparentes sont plus élargies, la tache du bord externe bien plus large, toutes les lignes et taches jaunâtres plus nombreuses, plus larges et bien plus visibles ; toutes celles qui sont lunulées aux inférieures, ou lancéolées le sont d'une manière bien moins aiguë.

La massue des antennes est plus mince, plus allongée, un peu courbée, obtuse, mais non presque brusquement rétrécie comme chez la *Malvæ*, enfin, le pli costal est beaucoup plus court.

La chenille d'abord noirâtre, lorsqu'elle est petite, devient ensuite d'un gris pâle un peu roussâtre ou jaunâtre ; elle a sur le dos une ligne brunâtre, et plus bas, une autre semblable un peu interrompue à chaque segment ; elle est couverte d'atomes brunâtres, formant presque un réseau qui disparaît en grande partie sous le ventre ; les stigmates sont arrondis d'un jaune roux avec le bord saillant ; le premier segment est peu rétréci et coloré comme les autres ; la tête est un peu échancrée, noire, fortement chagrinée et hérissée, et tout le corps est couvert de poils assez épais courts et inégaux ; les vraies pattes sont en grande partie noires, les intermédiaires ont une couronne de crochets complète ; la partie anale du dernier segment présente, une petite palette dont le bord est garni de dents allongées, et que l'animal peut rentrer en partie, ou en totalité.

Elle se rencontre dès la fin de l'hiver, au printemps et à la fin de l'été, et se nourrit du *Marrubium hispanicum*, dont elle lie les feuilles pour se renfermer. Le *Bæticus* se montre dès la fin d'avril et pendant une grande partie de l'année ; il est commun dans les lieux secs, le long des haies, dans les environs de Malaga et de Grenade ; il vole sur les fleurs de la plante qui a nourri sa chenille.

2. SPILOTHYRUS MALVÆ [*], *syst. verz.*

Hübn. Pap. fig. 450-51 , Malvæ.
Ochs. Schmet. Europ. t. 2 , p. 193 , *Malvarum* [**].

Elle est commune en Andalousie ; la chenille se nourrit exclusivement des espèces du genre *Malva*.

3. SPILOTHYRUS LAVATERÆ, *Esper.*

Hübn. Pap. fig. 454-55.

Elle se trouve en été, sur les collines des environs de Grenade, où elle est rare ; il est probable que sa chenille vit sur les Labiées.

---

[*] SPILOTHYRUS ALTHEÆ, *Hübner*, Pap. fig. 452-53. M. H. Schæffer et d'autres auteurs, ayant confondu cette espèce avec la *Malvæ*, quoique étant bien distincte, il convient de faire ressortir quelques-uns de ses caractères. Les antennes sont en massue très-épaisse qui est à peine amincie à l'extrême sommet , où elle est rougeâtre ; aux supérieures la série de taches vers la base, ne forme pas un angle avant la tache blanche discoïdale ; les trois taches blanches antérieures sont placées sur une ligne courbe , et la dernière s'avance vers la frange ; les taches obscures qui viennent après, se prolongent plus en dedans , mais beaucoup moins en dehors ; celles du milieu de la marge externe ne sont jamais divisées comme chez la *Malvæ*, par une nuance couleur du fond, et se continuent en pâlissant jusqu'aux taches blanches ; en dessous , surtout aux postérieures , les taches blanchâtres des marges s'unissent pour former des lignes ; enfin les parties génitales sont différentes. Il est même probable que la chenille ne vit pas sur les Malvacées.

[**] Le nom de *Malvæ*, imposé par Linné à un autre Lépidoptère, n'ayant pas été adopté parce qu'il s'appliquait à une espèce douteuse, Schiffermüller, Fabricius et Hübner l'ayant de nouveau imposé, on ne comprend pas pourquoi Ochsenheimer l'a changé en *Malvarum*, nom superflu , qui doit être rejeté.

GENRE. ERYNNIS, *Schrank.*

Tanaos ' Boisduval.

Palpes médiocrement épais, écartés, seulement hérissés de poils, le troisième article hérissé, abaissé ; massue des antennes, allongée, courbée, un peu obtuse ; abdomen excavé en dessous, fortement caréné dans le milieu ; ailes entières.

Les chenilles qui sont vertes, assez épaisses ainsi que les chrysalides, semblent se rapprocher de celles du genre *Heteropterus* ".

1. ERYNNIS CERVANTES, *Graslin.*

Grasl. Ann. Soc. Ent. Fr. V. p. 558, pl. 16, fig. B. 1, 2.

Cette espèce se rapproche extrêmement de la *Tages*, et n'en est peut-être qu'une variété. Elle est ordinairement un peu plus grande, et d'une teinte plus brune, surtout à la base des ailes ; aux supérieurs les petits points blancs du bord costal, lorsqu'ils existent, paraissent être disposés moins obliquement, les petits points blanchâtres qui longent la frange, tendent davantage à devenir confluents et à former une ligne qui est

---

* Nous n'adoptons pas le genre *Thanaos*, de M. Boisduval (*Tanaos*), parce qu'il a été créé depuis longtemps, par M. Schœnherr, *Curcul. Disp. Meth.*, p. 63, n° 23, et maintenu par le même auteur, *Syn. Ins. Curc. II*, p. 169 ; il a pour type le *Tanaos sanguineus.*

" Ce genre comprend plusieurs espèces exotiques ; mais ce qui est remarquable, c'est qu'un grand nombre d'autres, dont quelques-unes se distinguent à peine de la *Tages* par la couleur et le dessin, présentent des appendices métathoraciques, un faisceau de poils longs aux tibias postérieurs et manquent cependant de pli costal et se trouvent dans la division suivante ; ces espèces, variables pour la forme des ailes et de la massue, doivent constituer plusieurs genres.

plus large postérieurement, de sorte que la bande brune qui
la borde est plus sinueuse et un peu plus éloignée du bord
dans cette partie que chez la *Tages*; la bande qui est plus
intérieure, est moins large et moins régulière, et paraît
presque interrompue à son tiers antérieur; elle est formée de
traits noirs, souvent plus aigus du côté externe et dont quelques-uns, au-delà du milieu, sont marqués de petites taches
grises plus larges; la bande après le milieu, avant la base, paraît
moins sinuée à son bord interne et un peu plus à son bord
externe, de sorte qu'elle laisse postérieurement, entre elle et
la précédente, un espace plus large, qui est rempli dans cet
endroit par une tache d'un brun roux, à peine sensible dans
la *Tages*, où elle n'altère pas la teinte d'un gris blanchâtre de
cet espace; cette tache peu sensible est cependant caractéristique, et se retrouve dans d'autres espèces exotiques; parfois
la teinte obscure des ailes empêche de voir le dessin. Le
dessous est plus obscur et les petits points du bord des ailes
ont une forme linéaire et sont plus grands aux supérieures
que chez la *Tages*. M. Graslin a découvert la *Cervantes*,
dans les parties basses de la Sierra-Nevada, et je l'ai moi-
même prise dans les environs de Grenade.

2. ERYNNIS MARLOYI, *Boisduval*.

Boisd. Icon. I, pl. 47, f. 6, 7, p. 241.
Frey. 205, *Sericea*.

M. H. Scheffer indique cette espèce comme ayant été
trouvée par M. Lederer, dans des parties élevées de la Sierra-
de-Ronda;

M. Lederer, ayant eu la complaisance de nous envoyer la
liste des espèces prises par lui, en Andalousie, écrivait la note
suivante, par rapport au seul individu qui a été considéré
comme la *Marloyi* « *Tages*? un seul exemplaire sur une haute
montagne; ailes plus étroites, couleur plus foncée. »

Il faudrait voir cet individu pour en juger ; nous pensons que ce n'est pas la *Marloyi*, mais probablement la *Cervantes*.

B. Point de pli au bord costal des ailes antérieures.

Genre. BATTUS, *Scopoli.*

D'après l'absence du pli costal, la *Sao*, l'*Orbifer* et plusieurs autres se trouvent dans cette division, mais ils paraissent se rapprocher beaucoup du genre *Pamphila*, et en particulier de la *Proto*.

Massue des antennes courte, épaisse, très-obtuse ; pattes postérieures ayant les tibias chargés de poils longs ; base de l'abdomen assez fortement excavée en dessous dans les deux sexes ; ailes inférieures à peine sinuées.

1. BATTUS SAO [*] *Bergstrasser.*

Hubn. Pap. fig. 171-72. Texte, p. 74, n° 8, *Sertorius* (Hoffm.)
Ramb. Ann. Soc. Ent. Fr. I. p. 263, pl. 7. fig. 4, *Therapne.*
Ochsen. I. p. 2. p. 213, n° 40, *Eucrate?*

Cette espèce est un véritable protée pour les couleurs et le dessin des ailes inférieures ; les taches du dessus varient beaucoup pour leur forme, leur grandeur, leur nombre, et même un peu pour leur disposition ; le dessin du dessous des inférieures est tantôt rouge, rougeâtre, roux, tantôt d'un brun olivâtre, ou verdâtre, ou brun ; j'ai une variété où la bande du milieu est formée d'une série de taches brunes allongées ; dans une autre, cette même bande est longuement digitée sur son bord externe, divisée par des parties plus pâles ; les taches blanches sont toutes très-anguleuses et allongées, et plusieurs sont argentées ; ces taches blanches, quelquefois très-petites, sont d'autrefois fort grandes ; tantôt

---

[*] Plusieurs espèces exotiques ressemblant à la *Sao* font partie de ce genre.

très - anguleuses, tantôt presque aussi arrondies que chez
l'*Orbifer*, dont quelques-unes souvent nacrées; on la distingue
de suite de ce dernier, par sa frange entièrement blanche et
rayée de noir, tandis que chez l'autre la moitié interne est
noire, par le troisième intervalle blanc, qui n'est presque
jamais traversé par une ligne noire comme chez l'*Orbifer*; le
dessous des inférieures de celui-ci présente des taches arrondies, jaunâtres et un dessin d'un brun olivâtre peu variable,
si ce n'est pour la largeur.

Le *Battus sao* est très - commun dans les environs de
Grenade [*].

Nous pensons que l'*Eucrate* n'est qu'une variété du *Sao*,
ou une espèce à part, mais non l'*Orbifer*, qui selon nous
n'habite pas ce pays; pour le *Therapne*, nous croyons qu'il
n'est qu'une modification du *Sao*.

GENRE. HETEROPTERUS, *Duméril.*

*Massue des antennes épaisse, pointue ou terminée par une
pointe courbée; palpes très-larges et épais, courts, dépassant
peu le front, peu ou pas hérissés, mais couverts d'écailles
serrées presque égales; troisième article ou assez long, ou court
en forme de pointe sortant du milieu du second article; pinceaux de poils du dessus des yeux, assez prononcés. Thorax
épais avec les ptérigodes grands, allant jusqu'à la base des
secondes ailes; pattes assez longues avec les épiphyses dépassant
les tibias, contournées; second lobe des appendices des onglets
allongé, grêle. Abdomen excavé à la base chez les mâles.*

*Nervure des premières ailes épaissie postérieurement où elle
paraît faire suite à la troisième nervure qui, dans ce cas,
semble avoir quatre rameaux, le nervulaire se rapprochant de*

---

*cette nervure, la deuxième ayant alors six rameaux; pli
médian de l'aile prononcé, divisant les deux séries de rameaux;
nervule en grande partie nulle, et l'angle antérieur de l'aréole
aigu, allongé; nervule des inférieures nulle; leur bord antérieur à la base, très-dilaté, formant un angle.*

Les chenilles sont presque glabres; assez minces, avec une
grosse tête et le premier segment un peu étranglé; les chrysalides allongées, presque cylindriques, ont une longue gaîne
qui enveloppe la trompe[*].

1. HETEROPTERUS LINEOLA, *Scriba.*

Hübn. Pap. fig. 660-65, *Virgula*; et 666-69, *Venula.*

Il est commun dans les environs de Grenade.

2. HETEROPTERUS LINEA, *Syst. verz.*

Hübn. Pap. fig. 485-87.

Il se trouve avec le précédent. La chenille est verte, avec
deux lignes blanches dorsales et une latérale jaune; elle vit
sur les Graminées; la chrysalide est cylindrique, mucronée à
la tête, verte, jaunâtre sur l'abdomen avec une gaîne grêle
aiguë, qui n'atteint pas l'anus.

3. HETEROPTERUS ACTEON, *Esper.*

Hübn. Pap. fig. 488-90.

Avec les précédents.

---

[*] Nous avons découvert, dans les environs de Paris, la chenille et la chrysalide du *Steropes* qui présentent une anomalie que je ne crois pas être particulière à toute cette division. La nymphe est accrochée par la queue et par
un lien transversal léger, et enveloppée d'un léger reseau; ces mœurs rap-
prochent-elles ces espèces de la famille précédente?

4. HETEROPTERUS SYLVANUS , *Esper.*

Hübn. Pap. fig. 482-84.

Rare; sur les sommets de la Sierra-Prieta.

5. HETEROPTERUS COMMA , *Syst. vera.*

Hübn. Pap. fig. 473-84.

Dans les montagnes de la Sierra-Nevada.

GENRE HESPERIA , *Fabricius.*

Antennes courtes, terminées en une massue assez épaisse, courte, qui s'amincit en une pointe tournée en arrière; palpes très-épais, très-larges, couverts d'écailles serrées, qui ne les rendent point hérissés, ayant le deuxième article vésiculeux aussi large que long, le dernier conoïde ou en forme d'épine, près de moitié plus court que le précédent, peu hérissé; pinceau de poils au-dessus des yeux, très-petit, court; onglets petits, grêles, droits, ayant des appendices assez larges; point de taches noires produites par des écailles différentes sur le disque des ailes supérieures des mâles, mais quelquefois une petite raie blanchâtre; pli médian des ailes très-prononcé; troisième nervure ayant ses rameaux rapprochés, dont le troisième aux premières envoie un petit prolongement dans l'aréole, l'angle de celle-ci se rapprochant du sommet. Chez les mâles, la pièce supérieure de l'armure génitale, le stylet, est fourchu.

HESPERIA NOSTRADAMUS, *Fabricius.*

Ent. Syst. III. 1, p. 328, n° 246 ?
Hoffm. Illig. Mag. III. p. 202. *Pumilio.*
God. Ency. Meth. IX. p. 773, n° 125?
Coqueb. Ill. icon. Ins. Dec. 2, p. 70, pl. 17, f. 2 ?
H. Schœff. Suppl. 458-60.

Chez le mâle, les ailes supérieures ont le sommet allongé presque aigu, et l'angle anal des inférieures plus allongé que chez le *Comma*, dont cette espèce a la taille. Il est en dessus d'un brun fauve, plus obscur sur la moitié interne des ailes, presque fauve postérieurement, avec le bord externe des inférieures un peu brunâtre; la frange est brune intérieurement, luisante avec un reflet blanchâtre extérieurement; le dessous est d'un gris cendré, obscur vers la base des premières et au bord antérieur des secondes; la partie interne de celles-ci et postérieure des autres est d'un cendré plus pâle, uniforme, presque luisant. En outre, les ailes supérieures sont traversées par une série de taches blanchâtres, souvent peu ou presque pas visibles, situées à la limite du tiers externe de l'aile; la première, la plus large et la plus pâle, vague, et d'où part une légère éclaircie interne, est placée sur le pénultième intervalle près de la quatrième nervure, et l'on voit en avant d'elle l'apparence d'une autre petite tache allongée, oblique, un peu saillante extérieurement; il y a deux autres taches arrondies en avant de la première, sur deux autres intervalles, et placées sur la même ligne, dont l'antérieure plus petite, très-peu saillante extérieurement; la série se termine antérieurement, par trois petites taches le plus souvent insensibles, placées à peine au tiers de l'aile, entre les 3e, 4e, 5e et 6e rameaux de la deuxième nervure et sur une ligne un peu oblique de dedans en dehors:

l'on voit quelquefois en avant, l'apparence d'une quatrième,
et après celles-ci, à la suite des premières et dans la même direction, une cinquième tache; et plus extérieurement, sur le même
intervalle, une autre * encore moins distincte, et le plus
souvent complètement nulle; elle parait placée obliquement
et non en travers. La ligne sur laquelle sont placées les taches
postérieures viendrait passer par le bord interne de la dernière
des antérieures. Chez un individu mieux marqué que les autres,
j'aperçois l'apparence vague, de trois taches placées un peu
au-delà du milieu du dessous des inférieures, entre les rameaux
de la première et de la seconde nervure.

La femelle est d'une teinte plus pâle que le mâle et presque
fauve, et aux ailes supérieures, les taches le plus ordinairement
visibles en dessous, sont bien visibles en dessus, au nombre de
trois ou quatre seulement, et les franges sont blanchâtres. La
figure de Coquebert semble un peu différer de notre espèce;
le *Nostradamus* de Fabricius serait-il différent de celui d'Espagne? ** Le dessus de la tête et du corps est de la couleur des

---

* J'insiste beaucoup sur la direction, la position et le nombre des taches,
car ceux qui ont été à même d'observer un certain nombre d'espèces exotiques
de ce genre, savent que la moindre différence dans ces taches et dans la
couleur du dessous des ailes inférieures, sont souvent les seuls caractères
apparents qui distinguent une espèce.

** HESPERIA LEFEBVRII. *Nobis.* — Cycl. Ent. Neap. tab. 51, fig. 5, *Pygmæus.* —
Hubn. Pap. fig. 458-60, *Pygmæus*, texte, p. 72, n° 15, *Pumilio.* — Esp.
Pap. p. 51, cont. 51, *Pygmæus.* — Dup. suppl., I. p. 255, pl. 11, fig. 4, 5, 6,
Nostradamus. Les figures d'Hübner et surtout celles de Duponchel, faites
sur des individus identiques à ceux que je décris, représentent complètement
notre espèce. Jusqu'à présent, on a confondu l'espèce d'Espagne avec celle de
Sicile; cependant, elles me paraissent distinctes. Ne pouvant adopter le nom
de *Pygmæus*, nous la dédions au naturaliste distingué qui l'a rapportée le
premier de la Sicile. Elle est un peu plus petite que le *Nostradamus* et les
ailes supérieures sont moins allongées au sommet; elles sont plus brunes et
même noirâtres dans leur moitié interne; la frange est plus brune, surtout aux
inférieures postérieurement, où elle est jaunâtre chez le *Nostradamus*. En
dessous, elles sont d'un brun un peu fauve, luisant, au lieu d'être d'un gris

ailes avec l'extrémité de l'abdomen plus pâle ; la poitrine et le ventre sont d'un blanc légèrement cendré ; les palpes sont blanchâtres avec le sommet gris ; les antennes ont la massue assez épaisse, terminée par une petite pointe courte, elles sont brunes en dessus, blanchâtres en dessous, avec la moitié externe de la massue d'un rouge obscur ; les pattes sont d'un blanchâtre cendré, plus obscures extérieurement, à l'extrémité ; les ailes inférieures sont couvertes sur le disque, d'écailles très longues, saillantes. Dans la femelle que représente M. H. Schœffer, il y a deux taches blanchâtres sous les ailes inférieures situées vers le milieu extérieurement, dont une plus près du bord, placée entre les rameaux de la troisième nervure et se touchant presque ; les taches du dessous des supérieures sont entourées de brun et le bord postérieur ne paraît pas blanchâtre ou pâle comme chez les nôtres.

Cette espèce se trouve dans les environs de Grenade et de Malaga ; elle se tient de préférence sur la poussière des chemins et dans le lit desséché des torrents.

M. Lefebvre m'a communiqué un mâle et une femelle pris par lui en Égypte.

---

blanchâtre. Chez le mâle, aux supérieures, on aperçoit une série de points d'un fauve blanchâtre, non visibles en dessus, et paraissant placés d'une manière différente ; les deux postérieurs ont disparu, les deux suivants et les deux plus externes semblent tous les quatre placés sur une ligne se dirigeant vers le sommet ; les trois antérieurs sont placés moins obliquement, et celui du milieu est plus petit ; le dessous des inférieures présente cinq à six points placés sur une ligne courbe qui serait anguleuse dans son milieu extérieurement ; dont le premier, le plus en avant, est placé entre les deux premières nervures ; le second, le plus visible, entre les rameaux de la deuxième, et le dernier après le dernier rameau de la troisième nervure ; chez la femelle, les points sont bien marqués. La poitrine est plus grise et les pattes plus obscures ; le dernier article des palpes est plus allongé, plus grêle, plus aigu ; quoique étant plus petit, la tête paraît plus grosse. Il habite le midi de l'Italie, la Sicile, la Sardaigne. Chez un individu venant de l'île de Chypre, il n'y a aucune apparence de points, mais il ne diffère pas d'ailleurs.

En décrivant les taches, Fabricius s'exprime ainsi : « *fascia alba e masculis 5-6 emarginatis.* » Les taches de l'espèce d'Espagne n'étant point échancrées, on peut avoir du doute sur celle de Frabricius ; il eût peut-être mieux valu adopter le nom de *Pumilio*, donné autrefois par Hoffmannzegg.

DEUXIÈME DIVISION

CREPUSCULAIRES Latreille.

SPHINX LINNÉ. CLOSTEROCÈRES Duméril.

Cette division et toutes celles qui suivent, ont été désignées par M. Boisduval, sous le nom d'HÉTÉROCÈRES ; ce nom n'exprimant aucune idée précise et comprenant une trop grande quantité de divisions et de tribus très-diverses, doit être rejeté. Il en est de même de l'expression de CHALINOPTÈRES, employée par M. Blanchard, le caractère qu'elle exprime n'existant pas chez les *Urania* et beaucoup de Bombyciens.

D'après Latreille, on devrait placer ici sa tribu des HESPÉRIDES-SPHINX, que nous n'eussions pas mentionné, n'étant composée que d'exotiques, si elle n'eût donné lieu à des appréciations très-diverses. Elle se composait d'abord des genres *Castnia* Fabricius, et *Agarista* Leach, et plus tard, de celui de *Coronis* [*]. Les espèces qui forment le premier, quoique s'éloignant des Hespérides, par le système nervural, par l'exis-

---

[*] Godart dans l'*Encyclopédie méthodique*, t. IX, p. 805, ou plutôt Latreille puisqu'il s'était réservé la partie méthodique, avait confondu les *Coronis* avec les *Agarista*, car il met en tête de ce genre la *Leachii* ; plus tard, dans le *Règne Animal* de Cuvier, t. V, p. 389, il forme le genre *Coronis* sur une espèce qu'il croit inédite et qu'il figure dans le tome trois para avant le tome cinq ; cette figure, et la description qui l'accompagne, faite par M. Boisduval, ne nous paraissent qu'une reproduction altérée de la *C. orithea*, de Cramer (nous possédons l'individu même, étiqueté de la main de M. Boisduval !). À cette occasion, M. Guénée cite à tort le livre des *Crustacés Arachnides et Insectes* de Latreille, qui est de 1810, tandis que le genre n'a été créé qu'en 1829 et la figure n'a paru qu'en 1830 ; il critique, du reste, avec raison la réunion de ces genres : en effet, les *Coronis* pourraient faire partie des Uranides, au lieu que les Agaristides semblent se rapprocher des Chéloniens ; mais il méconnaît à tort la forme renflée de leurs antennes ; je pense que les

tence du frein et de stemmates bien visibles, ont avec elles des rapports réels d'organisation et de couleurs ; c'est un rameau s'unissant évidemment aux Zeuzérides, Hépialides, etc., mais plus éloigné des Sphingides.

Quant au second, que nous comprenons aussi dans cette division, nous exprimons plus bas ce que nous en pensons, ainsi que des *Coronis*.

Pour le genre *Urania* de Fabricius, dont la tête est parfois envahie par d'énormes yeux (*U. patroclus*), la forme de leurs palpes, leurs antennes un peu épaissies après leur milieu, recourbées avant le sommet, la pièce épisternale (voir plus loin nos détails d'anatomie extérieure), qui n'est pas distincte comme chez beaucoup de Diurnes, semblent les en rapprocher, mais la présence de petits stemmates, et surtout, une grande ouverture *tympanique* *, qui envahit toute la partie latérale du deuxième segment de l'abdomen, organe qui n'existe chez aucun Diurne, doivent les exclure de cette division. Le renflement des antennes (*Ur. boisduvalii*), la forme des différentes pièces du thorax et surtout l'absence de l'*episternum* du *mesopectus*, très-visible chez tous les Métrocampiens (Phalénites, Latreille), nous font penser qu'elle se trouve mieux placée dans notre deuxième division, mais de même que plusieurs autres familles exotiques, elle ne se lie d'aucun côté avec les espèces européennes **.

Les tribus et familles comprises dans cette division, ainsi que

---

genres *Egocera* et *Hecatesia* doivent en faire partie, ainsi que le *B. decora* de Fabricius.

* Nous appelons *Tympanum*, *ouverture tympanique*, une sorte de cavité, existant chez les Chélonides, Noctuides, Métrocampides, etc., et placée latéralement à la réunion du thorax avec l'abdomen, s'ouvrant dans le premier segment et, parfois, s'étendant au deuxième (*As. plagiata*), ou même s'ouvrant comme ici, sur ce segment ; le nom de tympanum avait déjà été donné à cet organe par Latreille, pour d'autres insectes.

** La grande quantité d'exotiques qui nous sont inconnus ou qui ne peuvent entrer dans notre cadre, produisant d'immenses lacunes, nous feront souvent supprimer les tribus.

dans la suivante, ne pouvant être réunies sous des caractères communs, ils seront détaillés lorsqu'il s'agira de chacune d'elles ; les deux principaux qui la distinguent se trouvent dans la forme des antennes plus ou moins renflées en massue allongée et dans la présence d'un frein pour retenir les ailes ; celui-ci la sépare de la première division, celui-là des suivantes. Le titre de Crepusculaires est très-mauvais, celui de *Closterocères* de Dumeril, serait bien préférable ; du reste la désignation nominative de cette division n'est pas sérieuse, celle-ci se trouvant composée de *tribus* et de *familles* n'ayant que peu ou pas de rapports entre elles. M. H. Schæffer est le premier qui ait porté un peu de jour dans ce dédale, n'ayant pas craint de placer les Hépiales après les Hespéries. Sans doute on est surpris de voir rapprochées des espèces si différentes ; mais si l'on intercale entre les deux, la curieuse famille exotique des Castnides qui sont presque des Zeuzérides à antennes simples et renflées (la spiritrompe diminue beaucoup chez quelques-unes), l'étonnement cesse ; car il est difficile de nier les rapports organiques existant entre les Castnies, les Hépiales et les Zeuzères, tandis que les premières semblent encore, par le dessin, rappeler certaines Hespéries, outre la ressemblance des antennes.

PREMIÈRE TRIBU. **SPHINGIENS**

Se réduisant à la famille des SPHINGIDES.

Point de stemmates ni de tympanum, antennes trigones chez les mâles, subitement fléchies à l'extrémité, vertex très-développé [*], occiput très-étroit surtout dans son milieu ; jambes postérieures munies, le plus souvent, de deux paires d'éperons, les antérieures ayant toujours une *épiphyse* tibiale.

---

[*] Ce développement du vertex aux dépens de l'occiput peut être considéré comme un caractère de cette division, il se retrouve, dans les autres tribus ou familles, plus ou moins prononcé.

Composée des Lépidoptères les mieux organisés pour le vol
et dont plusieurs sont les plus développés pour la grosseur du
corps, ayant tous de grands rapports entre eux, et sans affinités immédiates avec les familles suivantes.

Tête grande, portant de gros yeux glabres, ayant des
antennes plus ou moins trigones chez les mâles, parfois peu
renflées avant l'extrémité qui est souvent très-amincie, plus
ou moins fléchie, terminée par un petit pinceau de poils,
ciliées, rarement bipectinées, couvertes d'écailles à la partie
supérieure qui est lisse et forme l'axe de l'antenne, saillantes
en carène à l'inférieure qui est divisée en articles disjoints,
produisant parfois des dentelures, ayant de chaque côté, sur
leur bord, qui est un peu élevé, une rangée de cils serrés,
convergents, partant chacune d'un point supérieur saillant
d'où elles descendent en s'écartant ; ces dentelures peuvent se
dilater aux deux angles inférieurs qui produisent chacun deux
dentelures opposées * ; celles des femelles presque glabres,
plus minces, plus cylindriques, parfois plus en massue, spiritrompe souvent très-longue, rarement très-petite ou courte
et épaisse palpes développés, épais, courbés, obtus, souvent
appliqués sur le bord du front, composés de trois articles **,
dont les deux premiers assez longs, le dernier très-court,
quelquefois caché parmi les écailles très-serrées de l'article
précédent, parfois presque glabres à leur face interne qui est
comprimée. Thorax grand, épais, *præscutum* du mésothorax,
bien distinct, ayant une forme triangulaire, *scapulæ* *** grandes,

---

* Ces dentelures peuvent s'allonger chez les Saturnides exotiques, et
rendre l'antenne bipectinée et à dents géminées et convergentes, comme chez
les Attacus (*Saturnia Selene*) : c'est cette apparence qui a, sans doute, engagé
Ochsenheimer à mettre les *Attacus* après les Saturnides. M. Duponchel signale
aussi, dans son *Index*, les rapports évidents qu'il leur trouve avec les *Bombyx* ;
mais ces rapports ne nous semblent qu'apparents.

** Dans tous les Lépidoptères que nous connaissons, les palpes sont toujours composés de trois articles, à moins d'atrophie exceptionnelle.

*** Nous nommons ainsi la pièce aplatie qui couvre le moignon ou l'attache

allongées, égalant parfois la longueur du *scutum* ; pattes fortes, plus ou moins épineuses, ayant les cuisses postérieures plus courtes que les précédentes et les tarses plus longs.

Abdomen allongé, déprimé en dessous, conique vers l'extrémité qui est parfois aiguë, ayant le premier segment beaucoup plus court que les suivants.

Chez l'insecte privé de ses écailles et de ses poils, ou dénudé [*] : crâne large et allongé, uni, convexe et bombé a

---

des ailes supérieures, et qu'on peut comparer aux épaules des mammifères, *Scapulæ* ; Latreille les avait appelées *écaillettes* chez les Hyménoptères, et chez ceux-ci *Ptérygodes*, mais ce dernier nom, n'étant que la reproduction du génitif d'un mot grec, qui signifie aile, donne une fausse idée de cette pièce.

[*] Les différentes pièces extérieures du corps des insectes, offrant les caractères principaux pour la distinction des grandes divisions et même pour celle des tribus, familles et genres, nous allons présenter quelques détails à cet égard, mais seulement par rapport aux Lépidoptères, dont les Sphingides nous serviront surtout de type, comme fournissant les espèces les plus grosses et les plus faciles à étudier, sans cependant nous restreindre à cette famille : les Diurnes paraissent présenter la plus grande simplicité dans ces parties. Ces pièces sont tellement variables dans les divers ordres d'insectes, qu'il est souvent fort difficile de les reconnaître par la comparaison, plusieurs pouvant se souder ensemble ou disparaître, ou prendre les formes les plus diverses.

Le corps de l'insecte présente trois grandes divisions naturelles, toujours bien distinctes, savoir : la *tête*, le *thorax* et l'*abdomen*. La tête variable pour la forme et la grosseur peut se diviser ainsi (*Sph. ligustri*) : une région supérieure qui s'étend plus ou moins en avant, en arrière et sur les côtés, est le *crâne* (*epicranium* Straus) ; deux latérales, occupées surtout par les yeux, une inférieure à travers, formée par la lèvre et les différentes parties de la bouche, ici très-grande et que nous nommons *face labiale*, enfin une cinquième postérieure s'unit avec le prothorax et présente une grande ouverture, qui, chez l'insecte vivant, se divise en occipitale et en pharyngienne. Le crâne est formé de plusieurs pièces plus ou moins distinctes, soudées ensemble et souvent confondues entre elles, très-variables pour la forme et l'étendue. La principale, au avant, est le front qui est souvent bombé ou saillant, ayant une forme triangulaire ou presque carrée, presque toujours relevé à son bord antérieur, qui se termine par un épistome étroit, ici saillant et un peu retroussé, parfois en forme de nez (*Zeuzera*) ou se prolongeant à droite et de chaque côté de ce bord se voit un petit trou percé à l'angle extérieur de l'épistome, parfois terminant une rainure plus ou moins profonde (*Cossus*) où se nichent un ou deux petits trous

la partie frontale, qui est abaissée, très-large avec le vertex très développé aux dépens de l'occiput dont la partie moyenne paraît parfois nulle (*A. atropos*), joues plus ou moins saillantes ainsi que les mandibules; *notes* du prothorax composé d'une

---

qui peuvent être assez grands (*Castnia*) sont toujours placés sur le parcours d'une suture, on peut les appeler trous *vrais*, tout en rejetant l'idée d'un organe olfactif, mais à cause de leur position : tantôt ils se trouvent sur les côtés du front (*Castnia*), tantôt tout à fait en avant (*Las. trifolii*); ils peuvent être très-petits ou s'oblitérer et se confondre avec la rainure (*Aragnide*); les côtés du front sont presque contigus avec les yeux, dont ils sont séparés par le *cercle oculaire*, indiqué par une ligne suturale plus ou moins visible : le bord postérieur, parfois coupé presque carrément (*Sphinx*), est plus ou moins échancré sur les côtés par le trou antennaire, ce qui modifie beaucoup sa forme ; la partie moyenne s'articule avec le vertex et se prolonge plus ou moins entre les antennes et devient parfois, étroite ou même aiguë, par le rapprochement de celles-ci (*Vanessa*, *Zygaena*); souvent l'union du front avec le vertex se distingue par une ligne suturale sans dépression sensible (*Sphinx, Bombus*); d'autrefois, comme chez beaucoup de Diurnes, cette partie est enfoncée en forme de fosse allongée, transversale, située sur le sommet de la tête entre les yeux ; cette fosse qu'on peut appeler *antennaire* comprend les mêmes trous qui alors, chez ces espèces, se trouvent très-rapprochés et rendent les antennes contiguës à leur base (*Satyrus*); parfois dans ce cas, le front et le vertex semblent être un peu séparés.

Le front est tantôt large et un peu oblique du haut en bas (*Sphinx*), tantôt tout à fait vertical et abaissé (*Castnia*), tantôt très-étroit et linéaire (*N. Patroclus*); il est souvent uni et un peu bombé (*Sphinx*) d'autres fois saillant, ou prolongé en corne tronquée (*O. cymbalariæ, Agarista*).

Les trous antennaires, surtout formés aux dépens du vertex, sont variables pour leur position en avant ou plus en arrière; tantôt contigus, tantôt éloignés l'un de l'autre (*Hesperia*), ils sont situés entre les yeux dont ils ne sont souvent séparés que par le cercle oculaire; parfois très-grands et recevant le premier article des antennes qui s'y enfonce (*Sphinx*), article plus grand et plus gros que les autres, appelé *Scapus* par Kirby ; d'autres fois plus étroits que celui-ci qui s'y insère par une portion rétrécie en partie membraneuse, appelée *bulbe* pour les Coléoptères.

Immédiatement après le front se trouve le *vertex*, qui forme le sommet de la tête, très-variable pour la grandeur et la forme, et qui parfois, ne paraît pas distinct de l'occiput qui vient après ; il est subtriangulaire ou en carré allongé (*S. ligustri*), placé entre les deux trous antennaires qu'il dépasse peu,

pièce antérieure transverse en forme d'écaille et de quatre
autres géminées, un peu dilatés, plus ou moins visibles, dont
les antérieures plus épaisses et qui ne sont que des sortes de
plis au milieu desquels se trouve un *scutellum* presque trian-

---

d'autres fois il s'élargit aux dépens de l'occiput et parfois il s'avance de
manière à le diviser (*P. tesselum*) ; il peut aussi lui-même être divisé en deux
parties formant un bord épais et saillant qui contourne, en arrière et en
dedans, les trous antennaires (*C. jasius*), ou avoir la forme d'une crête échancrée au milieu (*Zygaena*) ; il est tantôt bien moins étendu que l'occiput
(*Hepiales*), tantôt plus long (*A. villica*), souvent peu distinct de l'occiput
(*Sphinx*) ou même intimement uni avec lui (*Argynnis, Vanessa*) ; il peut aussi
être villeux, tuberculeux, etc. Ses côtés sont bornés par le cercle oculaire et
les trous antennaires ; derrière ceux-ci et vers les extrémités de son bord
postérieur, se voient les *stemmates* lorsqu'ils existent ; ils ont une direction
oblique de dedans en dehors et en avant, et ressemblent à une perle enchâssée
dans un tube ou sorte de pédicule ; chez certaines espèces, leur éclat égale
presque celui du diamant, même après la mort ; ils commencent à paraître
chez les Uranides et chez un grand nombre de Chelonines ; ils sont bien
visibles chez les Agaristides et surtout chez les Castnides, chez les Zygénides,
les Noctuides et quelques Métrocampides, etc.

L'*occiput* forme la partie postérieure du crâne. Il s'unit de chaque côté, un
peu au cercle oculaire et à l'extrémité supérieure des tempes (*Sphinx*). Il ne
se distingue, le plus souvent, du vertex que par une ligne articulaire, ordinairement peu sensible. Il est même parfois si peu distinct du vertex, qu'il
semble ne former avec lui, qu'une seule pièce comme chez beaucoup de Diurnes,
où le dessus du crâne ne paraît composé que de deux pièces séparées par
la fosse antennaire ; parfois il refoule les tempes assez bas derrière
les yeux (*Parnassius*). L'occiput est aussi variable pour la forme que le
vertex ; quelquefois il paraît divisé en deux parties, d'autres fois en partie
moyenne s'élève en une série de pyramide comme isolée (*C. jasius*) ;
souvent il forme en arrière un bord tranchant, et sa partie postérieure,
rabattue verticalement, est luisante et transparente (*Noctuides*), ou bien est
renflée (*Chelonia*) ; son bord postérieur s'unit dans son milieu à une pièce
triangulaire ou en losange qui se prolonge de chaque côté jusqu'à la tempe
(*A. atropos*), ou plus grande, et en forme de croissant (*N. hispidaria, Chelonia*), ou usent large et saillante et peu prolongée sur les côtés (*Noctuides*) ; ses
extrémités peuvent se contourner en dedans de la tempe et former un bord
saillant qui sert, ainsi que la partie moyenne, d'attache au proescutum
(*A. atropos*), ce sera la pièce *basilaire supérieure*.

gulaire; scutum du mésothorax grand, allongé, épais, contenant
le præscutum dans une échancrure antérieure, fortement
échancré en arrière pour recevoir le scutellum, qui est large,
couvrant complétement le milieu du scutum du métathorax

Les côtés de la tête sont occupés par les yeux qui varient beaucoup pour
la grandeur et aussi pour la forme. L'œil est souvent aussi large que le crâne
et parfois beaucoup plus, le crâne se rétrécissant dans ce cas, d'autant plus
que l'œil s'agrandit davantage (*E. nerii*, *N. patroclus*). D'autres fois, il
n'occupe qu'une petite portion de la tête (*Ps. milhauseri*); il est plus ou moins
saillant et arrondi, parfois ovalaire; la tête, étant plus large en arrière, il se
trouve placé obliquement d'arrière en avant et de dedans en dehors (*Pieris*),
ce qui est bien sensible chez les Diurnes qui ont les tempes très-larges.
Il est comme il châssé dans une sorte de bord peu saillant, qui paraît distinct
du crâne et que nous appelons *cercle oculaire*; il s'élargit entre l'œil et le trou
antennaire en une portion presque distincte (*M. stellatarum*); son union à la
tempe, à la joue et au crâne se distingue par une ligne articulaire. Derrière
l'œil se trouve la *tempe*, elle forme la partie postérieure, latérale et inférieure
du crâne et est en rapport avec le prothorax; elle est souvent lisse et luisante
(Noctuides); son étendue varie selon la grosseur de l'œil; lorsque celui-ci est
gros, elle ne fait pas saillie, en arrière, au delà du cercle oculaire (*Sphinx*),
mais lorsque l'œil est petit, elle forme une sorte de bourrelet, qui peut être
aussi épais que lui (*Pach. bucica*, *Lutraillii*). L'épaississement de la tempe
n'est jamais bien sensible chez les Diurnes; au lieu elle est séparée du cercle
oculaire par un enfoncement (*Parnassius*); elle est peu ou pas sensible chez
les Noctuides, etc. La largeur de la tempe dépend de l'obliquité de l'œil et de
son rétrécissement qui peut laisser un plus grand espace en arrière (*Pieris*,
M. stellatarum); après s'être étendue sous l'œil, elle s'amoindrit celui-ci en
dedans et s'avance presque sur le côté de la fosse buccale (*Sphingides*), et peut
venir s'unir avec la joue en formant un angle saillant (*Ægeria*), mais d'autres
fois elle se termine à la partie inférieure de l'œil, au niveau du menton
(*Catocala*). Elle forme la paroi latérale de la fosse occipitale qui est tantôt
presque nulle (*O. dispar*), tantôt très-grande (*Hepiolides*).

La tempe est parfois étroite (*Z. scabiosæ*), d'autres fois très-large et saillante
en dedans (*M. Stellatarum*).

La joue, souvent très-étroite et presque nulle, commence près du trou nasal
et s'élargit sur les côtés de l'épistome et de la bouche où elle forme un angle
ovalaire (*M. Stellatarum*); analogue, elle disparaît en se confondant avec le
cercle oculaire (*Sphinx*), etc.; d'autres fois elle est sensible jusqu'à la partie
inférieure de la tempe (*Er. parthenias*); ailleurs elle peut être presque nulle
(*Io. rhomboidaria*), ou avoir la forme d'un petit tubercule (*Lith. cartola*).

et s'avançant parfois sur son scutellum, celui-ci étroit,
presque linéaire ou un peu échancré en avant, côtés du scutum
peu larges, élevés en avant où la marge n'est pas *pulvérulente*,
(voir les détails anatomiques) marqués d'une impression en

Les *mandibules* sont placées sur les côtés de l'épistome et ont l'apparence
d'une pointe saillante, parfois bien prononcée (*Macroglossa*) : elles ont une
forme trigone et sont obtuses, un peu élargies à la base qui sort de dessous
l'épistome ; leur face interne est un peu excavée et garnie de poils serrés : elles
semblent toujours exister et sont bien visibles dans les Sphingides, les Noctuides, etc., mais elles sont parfois très peu sensibles chez les Chélonides.

La *bouche* est située en avant et en dessous du front : elle est plus ou moins
inférieure selon que le front descend plus ou moins; elle est petite et étroite et
les parties qui la composent se trouvent au-dessous de l'épistome ; en avant de
celui-ci se voit une petite lame saillante, peu sensible, de forme triangulaire,
s'avançant sur la spiritrompe (*Pt. œnotheræ*) : c'est le *labre* qui, le plus souvent, est à peine visible.

La *Spiritrompe* (elle remplace la langue et la bouche), très-variable pour la
longueur et l'épaisseur, se compose d'un tube central cylindrique, divisé dans
sa longueur en deux parties juxta-posées (*tube lingual*), et de deux autres enveloppant chaque division et s'unissant intimement à ses bords, ce qui produit
trois tubes, dont les latéraux ont une coupe semi-lunaire : ceux-ci contiennent
une trachée appliquée de chaque côté contre le tube central. Sur le vivant, ils
sont moins coriaces, que lorsqu'ils sont desséchés, et sont souvent, et surtout
en dessus, en partie membraneux et très-faibles : ils paraissent presque remplis par une substance molle et humide, au travers de laquelle j'ai vu sortir
des bulles d'air venant de la trachée ; les deux moitiés de la spiritrompe
exécutent l'une sur l'autre de légers mouvements.

M. Staudinger donne à la spiritrompe le nom de *langue maxillaire*, que nous
n'adoptons pas : ce sont bien les mâchoires qui enveloppent le tube lingual
mais pour le protéger et l'aider à se mouvoir, sans participer à la succion :
celui-ci seul conduit les sucs alimentaires : ce tube, qui est la même chose que la
partie linguale chez certains Hyménoptères, (en forme de style hérissé, tubu-
leux chez les *Bombus*, dilaté, excavé et quadrilobé chez les *Vespa*) est formé non
par la languette (*ligula*), mais par la partie appelée paraglosse, à laquelle on
doit donner le nom de langue et qui est modifiée à l'infini, selon la sorte de
nourriture qui doit être ingérée; elle forme une véritable langue chez les
Orthoptères, les Névroptères Libelluliens, etc. On voit très-bien chez les
Hyménoptères cités, que les mâchoires, qui sont allongées en forme de gaîne
(*Bombus*) ne participent nullement aux fonctions de la langue, et que les
palpes labiaux et la languette sont modifiés de la même manière.

dehors, à surface peu inégale ; *mésopectus* ayant l'*episternum* grand et la fosse sous-axillaire profonde, presque en entonnoir, avec l'*épimère* beaucoup plus large que la hanche ; épimère du *métapectus* bien plus petit que la hanche, très-court

---

Du reste, dans les insectes suceurs (Carabides), la languette ressemble par son état ordinaire aux autres parties extérieures de la lèvre ; de même que chez le *Melolontha vulgaris*, où les paraglosses, plus développées que la languette, doivent fonctionner comme une langue ; leur base qui s'attache à celle de la lèvre, s'unit aussi aux parties supérieures et doit former l'entrée de l'œsophage.

Chez les Lépidoptères, la lèvre et une grande partie du *maxillaire*, (nous comprenons sous ce nom l'ensemble des différentes pièces auxquelles se trouvent réunis deux palpes et les mâchoires, chez les Curalides), composent la *fosse labiale* qui est parfois très-grande et profonde (Sphingides), occupant une grande partie du dessous de la tête. Elle est bordée en avant et sur les côtés par la spiritrompe, une partie de la joue et le cercle oculaire, en arrière par le menton ; les parties composant la fosse, conservent une certaine mobilité, le corps du maxillaire, surtout, peut s'agiter assez vivement ainsi que son petit palpe. La lèvre est en partie membraneuse, surtout la languette (*Sphinx*) ; elles forment au fond de la fosse et en arrière de la bouche, une sorte de plafond membraneux (*S. convolvuli*), formé à sa partie postérieure par la base de la lèvre disposée en demi-cercle, à la partie antérieure de laquelle le maxillaire semble s'articuler (elle paraît se confondre ici avec le menton qui est visible, chez le *M. stellatarum*) ; celui-ci en se courbant contourne ce plafond pour se rendre à la bouche en s'étendant jusque sous les yeux, où il se trouve ouvert et comme divisé en deux ; arrivé à la bouche, il forme un angle rentrant, entre lequel le palpe de la languette s'engage, et se redresse en se repliant sur lui-même pour envelopper le tube lingual (*S. convolvuli*, *S. atropos*). Ici, la fosse labiale très-grande, est remplie par la spiritrompe et entièrement couverte par les palpes ; mais elle varie à l'infini pour la largeur, la profondeur, etc., et la forme des parties que nous venons de décrire est parfois très-différente. La spiritrompe peut être très-courte ou réduite à de petits prolongements flexueux, ou même être nulle (*Cossus*), la bouche étant remplacée par une fente transversale entre le palpe et la languette, celui-ci formant un bord après confondu avec les mâchoires, dont on distingue le palpe. Enfin la fosse labiale est quelquefois nulle, et la lèvre étroite et saillante se prolongeant en deux palpes écartés, s'avance au-devant de la bouche (*M. lepidtus*), et le maxillaire émet son palpe au niveau ou presque au-dessous du labre.

dans sa partie saillante et élargie. Premier segment abdominal variable pour la longueur, plus court que le suivant et moins large, sa *division externe* ne différant pas par la forme, placée parfois dans une dépression profonde où elle disparaît

---

Les *palpes labiaux* s'insèrent sur les côtés de la lèvre et plus ou moins en avant, ils sont toujours plus grands que les maxillaires, et sont composés de trois articles variables pour la longueur et dont le dernier est parfois peu visible ou très-court (Z. *Arcuatus*, *Hesperia*). Le premier est très-souvent un peu courbé, et le second est ordinairement le plus long, mais parfois il est égalé ou surpassé par le dernier (Brotidae); souvent redressés et appliqués sur la fosse labiale, et dépassant peu le front, tantôt très-allongés et dirigés en avant, tantôt recourbés sur la tête et la dépassant plus ou moins, ils sont variables à l'infini.

Les *palpes maxillaires* très-petits, de deux ou trois articles, souvent renflés ou globuleux, surtout le second, se voient un peu en dedans, avant la base de la spiritrompe, entre celle-ci et la joue, et au-dessous des mandibules (T. *penatus*), presque toujours plus ou moins visibles (*Zygaena*, *Hepialus*, Noctuides), ils sont parfois prononcés et saillants (Crambides, Botydes) et appliqués sur les précédents.

Après la partie postérieure de la lèvre appelée *menton*, lorsqu'elle est visible, l'on voit parfois une pièce assez large s'unissant avec le prothorax, c'est la pièce basilaire de Strauss; elle peut former au-devant de la poitrine une sorte de plastron (M. *Stellatarum*); mais souvent elle devient membraneuse (Sp. *Spectrum*); d'autres fois elle reste la lie entre des parties membraneuses (P. *Machaon*); ces parties qui unissent la tête au prothorax, peuvent être assez allongées et former une espèce de cou (Id. *Pieris*).

Le *thorax*, de même que dans les autres ordres d'insectes, présente trois divisions principales, ayant beaucoup de rapport entre elles, et dont le nom diffère, selon qu'elles sont dorsales ou pectorales; on a cherché à trouver dans leurs diverses parties, une unité de composition qui leur a fait donner par Audouin, les mêmes dénominations; toutefois le genre *Dytiscus*, qui a servi à cet auteur, de type de comparaison un des plus mauvais, diffère tellement des Lépidoptères par son organisation, qu'il devient très-difficile d'établir une comparaison certaine entre les diverses pièces thoraciques, et pour quelques-unes, il eut été impossible de ne pas imposer de nouveaux noms, leur division, surtout pour les pectorales, devenant plus nombreuse.

Les trois divisions thoraciques conservent les noms de *prothorax*, *mésothorax* et *métathorax*; la partie dorsale a reçu d'Audouin le nom de *tergum*; on lui a aussi donné celui de *notus* (νωτος) que nous préférons; la pectorale a été appelée *pectus*, de sorte que l'on pourra dire: *pronotus*, *mésonotus*, et

en partie, côtés du second saillants, dépassant la largeur du thorax, offrant après le stigmate, l'apparence assez sensible d'un second.

Ailes supérieures étroites, fortes ; inférieures petites, larges,

---

métanotus, de même que : propectus, mésopectus, métapectus, ce qui est plus exacte que : antépectus, m dipectus, etc.

La partie dorsale et même sternale, de ces divisions, paraît présenter quatre subdivisions qui ont été désignées ainsi : præscutum, scutum, scutellum, postscutellum, et aussi præsternum, sternum, mésosternum, métasternum.

Le mésothorax étant la division la plus développée et la plus complète, nous la décrirons d'abord. Il a en dessus la forme d'un ovale plus ou moins alongé (Sphinx), un peu tronqué en avant, mais cette forme est très-variable ; il paraît souvent à lui seul constituer presque tout le thorax, tant il s'est étendu aux dépens des deux autres divisions, le scutum surtout et le scutellum sont les pièces les plus grandes, et le premier est souvent, à lui seul, autant et plus développé que tout ce qui reste des parties dorsales (Hesperia, Sphinx, Noctua) : sa partie antérieure présente une échancrure dans laquelle s'enclave le præscutum ; celui-ci, placé verticalement et plus ou moins recourbé d'avant ou arrière, a la forme d'un triangle (A. Atropos), dont le sommet est obtus avec ses angles latéraux plus ou moins prolongés ; il varie beaucoup pour la forme et son sommet, pour la largeur ; celui-ci peut s'avancer en pointe jusqu'au dessus du scutum (Sphinx), d'autres fois être tout à fait tronqué et échancrer à peine le scutum qui s'abaisse sur lui (C. Caryli) ; sa partie inférieure s'appuye et s'articule, surtout vers ses angles, sur une pièce un peu saillante se dilatant sur les côtés (A. Atropos) et paraissant en faire partie ; sa base présente une excavation dont le bord inférieur, d'où part l'entothorax, s'articule avec le postscutellum du prothorax. Il est tantôt bien distinct du scutum (Sphingides), et tantôt paraît se confondre avec lui supérieurement (Urania, Castnia, Chelonidus, Noctoïdes) ; dans le premier cas il s'y unit par une ligne suturale bien sensible ; il émet dans l'intérieur un entothorax (pièce interne unies à quelques-unes des externes ou n'en étant que la continuation, et formant une sorte de charpente interne servant surtout d'attache aux muscles ; celui de la partie postérieure du mésonotum, est le seul en partie visible, chez les Diurnes) court, large, souvent bilobé (V. Stellatarum).

Le scutum plus ou moins alongé, parfois plus large que long (H. humuli) avec les côtés rabattus et sinués, a la forme d'un cœur (Sphinx) dont la pointe fortement tronquée et échancrée, est tournée en avant ; sa partie postérieure ou la base, est plus ou moins profondément divisée pour recevoir l'angle antérieur du scutellum ; sa partie antérieure ou sommet est comprimée ; les angles de l'échancrure præscutale sont arrondis et alongés (angle scutal antérieur);

dilatées en arrière, les premières ayant une nervure costale
(bord costal) ; première nervure, seconde et les trois premiers
rameaux de celle-ci parallèles, très-serrés près du bord costal,
se dirigeant vers le sommet, puis après le rameau suivant,

---

après eux et sur les côtés, se voit une fossette où s'attachent les parties ligamenteuses antérieures de l'aile, cette fossette meuble de portions fibreuses
forme un vide dans le scutum ; dans ces ligaments se développent deux ou
trois pièces dont la principale est la *scapule* (scapula) et une autre que nous
appelons *sous-scapulaire*; après se voit un renflement arrondi (*S. convoluli*),
qui se continue sur les côtés en se rétrécissant, ensuite le scutum paraît légèrement échancré (*M. Maura*), ce renflement peut s'appeler *tubérosité scutale* ;
après la tubérosité, les côtés sont un peu excavés (*A. Atropos*) et l'on voit au-
dessous une pièce assez longue formant un angle en dehors, intimement unie
au scutum, mais distincte et pouvant s'en séparer, laissant voir une ligne
suturale obscure; cette pièce reçoit une partie des attaches du milieu de
l'aile et un faisceau musculaire venant de l'angle scutal antérieur, on peut
l'appeler pièce *scutale antérieure* ; elle est parfois grande (*A. Pavonius*), d'autres
fois très-petite (Hépialides); elle se continue en se rétrécissant , jusqu'à une
partie saillante du scutum qui forme comme une double *apophyse* (*S. convolvuli*); on peut l'appeler *scutale* ; tantôt bien saillante (*A. Paeonius*), tantôt presque nulle (*L. Quercus*), le plus souvent simple : le scutum allant en s'élargissant d'avant en arrière, acquiert dans ce point, sa plus grande largeur ; on
voit s'unir à l'apophyse scutale (*A. Atropos*), une pièce irrégulière qui se joint
en arrière, intimement au scutum, est très-variable de forme et se prolonge
dans le milieu de l'aile dont elle est un des principaux points d'attache,
(on peut appeler *moignon*, l'ensemble des petites pièces qui unissent les ailes
au thorax), ce sera la pièce *scutale moyenne* ; enfin une troisième pièce, située
en arrière de l'apophyse où elle s'unit au scutum ainsi que vers l'extrémité
postérieure de l'attache de l'aile qui la reçoit, et dont elle est le principal
appui, et au-devant des côtés du scutellum (angles latéraux), dont elle paraît
parfois faire partie au métanotum (*Notodonta*), est la pièce *scutale postérieure*;
elle est opithéroïde, hamatus, irrégulière, très-utile. L'extrémité postérieure du
scutum (base) va en se rétrécissant ; elle est profondément échancrée ou
bilobée (*A. atropos*), pour recevoir l'angle antérieur du scutellum qui s'y unit:
elle se termine en deux angles obtus, arrondis, parfois comme tronqués
(*S. Apiformis*). Cette échancrure varie beaucoup pour la forme et la profondeur et peut égaler le tiers au moins de la longueur du scutum (*Urania*), tantôt
elle se termine en angle très-étroit et très-aigu (*Pieris, Castnia*), tantôt le fond
est arrondi (*H. Nostradamus*); d'autres fois elle est peu profonde et d'une

vient le rameau nervulaire situé au delà du milieu de la nervule, qui, après ce point, forme un angle rentrant et se renfle
un peu ; troisième nervure fournissant trois rameaux, dont
le premier part à peu-près du milieu de la nervure, cinquième

---

harpe circulaire (*Z. Trifolii*, *C. cærulii*). Le scutum reçoit dans le milieu de ses
côtés, la partie principale de l'attache de l'aile qui le circonscrit latéralement,
celles-ci s'articulent par en haut aux côtés du notum, par en bas du côté supérieur du postus et par ses extrémités, aux deux autres ditslobes prosthopte-
riques. La base de l'aile ou son moignon se compose de beaucoup de petites
pièces compliquées qui ne peuvent être désignées et auxquelles s'articulent
les nervures. Chez les Diurnes, le scutum est très-bombé et parfois très-comprimé (*Pieris*), et il présente souvent en dessus une carène longitudinale
(*Vanessa*, *Arynnis*) qui est réduite, dans la plupart des autres familles, à une
ligne médiane parfois un peu enfoncée ou un peu saillante, ou remplacée par
un sillon (*Hepialus*), mais souvent peu sensible (*Noctuides*) ; d'autres fois il est
aplati, élargi et déprimé (*A. atropos*) et l'on voit, vers les côtés, un sillon large
disparaissant avant son extrémité (*S. convolvuli*) ; le plus souvent il est
bombé et uni (*Noctuides*).

Nous avons signalé deux pièces principales se développant dans la partie
antérieure des ligaments de l'attache de l'aile supérieure : la principale a été
désignée par Latreille pour les Lépidoptères, sous le nom de *Ptérygode*
(πτέρυγος), tandis qu'il l'appelait *écaillette*, pour les Hyménoptères ; nous
remplaçons ces noms par celui de *tropis* (scapula, scapula, épaules) comme
plus exacte, elle ne peut se rapporter, comme le pense M. Lacordaire, ni
parapière d'Audouin qui appartient au pectus.

Elle est placée sur la partie latérale et antérieure du scutum, et couvre la
base de l'attache de l'aile qu'elle dépasse quelquefois (*C. nerii*), égalant en
longueur le scutum ; elle est de forme triangulaire, plus ou moins étroite et
allongée et se prolonge le plus souvent en arrière, en un angle obtus, parfois
très-allongé ; elle est plus ou moins recourbée et convexe en dessus, concave en
dessous, et se compose de deux lames presques contiguës, dont celle de dessus,
solide, écailleuse, collée dessous moins solide ou membraneuse, pour s'en faire
une idée on peut supposer (non pour sa forme, mais pour sa composition) une
vésicule étranglée à sa base et aplatie par la compression et dont la paroi supérieure se serait solidifiée ; le lieu où elle s'attache, ou plutôt le pédicule très-
court par lequel elle se continue avec les parties ligamenteuses, est situé vers
la base ou à la partie antérieure du bord interne (Diurnes) ; ce pédicule est
parfois assez large (*T. cossus*), d'autres fois étroit et très-mince (*Noctuides*) et
s'insère en avant de l'attache du moignon de l'aile. Le bord antérieur de la

rapprochée de la quatrième avec laquelle elle s'anastomose vers le quart, ou le tiers de sa longueur, aréole étroite bornée par une nervule oblique, portée en avant où elle forme un angle antérieur aigu, vers le milieu de l'aile, le sommet

---

scapule est un peu replié en avant et en dessous, il est large, souvent épais, et arrondi et prolongé en un *crochet* qui s'engage sous la base de l'aile (*A. caja*), de sorte qu'à la jonction du bord externe, en ce point. Il se trouve une échancrure ou une fissure parfois assez profonde (*S. sonosa*), avec le crochet très-allongé; mais d'autre fois il est à peine visible (*S. epiformis*): ce bord, renflé et d'un aspect différent, est séparé par une ligne parfois bien sensible, de sorte qu'il paraît être une portion à part (*T. cossus*); ce sera l'*apophyse* de la scapule, il reçoit une partie du pédicule et semble se continuer avec la paroi inférieure; celle-ci paraît soudée avec la supérieure, au-dessous de ses bords, en laissant voir une ligne articulaire, fine et peu sensible (*A. caja*). Le bord externe est le plus souvent courbé ou échancré, l'interne est au contraire saillant; la scapule est souvent un peu renflée, surtout vers le sommet et varie beaucoup pour la forme : elle peut être grêle et étroite (*Argynnis*), grande et très-allongée (*Sphinx*, Noctuelles), large et courte (*Cossus, Zygena*), aussi large que longue, déprimée au milieu (*Hepialus*), etc.

Sous la scapule, dans les ligaments antérieurs de l'attache de l'aile, se développe assez souvent une autre pièce, d'autant plus grande que la scapule est plus petite, et, alors, faisant saillie au devant du bord antérieur de celle-ci (*Hepialus*), mais souvent nulle ou peu sensible (*M. maura*); nous l'appelons *pièce sous-scapulaire*; à sa partie inférieure et postérieure se voit une masse musculaire qui se porte au-dedans du moignon de l'aile et devient parfois en partie écailleuse (*D. celerio.*)

Le *scutellum* qui est intimement uni dans sa partie antérieure au scutum, mais rendu très-distinct par une rainure, est plus ou moins engagé dans l'échancrure postérieure de celui-ci, par son angle antérieur, tandis que le postérieur couvre parfois le métanotus (*M. croatica*). Il présente à peu près la forme d'un losange dont les angles latéraux sont ordinairement les plus allongés, ce qui lui donne parfois une forme transversale (*T. cossus*); il est rarement plus long que large (*Uranie*), parfois à peu près aussi large que long (*M. maura*); l'angle antérieur peut être finement prolongé (*Pieris*), ou être, au contraire, très-obtus et très-court (*L. dictaea*). Il est parfois plus allongé que le postérieur (Sphingides), souvent celui-ci est plus long (Lycénides, Noctuelles), ou tous les deux obtus et arrondis (*D. coryli*), ou même le postérieur presque nul (*A. paranias*); cet angle paraît parfois divisé, par une ligne enfoncée qui se prolonge sur ses côtés, en une partie distincte, plus lisse et luisante, située aude celle-ci souvent aigu avec son bord postérieur évidé, ce qui rend le même angle saillant en arrière.

Secondes ailes parfois très-petites, avec le bord abdominal dilaté et surtout l'angle anal qui est saillant, ayant la moitié

---

dessus du postscutellum (*C. fraxini*). Tantôt le scutellum est en grande partie enfoncé dans le scutum (*Parnassius*, *Papilio*), tantôt il s'y enfonce très-peu (*D. carpi*); il varie du reste à l'infini selon les diverses familles. Son bord postérieur est coupé verticalement. Ses fonds latéraux descendent plus ou moins dans une fosse souvent profonde bornée en dedans, par le scutum et le scutellum, en dehors, par l'extrémité postérieure de l'attache de l'aile qui s'unit à l'angle externe du postscutellum et au bord postérieur de l'angle du scutum; en avant de cette fosse se voit la troisième pièce sternale qui, souvent élevée et en relief, semble le former, et d'autres fois, plus déprimée et dilatée, paraît ou faire partie; on peut l'appeler *fosse sternale postérieure* par opposition à celle qui se trouve entre la saillante, de l'aile, la pièce scutale antérieure et la dépression du scutum, avant l'apophyse scutale, qui est la *fosse sternale antérieure*, souvent peu marquée et cachée par la scapule.

Le postscutellum est une pièce étroite et peu visible, presque interne, que l'on aperçoit sous le bord postérieur du scutellum; cette pièce est confondue avec l'entothorax dans la figure inexacte d'Audouin, représentant le milieu du mésothorax du *Pavonia*, reproduite par Latreille et M. Lacordaire; ces deux auteurs indiquent pour lui, une partie de l'entothorax, en forme de bande étroite, courbée (*A. atropos*), qui s'étend jusqu'à l'extrémité de la partie postérieure de l'attache de l'aile; là, elle se continue par une pièce distincte (elle paraît tout à fait en faire partie, au métathorax, chez les Coléoptères, *Lucanus*, *Melolontha*), qui va s'articuler avec la partie postérieure de la pièce sous axillaire; ici elle est large et courte et produit un petit enfoncement dans l'endroit où elle joint le postscutellum; elle s'applique contre la pièce scutale postérieure de l'attache de l'aile; chez les Diurnes elle est étroite (*V. Jasius*), allongée et comme divisée en deux parties dans sa longueur; et, après avoir joint le postscutellum, elle se prolonge et s'articule dans un point étroit à la base de l'entothorax; elle unit la partie postérieure du pronotus au pectus.

Le postscutellum est surtout bien visible chez les Piérides, et paraît distinct de l'entothorax qui semble le continuer (Gonist.-), dont la partie supérieure paraît sortir du dessous du scutellum (Noctuelles); est une pièce très grande qui, partant de haut en bas et d'avant en arrière, s'avance dans le métathorax, et pénètre, parfois jusque dans l'abdomen (*B. rhomboidaria*). Il a la forme d'un carré long, sa face supérieure très-large et déprimée (*A. atropos*), se compose d'une lame un peu rabattue sur les côtés, formant une extrémité épaisse et

interne du bord antérieur dilatée ; deuxième nervure un peu plus mince que la première, et lui envoyant un rameau après la base, fournissant deux rameaux, le nervulaire placé un peu après le milieu de la nervule, troisième nervure donnant

---

très-obtuse, parfois bilobée ou ayant ses angles saillants, ou même divisée et fourchue (*Cossus*); ses côtés sont renforcés par une pièce naissant derrière l'extrémité du postscutellum; il semble très-épais à cause des masses musculaires qui le remplissent et s'y insèrent, et qui viennent de la partie antérieure du scutum, du prescutum et de ses onglethorax; le bord supérieur reçoit les attaches membraneuses et musculaires du métanotum, et parfois il s'y développe, de chaque côté, avant la base, une pièce triangulaire pointue assez élevée (*Pieris, Papilio*), servant d'attache à des muscles; la base, formée par une membrane d'attache, qui en laisse une plus ou moins grande partie à découvert, parfois grande et bien visible (Papilloniens), est lisse et luisante; et peut, lorsqu'elle est étroite (Noctuides), être confondue avec le postscutellum.

Le mésonotus est circonscrit sur les côtés, par l'attache des premières ailes qui le séparent du pectus et qui s'insèrent surtout à ses trois dernières divisions et même à l'extrémité des côtés du prescutum (*A. atropos*).

Nous arrivons au mésopectus, ici très-développé et qui présente un assez grand nombre de pièces; aussi, devant les signaler et décrire, à cause des caractères qu'elles offrent, serons-nous obligé de nous éloigner de la nomenclature d'Audouin. La plupart de ces pièces sont faciles à distinguer lorsque le thorax est complètement dénudé. Les bourins du prospectus sont libres dans leur longueur, les quatre autres font partie du pectus et ne se séparent point des *épimères* avec lesquels elles forment un faisceau circonscrit que j'appellerai groupe *coxal*; un deuxième, composé des parties sternales et pectorales, prendra le nom de *sterno-pectoral*, et un troisième se confondant un peu avec le précédent, comprenant les pièces près de l'attache de l'aile, sera le groupe *axillaire*.

Le premier fait saillie sous le pectus et paraît le constituer en partie (*Sphinx*), et même en grande partie (*Hepialus*); il est parfois tellement saillant qu'il semble en être distinct (*Bombyx*). La hanche (*coxa*) est inférieure à l'épimère, mais plus ou moins, selon que les divisions du pectus sont plus ou moins obliques par rapport à l'axe vertical du thorax; cette obliquité peut être très-prononcée (*Lithosia*) et alors la hanche est tout-à-fait inférieure à l'épimère dans sa longueur. Elle a une face interne en rapport avec celle de la hanche du côté opposé et qui s'unit en partie avec la portion sternale étroite qui est comprise entre les deux hanches; sa face externe, qui est large

trois rameaux ; aréole assez courte, variable, parfois très-
courte ou basilaire chez des espèces transparentes, bornée par
une nervule oblique et formant un angle postérieur prolongé ;
frein parfois très-faible, mais ne paraissant pas manquer com-

---

et a souvent une forme un peu triangulaire, est divisé par un bord, parfois
peu sensible (*A. atropos*), d'autres fois prononcé et saillant (*T. apiforme*), ou
même en carène et tranchant (*Castnia*), qui alors, la sépare en deux parties,
l'une inférieure et interne plus étroite, et l'autre supérieure et externe, parfois excavée (*id.*). Cette face externe présente trois bords et une extrémité articulaire : l'antérieur basilaire oblique, s'articulant avec une pièce que nous
nommons pectorale (division du sternum d'Audoin, entourant toujours la
base de la hanche), l'interne en rapport avec la hanche opposée, l'externe
supérieur, uni avec l'épimère dans sa longueur, et l'extrémité formant l'articulation coxo-trochantérienne ; chez les diurnes, la hanche est souvent
étroite et allongée (*Piéris*). L'épimère, qui est nul dans sa longueur avec la
hanche, a la forme d'un triangle allongé (*A. atropos*), tantôt plus étroit
(*M. nastra*), tantôt très-large (*M. stellatarum*) ; il a trois bords et une extrémité : l'un qui l'unit à la hanche, l'autre postérieur, en rapport avec la pièce
pectorale du métapectus, se prolongeant profondément en dedans ; le troisième, supérieur, oblique et basilaire, uni à la pièce sous-axillaire, placée
au-dessous de l'attache de l'aile ; l'extrémité amincie de l'épimère se contourne au-dessus de celle de la hanche et paraît s'y confondre et contribuer
à la partie articulaire ; tantôt plus étroit que la hanche, tantôt bien plus large,
il l'égale, ici, à peu près en longueur. Entre ces deux pièces, et à leur base,
s'en trouve une autre très-petite, en forme de tubercule arrondi que nous
nommons grasiforme (*A. atropos* ; peut-être est-elle le trochantin d'Audouin ? ici bien visible, elle disparaît presque chez les Diurnes : le groupe
coxal, composé de trois pièces, est entouré, en avant et supérieurement, par le
sternum, la pièce pectorale et la sous-axillaire.

Le deuxième groupe se compose des pièces sternales et pectorales ; nous distinguons celle-ci, qui paraît parfois se confondre avec les premières, à cause
de son importante caractéristique, surtout au métapectus. Les deux premières
pièces sternales sont placées en avant et en dessous du mésopectus et sont les
seules bien visibles ; le sternum d'Audoin peut être divisé en quatre parties ;
nous les nommons *præsternum* et *sternum*. Parfois presque intimement réunies
(*Castnia*), elles sont le plus souvent distinctes. La première est quelquefois en
partie membraneuse (*M. nastra*), et s'échancre plus ou moins en arrière dans
son milieu, pour recevoir l'angle antérieur du sternum (*C. roja*), en formant
en dedans, un angle aigu et avancé ; elle s'unit en avant au præpectus, par des

plètement, souvent bien prononcé, s'accrochant dans une lanière qui prend naissance au dessus de la première nervure et qui peut être assez allongée.

Plusieurs sont diurnes, les autres volent au crépuscule.

---

parties membraneuses, et sur les côtés à la pièce pectorale, dont elle n'est pas toujours distincte (*Castnia*), et un peu à l'épisternum : sa partie moyenne est souvent membraneuse, ayant seulement les côtés et l'angle central écailleux ; sur les côtés de celui-ci, se voit une ligne suturale, de sorte qu'il paraît être la réunion du præsternum et du sternum, et la partie membraneuse contenue entre ses deux branches appartiendrait au sternum (*C. caja*). Cet angle, parfois très-allongé se continue en une ligne médiane qui s'enfonce profondément en s'unissant à celle du propectus (*C. fraxini*) ; il peut être très-rétréci, presque isolé, ou presque réduit à la ligne médiane (*R. roboraria*, *P. tessellan*) ; d'autres fois il est étroit, saillant, court, et l'angle aigu du scutum y est tout à fait engagé (*T. apiforme*). Le sternum, qui vient après, a la forme d'un losange (*A. atropos*) ou d'un triangle (*M. menara*) ; son angle antérieur s'avance plus ou moins entre l'échancrure du præsternum, et le postérieur se termine entre les hanches ; les côtés sont unis en avant au præsternum, ensuite à la pièce pectorale qui se prolonge plus ou moins, en un angle très-étroit, entre lui et la hanche ; son extrémité s'unit aux hanches : il présente de chaque côté, en avant, une impression assez profonde (*A. atropos*, *C. fraxini*) ; elle est variable et peut disparaître (Diurnes). Le præsternum et le sternum sont couverts par les hanches libres du propectus. La continuation du sternum entre les hanches constitue le *metasternum*, qui est très-étroit, linéaire, souvent membraneux ; il envoie intérieurement au entothorax ; en arrière et entre les épimères, se voit une partie sternale souvent divisée et membraneuse, surtout visible au métapectus où elle s'étend parfois derrière les épimères, c'est le *metasternum*. Les quatre parties sternales sont divisées par une ligne médiane bien sensible ; le métasternum peut même être séparé ; le præsternum paraît souvent divisé dans sa largeur en trois parties, parfois bien distinctes (*Thais*), dont la moyenne serait surtout le præsternum et les latérales une pièce pectorale qui pourrait être désignée comme première ; cependant elle se trouve circonscrite, comme le sternum, par une même ligne suturale qui, partant en avant des hanches, vient atteindre l'angle inférieur et antérieur de l'épisternum (*C. caja*), en séparant la partie que j'appelle pièce pectorale. Celle-ci est subtriangulaire, aiguë à ses extrémités (*id*) ; elle est placée au côté externe des deux premières pièces sternales, dont elle n'est séparée que par la ligne précédente, souvent peu sensible et tout à fait nulle chez les Diurnes ; elle s'engage postérieurement entre le sternum et la hanche ; son

Les chenilles vivent souvent à découvert sur des plantes diverses, elles offrent cette particularité, d'avoir, pour la plupart, une sorte de queue sur le pénultième segment ; celle-ci est plus ou moins hérissée, rugueuse, assez mince et pointue,

---

bord inférieur et supérieur s'unit à l'épisternum, l'externe à la pièce sous-axillaire et l'inférieur et postérieur à la hanche ; ce bord et le même angle paraissent parfois divisés par une ligne suturale, surtout au métapectus (*Protaliy*) et, dans ce cas, ils semblent appartenir au mésosternum dont ils ne paraissent être qu'un prolongement, de sorte que la pièce pectorale se terminerait en pointe entre lui et le sternum ; mais le plus souvent cette disposition est peu sensible ici ; ce groupe est donc formé de cinq pièces, dont quatre sternales.

Le troisième groupe comprend quatre à cinq pièces qui occupent les parties latérales et supérieures du métapectus. La première, en avant, est l'épisternum (il paraît bien se rapporter à celui d'Audouin) ; il est assez grand, d'une forme carrée ou un peu triangulaire et présente quatre bords ou côtés ; il est placé sous la partie antérieure de l'attache de l'aile ; son côté supérieur se trouve en rapport avec l'apophyse de la scapule (*S. Convolvuli*) ; ce côté présente un rebord saillant très-marqué en dedans, creusé par un sillon en dehors ; il s'unit à des parties membraneuses venant du mésopectus et de la partie antérieure de l'attache de l'aile, et à son extrémité postérieure, à une pièce irrégulière (sans doute le *paraptère* d'Audouin), très-variable, se dilatant parfois, en une partie saillante arrondie (*Caterata*) ; nous préférons le nom d'*hypoptère* ; elle concourt avec une autre, qui lui est contiguë, à former la partie inférieure du rachignon de l'aile ; cette extrémité s'unit aussi à la partie antérieure et supérieure de la pièce sous-axillaire (*al.*). Le bord inférieur s'articule en grande partie avec la pièce pectorale, et en avant, avec le côté ou presternum ; cette union se fait à l'aide d'un liséré intercalaire très-étroit ; le côté antérieur est arrondi, obtus, un peu recourbé en dedans, et reçoit des parties membraneuses du prépectus ; le postérieur est un peu arrondi et replié en dedans, où il s'unit au côté antérieur de la pièce sous-axillaire avec laquelle il forme une rainure ou canal qui se continue avec celui de son bord supérieur (*S. Ligustri*) ; cette pièce, bien visible chez tous les Lépidoptères crépusculaires et nocturnes, disparaît presque chez beaucoup de Diurnes et chez les *Erycina* ; mais elle est assez visible chez les Hespérides. Après l'episternum, au-dessous de l'épimère et immédiatement sous l'aile, se trouve une étendue, souvent en grande partie membraneuse (*A. *soja*) que nous nommons *espace axillaire*, et qui couvre deux pièces principales souvent assez compliquées ; on y remarque en outre, vers le milieu de l'attache

courbée en arrière; elle n'est qu'un prolongement de la peau. Elles se métamorphosent à la surface de la terre entre des débris qu'elles lient ensemble. Les chrysalides sont épaisses, plus ou moins rugueuses avec la tête saillante, terminées en pointe à l'extrémité anale.

---

de l'aile, un enfoncement, parfois assez profond, rétréci en dedans (*Sphinx*), d'autres fois étroit et superficiel (*T. apiforme*), que nous nommons *fosse axillaire*; souvent en partie membraneuse, elle est envahie par une pièce en forme de cornet (*id.*), terminée en pointe en avant et ayant les bords inférieurs et antérieurs, saillants et élevés (*S. Convolvuli*). Ce sera la pièce *axillaire*, qui est extrêmement variable pour sa forme et sa grandeur et s'étend bien plus par en bas que par en haut; elle semble parfois divisée en dedans, par une ligne partant du fond et qui se rend à l'angle antérieur; celui-ci est alors fléchi et arrondi (*C. fraxini*, ou très-saillant et crochu (*Catocala*); la portion divisée peut prendre le nom de *supérieure*, elle fait partie de l'attache de l'aile et est parfois bien distincte (*A. Carpini*); elle se trouve aussi divisée dans sa partie profonde. La pièce axillaire peut être réduite à la fosse qu'elle circonscrit bien (*M. maura*); d'autres fois son bord inférieur est épais, élargi et rabattu (*Catocala*), ou s'avance sur l'espace axillaire (*A. carpini*) ou même l'envahit presque entièrement (*C. taraxaci*). Au-dessous se trouve la pièce sous-axillaire qui borne et circonscrit cet espace; tantôt très-étroite, elle est en forme d'arceau marqué d'une strie profonde, de sorte que la partie inférieure qui couronne l'épimère a l'apparence d'un rebord (*C. taraxaci*) dont les deux côtés remontent vers l'attache de l'aile; tantôt très-large (*T. apiforme*), elle occupe presque tout l'espace axillaire, tandis que la pièce du même nom est presque réduite à sa partie supérieure; sa surface est inégale; elle est bornée en avant par l'épisternum et la pièce pectorale, inférieurement par l'épimère, postérieurement par la pièce cunéique, et est en outre en rapport avec le métapectus; son bord antérieur est sinué, arrondi et redressé par en haut; cette partie forme un bord saillant qui se dirige vers le milieu de l'espace et contourne, en formant un sillon (*S. convolvuli*), la portion inférieure du bord qui est allongée, saillante, en forme de tubercule et semble parfois être une petite pièce distincte (*D. pyrrhen*); mais d'autres fois elle est peu sensible (*T. apiforme*). Nous l'appellerons *tubérosité pectorale*. Elle est toujours très-prononcée chez les Sphingides, mais elle disparaît presque, en s'élargissant beaucoup, chez les Diurnes; la partie supérieure de ce bord s'articule avec la même portion de l'épisternum et fournit une petite pièce étroite, sinuée, qui de même que l'hypoptère, contribue à former la base du moignon de l'aile; son côté postérieur va s'articuler avec l'extrémité du postscutellum et le bord de la pièce scutale postérieure; ce côté paraît presque interrompu par une pièce

GENRE. MACROGLOSSA, *Scopoli.*

SESIA, *Fabricius.*

Tête souvent assez petite, ainsi que les yeux, antennes grandes en massue allongée, surtout chez les femelles, terminées par

placés entre lui et la base de l'épimère et qui l'échancre plus ou moins ; cette pièce, souvent peu sensible ici, est parfois bien visible (*P. Gamma*), surtout au métapectus où elle peut être renflée en forme de vésicule (id.), ou être en partie membraneuse (*A. caja*), d'autres fois presque nulle et se confondant avec la pièce sous-axillaire (*S. convolvuli*). Nous la nommons pièce cunéiforme ; elle se prolonge souvent beaucoup en dedans postérieurement.

Parmi les petites pièces du tergum de l'aile en dessous, appelées épidemes d'insertion, il y en a une postérieure étroite, comme double, ou formant un pli anguleux parfois très-saillant (*A. caja*), s'avançant au-devant de la fosse axillaire, donnant attache à des membranes, dont l'une forme le bord postérieur de l'attache de l'aile, et paraît n'être qu'une trachée : ce pli peut prendre le nom de *postérieur* par opposition à un autre, moins prononcé et *antérieur*.

La disposition des pièces que nous venons de signaler ne varie pas essentiellement dans le plus grand nombre des Lépidoptères ; quelques-unes seulement, peuvent devenir en partie ou entièrement membraneuses, et disparaître, mais elle offre de notables différences dans une grande partie des Diurnes ; les Hespérides, qu'on pourrait séparer des Diurnes, et les Uraniides qui les avoisinent, font le passage. Le mésonotus étant moins modifié que le mésopectus, nous examinerons celui-ci.

Les côtés du præsternum sont placés en travers et très-allongés (*N. populi*), atteignant presque l'attache de l'aile, dont ils sont séparés par l'épisternum qui est très-petit, confondu avec l'hypoptère et qui ne se trouve point sur la pièce pectorale ; celle-ci est différente et simule complètement un épisternum dont l'extrémité s'unit à la partie antérieure de la pièce sous-axillaire ; la partie moyenne du præsternum très-petite, allongée, triangulaire, forme une pièce distincte. Le sternum est grand, bien circonscrit, mais il s'est élargi en arrière, aux dépens de la pièce pectorale. L'espace axillaire est très-allongé dans le sens du corps, la pièce axillaire est très-longue, et la sous-axillaire se prolonge en un angle inférieur autour de la bossette, qui est la partie, ici peu convexe, appelée tubérosité pectorale. Les hanches du métapectus sont entourées en arrière par une partie en forme de bossette qui peut être considérée comme une extension du mésosternum.

une partie très-mince et fléchie, palpes souvent avancés et appliqués sur le bord du front, velus à leur face interne, spiri-trompe très-longue; thorax court; abdomen déprimé, large à la base, terminé par un pinceau de poils contractile aplati, large, comme divisé, avec d'autres plus petits. Ailes antérieures petites,

---

Nous allons passer en revue les deux autres divisions thoraciques : le pro-thorax est celle qui est la moins développée, et il a l'apparence d'une sorte de cou ; les pièces qui composent ses notes sont le plus souvent très-petites, minces, peu solides, et en partie avortées et membraneuses, offrant rarement l'apparence d'un corselet (ce qui existe un peu chez la Chélonie que nous avons appelée *Natairachus pierreti*), comme chez d'autres insectes.

Le plus souvent il paraît formé de quatre plis placés en travers (*S. Ligustri, Z. lavandula, C. ligniperda*), deux de chaque côté d'une partie centrale étroite, luisante, écailleuse, dilatée dans sa partie antérieure, dont les deux premiers très-souvent les plus épais, sont les plus constants, et parfois les seuls visibles. Ces plis peuvent s'effacer ou être rudimentaires (*Papilio, Pieris*), d'autres fois, être au nombre de six (*S. ligustri*). Dans ce cas, les deux pre-miers ont l'apparence d'une crête transversale échancrée dans son milieu, placée derrière l'occiput, dont elle est très-rapprochée; elle représente le praescutum, souvent elle est peu visible ou insensible (*Papilio*). Les deux plis suivants ordinairement les plus grands et les plus constants (*Argynnis, Sa-tyrus, Chelonia, Catocala,* etc.), et souvent aussi les seuls visibles, sont plus ou moins renflés et vésiculeux, très-dilatés et recouvrant les postérieurs (*Arctia*); ils naissent supérieurement, au-devant de la dilatation de la partie centrale, sur une portion antérieure, plus étroite, qu'on peut considérer avec eux, comme le scutum, et d'où part en dessous un niveau qui, en s'élargissant, va s'unir à la partie supérieure de l'épisternum, et dont le bord interne en s'arti-culant avec l'extrémité des côtés prolongés du scutum, contribue à former un anneau sinué, rétréci par en haut, dilaté par en bas, qui constitue avec un grand entothorax intérieur et inférieur, allant s'unir au presternum, la char-pente du prothorax (*D. celerio*). Cet anneau est bien visible en dehors, lorsque les plis se sont effacés et que le prothorax, très-allongé, forme un espèce de cou (*Pieris, Papilio*). La partie solide ou écailleuse du scutum est parfois bien sensible et distincte du scutellum dont les angles prolongés l'embrassent en formant un demi-cercle (*Pieris*), ou ayant tous les deux la même forme (*Thais*). Les plis du scutum descendent plus bas que les postérieurs (scutellum), et se terminent en avant de ceux-ci, à la hauteur du stigmate prothoracique (*S. Ligustri*); parfois au lieu d'être saillants et renflés, ils sont aplatis en forme de corselet, ainsi que les suivants, laissant à peine voir le scutel-

entières, souvent plus ou moins transparentes, les postérieures parfois très-petites, un peu dilatées au bord abdominal avec l'aréole quelquefois très-courte, disparaissant presque dans la base de l'aile (espèces exotiques).

---

lum ; alors le scutum est la pièce la plus grande, et le stigmate se voit à son extrémité inférieure (*Hepialus*) ; d'autres fois ils forment un corselet presque comme chez les Orthoptères (*Nototrachus pierreti*).

Les deux derniers plis portent en haut, des côtés de la partie moyenne (scutellum) après sa dilatation ; plus minces que les précédents, ils sont ordinairement peu développés, souvent peu visibles ; mais parfois ils sont plus grands (*Z. peucedani, C. liguiperda*) ; ils descendent au devant du stigmate qu'ils bordent et se terminent derrière l'épisternum (*S. ligustri*) ; ils forment avec la partie centrale le scutellum ; celle-ci, dilatée avant ses plis, porte surtout ce nom ; elle est souvent submergée et cachée par les plis moyens (*Arctia*), d'autres fois saillante (*Z. lavandulae*) ; elle se rétrécit en se continuant en arrière jusqu'au-dessous du bord antérieur du praescutum du mesopectus, où elle s'unit en s'appuyant sur l'entothorax et constitue le postscutellum. Le pronotus, parfois assez allongé (*papilio*), se trouve souvent fortement comprimé entre la tête et le mésothorax et réduit à une très-petite dimension (*M. maura*).

Le propectus est souvent un peu plus développé, et l'on peut reconnaître la plupart des pièces ; sa partie antérieure est parfois couverte par une pièce saillante, presque en forme de plastron (*M. stellatarum*), qui naît de la partie postérieure du menton ; elle est réduite quelquefois à une petite portion linéaire, transverse, placée au-dessous de la lèvre et isolée dans les parties membraneuses (*P. podalirius*) ; c'est la pièce basilaire. Le prosternum, qui se voit après, a souvent l'apparence d'un demi-cercle linéaire, parfois un peu éloigné du sternum (*Id.*) ; d'autres fois le touchant (*D. Hippophaes*), et dont les extrémités, en s'élargissant, vont s'unir au côté antérieur et supérieur de l'épisternum ; dans ce point, ils s'unissent aussi à la base d'une pièce étroite et longue qui, d'abord courbée à son insertion sur l'épisternum (*Hippophaes*), remonte obliquement jusqu'au bord interne des tempes où elle s'attache, ou parfois à une partie solide qui traverse le trou occipital (*Thais*) ; ainsi les deux branches du prosternum forment avec ces deux pièces, avec lesquelles, le plus souvent, elles sont seulement unies, un premier anneau auquel le praescutum doit prendre part lorsqu'il est assez développé, comme celui cité plus haut, qui est formé par le scutum et le sternum, prenant chacun leur point d'appui sur l'épisternum qui est la pièce principale des côtés du propectus. Le proster-

Crâne court, variable pour la largeur, peu rétréci en avant avec le bord du front saillant en angle obtus, gibbeux et les joues, grandes prolongées en avant des yeux, le long des mandibules qui, elles-mêmes, sont très-saillantes en pointe obtuse ;

num toujours étroit d'avant en arrière, est parfois réduit à une partie linéaire entourée de membranes, souvent il est libre ; d'autres fois un peu plus large, il est presque intimement uni au sternum (Arcynnides), et ne paraît en être quelquefois, que le dédoublement.

Le sternum a plus ou moins la forme d'un losange, comme au mésopectus, mais il est beaucoup plus étroit d'avant en arrière, avec les côtés bien plus allongés (*D. hippophaes*, *M. maura*) ; parfois sa partie moyenne n'est pas beaucoup plus large que les côtés (*M. stellatarum*) ; d'autre fois elle est très-étendue d'avant en arrière (*T. apiforme*) et triangulaire ; son angle antérieur est souvent aigu et allongé, il peut être court et obtus et toucher le praesternum (*D. hippophaes*) ; ses côtés en se courbant, viennent s'unir au bord antérieur de l'épisternum où ils se continuent jusque derrière ceux du praesternum ; leur extrémité entre le bord interne et l'épisternum, offre l'apparence d'une division qui serait la pièce pectorale (*M. maura*) ; la partie postérieure, rétrécie, se continue entre les hanches et est souvent bordée par des membranes (id.) ; cette extrémité un peu dilatée peut être bifide (*Catocala*) ; sa continuation constitue le mésosternum, puis le métasternum qui se distinguent, parfois, par de petites dilatations (*A. caja*) ; le dernier, avant de s'unir au praesternum du mésopectus, s'enfonce profondément ; ce point, un peu dilaté, sert d'appui en dedans, à la réunion des deux branches de l'entothorax. L'angle antérieur du sternum s'enfonce aussi parfois à son union avec le praesternum, dont la partie moyenne se trouve aussi enfoncée ; derrière ses côtés existe, avant l'articulation de la hanche, une partie membraneuse plus ou moins large qui représente l'autre portion de la pièce pectorale ; elle s'élargit parfois aux dépens du sternum qui se trouve rétréci (*A. caja*).

Sur les côtés du propectus se voit une pièce principale déjà signalée (*D. celerio*), et souvent la plus grande (Sphingides), que nous pensons être l'épisternum ; sa forme est le plus souvent oblongue (*T. pronuba*), parfois plus large et presque arrondie (*Sphinx*). Il est entouré, en avant, par les parties sternales et pectorales, en arrière par une portion membraneuse qui semble correspondre à l'espace axillaire.

La hanche, qui est libre, est allongée, presque cylindrique, allant en diminuant de la base à l'extrémité et un peu déprimée ; elle a un bord externe saillant, au-dessus duquel il y a une face déprimée et presque excavée (*T. pronuba*) ; elle varie pour la longueur et peut devenir très-épaisse

épimère du mésopectus ayant postérieurement une saillie pointue ou épineuse. Abdomen avec le premier segment très-court, étroit, élargi après les angles antérieurs du deuxième, offrant en dessus, de chaque côté, à la base, un enfoncement.

(*P. latreillii*) celle s'articule avec des parties membraneuses (*A. caja*). L'épimère paraît nul ou être devenu membraneux; il se trouverait au côté externe de l'articulation de la hanche, où une très-petite pièce, souvent insensible, pourrait le représenter. Dans beaucoup de Diurnes l'épisternum est intimement uni aux parties sternales (Argynnides, Nymphalides). Cette division thoracique, beaucoup moins épaisse que les autres, est la plus mobile; elle laisse croître au mésopectus son développement antérieur.

La troisième division thoracique, le métathorax, vient, pour la grandeur, après le mésothorax, auquel il ressemble pour sa composition; mais il est beaucoup plus court; son volume, surtout, semble parfois en grande partie annihilé par celui du mésothorax, dont le scutellum le recouvre souvent presque entièrement (*M. bombyliformis*, *C. processionea*); d'autres fois il présente une certaine étendue (*H. lonnata*). Le præscutum, le plus souvent caché, presque intérieur, se trouve en dedans du bord antérieur du scutum, auquel il s'unit dans son étendue; souvent assez étroit, en partie membraneux, il forme une petite pièce médiane presque carrée (*Cerbrata*); d'autres fois il paraît placé entre les deux divisions du scutum qu'il semble continuer; parfois il est un peu visible en dehors (*H. lupulinus*, *Arctia*). Le scutum, presque toujours fortement rétréci ou comme interrompu dans sa partie moyenne (Sphingides), paraît d'autres fois divisé en deux portions (Diurnes) qui peuvent être très-distantes l'une de l'autre (*Urania*). Mais cette division n'est souvent qu'apparente, les deux portions se continuant par une partie moyenne très-étroite sous le bord du scutellum; quelquefois cette partie est bien sensible (Cossides, Zeuzerides) et même peut avoir une certaine largeur d'avant en arrière (Hepialides). Les côtes, toujours beaucoup plus larges, à cause de l'attache des ailes postérieures, sont plus ou moins triangulaires, saillantes, et à surface inégale, rarement presque unie (*A. atropos*), ou renflée et lisse (*Vanessa*), aussi, parfois, très-inégale (*A. caja*); elle se trouve quelquefois creusée par un *sillon* transversal (*D. vinula*) qui la divise en une portion antérieure étroite, saillante ordinairement, en partie, ou presque entièrement couverte de très-fines écailles persistantes lui donnant un aspect pulvérulent, ce sera l'*espace pulvérulent*, et en une autre partie plus courte (*Vinula*), appuyée sur une sorte de tubercule lisse (*D. velitaris*); cette partie, que nous appelons *aupronc*, peut se rétrécir ou même disparaître et alors la partie antérieure, très-étroite, n'est séparée du *tubercule*, devenu énorme, que par une

non étranglé à son attache thoracique, garni sur le bord des segments de fortes écailles épineuses.

Leur corps est uni et tout d'une pièce. Ces espèces voltigent avec une grande rapidité sur les fleurs, dont leur spiritrompe,

---

rainure (*Lr. ulmi*). La partie moyenne, au lieu d'être creuse, s'unit parfois l'antérieure en formant une élévation presque en carène (*Compta*); d'autres fois elle se dilate en une partie *postérieure*, rendue distincte par une dépression qui l'en sépare (*M. maura*); alors le tubercule est réduit à une petite pièce allongée, inférieure, non saillante; ce tubercule *métathoracique*, souvent peu sensible ou nul (Sphingides), est séparé par une ligne suturale et nous paraît être la troisième pièce scutale. La partie antérieure des côtés du scutum, formant souvent une espèce de bord épais, n'a pas toujours d'espace pulvérulent (Sphingides, Diurnes), et sa surface peut être tout à fait uniforme (id., id.); leur partie externe présente en dehors, au devant de l'attache de l'aile, une sorte de dépression ou d'échancrure, parfois très-marquée, la divisant en deux angles (*S. Spectrum*), dont le postérieur correspond à l'apophyse scutale du mésonotus (*Argynnis*), et l'antérieur à l'angle de ce nom: du fond de l'échancrure, part ici (*Spectrum*), une ligne qui sépare la partie antérieure de la moyenne: celle-là se trouve être couverte, dans sa longueur, d'une poussière argentée (espace pulvérulent) qui, d'autres fois, n'occupe que l'extrémité externe (*T. apiforme*, *T. batis*).

La pièce qui vient après, le scutellum, souvent assez mince et échancré en avant (*S. convolvuli*), pour recevoir l'extrémité du scutellum du mésothorax, est bien visible, non divisé, occupant la partie moyenne, mais presque toujours beaucoup plus court qu'au mésothorax; par exception à peu près aussi long (*H. hamali*), parfois extrêmement comprimé (*M. stellatarum*), presque linéaire et transversal; d'autres fois saillant, triangulaire et reçu, comme au mésothorax, dans une échancrure du scutum (*Hepialus*); mais souvent son extrémité antérieure, plus ou moins obtuse ou arrondie, se recourbe en avant et s'enfonce parfois profondément, entre l'échancrure ou les deux divisions du scutum (*M. maura*, Diurnes); ses deux angles latéraux, plus ou moins allongés et auriculés, mais à ceux du postscutellum se continuent en produisant, comme au mésothorax, un rebord saillant (*bord alaire*) contournant le scutum et qui constitue la partie postérieure de l'attache de l'aile; il se dilate souvent en une partie membraneuse (*A. villica*), formant parfois un lobe ou cuilleron frangé et rebordé, tantôt arrondi et ayant le disque convexe (*P. Gamma*), tantôt formant un angle (*T. pronuba*, *M. brassicae*); le bord de ce cuilleron, un peu renflé et cylindrique, est, comme au mésothorax, une trachée. Le bord postérieur du scutellum est rarement un peu saillant et arrondi (*Sphinx*).

très-longue, les tient éloignées. La forme de leur tête et de leurs palpes, et la disposition des petites taches transparentes de quelques exotiques, semblent les rapprocher des Hespérides.

être souvent presque droit et transversal, cachant presque toujours le post-scutellum, qui paraît alors peu visible; parfois il est assez sensible (*Hepialus*), formant une pièce arrondie par en haut, assez large, appliquée sous le bord postérieur du scutellum, où elle se trouve un peu enfoncée avec ses côtés très-rétrécis. L'espace entre le fond alaire et le scutum est plus étroit qu'au mésopectus et les pièces scutales sont peu sensibles, à l'exception de la postérieure signalée plus haut, sous le nom de tubercule métathoracique (*L. dictæa*).

Le pectus du métathorax, quoique bien moins développé, surtout à sa partie antérieure, que le mésopectus, qui comprime et cache cette partie, présente à peu près les mêmes pièces un peu modifiées, les hanches et les épimères étant un peu plus saillants et plus libres. Il est ordinairement plus large que le notum dans sa partie moyenne; mais parfois celui-ci l'égale. Il bombé; tantôt large et renflé (*Cossus, Hepialus*), tantôt très-rétréci, (*P. phœnigera*); les épimères qui, au mésothorax, sont très-souvent plus larges que les hanches ou aussi larges (*Macroglossa, Zygæna, Cossus, Thyatira, N. nœnia*), sont ici, beaucoup plus étroits. Ce pectus, lorsqu'il n'est pas isolé, ne présente à la vue que deux séries de pièces superposées et placées sur les côtés, les parties sternales se trouvant cachées en avant par le mésopectus, en arrière par l'abdomen; parfois le sternum est saillant en dehors. (*M. arundinis*).

Le præsternum est à peine sensible ou représenté par des parties membraneuses; le sternum bien visible, tout à fait transversal, montant en suivant la pièce pectorale jusque sous l'épisternum (*S. convolvuli*); celui-ci ressemble à une oreille renflée, jaunâtre, surmontée d'une petite pièce qui fait partie de l'attache de l'aile et qui est l'hypoptère; parfois il est plus développé (*Hepialus*.)

La pièce pectorale est la seule bien apparente du deuxième groupe, elle devient parfois très-remarquable par son développement anormal chez certaines Chélonides, telles que la *Pudica*, pour laquelle nous avons formé le genre *Cymbalophora*, et les *Setina*, chez lesquelles M. Guénée a signalé ce caractère; tantôt elle est très-étroite (*Zygæna*), tantôt elle est plus large que la pièce sous-axillaire (*Pl. matronula*), présentant parfois des petites cannelures transverses sur sa marge antérieure qui la rendent striée (*Pudica*); elle paraît quelquefois bien circonscrite (*O. pyrrha, Crania*), et entre elle et la hanche se trouve ici une partie étroite qui paraît être le prolongement du mésosternum; toutefois cette partie est souvent confondue avec la pièce pectorale (*S. convolvuli*)

Leurs chenilles ont la tête arrondie avec des rangées circulaires de petits tuberbules ; les chrysalides sont allongées, en partie transparentes, avec la tête saillante. Ils forment deux groupes dont le second a le premier segment abdominal plus allongé et les ailes plus ou moins transparentes.

et n'est pas bien distincte au microspectus. L'épimère bien sensible à sa base, qui est saillante, se rétrécit souvent beaucoup, de manière à devenir postérieur et à paraître raccourci (*M. bombyliformis*), parfois il est tellement comprimé que sa face latérale est nulle (*P. plantyera*); on voit aussi une petite pièce sésamoïde ou grassiforme (Sphingides). La pièce sous-axillaire s'élargit en arrière et entre en dedans en produisant, ainsi que les autres parties métathoraciques, un rétrécissement où elles s'unissent à l'abdomen; le metasternum aussi très-enfoncé, s'étend parfois derrière les hanches et contribue beaucoup à cette union qui est en partie membraneuse. D'autres fois (Noctuides) la pièce sous-axillaire rétrécie, et la pièce cunéique très-saillante en arrière, concourant à former la paroi antérieure d'une ouverture que nous appelons *tympanique* (*M. maura*).

Nous ne dirons rien des pattes qui se composent de la *cuisse*, du *tibia* et du *tarse*, toujours divisé en cinq articles à moins d'avortement (partie des Diurnes, Acidalides); elles s'articulent aux hanches à l'aide d'une pièce appelée trochanter, parfois assez grande, toujours intermédiaire entre celle-ci et la cuisse chez les différents insectes, même aux pattes postérieures des Carabiques, pour lesquels on a avancé à tort : « le trochanter constitue un appendice à la partie interne des cuisses qu'il ne sépare plus de la hanche » (Lacordaire, *Intr.* à l'Ent. i, p. 431, l. 11); c'est au contraire la cuisse qui est unie au côté externe du trochanter, lequel s'articule seul, avec la hanche, par un prolongement en forme de tête. Le dernier article du tarse se termine par une petite pièce, portant deux crochets, que nous appelons *onglets*; ils sont courbés, aigus, dilatés à la base; entre eux et en dessous, on voit souvent une partie un peu épaisse plus ou moins saillante, qui a été nommée *pelote*; et de chaque côté de sa base se trouve un *appendice* qui peut égaler les onglets et être bifide (*Argynnis*). Les tibias sont souvent couverts de poils, parfois épineux; les antérieurs, outre l'épiphyse décrite ailleurs, présentent parfois une (*A. rusticus*, *M. brassicae*) ou plusieurs épines (Agrotides, Heliothides); les postérieurs ont presque toujours, excepté chez les Papilionides, deux paires d'éperons, dont une terminale et l'autre vers le milieu, et les moyens une paire à l'extrémité. Nous avons signalé le stigmate du prothorax, il s'en trouve un autre sur les côtés du bord postérieur du mésothorax, qui n'existait pas chez la larve, et dont on ne voit même pas la trace dans

1. Macroglossa stellatarum, *Linné*.

Très-commun en Andalousie; sa larve mange les *rubiacées*. Chez cette espèce le premier segment de l'abdomen est très-étroit; le *Croatica* fait le passage de ce groupe au suivant.

---

l'enveloppe de la chrysalide, où les autres ont laissé une dépouille, plus ou moins longue, des conduits trachéens, entre la saillie que forme en dedans le *péritrème* (pièce solide formant l'ouverture du stigmate, surtout distincte chez la chrysalide); ce stigmate peu visible et enfoncé, est placé sur le bord postérieur et latéral du mésopectus, entre lui et le métapectus, et derrière la pièce sous-axillaire, où il pénètre dans le mésothorax; son ouverture, qui est béante comme un prothorax, est formée par deux bords très-minces, très-fragiles et ciliés (Sphingides).

L'abdomen s'unit au thorax par des attaches en grande partie membraneuses, qui se trouvent réduites chez les Noctuides, Métrocampides, etc., par les deux ouvertures tympaniques; dans ce point, il y a un rétrécissement, souvent très-prononcé, tenant soit à l'étroitesse ou à la dépression de la base de l'abdomen (*Satyrus*), soit à ce que l'attache est fort rétrécie surtout en dessous, où il y a un enfoncement profond qui peut s'appeler *sinus abdominal* (*C. fraxini*); parfois étant en massue, il semble pédiculé, alors le premier segment s'élargit pour s'attacher au thorax (*Heliconia*); mais d'autres fois après le rétrécissement, la base est large ou un peu rétrécie vers l'attache; souvent il est presque cylindrique ou un peu conique et déprimé (*Sphinx*), diminuant progressivement jusqu'à l'extrémité. Les segments sont interrompus sur les côtés, par une partie plus mince, plus ou moins membraneuse et molle, se crispant par la dessication (*Psyche*), et sur laquelle se trouvent la plupart des stigmates ou même tous; elle forme une espèce de bande latérale, qui divise chaque segment en deux arceaux, l'un supérieur, l'autre inférieur; on peut l'appeler *bande stigmatale*; à leur réunion avec elle, les arceaux forment souvent un bord distinct; les supérieurs sont ordinairement plus grands que les inférieurs (*S. ligustri*). Le nombre des segments apparents est ordinairement de huit chez les mâles, et de sept chez les femelles, excepté chez celles des Biurnes qui en ont souvent huit; comme il en existe neuf, les deux derniers dans ce sexe, sont recouverts par le septième; le dernier concourt à la formation des parties génitales et les recèlent. Dans la femelle, dont l'oviducte est allongé, on compte neuf segments, plus un dernier tube servant à déposer les œufs et qui est souvent hérissé (*D. capsincola*); l'oviducte étant formé de trois tubes, les deux premiers sont des segments abdominaux; ces tubes

2. Macroglossa Bombyliformis, *Esper*.

Esp. II, t. 23, f. 2.

Il se trouve dans les environs de Grenade ; sa larve mange les *scabieuses*. Le nom donné par Esper, accompagné d'une

---

s'engainent les uns dans les autres, n'en formant plus qu'un, qui est logé dans le septième segment. Les sept premiers sont munis d'un stigmate ; le huitième stigmate, qui existait chez la larve, avorte, mais le même nombre se retrouve chez l'insecte, puisqu'il s'en est formé un autre au mésothorax, correspondant au deuxième segment de la chenille, qui n'en portait pas ; ce qui fait 18 stigmates pour tout le corps. Les segments abdominaux sont unis par un pli membraneux, recouvert par le bord postérieur du segment qui précède, de sorte qu'ils rentrent plus ou moins les uns dans les autres.

Le premier est parfois très-court et semble presque nul (*M. stellatarum*) ; d'autres fois au moins aussi long que le suivant en dessus (*A. caja*), tantôt beaucoup plus étroit que le métathorax, surtout de haut en bas (*Satyrus*), tantôt aussi large (*Sphinx*), mais rétréci à son attache, surtout en dessous où il est excavé (sinus abdominal). L'arceau supérieur est divisé de chaque côté par un sillon formant une sorte de canal souvent très-étroit (Métrocampiens), d'autres fois assez large (Noctuides, Castnides), parfois très-élargi, et produisant une grande ouverture (*Agarista glychne*), communiquant avec les cavités basilaires de l'abdomen. La partie moyenne de l'arceau peut avoir la largeur, ou à peu près, de la base de l'abdomen (*Vanessa, Cossus*), d'autres fois elle est beaucoup plus étroite, surtout en avant, quoique plus longue que le segment suivant (*Lithosia*), et devient presque triangulaire ; elle peut même n'être pas plus large que sa division latérale ou externe (*Setina*) ; elle est souvent en partie ou entièrement membraneuse (*N. Plantaginis*). La *division latérale* descend jusqu'à la bande stigmatale, dont parfois elle ne semble être que la continuation (*Zygæna*) ; elle prend des formes très-diverses selon les tribus, familles, genres, etc., tantôt nous lui conservons le nom précédent lorsqu'elle n'est pas modifiée, ou peu ; tantôt nous l'appelons *disque tympanique*, lorsque très-modifiée, elle présente plus ou moins une forme discoïde (*C. fraxini*). Elle est assez souvent simple et conserve la forme de la partie moyenne (la plus grande partie des Diurnes, les Sphingides), d'autres fois, renflée et geminée (*A. caja*), ou dilatée en une sorte de coque arrondie, globuleuse, s'avançant sous la cuilleron du bord alaire et formant presque l'ouverture tympanique (*Nem. plantaginis*), ou discoïde et surmontée d'un lobe en forme de

bonne figure, doit prévaloir sur la description douteuse de Linné. Nous n'avons pas trouvé le genre *Pterogon* qui a pour type l'*Œnothera* dont les tibias antérieurs sont armés de fortes épines, et dont l'épimère n'est pas épineux; les segments de

---

crête (*C. ßrarini*); parfois ayant la partie supérieure en forme d'oreille verticale, presque isolée de l'abdomen (*A. nyctea*); ou bien le disque peut être fortement relevé en arrière, et offre une large ouverture, fermée par une membrane très-fine, derrière laquelle se trouvent deux cavités, faisant saillie sous le ventre et ayant la forme de deux vésicules luisantes (*V. bolis*, *C. or*) ou être en forme de tambour avec la même disposition (*C. splendes*), ou parfois très-étroite (*Thais*); elle porte toujours à sa partie antérieure et inférieure, le premier stigmate abdominal qui se trouve, tantôt placé en dehors (*S. circe*, *A. caja*), tantôt en dedans de l'ouverture tympanique (*Pt. plumigera*); il ne change pas de place, la division externe a changé de forme. Cette division constitue souvent le côté postérieur de l'ouverture latérale, que nous nommons *tympanique*, et dont le bord postérieur et externe du métathorax (pièces sous-axillaires et cunéiques), est le côté antérieur; il se continue en une cavité plus ou moins profonde (*Tympanum*), fermée en dedans par des membranes, dont une antérieure, large, située sous la base du cuilleron, et qui joint l'espace axillaire.

Cette cavité qui semble être un organe sonore, est parfois en grande partie couverte par les pièces qui avancent sur l'ouverture et par les écailles et les poils qui les bordent (*P. gamma*), et dont on peut ici observer la curieuse disposition; en avant et en haut le cuilleron, en bas la pièce sous-axillaire très-touffue et vésiculeuse; en arrière de l'ouverture, le disque tympanique, divisé en un grand lobe allongé, dirigé par en bas, et en avant, recouvrant l'ouverture; dilaté par en bas en un autre lobe membraneux, arrondi et rabattu.

L'ouverture varie à l'infini, même selon les espèces; parfois elle est presque simple, le disque formant un bord saillant, arrondi (*G. carbo*); ou tout à fait simple, avec un bord saillant, arrondi, tronqué (*P. plumigera*). L'ouverture du tympanum varie pour sa position, et le disque devenant très-étroit, semble à peine y participer (*Métrocampieus*), quoiqu'il la borde réellement; elle naît au niveau du stigmate ou au-dessous (*F. pinaria*), et se prolonge sous l'abdomen, où elle se trouve presque cachée lorsque celui-ci est abaissé (*F. atomaria*); sa cavité peut alors s'étendre au-delà du premier segment (*F. concordaria*, *B. parthenias*); d'autres fois, la cavité située sous la base de l'abdomen est fermée par une membrane luisante, lisse, irisée, surmontée d'un bord épais, formant ainsi un véritable tambour (*A. plaguimalis*); ou, placée dans le roémalion, elle n'est séparée de l'autre, que par une cloison médiane très-mince (*B. hyalinalis*).

l'abdomen sont privés d'écailles épineuses et les ailes sont anguleuses ; sa larve manque de queue. Duponchel a signalé, avec raison, les antennes du *Gorgoniades*, si différentes, par la forme, de celles du précédent.

La membrane qui se trouve à la paroi antérieure de la cavité, et qui fait suite à l'espace axillaire, forme souvent en dedans, un bord saillant (*B. rhomboidaria*), après lequel se voit une membrane transparente, vitrée (*P. gamma*); le fond de la cavité présente d'autres membranes unies par des parties plus solides; il est souvent inégal, anguleux, variable pour la profondeur et ne paraît pas communiquer avec d'autres cavités (Noctuides); parfois, le fond est uni, régulier, concave en dedans, solide, ressemblant à une coque (*A. hirtaria*), ou peu profond, ayant la forme d'une cuvette (*P. plumigera*); par exception, la portion latérale du premier anneau n'est plus modifiée, et ne concourt pas à la formation de l'ouverture du tympanum; celui-ci s'ouvre largement sur le deuxième segment, entre le deuxième et le troisième stigmate (Uranides), et occupe, avec celui du côté opposé, toute la partie supérieure du segment et avance un peu sur les deux autres; sa cavité est arrondie, uniforme, solide, et de sa partie supérieure part une membrane mince qui, pendant la vie, servait peut-être à le fermer et à produire une vibration; elle est bordée, en avant, par une frange de longues écailles très-serrées (*C. ocellus*).

La rainure qui divise, de chaque côté, le premier anneau, et dont nous avons signalé, tantôt l'étroitesse, tantôt la largeur, s'ouvre parfois dans deux grandes cavités situées sous sa partie moyenne, dont elles occupent la largeur et au moins la longueur (*M. maura*), et que nous appelons *cellules basilaires* de l'abdomen; contiguës en avant à une membrane mince et lisse appartenant au métathorax, avant laquelle il existe un vide, ces deux cellules sont presque ovoïdes, un peu comprimées, séparées par une cloison solide; elles peuvent faire saillie au dehors (*H. nictitans*); la rainure, parfois très-dilatée, leur forme une large ouverture extérieure, et leur cloison devient transparente (*A. glycine*); ces cellules varient beaucoup pour leur grandeur et sont souvent petites, séparées (*C. fraxini*), ou nulles (Sphingides); elles sont surtout distinctes chez les Noctuides, et rendent le premier segment presque vide lorsqu'elles sont réunies aux autres cavités.

Nous signalerons, par rapport à ce segment, un organe mâle assez curieux, qui paraît dépendre de la partie inférieure du disque tympanique contre laquelle il s'appuie (*M. brassicae*), mais qui, en réalité, s'attache au deuxième segment. Il se voit chez les Heliothides, les Caradrines, les Hadenides, et est très-prononcé chez les *S. maticulosa*, *X. polyodon*; il consiste en une sorte de capsule dont la cavité, qui est postérieure, est remplie par un plumeau

GENRE DEILEPHILA, *Ochsenheimer.*

Tête et yeux gros, antennes médiocrement épaisses chez les
mâles, trigones et ciliées, fléchies au sommet qui est souvent

subitement aminci, portant un petit faisceau de poils ; en massue
plus prononcée chez les femelles, palpes épais, saillants, recou-
vrant souvent le bord du front, avec le premier article recourbé,
grand, le second élargi, excavé à la face interne, ayant cette

---

pièces génitales se trouvent à découvert. Les deux valves, placées latéralement, sont oblongues, concaves en dedans, un peu sinuées et échancrées vers
leur base en dessus ; avant celle-ci, et inférieurement, se trouve une partie
comme repliée en dedans, d'où partent deux palpes aplaties ; ces deux valves
forment ce que je nomme la pince (*forceps*) ; parce que, étant le plus souvent
beaucoup plus compliquées, et armées d'épines et de crochets, elles semblent
remplir les fonctions d'une pince pour maintenir l'extrémité femelle pendant
le coït ; formée de deux branches semblables, nous n'en décrirons qu'une sous
le nom de pince. Elle peut être plus simple et plus courte (*Castnia*) ; ou aussi
simple, inerme, très-mince et enveloppée par le huitième segment en forme de
capuchon (*Uranie*) ; d'autres fois elle est plus compliquée, en carré long avec
la face externe convexe, l'interne inégale, excavée par endroits, ayant après
la base une saillie bifide ; le bord inférieur sinué, dilaté, renflé après la base,
s'unissant au postérieur en un angle saillant ; le supérieur très-inégal, ayant
d'abord un tubercule presque bilobé, puis donnant naissance vers son milieu
à une longue pointe un peu élancée en zigzag que nous appelons *style* (*Psyché
Andal.*, Lep., pl. 8, f. 3, c.) et se terminant en un angle allongé (*A. adippe*) ; ou
subtriangulaire, aigu, tout à fait en forme de valve qui, avec l'opposée, renferme et cache les autres pièces génitales, ayant en dedans une partie écailleuse redressée en forme de lame arrondie qui doit être le style (*P. podalirius*) ;
ou courte, large, inférieure, oblongue au milieu dans sa longueur, rugueuse,
échancrée, ayant l'angle interne opposé au stylet (*P. mnemosyne*).

La pince peut être beaucoup plus compliquée (*X. polixena*) ; près de trois
fois aussi longue que large, sa face externe, un peu courbée, est saillante
vers le milieu et en partie carénée et déprimée vers le bord supérieur ;
celui-ci, très-aigu, comme tordu, présente vers la base une apophyse articulaire à laquelle s'unit aussi un appendice qui lui est commun avec la
base du style, ensuite il est excavé, puis saillant et tuberculeux, et
échancré avant son extrémité qui est presque tronquée et un peu arrondie ; le supérieur est situé, après s'être un peu dilaté et arrondi, il
s'infléchit vers les deux tiers de sa longueur en formant une très-profonde échancrure, divisant la valve jusqu'au deux tiers de sa largeur, et rendant
l'extrémité en forme de hache, ou triangulaire, aiguë à ses deux angles,
et dont le bord postérieur, inerme en dedans est celui d'autres sortes ; sa
face interne très-inégale, épaisse à la base, est divisée encore jusqu'à

partie recouverte par une membrane glabre, spiritrompe longue.

Thorax grand, épais; pattes fortes, peu velues, ayant les tibias antérieurs inermes et les tarses, surtout le premier, souvent assez fortement épineux ; abdomen conique, allongé, souvent aigu au sommet.

---

son tiers externe par un bord saillant qui, en arrière, se rend au style et de l'autre côté à l'apophyse, la sépare en une partie supérieure, d'abord convexe, puis arrondie et creusée vers la naissance du style, et en une autre inférieure, excavée, membraneuse; le style, placé en dedans du sommet de l'éclaircrure, est assez long, mince, obtus, flexueux, plus épais à la base, et près de celle-ci, se trouve une pointe crochue faisant suite à la partie tuberculeuse du bord supérieur; la base de la valve, prolongée en dessous et en dedans, est rétrécie, épaissie et arrondie en forme de condé. La pince, souvent simple, est souvent aussi échancrée et même divisée en deux lobes plus ou moins membraneux (*C. hera*); elle est plus ou moins élevée sur les côtés et parfois presque inférieure et opposée au stylet (*L. dictœa*). La pince et les autres pièces génitales sont toujours composées de deux parois.

Le *stylet*, qui est supérieur, semble continuer la partie dorsale du ventre; il est en grande partie couvert par l'arceau supérieur du huitième segment; son extrémité, amincie, dure (*A. atropos*), en épine courbée et un peu crochue, fait saillie sous la pince; il se dilate en avant de sa base en une portion convexe, divisée en avant et un peu cordiforme; cette portion, très-variable pour la forme, et dont les côtés, parfois très-divergents et divisée dès leur jonction (*L. dictœa*), embrassent une grande partie du faisceau génital, est distincte du stylet qu'il s'y articule par sa base, et sur laquelle il peut être mobile (*C. hera*); on peut le considérer comme son *support*, tantôt entier et en forme de plaque triangulaire, convexe (*C. fasciornis*); tantôt divisé en deux branches d'onulex, prolongées en arrière (*hera*). On peut distinguer trois parties dans le stylet: la base plus ou moins élargie, articulée ou intimement unie avec le support, ou enclavée entre ses branches, et paraissant parfois se prolonger sur ses côtés; la partie moyenne ordinairement courbée et rétrécie, mal circonscrite, et le sommet qui est souvent en fer de lance (*Hadénides*). Le stylet peut être simple, grêle, courbé (*X. polyodon*), ou court, large aplati (*C. vinula*); ou assez court, presque aussi large à ses deux extrémités, rétréci au milieu, recourbé (*L. dictœoïdes*), et portant à sa base, en dedans, deux pointes spatulées, mobiles; ou trifide, divisé en trois pointes longues et fines, dont la supérieure plus forte est le vrai stylet (*T. batis*); ou quadrifide, très-court, fourchu dès la base et ayant deux pointes fines inférieures (*P. unanimis*) (Ho-

Crâne grand, large avec le front bombé, rétréci en avant, joues assez étroites, non prolongées le long des mandibules qui sont médiocrement longues : épimère du mésopectus peu ou pas saillant postérieurement, non épineux ; abdomen un

---

large, triangulaire, à pointe obtuse et côtés de la base arrondis, se contournant en dedans et se redressant en deux lames larges très-saillantes, dilatées en une partie subtriangulaire, ayant trois épines sur le bord postérieur (*P. bucephala*) ; ou presque réduit à sa base et se divisant en deux lames déprimées et abaissées (*M. oxyacanthæ*) ; ou trifide à divisions épaisses, la moyenne très-courte, tronquée, les deux autres émettant deux pointes dont une inférieure longue, et en dehors, un angle saillant avec la base dilatée en un tubercule (*C. flavicornis*) ; ou bien le stylet est simple et porte à la base, en dessus, une très-grosse tuberosité coralliforme (*A. hebe*). Enfin le stylet semble disparaître ou être réduit au support qui est renflé et porte une pointe assez épaisse, flexueuse et est intimement uni avec les valves de la pince (*G. quercifolia*). Parfois il semble y avoir une pièce intermédiaire entre le support et le stylet (*C. or.*), et celui-ci paraît se prolonger sur les côtés de celui-là. Cette pièce peut être confondue avec la base du stylet. Le support recouvre une partie membraneuse presque en forme de sac, et qui s'attache en dessous, à ses côtes, ainsi qu'à la base du stylet, dans lequel elle peut se prolonger et d'où sort en dehors, un canal assez long dont l'extrémité est l'anus ; pour la longueur, il est en rapport avec celle du stylet ; il est souvent écailleux en dessous ; cette partie écailleuse se développe parfois sur tout le sac en l'enveloppant, et se termine en une pointe opposée à celle du stylet et se trouve unie intimement avec le support, de manière à former une sorte de tube, terminé en bec, entre les deux pointes duquel sort l'extrémité anale : cette pointe inférieure peut s'appeler *sous-anale* (*D. nicæa* ; elle peut devenir large, aplatie et concave (*S. ocellatus*) ; d'autres fois les deux côtes du support se réunissent en dedans et en arrière, et produisent un anneau clerzi inférieurement et produisent deux longues pointes parallèles au pénis (*S. ligustri*).

En avant du support, et un peu au dessous, le rectum se dilate en une sorte de cloaque où s'amasse le méconium rejeté par l'insecte après son apparition.

La base du support ou ses deux branches, lorsqu'il est divisé, et celle des valves de la pince, sont fixées sur une partie solide, circulaire (sorte d'*entogaster*), oblique de haut en bas et d'arrière en avant, ou elle est parfois élargie et forme un coude (*S. ligustri*) ; souvent peu sensible en haut, où les branches du support se confondent presque avec elle (*X. polyodon*), cerignant les pièces génitales dont elle forme un faisceau ; la partie inférieure de cet anneau, qui s'allonge peu dans certaines familles (Sphingides), dans

peu étranglé à son premier segment, avec les angles du second saillants, obtus, dépassant la largeur des autres, ceux-ci plus ou moins bordés d'écailles épineuses.

Ailes entières ou parfois un peu denticulées ; premières ayant souvent le bord postérieur fortement évidé avec le même angle saillant, ainsi que l'angle anal aux postérieures.

Chenilles presque lisses avec la tête arrondie, assez petite, vivant de plantes très-diverses, plusieurs ayant les premiers segments renflés dans le repos, et dont les deux premiers s'allongent et s'amincissent beaucoup lorsqu'elles marchent. Ils forment trois groupes d'espèces ayant pour types, l'*Euphorbiæ*, le *Celerio* et l'*Elpenor* ; nous avons appliqué au *Nerii*, le genre *Chærocampa* de Duponchel ; les chenilles de forme ordinaire, produisent les espèces du premier groupe, parmi lesquelles, celle du *Vespertilio*, qui commence la série, n'a pas de queue ; elle est étrangère à l'Espagne méridionale.

1. DEILEPHILA EUPHORBIÆ, *Linné*.

La chenille est très-commune aux environs de Malaga, surtout près du bord de la mer ; elle varie en ce que le réseau

---

d'autres s'avance profondément dans l'abdomen (*C. fraxini*), ce qui est causé par l'allongement de la pièce. Au milieu de ce faisceau se trouve le pénis sous la forme d'une tige bacilliforme souvent étroite et évasée au sommet (*A. scrophos*) ; parfois grêle, très-longue (*P. mnemosne*), ordinairement tronquée d'une manière oblique au sommet ; sa soie est tantôt dilatée, tantôt un peu retirée, parfois entourée ou terminée par des parties membraneuses (*A. caja*). Il peut aussi se terminer par deux longues pointes flexueuses aiguës (*L. dictea*), ou être hérissé d'épines (*S. populi*). Il est entouré par une sorte de gaine qui lui forme parfois un fourreau (*Cuculia*) ; celle-ci est souvent presque toute membraneuse (*Hadena*) ; d'autres fois elle devient courte et écailleuse et peut se dilater autour du pénis en formant un bord inférieur et de chaque côté, deux lèvres très-allongées (*A. psi*) ; parfois cette gaine vient faire saillie en dedans entre la base des valves et forme un rebord autour du pénis (*A. caja*).

Au reste, les pièces génitales, variables à l'infini, peuvent prendre des formes si étranges qu'elles échappent presque aux descriptions.

noir disparait en grande partie, mais l'insecte ne présente aucune différence; M. Bellier a figuré (Ann. *Soc. Ent.* Fr. 1858, pl. 2, f. n° 3), sous le nom de *Tithymali*, une chenille qui n'en parait pas différer.

Cette espèce produit avec d'autres, des hybrides qui ne semblent pas se perpétuer.

On a indiqué, du midi de l'Espagne, le *Tithymali*, mais nous n'avons pu avoir la preuve qu'il y ait été trouvé.

2. DEILEPHILA LINEATA, *Fabricius.*

La larve presque polyphage, est quelquefois si abondante dans la plaine de Malaga, le long des champs, qu'on peut en prendre des centaines en peu de temps.

3. DEILEPHILA CELERIO, *Linné.*

Ce groupe diffère du précédent, par les antennes plus grêles, les palpes formant une saillie plus pointue, les tarses antérieurs moins épineux; par l'abdomen plus grêle, plus effilé, plus aigu, parfois terminé par un pinceau de poils et souvent marqué de stries argentées ou dorées.

Le *Celerio* est commun en Andalousie, et il s'avance jusque dans le centre de l'Europe; sa larve mange la *vigne*.

L'*Osiris* de Dalman, a été indiqué de Cadix, mais d'après des données qui nous paraissent fort douteuses.

4. DEILEPHILA ELPENOR, *Linné.*

Il se trouve dans les environs de Malaga; la chenille vit sur la *vigne* et la *salicaire*, on l'indique aussi sur les *epilobes*, les *galium*.

Ce groupe se distingue par les palpes moins saillants, la trompe moins forte, l'abdomen moins effilé; les ailes et le corps sont ordinairement marqués de taches et de bandes rouges.

GENRE **CHÆROCAMPA**, *Duponchel*.

Tête grosse, rétrécie en avant, yeux très-grands, spiri-trompe longue, antennes grêles, peu longues insensiblement renflées, brusquement fléchies à l'extrémité qui est très-déliée, hérissée et chargée d'un fascicule de poils inégaux, palpes grands, épais, appliqués sur le front où ils forment une saillie obtuse, entièrement velus à leur face interne.

Thorax et abdomen grands, couverts de poils et d'écailles très-lisses; pattes fortes, tibias antérieurs inermes, garnis au côté externe d'une bordure épaisse de poils, les mêmes tarsés ayant des rangées d'épines à peine saillantes, plus sensibles aux quatre postérieurs.

Ailes entières, les premières ayant le bord postérieur très-écidé et le même angle des quatre, saillant, rameau nervulaire des secondes, placé sur la nervule, en avant du milieu.

Crâne large, allongé en avant où il est rétréci, ayant le front bombé et le bord antérieur un peu anguleux, joues étroites creusées par un sillon, mandibules très-saillantes; épinière du métapectus ne dépassant pas la moitié de la hanche; abdomen étranglé à son premier segment, avec les angles du second un peu saillants, très-obtus, les autres bordés d'écailles inermes.

Cette espèce se distingue des précédents par la face interne des palpes qui est velue comme chez les *Sphinx*.

CHÆROCAMPA NERII, *Linné*.

Nous n'avions pas trouvé cette espèce que M. Standinger a rencontrée en Andalousie; surtout particulière aux climats chauds, elle s'avance jusque dans le centre de l'Europe.

GENRE **ACHERONTIA**, *Ochsenheimer*.

Tête très-grosse et très-large avec les yeux grands, antennes épaisses, roides, presque d'égale grosseur dans leur longueur, insérées très en arrière, fléchies en crochet à l'extrémité qui est mince, hérissée, ciliée, terminée en fil, spiritrompe très-forte, très-large, courte, terminée en pointe aiguë, ouverte par une échancrure avant l'extrémité, palpes assez épais, non saillants, largement séparés par la trompe, formés de deux articles égaux, dont le deuxième convexe, ayant à sa face interne une large excavation contenant une masse d'écailles larges, donnant naissance, un peu avant son extrémité, au troisième article qui est à peine sensible et caché par les poils. Thorax très-épais, avec les pattes très-fortes et épaisses, ayant les tibias antérieurs très-courts, les tarses hérissés de petites épines et les onglets très-grands, peu courbes.

Aréole discoïdale assez longue, étroite, rameau nervulaire, naissant au-delà du milieu de la nervule, frein du mâle très-fort, retenu dans une lanière allongée, celui des femelles composé de soies nombreuses; abdomen large et épais.

Crâne très-large ayant le front gibbeux, terminé en avant par une saillie arrondie, trous antennaires très-larges avec le vertex convexe, divisé par un enfoncement, joues étroites, mandibules grêles; prothorax allongé; scutum du mésothorax très-échancré pour recevoir l'angle antérieur du scutellum qui est très-grand, celui-ci allongé; rétréci sur les côtés; épimère du mésopectus n'étant pas plus large que la hanche, celui du métapectus aussi long que la hanche; premier segment de l'abdomen aussi long que le deuxième, les autres inermes.

Toutes les parties du corps sont couvertes d'un duvet épais, surtout la tête, le thorax et les pattes.

ACHERONTIA ATROPOS, *Linné.*

C'est le Lépidoptère d'Europe dont le corps atteint les plus fortes dimensions; on peut supposer qu'il se sert de sa trompe forte et pointue, pour l'enfoncer dans les substances végétales, les fruits, pour s'en nourrir, et ce n'est peut-être pas à tort qu'on a prétendu qu'il s'introduisait dans les ruches des abeilles pour sucer leur miel. Devillers pensait que c'est en frottant ses palpes contre sa trompe, qu'il produit les petits sons aigus qu'il fait entendre lorsqu'on le touche; nous croyons que c'est plutôt en frottant l'une des branches de sa trompe contre l'autre.

Sa larve, d'une grosseur énorme, a le second et le troisième segments un peu renflés; elle est lisse, souvent d'un vert jaunâtre, avec des bandes latérales bleues; sa queue, très-rugueuse et hérissée, est abaissée en arrière et recourbée au sommet; elle vit sur les *Solanum* et *Jasminum*; quelquefois elle est noire; je l'ai plusieurs fois rencontrée de cette couleur, sur le *Sol. Sodomeum*, près de Cadix.

Cette espèce, malgré sa trompe courte et ses pattes épaisses, a beaucoup de rapports avec celles du groupe du *Convolvuli.*

GENRE SPHINX, *Linné.*

Tête le plus souvent grande avec de gros yeux, antennes longues, fortes, ciliées et carénées chez les mâles, peu ou pas renflées, s'amincissant rapidement, mais non brusquement, vers l'extrémité qui est mince, plus ou moins fléchie, surmontée de quelques poils, celles des femelles plus courtes, grêles, spiritrompe le plus souvent très-grande, parfois petite (exotiques), palpes variables, souvent grands et appliqués sur le front où ils se touchent (groupe du Convolvuli), ou plus petits, plus grêles, hérissés, presque pointus (exotiques), pattes grandes, fortes, avec les tarses plus ou moins épineux et les éperons très-prononcés.

Crâne large peu rétréci en avant, ayant le front convexe avec le bord antérieur saillant dans son milieu, joue assez large se continuant en une pointe qui égale la mandibule, celle-ci bien saillante (*Ligustri*); ou étroite, échancrée avant la mandibule qui est petite (*Convolvuli.*)

Ce genre, très-nombreux en exotiques, est peu homogène, en ne considérant même que nos trois espèces qui peuvent former deux groupes bien tranchés.

Le premier (*Convolvuli*) se rapproche des *Acherontia* par les palpes et le dessin des ailes, il offre cependant les espèces de la famille dont la spiritrompe est la plus longue, puisque dans la nôtre elle peut acquérir de 12 à 13 centimètres, c'est-à-dire plus de deux fois la longeur de l'insecte; chez le second groupe, que nous n'avons pas rencontré, le front est plus étroit, la trompe plus courte, comme chez le *Pinastri*, ou même presque rudimentaire, comme chez son congénère de l'Amérique du Nord.

SPHINX CONVOLVULI. *Linné*.

Je l'ai rencontré dans les environs de Malaga. Chenille lisse, plissée, noirâtre, variée d'atômes avec deux lignes dorsales, une bande latérale, des chevrons sur les côtes, des traces sur le vaisseau dorsal, le tout irrégulier, tendant à devenir confluent, d'un jaune-roussâtre, ainsi que la tête, qui est marquée de quatre bandes noires; bande latérale plus pâle; queue mince, courbée; tête un peu en cœur, un peu rugueuse; stigmates larges, d'un rouge fauve. Chrysalide peu rugueuse, terminée en pointe mousse, ayant la gaine de la trompe saillante extérieurement avec l'extrémité très-obtuse, recourbée en dedans en forme d'anneau.

Celles du second groupe ont la tête à peu près semblable et vivent sur des arbres; chrysalyde ayant la gaine de la trompe détachée de la poitrine, seulement dans le milieu.

GENRE SMERINTHUS, *Latreille*.

Tête médiocre ou petite avec les yeux assez petits, peu prolongés en arrière, antennes des mâles trigones, sétiformes, non renflées, ayant la carène du dessous très-saillante, de chaque côté de laquelle chaque article est doublement cilié, subdenticulé, parfois bipectiné (exotiques), plus ou moins aminciés et fléchies à l'extrémité, grêles chez les femelles, palpes petits, peu comprimés, ayant le dernier article assez sensible, quelquefois dépassant le front et très-divergents (exotiques), spiritrompe rudimentaire ou peu sensible; thorax et pattes courts, revêtus d'un duvet épais, celles-ci ayant les tarses inermes.

Ailes larges, plus ou moins anguleuses, avec les aréoles assez larges, frein petit, mais sensible chez toutes nos espèces; bord antérieur des secondes dépassant souvent celui des premières dans le repos.

Les larves ont la tête grande, triangulaire à sa face antérieure et parfois presque bifide au sommet; leur peau est chagrinée ou couverte de petits tubercules plus prononcés sur les lignes formées par les dessins.

Elles vivent toutes sur des arbres, et se métamorphosent à nu et peu profondément en terre; les chrysalides, un peu rugueuses, se terminent en pointe.

M. Boisduval signale, comme caractère du genre, l'absence du frein; Duponchel ne l'accorde qu'au *Quercus*; il est visible chez tous. M. Lederer forme le genre *Laothoe*, avec le *Populi*; on pourrait séparer de même chaque espèce.

1. SMERINTHUS OCELLATA, *Linné.*

Il présente une forte épine aux tibias antérieurs et une seule paire d'éperons aux postérieurs. La chenille vit sur le saule aux environs de Malaga.

2. SMERINTHUS POPULI, *Linné.*

Les tibias antérieurs sont inermes et les postérieurs n'ont qu'une seule paire d'éperons,

Commun aux environs de Malaga.

3. SMERINTHUS QUERCUS, *Syst. Verz.*

Les tibias antérieurs sont un peu épineux, les postérieurs ont deux paires d'éperons. Il habite les environs de Malaga ; sa larve mange les *Quercus*.

Chez le *Tiliæ*, que nous n'avons pas trouvé, les tibias antérieurs sont un peu épineux et les postérieurs ont deux paires d'éperons.

DEUXIÈME TRIBU. SÉSIENS

Elle se distingue par des stemmates (1) bien visibles ; par le prothorax, qui ne présente que deux plis en dessus ; par les ailes supérieurs ayant le bord costal replié en dessous à la base, et recouvrant la gaine qui retient le frein (disposition peu différente chez la femelle où la gaine disparaît) ; par la première nervure confondue à la base avec ce bord ; inférieures n'atteignant pas, dans leur largeur, la moitié de l'abdomen ; base de celui-ci privée d'organe tympanique.

Première famille. SESIDES.

Tête petite, yeux ovoïdes, étroits (2), petits, spiritrompe variable, n'étant jamais très-longue, palpes redressés, assez

---

(1) Les *stemmates* (ocelles, yeux lisses), que présentent une grande partie des Crépusculaires et des Nocturnes, sont toujours au nombre de deux, placés chacun sur le côté externe du vertex, derrière les antennes, au-dessus des yeux ordinaires ; ils se composent de deux parties, dont une base ou support dans lequel la portion externe est enchâssée ; celle-ci, plus ou moins bombée et arrondie, est très-finement rugueuse, mais elle a l'apparence d'une surface lisse ; ils sont placés obliquement de dedans en dehors, leur axe semble à peu près parallèle à celui des yeux ; ils varient par la couleur que la mort doit mo difier, mais, même dans cet état, ils ont souvent l'éclat du diamant, ce qui ne permet pas de douter qu'ils ne servent à la vision, à moins qu'ils ne soient très-petits ou rudimentaires et alors ils paraissent opaques ; ils ne sont pas couverts par les écailles ou les poils de la tête.

(2) Différents de ceux des Sphingides qui sont épais, presque ronds.

grands, plus ou moins aigus et hérissés, antennes un peu en
fuseau ou en massue très-allongée, simples, dentées, ou bipectinées (1), ciliées chez les mâles, parfois pectinées, dentées ou
crénelées, presque d'un seul côté, plus ou moins fléchies
avant l'extrémité qui est le plus souvent très-amincie et chargée
d'un petit pinceau de poils, plus grêles et peu ciliées chez les
femelles; corps variable pour l'épaisseur; ailes très-étroites
et allongées, surtout les supérieures qui dépassent beaucoup
les autres, ayant la quatrième nervure très-fine ou peu sensible avec la base divisée, les deuxième et troisième fournissant
huit à neuf rameaux, dont un ou deux bifides et dont plusieurs
partent de la nervure; bord postérieur dilaté et un peu
redressé à la base; inférieures ayant la deuxième nervure
très-mince, peu sensible, ne naissant pas d'un tronc commun
avec la première, ayant un rameau de moins, de sorte qu'avec
la troisième, elles ne donnent que cinq rameaux, présentant
entre la troisième et la quatrième un pli couvert d'écailles
simulant une nervure, la quatrième produisant à la base, un
rudiment de nervure plus ou moins long et sensible, cinquième
très-mince, courte.

Crâne ayant le front déprimé, abaissé, ce qui rend la bouche
plus inférieure, avec le vertex convexe, large, presque triangulaire et l'occiput formant un bord saillant, trous antennaires (2) peu larges, placés assez en avant, épistome caché
sous le bord du front, antennes ayant le scapus assez épais,
non-enfoncé dans le crâne, article moyen des palpes beaucoup
plus grand que les autres; prothorax très-court, ne présentant en dessus qu'un double pli en forme d'écaille avec le
scutellum très-petit, très-étroit; notus du mésothorax ayant le
præscutum transverse et très-abaissé, tout à fait caché par le

____

(1) Comme chez la *Lophrisformis* et l'*Hyloeiformis*, la première a les antennes
régulièrement bipectinées et les dents sont terminées par une soie assez longue,
tournée vers le sommet; elle pourrait peut-être constituer un genre.

(2) Ils sont placés plus en avant que chez les Sphingites.

prothorax, étant largement échancré en arrière pour recevoir le scutellum, qui est déprimé et en losange, scapules larges, presque triangulaires, peu prolongées à leur angle postérieur, arrondies en avant de l'attache de l'aile et sans apparence de crochet, fortement appliquées et comme soudées; scutum du métathorax un peu visible dans son milieu, ayant ses côtés très-étendus à surface inégale, très-saillante en dehors, entourée par un rebord élevé, anguleux, portion pulvérulente antérieure étroite, mais sensible, scutellum très-court, échancré en avant, se continuant par ses angles dans le rebord qu'il forme en partie; épisternum assez grand, hanches moyennes et postérieures excavées en dehors, ce qui produit un bord saillant divisant leur face externe, celle-ci plus large que les épimères dont les postérieurs sont étroits; pattes longues, fortes, ayant les tarses épineux, les antérieures plus courtes, surtout le tibia qui est muni d'une épiphyse large allant jusqu'à son extrémité et naissant vers le milieu ou un peu au-delà, onglets simples, écartés l'un de l'autre, accompagnés d'une pelote assez épaisse.

Abdomen très-long, à peu près de la largeur du métathorax à son attache avec lui, mais beaucoup plus étroit par en-dessous où il est fortement excavé, et de beaucoup dépassé par le métapectus, caréné sous les deux premiers segments, ceux-ci au nombre de huit visibles chez le mâle, et de sept chez la femelle, le premier en dessous, ayant sa partie moyenne très-large et sa division latérale étroite, presque aussi long ou aussi long que le suivant, parfois très-rétréci en avant.

Cette famille très-éloignée des Sphingides, se lie peu avec celles qui l'avoisinent, même avec les Thyridides (1). Les espèces

(1) Nous n'avons pas trouvé cette famille, qui se distingue ainsi des Sésides : stemmates insensibles ou nuls, antennes à peine renflées chez les mâles dans leur longueur, amincies vers l'extrémité qui est glabre, non fléchie, antéro-cellées; bord costal des ailes supérieures non replié ni roulé, lanière en saillie retenant le frein, visible comme d'habitude chez le mâle, ayant la disposition

qui la composent, remarquables par leur forme allongée et élégante, ont été comparées à divers hyménoptères dont ils ont les couleurs brillantes et variées; la partie anale des mâles est souvent chargée de faisceaux de poils qui peuvent se dilater.

----

ordinaire chez la femelle, nervule n'envoyant pas de rameau dans son milieu, les deux nervures composées ramifiées d'une manière différente; ailes assez larges, dilatées vers leur bord externe; inférieures dépassant le milieu de l'abdomen. Ils forment une famille n'ayant qu'un seul genre, celui de *Thyris*.

Tête petite, palpes redressés, assez grands, hérissés sur le premier et le deuxième article, celui-ci n'étant pas plus grand que le troisième qui est long, grêle, surtout chez le mâle, presque nu, spiritrompe assez forte, yeux petits, arrondis, écartés l'un de l'autre, ainsi que les antennes dont le trou d'insertion est très-petit; corps assez épais, scapules grandes, prolongées sur l'attache de l'aile, ayant un crochet très-court obtus; pattes n'étant pas très-longues, fortes, ayant les quatre derniers tibias chargés de poils avec des éperons grands, peu inégaux, presque obtus.

Ailes dilatées en dehors, subtriangulaires avec le bord externe sinué, presque échancré, bord costal des antérieures évidé, le postérieur dilaté à la base, première nervure ne dépassant pas les deux tiers de l'aile, deuxième donnant son premier rameau bien avant les autres, se terminant avant le sommet de l'aile, ainsi que le second, puis viennent quatre autres rameaux rapprochés, dont le dernier paraît quitter sur la nervule qui devient insensible, troisième nervure fournissant le premier rameau bien avant les autres, ceux-ci rapprochés, au nombre de trois, le quatrième se trouvant un peu sur la nervule, qui n'en offre pas dans son milieu, quatrième nervure bien visible, devenant double à la base, par la jonction de la cinquième; postérieures un peu dilatées au bord antérieur qui est elliptique, frein assez fort, s'accrochant dans une lisière étroite, première et deuxième nervures très-rapprochées, se touchant avant leur milieu, puis, un peu divergentes, deuxième bifide, troisième donnant quatre rameaux dont le dernier sur la nervule; celle-ci presque nulle, aréoles longues, dépassant le milieu de l'aile, quatrième à peu près également écartée de la précédente et de la cinquième qui est longue; ailes ayant des places transparentes; abdomen assez épais, peu allongé, un peu conique ou atténué à l'extrémité, premier segment ayant sa partie moyenne large, le dernier long, prolongé en dessus où il porte chez le mâle une touffe de poils dépassant beaucoup la partie anale; parties génitales mâles peu visibles en dehors, femelle n'ayant pas d'oviduc saillant. Chenille vivant dans les tiges ou les racines. *Thyris fenestrina*, Syst. V.

M. H. Schaeffer a figuré sous le nom de *Virina*, une espèce de Sicile peu différente, et que M. Staudinger appelle *Diaphana*; il ne faut pas la confondre avec la *Virina* de M. Boisduval, figurée dans ses *Icones*, qui est américaine et qu'il indique faussement d'Espagne.

Le système nervural présente quelques anomalies : ailes
souvent en grande partie transparentes, surtout les inférieures, supérieures parfois, presque entièrement couvertes
d'écailles; première nervure aux supérieures se terminant
vers le quart externe du bord costal qui est un peu épaissi en
nervure et dont elle est rapprochée dans son trajet, séparée
de la seconde par un pli, celle-ci fournissant deux rameaux
avant l'angle antérieur de l'aréole *, puis deux autres partant
de cet angle dont le second bifide (*Asiliformis*, s. v.), disposition un peu variable selon les espèces, un cinquième rameau
se trouve un peu avant le milieu de la nervule, puis après, le
rameau nervulaire plus rapproché de la troisième nervure,
celle-ci fournit encore trois rameaux partant presque de
l'angle postérieur de l'aréole, de sorte que le côté externe de
celle-ci fournit neuf rameaux ** qui, en rayonnant, embrassent entièrement l'extrémité de l'aile; aréole dépassant le
milieu de l'aile, nervule élargie, pâle et peu visible, de laquelle
partent trois ou quatre rameaux, quatrième nervure courte,
tendant parfois à disparaître, recevant à sa base la cinquième
qui s'y trouve absorbée *** ; première nervure aux inférieures se confondant presque avec le bord qui est un peu
dilaté à la base où elle est saillante en-dessous, deuxième
mince, peu distincte de la précédente, ne lui envoyant pas de
rameau et paraissant n'en fournir qu'un, celui qui vient après,
devant être le nervulaire, car il naît quelquefois au delà du

---

* Cette disposition diffère peu de celle donnée par M. Staudinger, *Ses. agr.
Berol.*, tab. 2, fig. 56.

** Un rameau disparaît chez l'*Hylæiformis*; chez les Sphingides la nervule
ne fournit que le rameau nervulaire.

*** M. Staudinger (*Loc. cit.*, fig. 56, *Asiliformis*), fait naître la deuxième
nervure après la troisième, sous laquelle elle passe pour prendre sa place,
et d'un tronc commun avec la quatrième; cette disposition est inexacte : la
deuxième naît à côté de la première, et la troisième sort d'un tronc commun
avec la quatrième.

milieu de la nervule [*], celle-ci oblique en dehors, troisième donnant trois rameaux et parfois, comme chez l'*Hylœiformis*, l'apparence d'un quatrième qui paraît devoir être considéré comme accidentel et non comme un vrai rameau ; les deux premiers partent souvent d'un tronc commun qui peut être long (*Hylœiformis*), puis vient la quatrième de la souche de laquelle part un rudiment de nervure appelé *processus* par M. Staudinger, et enfin la cinquième très-courte, très-mince, se confondant presque dans la base du bord postérieur qui est un peu dilaté, pli entre la troisième et la quatrième, parfois un peu épaissi, couvert d'écailles et simulant une nervure.

Bord costal des premières se courbant en-dessous avant la base, de manière à former presque un canal et une dilatation qui cache la gaîne pour retenir le frein, parfois courbé dans la plus grande partie de sa longueur; une circonstance particulière à cette tribu, c'est que la soie multiple de la femelle, est reçue à la même place que celle du mâle, et maintenue par deux rangées d'écailles opposées, placées l'une sur le bord postérieur de la seconde nervure, l'autre sur le bord costal prolongé [**].

Pattes fortes, les quatre dernières longues avec les tibias épais, plus ou moins couverts de poils, surtout les postérieurs qui, parfois, sont enveloppés d'une masse comprimée de poils touffus [***] répandus aussi sur les tarses (exotiques), éperons très-longs, très-inégaux, souvent accompagnés de poils verticillés.

Abdomen long, lisse; pièces génitales mâles très-variables,

---

[*] Il est difficile de décider si ce rameau est réellement le nervulaire, ce que nous croyons, ou s'il appartient à la deuxième nervure.

[**] M. Staudinger (*loc. cit.* page 31), avance que chez l'*Apiformis*, le frein est composé de six ou huit soies; il n'a vu alors que des femelles, car chez les mâles, il est impossible de diviser la soie; chez certaines femelles elles paraissent même soudées (*A. culiformis*).

[***] Ce qui donne en quelque sorte à ces pattes la forme de rames.

pince souvent allongée, courbée et comme un peu roulée, contenant des poils raides ou épineux, stylet souvent tronqué et échancré au sommet; femelle ayant un oviduc hérissé; œufs très-petits (*Apiformis*), presque arrondis, déprimés, paraissant lisses, mais fortement grossis, on voit qu'ils sont rugueux.

Larves vivant dans l'intérieur des végétaux, ayant une pièce écailleuse sur les premier et dernier segments, ainsi que des petits tubercules pilifères blanchâtres, faisant une coque avec les débris des plantes qu'elles ont rongées; chrysalide d'un jaune ferrugineux (*Apiformis*), présentant une pointe déprimée à la partie antérieure, carénée sur le thorax, avec deux rangées dorsales d'épines sur la plupart des segments et une sur les derniers, partie anale obtuse, bifide et crochue en dessous.

GENRE TROCHILIUM [*], Scopoli.

Palpes assez longs, redressés, fortement hérissés excepté sur le dernier article qui est beaucoup plus court que le second, spiritrompe courte, grêle, renflée à l'extrémité, antennes du mâle subunipectinées, à dentelures obtuses, ciliées de poils courts; corps épais; nervule des inférieurs oblique de dedans en dehors, non épaissie par des écailles en avant, quatrième nervure bien sensible, ayant la base fourchue et prolongée extérieurement (processus [**] Staudinger); *partie anale des mâles n'étant pas munie de touffes de poils bien sensibles.*

---

[*] M. H. Schæffer en a séparé, sous le nom de *Bembecia*, Hübn. l'*Hylæformis* de Laspeyres (*Apiformis*, Hübn.), qui se distingue par des palpes courts, obtus, et une trompe très-courte : des antennes bipectinées dont le sommet terminé en pointe, est privé du pinceau de poils, avec des dents égales, ciliées, ne portant pas de soie, ayant, en avant de leur base, un petit pinceau de poils tourné en dehors, comme chez les Hespéries ; ailes supérieures privées d'un rameau qui paraît être le troisième de la troisième nervure; les deuxième et troisième rameaux de la même nervure, aux inférieures, réunis par un tronc long.

[**] Ce caractère existe plus ou moins prononcé chez la plupart des Sésides; au reste, les genres faits nouvellement aux dépens du genre *Sesia*, à l'excep-

1. Trochilium Apiforme, *Linné.*

Esp. ii, tab. 14, fig. 2.

Une des plus grandes espèces de la famille et paraissant habiter toute l'Europe, commune aux environs de Malaga; la larve, qui est blanchâtre, ronge la base du tronc des *peupliers* et peut les faire périr lorsqu'elle s'y trouve en grande quantité; ces arbres, ainsi rongés, sont parfois renversés par le vent.

2. Trochilium Ichneumoniforme [*], *Laspeyres.*

— Ses. Eur. p. 16, fig. 3, 4.
H. Schæff. Suppl. *Ses.* ii, p. 76, f. 19, 37.
Staud. Beitr. Ses. 26.
Esp. ii, tab., 15, f. 2. *Sph. vespiformis.*
Hübn. Sph. 113, *Systrophæformis.*
Dup. suppl. ii, p. 101, pl. 19, fig. 1, *S. ophioniformis.*

Nigra; alis anticis fenestratis, margine antico fasciolaque discoidali fuscis, illa exterius puncto rubido emarginata, margine postico et externo striato flavo-rufis; abdominis nigri segmentis, primo excepto, metathoraceque postice late flavis.

Espèce de moyenne grandeur ou au-dessous, et très-variable pour la taille qui peut devenir très-petite sans que le sexe y contribue en rien. D'un noir un peu bleuâtre ou verdâtre, couverte, surtout sur la tête et le thorax, de poils nuancés de jaunâtre et de brun, celui-ci ayant en arrière, des touffes de poils jaunâtres; antennes rarement toutes noires, mais seule-

---

tion de celui de *Paranthrene*, sont mal circonscrits et ne pourront avoir de valeur que lorsqu'on y comprendra les exotiques ; la petitesse de la trompe, caractère principal du genre *Trochilium*, est variable et mauvais, il faut alors y joindre l'*Ichneumoniformis* et l'*Crocæriformis* qui en diffèrent notablement.

* L'*Ichneumoniformis* de Fabricius et la *Vespiformis* de Linné, paraissent devoir se rapporter à la *Meyillæformis* d'Hübner, qui nous semble distincte

ment le sommet et le reste fauve, ou n'ayant qu'une tache
fauve, grande, irrégulière, et parfois presque toutes fauves,
souvent rousses en dessous, dentées et ciliées chez le mâle;
palpes jaunes, noirâtres au côté externe, front d'un blanc-
jaunâtre, vertex souvent d'un jaune-noirâtre, d'autres fois
rouge ou rougeâtre; prothorax ayant souvent derrière la
tête, un collier velu et jaune, puis un autre noirâtre formé
d'écailles larges, marqué de jaune sur le côté; mésothorax
ayant deux lignes et parfois une troisième médiane, une
tache en avant de la base des ailes antérieures et le métathorax jaunes; pattes fauves avec les cuisses noires ainsi que la
base et l'extrémité des tibias, ceux-ci parfois entièrement
fauves, surtout les derniers. Premières ailes ayant la base, le
bord antérieur divisé par un liseré jaune et les bords de
l'aréole noirs ou bruns; bande discoïdale noire, échancrée par
une tache d'un rouge-fauve constante, plus ou moins marquée,
après laquelle se voit un espace transparent bordé, en dehors,
par une teinte jaune-fauve divisée par les rameaux qui se
dilatent vers le sommet et dont les deux moyens, surtout, sont
rougeâtres; bord postérieur d'un fauve-rouge, bordant un
espace parallèle à l'aréole qui est transparent ainsi que
celle-ci; l'espace externe divisé en cinq parties, dont l'antérieure
seulement, transparente à la base, base et bord externe noirs,
frange brune; secondes ailes toutes vitrées avec une marque
noire à la partie antérieure de la nervule et le bord jaunâtre;
dessous devenant plus pâle et presque tout jaune avec quelques
lignes noires et le point discoïdal plus large; marge externe
des inférieures bordée de jaune.

Premier segment abdominal noir, les autres moitié noirs,
moitié jaunes, le dernier souvent jaune, touffe anale jaune
divisée par du noir à la base, sur les côtés et en-dessous;
dessous du ventre presque noir, surtout à la base.

Variable pour la couleur selon les pays; chez les individus
du midi, la teinte jaune est plus étendue et devient dorée,
parfois presque blanchâtre, et les parties noirâtres, à l'ex-

ception de la bande discoïdale, deviennent d'un brun un peu
fauve, tandis qu'elles sont d'un noir charbonneux chez ceux
de la Touraine avec les espaces vitrés, parfois très-réduits,
mais les anneaux jaunes de l'abdomen sont toujours, pour le
moins, au nombre de quatre. Nous croyons que M. Staudinger
réunit à tort, ici, la *Megilla formis* [*] d'Hübner ; H. Sch.
Suppl., *Ses.* 39.

Elle se trouve dans les environs de Malaga et surtout dans
le midi de la France ; nous l'avons aussi rencontrée en certaine quantité, au mois d'octobre, sur des collines arides de
la Touraine ; quoiqu'elle ne puisse prendre aucune nourriture,
à cause de sa trompe rudimentaire, les auteurs la font cependant butiner sur différentes fleurs ; ainsi Treitschke l'indique
sur celles de la *scabieuse*, Godart sur le *millepertuis*, M. Boisduval sur l'*yeble* ; ils la font paraître au mois de juin.

3. TROCHILIUM CROCERIFORME, *Treitschke.*

— Suppl. X, p. 121.
H. Schæff. Suppl. *Ses.* f. 20, 21.
Stand. Beitr. 212, 27.
Cat. Syst. Lep. pl. 2, f. 2, *S. monedulæformis.* [**].

Nigro-subvirescens, flavo variegata; alis anticis margine

---

[*] Si on la compare avec des individus foncés de l'*Ichneumoniformis*, elle
s'en distingue par les antennes plus noires, par les pattes moins tachées de
noir y compris les hanches antérieures ; par ses ailes supérieures, un peu
plus courtes et plus arrondies au sommet, dont le bord costal est bien plus
étroit avec la bande jaune de l'extrémité plus pâle, moins distincte et la premier espace envahi en dehors, plus transparent à la base et dont le point discoïdal moins grand, est jaunâtre, ainsi que le bord postérieur, au lieu d'être
fauve ou rouge ; par les inférieures dont le trait discoïdal est noir ; allongé
assez large et non triangulaire, et la nervule non oblique en dehors, plus
courte dans sa partie postérieure et les nervures noires ; par l'aile plus
étroite au bord postérieur, qui n'est pas dilaté ; par les éperons des dernières
pattes, plus courts ; enfin, par l'abdomen plus épais, ayant son dernier segment plus grand, et ne présentant que trois anneaux jaunes.

[**] M. Staudinger, induit sans doute en erreur par l'*Index* de M. Boisduval.

costali, lunula discoidali fimbriisque fuscis, margine postico apiceque late et macula media flavis, areolis duabus hyalinis; abdomine cingulis sex latis flavis.

Un peu plus grande que la précédente à laquelle elle ressemble beaucoup; elle en diffère ainsi : antennes plus grêles, moins en massue, ayant une grande tache d'un blanc-cendré. palpes, vertex et des taches sur les côtés de la poitrine fauves ; premières ailes ayant le bord postérieur, l'espace après l'aréole, une large bande externe divisée par des rameaux peu foncés et une tache moyenne large, jaunes, avec les parties brunes moins étendues, réduites au bord antérieur de l'aréole, à la bande discoïdale, à quelques rameaux antérieurs et un peu au bord costal, espace aréolaire un peu plus étroit et trois petits espaces avant le sommet, transparents; notus du métathorax et six larges anneaux abdominaux jaunes, dont les troisième et quatrième plus larges que la partie noire. D'après une femelle un peu détériorée que nous avons prise dans les environs de Grenade ; il est douteux que ce soit l'espèce décrite par Fabricius, sous le nom de *Crabroniformis.*

GENRE SESIA, *Fabricius.*

Spiritrompe assez développée. Il présente surtout les caractères de la famille.

---

rapporte à tort notre *Monedulæformis* (Beitr. 14), à l'*Andrenæformis* de Laspeyres; il change aussi mal à propos, et, en se basant sur une fausse priorité, le nom de Laspeyres pour celui d'*Anthraciformis*, Esp.-Charp. ; remplaçant aussi ce même nom, que nous avions imposé à une espèce de Corse, et qui a été adopté par tous les Lépidoptéristes ; si, disons-nous, il eût vérifié dans le supplément à Esper, publié par Charpentier, il eût reconnu que celui-ci, page 15 du fascicule des Sphinx, y donnait un tableau des Sésies de Laspeyres, publiés antérieurement et où il remplaçait le nom d'*Anthraciformis* par celui d'*Andrenæformis*, comme ayant la priorité, et si Laspeyres cite ce supplément, il écrit « Esper, supplementum ineditum » ! L'espèce même est douteuse, Charpentier s'exprimant ainsi «*limboque nigro fulvo striato,* » ce qui désignerait plutôt la *Tipuliformis* ou la *Conopiformis.*

1. SESIA SYNAGRIFORMIS, *Nobis.*

Cat. Syst. Lép. And. pl. 2, fig. 1.
Staud. Ses. agr. Ber. p. 43, genre *Sciapteron.*

Nigro-cyanea vel subrufescens; antennis alisque anticis ferrugineis, nervis obscurioribus, palpis, segmento primo excepto, collari maculisque duabus prothoracis, quatuor mesothoracis, duabus metathoracis, abdominis segmentis primis duabus, aliorum margine postico, septimi fasciis duabus, tibiis tarsisque basi excepta, flavis. (Fœmina).

Elle ne parait être qu'une grande variété de la *Rhingiiformis* [*] Hübn.; les antennes du mâle sont pectinées comme dans cette espèce. La larve vit dans la tige des jeunes *saules* où elle a été trouvée par M. Graslin. J'ai pris l'insecte près de Malaga.

2. SESIA CYNIPIFORMIS, *Esper.*

Esp. Sph. tab. 31, f. 3, 4.

Trouvée en Andalousie par M. Staudinger.

3. SESIA DORYLIFORMIS, *Ochsenheimer.*

Staud. Beitr., 40.
H. Schæff. Suppl. *Ses,* 44; 28, 29, *Euceræformis.*

Nigro-cyaneo-virescens; antennis interdum macula cinerea; alis anticis fenestratis marginibus (externo sæpe lutescente)

---

[*] M. Lederer dans sa *Revue des Lépidoptères,* rassemble l'*Asiliformis* du Syst. Verz. et la *Tabaniformis* d'Hufnagel; plus tard M. Staudinger, qui cite Rottemburg à l'appui de ce nom, y réunit la *Rhingiiformis* comme variété; cependant, outre les couleurs qui présentent d'assez grandes différences, il paraît en exister d'autres dans la disposition de quelques nervures; dans celle-ci, l'aréole discoïdale des premières ailes, est fermée par une nervule bien plus apparente et fléchie d'une manière un peu différente, et les rameaux qui en partent ne conservent pas la même distance entre eux. La larve de l'*Asiliformis* vit dans les peupliers.

punctoque centrali magno quadrato nigris, basi postice rubro notata, tibiis, abdominis cingulis duobus vel tribus vel unico albidis. (Mas). Alis anticis abdomineque et pedibus rubido vel rubro variegatis. (Femina).

Espèce variable dont les deux sexes sont parfois très-différents ; parties jaunes du mâle devenant rouges ou rousses chez la femelle ; tache moyenne ou discoïdale noire, en partie rouge chez celle-ci, dont l'abdomen semble être entremêlé d'anneaux blancs, rouges et bleu-violets ; antennes du mâle denticulées, ciliées.

Elle a été prise à Chiclana près de Cadix, par M. Staudinger, et nous l'avons reçue de M. Bellier, qui l'avait rencontrée en Sicile ; elle habite aussi la Sardaigne ; nous l'avons prise dans le midi de la France.

4. SESIA CHRYSIDIFORMIS, *Esper.*

Esp. Sph. tab. 30, fig. 2.

Commune près de Grenade.

5. SESIA TENGIRIFORMIS [*], *Nobis.*

Très-près de la *Tenthrediniformis* ; un peu plus grande, noire, variée de jaune ou presque entièrement d'un jaune pâle un peu grisâtre en dessous. Tête ayant le front brun, un

---

[*] C'est à tort que M. Staudinger rapporte notre espèce à l'*Astatiformis*, très-bien figurée par M. H. Schæffer et s'en distinguant facilement, ainsi que de la *Tenthrediniformis*, par sa forme grêle et allongée, par ses ailes plus grandes, surtout les inférieures qui sont très-larges ainsi que les franges, par les pattes beaucoup plus longues, surtout les postérieures, par la partie transparente de la marge externe, dont la cinquième division est toujours bien plus courte que les autres, de même que chez la *Tenthrediniformis* ; une grande partie du ventre, en dessus, peut être envahie par des taches jaunes irrégulières, et l'on y compte parfois cinq à six petits anneaux blancs ; elle n'habite pas l'Espagne, mais la Russie.

toupet jaune sur le vertex et une bande d'un blanc-jaunâtre
sur les joues, antennes d'un jaune doré au côté externe,
palpes d'un blanc-jaunâtre, tachés de noir en dehors;
thorax en grande partie recouvert de poils jaunes, surtout
sur les côtés, et en arrière; ailes supérieures noirâtres,
variées de jaune, espace transparent discoïdale très-allongé
vers la base, celui du bord supérieur séparé par une nervure jaune, visible dans sa longueur, le même bord en grande
partie jaune, surtout à la base et après la tache discoïdale;
espace transparent externe divisé en cinq parties, dont la
première étroite, taches jaunes de la marge externe peu grandes;
nervule des inférieures presque linéaire, peu élargie par les
écailles qui la couvrent dans sa longueur; franges jaunâtres à
la base, tache discoïdale assez large, un peu échancrée en
dehors; dessous des supérieures ayant l'espace externe fortement entouré et rayonné de brun en dehors, celui des inférieures, nuancé de noir au bord antérieur, non liseré de
jaune; hanches antérieures blanches, les autres jaunes, cuisses
d'un gris blanchâtre, tibias postérieurs d'un jaune-pâle, très-
peu marqués de brun; abdomen fortement sablé de jaune,
ayant le bord externe des 2e, 4e et 6e segments d'un blanc
jaunâtre et un peu celui des cinquième et septième, les autres
avec une tache dorsale jaune, touffe anale jaune, noire à la
base et avant les côtés, avec la partie du dessous plus courte,
d'un jaune-blanchâtre *.

Nous l'avons prise aux environs de Grenade sur les fleurs
d'un *Euphorbe*, plante qui doit nourrir sa larve comme celle
de la *Tenthrediniformis* **.

Du reste, ces deux sésies, ainsi que les suivantes et plusieurs
autres, offrent de grandes difficultés pour la séparation des
espèces.

---

* Elle ne peut se rapporter à la *Monspelisatis* de M. Staudinger, puisqu'il écrit, « major, obscurior, » car elle est moins obscure et plus jaune.

** La *Tengyræformis* de M. H. Schæffer, fig. 19, se rapporte à la *Scopigera-
lenta*, de M. Lederer.

6. Sesia Mysiniformis, *Nobis.*

Staud. Beitr. 38, *S. affinis* (pro parte).
H. Sch. Suppl. Ses. fig. 38, *Doleriformis.*

Nigra, albo-subaspersa; fronte verticeque nigris; thorace postice, posticisque tibiis pilis longis albis vel griseis indutis; alis anticis nigris, margine antico interdum integro, areis tribus vel duabus hyalinis, externa in areolis quinque vel quatuor divisa, antica breviori sæpe nulla, margine externo fascia cinerea vel albida divisa, interdum subnulla, macula discoidali lata subquadrata; abdomine cingulis tribus albis sæpe obsoletis.

Cette espèce semble se confondre avec plusieurs autres dont il est difficile de la séparer nettement. Elle ressemble beaucoup à la *Bibioniformis*, à la *Philanthiformis*, et même, lorsque les parties blanches deviennent jaunes, à la *Tenthrediniformis*; mais elle est plus grêle et plus allongée. D'un noir un peu violacé, parfois un peu gris ou fauve, plus ou moins varié de blanchâtre ou de jaunâtre, sur la tête, l'abdomen et les ailes.

Tête noire avec le front d'un brun-luisant métallique, ou d'airain et le vertex noir, bordé en arrière par des poils fauves parfois obscurs, yeux bordés en avant par une strie plus ou moins blanche et en arrière par des poils blancs, palpes très-hérissés blancs, avec l'extrémité et les côtés en partie noirs, antennes noires, un peu blanches à la base, ciliées de poils courts chez les mâles; thorax noir en-dessus, ayant les scapules, et surtout les parties postérieures, garnies de longs poils blanchâtres, gris ou obscurs, avec la poitrine couverte, surtout sur les côtés, d'écailles blanches.

Ailes supérieures noirâtres ou d'un noir un peu fauve, plus ou moins variées de blanc ou de cendré, avec trois espaces transparents chez le mâle dont le postérieur, souvent très-étroit et court, est rarement visible dans sa longueur et parfois

couvert; celui qui comprend l'aréole, assez large, souvent
court, l'externe parfois visible dans ses cinq divisions, dont
la dernière et surtout la première, tendent à disparaître, bord
costal en partie blanc en avant et en dessous, marqué d'une
tache blanche longue, avant le sommet, marge externe large,
souvent presque toute noire ou sablée de cendré, ou ayant
une bande maculaire de cette couleur plus ou moins visible,
tache médiane large, presque carrée, un peu échancrée en
dehors, parfois presque séparée de la marge postérieure; ailes
inférieures bordées de noir avec la nervule élargie par des
écailles, rétrécie en arrière; franges d'un brun-gris ou reus-
sâtres, plus obscures en dedans, blanchâtres ou jaunâtres à la
base des inférieures; parties blanchâtres plus étendues en
dessous, au sommet, au bord costal et aux franges. Abdomen
ayant le bord postérieur des 2° 4° et 6° segments blanc, parfois
peu marqué, avec les côtés tachés et le dessous lavé et varié de
blanchâtre, touffe anale plus de deux fois plus longue que le
dernier segment, noire avec le dessous et un trait latéral
jaunâtres; hanches antérieures blanches, bordées de brun en
dedans qui les envahit parfois en partie, cuisses mêlées de
blanc et de brun, tibias postérieures noirâtres, un peu blancs
au milieu, en dessus, et à la face externe dont la partie postérieure est noire. Les parties blanches peuvent devenir jaunâtres ou un peu fauves et les espaces transparents, plus ou
moins grands, le postérieur disparaissant presque toujours
dans les femelles; chez cette espèce et plusieurs autres, les
parties transparentes sont couvertes d'écailles plus ou moins
caduques, brillantes, pâles ou bleuâtres.

7. SESIA MELLIFORMIS, *Nobis*.

Staud. Beitr. 40? *Ærifrons*, Zeller; et Staud. 38, *Affinis* (pro parte).

*Nigra vel nigro-rufescens, flavido subaspersa; fronte pallide
ærea, palpis subhirtis; thorace strigis duabus flavidis; alis nigris,
margine antico integro, areis duabus hyalinis, externa in areolis*

tribus divisa, media brevis, margine externo flavido vel fulvo subradiato; abdomine cingulis tribus, sæpe unico, albidis.

Elle ressemble beaucoup à la précédente et pourrait bien n'en être qu'une variété.

Mâle allongé, grêle, d'un noir-fauve un peu violâtre; tête avec le front d'un brun d'airain luisant, parfois blanc, ainsi que la strie au-devant des yeux, vertex noir, un peu fauve sur les côtés, antennes noires avec une tache fauve à la base, palpes peu hérissés, blancs à la base et en dessous, bruns à l'extrémité et en côté après le milieu, tête bordée par un collier doré mince; thorax avec les scapules bordées d'écailles jaunes et de poils gris-jaunâtres postérieurement; poitrine ayant sur les côtés de larges écailles jaunâtres très-luisantes; abdomen d'un brun un peu doré, avec des taches jaunes dorsales un peu irrégulières et une sur le métathorax, ou seulement aspergé de cette couleur avec une tache blanche sur les côtés du premier segment et trois anneaux semblables, sur les 2ᵉ, 4ᵉ et 6ᵉ, plus sensibles sur les côtés, formés par des écailles larges qui bordent ces segments, parfois celui du milieu seul visible, élargi sur les côtés, où il se prolonge en avant, les autres segments ayant aussi quelquefois des anneaux jaunâtres peu visibles; dessous d'un brun d'airain luisant, touffe anale longue, comprimée, avec des poils jaunâtres au milieu et sur les côtés; pattes très-longues, dépassant la touffe anale de presque toute la longueur des tarses postérieurs, brunes, luisantes, un peu nuancées de blanchâtre avec la moitié externe des hanches antérieures et la moitié antérieure de la face externe des quatre derniers tibias blancs.

Ailes supérieures ayant les marges antérieure et postérieure largement noirâtres ou d'un noir un peu fauve, l'externe de la même couleur, plus ou moins tachée de fauve, parfois d'une manière peu sensible; d'autres fois traversée par des stries de cette couleur, mais plus visibles en dehors, avec deux aréoles et rarement l'apparence d'une troisième dont, l'externe ne comprend que trois petits intervalles assez courts, presque

égaux, la moyenne ou discoïdale courte, séparée par un point
large, franges brunes avec la partie externe plus pâle, parfois
un peu blanchâtre aux inférieures, surtout à la base, nervule
de celles-ci élargie par des écailles, mince postérieurement.

Parfois les côtés du ventre forment presque un ligne blanche.
Les femelles sont plus obscures, peu ou pas sablées de jaune,
avec le bord blanc des segments du ventre souvent plus sensible et les espaces transparents plus petits.

Elle est très-commune pendant l'été sur les collines
arides autour de Grenade et dans les parties basses près de
Malaga.

8. Sesia Philanthiformis, *Laspeyres.*

Lasp. Ses. Eur., fig. 8.

Les individus marqués d'une tache blanche aux antennes, et
qui pourraient être considérés comme appartenant à cette
espèce, ne nous semblent pas distincts de ceux de la *Vespiformis* et paraissent s'y rapporter complètement ; nous doutons
qu'ils puissent être réunis à la véritable *Philanthiformis* de
Laspeyres, si toutefois elle est bien distincte des précédentes.
Trouvée dans les mêmes lieux.

Genre PARANTHRENE, *Hübner.*

*Tête large, très-déprimée d'avant en arrière, antennes séti-
formes s'amincissant insensiblement de la base à l'extrémité,
qui n'est ni fléchie, ni chargée d'un pinceau de poils, très-ciliées
chez le mâle, yeux petits, presque ronds, palpes petits et distants l'un de l'autre, peu redressés, les deux derniers articles
presque égaux, très-hérissés, spiritrompe très-petite ; prothorax très-court ; mesothorax développé en avant, raccourci
en arrière, convexe, gibbeux, scapules oblongues, assez grandes,
à peine échancrées et prolongées, tout à fait appliquées, comme
soudées : ailes très-étroites, surtout les supérieures, dont la première nervure semble nulle avec les deux ramuscules du qua-*

trième rameau de la seconde nervure, ramenés à l'état de rameaux, de sorte qu'il existe dix rameaux divisant l'extrémité de l'aile ; deuxième rameau de la seconde nervure, aux inférieures, partant de l'extrémité antérieure de la nervule qui est très-grêle et transversale ; abdomen épais, déprimé ; pattes fortes avec les hanches antérieures très-larges, et les mêmes tibias courts, les autres fortement hérissés, munis d'éperons très-longs.

Genre différant beaucoup des autres Sésides [*], par la forme générale, par les antennes non renflées, cylindriques, à peine crénelées, terminées en pointe aiguë , par les palpes hérissés de poils divergents qui dépassent beaucoup le sommet ; prothorax bordé de très-larges écailles, ainsi que le mésothorax et surtout la poitrine, les hanches et les cuisses, écailles luisantes et donnant à l'insecte un aspect lisse ; pattes épaisses, les quatre postérieures hérissées, surtout au milieu des tibias, à l'extrémité et à l'articulation des premiers tarses, épiphyse dépassant un peu le tibia ; ailes supérieures très-étroites surtout dans leur moitié interne, dilatées et arrondies postérieurement à la base, paraissant n'avoir que deux nervures, avec le pli costal bien prononcé, deuxième rameau de la seconde nervure, aux inférieures [**] qui, chez les Sésides, peut s'avancer jusqu'au milieu de la nervule, ou au-delà, partant ici de son extrémité antérieure ; dans le repos, ces ailes repliées en trois parties sont cachées par les supérieures malgré leur étroitesse ; celles-ci sont entièrement couvertes d'écailles grandes , les inférieures sont plus ou moins transparentes , franges très-larges ; abdomen ayant la base fortement excavée en dessous, avec des touffes de poils peu longues à l'extrémité, épais et large même chez le mâle, conique.

---

[*] La *Myrmoseformis* (H. Sch. Suppl. Ses. 30, 31) ne nous paraît pas devoir faire partie de ce genre.

[**] Ce qui tendrait à prouver que ce rameau n'est pas le nervulaire ; alors ce serait le premier rameau de la troisième nervure qui aurait disparu ?

Paranthrene Tineiformis, *Hübner.*

— Sph. 46 et 116, *Brosiformis.*

Espèce variable pour la teinte, présentant parfois des couleurs assez brillantes ; tantôt d'un brun-fauve plus ou moins obscur, tantôt d'un brun doré avec une grande tache d'un jaune-fauve plus brillante en dessous , couvrant la partie externe des supérieures, souvent réduite à trois petits espaces entre les rameaux et qui tendent à devenir transparents , d'autres fois s'étendant sur une grande partie du disque ; dessous laissant voir un peu la tache discoïdale ou moyenne ; inférieures plus ou moins envahies par la teinte ; abdomen d'un brun-fauve plus ou moins doré et clair, surtout vers l'extrémité, où se voit, comme une grande tache plus brillante, avec la base d'un fauve argenté. Les couleurs s'altèrent après la mort.

Nous l'avons trouvée près de Malaga, posée sur une tige d'herbe.

Famille des ATYCHIDES.

M. Boisduval l'avait d'abord placée avec les Zygénides : depuis, dans son *Index*, il en forma, avec le genre *Stygia*, la famille des Stygiaires, mais les stygies sont privées de stemmates qui, chez les atychies, sont bien visibles ; nous croyons que les premières ne peuvent guère être séparées des Zeuzérides, pour celles-ci, elles semblent encore avoir des rapports avec les Sésides ; de même que les Thyridides, c'est une famille isolée parmi les européens.

Genre ATYCHIA, *Hoffmannzegg.*

Ce genre a été rejeté par MM. H. Schæffer et Lederer, dans les Tinéides avec lesquelles il paraît avoir des rapports ; du reste les Zeuzérides se rapprochent aussi de celles-ci.

*Palpes médiocres, presque droits, ayant le dernier article
beaucoup plus court que le précédent et le premier très-court,
tantôt hérissés, tantôt presque lisses, spiritrompe variable*,
souvent assez grande (Orbonata, Appendiculata, Pumila), enfoncée dans la cavité buccale qui est profonde, antennes chez le
mâle, ou bipectinées à dents courtes, ou crénelées ou simples,
non renflées, très-amincies vers l'extrémité qui est pointue, un
peu hérissées et épaissies par des écailles chez la femelle, yeux
assez gros et saillants ; corps épais, couvert de poils parfois
rares et d'écailles larges, surtout sur la poitrine ; pattes fortes,
médiocrement longues, ayant les tibias postérieurs munis d'éperons inégaux, forts, obtus, couverts, surtout à la face externe,
de longs poils formant parfois un faisceau, épiphyse peu épaisse,
naissant presque à la base du tibia et l'égalant.*

*Ailes supérieures plus ou moins étroites, allongées ; infé-
rieures plus larges, dépassant le milieu de l'abdomen, chez
le mâle, où elles sont, le plus souvent, tachées de blanc,
franges très-larges, première nervure des antérieures éloignée
de la côte vers la base, allant jusqu'au tiers externe, deuxième
distincte à la base, ayant le premier rameau éloigné des autres,
formant avec la troisième, une aréole longue qui fournit dix
rameaux, rayonnant sur le sommet de l'aile, sans envelopper
toute la largeur, dont le premier de la troisième nervure, très-
rapproché de l'aréole, quatre à cinq partant de la nervule,
quatrième nervure très-éloignée des autres, aboutissant au bord
externe, la cinquième s'unissant à elle plus ou moins près de la
base ; première des postérieures bien visible, un peu renflée à la
base, finissant avant le sommet, seconde presque insensible
donnant deux rameaux, troisième en fournissant trois, le nervulaire placé sur la nervule en avant du milieu, les deux
suivantes espacées, divergentes à cause de la grande longueur
du bord externe, bord postérieur divisé à la base en un petit*

---

* M. Boisduval leur refuse cet organe, *Icones*, page 82 « trompe nulle, »
écrivit-il plus tard, dans son *Index et Genera*, il écrit « lingua spuria, subnulla »

labide formant un angle, frein bien visible, s'accrochant dans une gaîne courte ; aréoles dépassant un peu le milieu de l'aile surtout aux premières, nervules insensibles.

Tête assez large ayant une dépression entre les antennes, celles-ci insérées bien plus en arrière que chez les sésies, et bien plus rapprochées des stemmates, vertex élevé étroit, peu distinct de l'occiput, qui est refoulé en arrière, bord antérieur du front peu rabattu, de niveau avec les trous nasals; prothorax paraissant avoir quatre plis, dont deux seulement sensibles, très-minces, dilatés sur les côtés, ayant les hanches fortes ; mésothorax assez épais avec son scutum en losange allongé, pas très-large, ses épimères aussi larges que les hanches ; métathorax ayant son scutum assez grand, un peu visible dans son milieu avec les côtés un peu saillants, divisés par un sillon et une impression externe, la portion pulvérulente occupant tout le bord antérieur, son scutellum étroit, médiocrement épais, avec les hanches très-larges saillantes en arrière, excavées, et l'épimère tout-à-fait postérieur. Abdomen composé de huit segments chez le mâle et de sept chez la femelle, le premier en dessus ayant sa partie moyenne très-large et la division latérale très étroite, excavé et caréné en dessous, le dernier beaucoup plus long que le précédent, chez la femelle, d'où l'on voit souvent sortir un assez long oviduc ; pièces génitales mâles peu sensibles en dehors, stylet large, échancré ou bifide au sommet, pince simple, inférieure.

Ces caractères, pris sur l'*Atychia appendiculata*, varient déjà sensiblement chez la *Nana*. Les femelles, plus petites que les mâles, en diffèrent beaucoup par les couleurs; les *Orbonata*, *Appendiculata* sont velues avec les antennes un peu bipectinées, la *Pumila* et surtout la *Nana* sont presque glabres, couvertes de larges écailles avec les palpes non hérissés et les antennes presque simples, surtout chez la dernière. Nous ne connaissons pas leurs mœurs , il est à supposer que les larves vivent dans les tiges et que l'insecte vole le jour sur les fleurs.

ATYCHIA FUNEBRIS, *Feisthamel.*

Ann. Soc. Ent. Fr. 1833, p. 259, pl. 9, fig. 6.

Nous avons reçu de M. Graells, un individu très-petit et en mauvais état, pris à Madrid et qui paraît se rapporter à cette espèce, qu'on nous a dit aussi habiter l'Andalousie.

ATYCHIA NANA, *Treitschke.*

H. Schæff. Suppl, *Tin.* tab. 80, fig. 613.

M. Staudinger nous a envoyé un individu mâle pris par lui à Chiclana, près de Cadix, qui présente quelques différences.

Plus grande, ailes supérieures, en dessus, d'un gris-roux varié d'atomes et de parties brunes, nervule ne faisant pas saillie sur le disque, cet endroit marqué d'une nuance brune, marge postérieure blanchâtre à la base, quatrième nervure formant une ligne enfoncée bien sensible, écailles plus larges; inférieures d'un brun un peu fauve, pâles à la base, d'où l'on voit partir deux ou trois rayons blanchâtres, peu distincts avec le bord antérieur d'un blanc-jaunâtre dans ses deux tiers internes; franges des premières grises, celles des secondes d'un gris-blanchâtre ou jaunâtre, ayant deux bandes un peu maculaires brunâtres, l'interne plus foncée; dessous des quatre d'un gris-brun luisant, un peu fauve et jaunâtre, avec des parties plus pâles vers le bord interne, ayant la marge antérieure dilatée avant le sommet, un rayon médian, un autre après, peu sensible, d'un blanc-jaunâtre.

Corps non velu, mais couvert d'écailles larges, surtout sur la poitrine, d'un gris-jaunâtre un peu varié, blanchâtre en dessous; tête d'un gris pâle avec un toupet jaunâtre sur le vertex, palpes non hérissés, lisses, le deuxième article courbé, un peu redressé, le troisième plus long que chez la *Nana*, brunâtre, antennes tout à fait simples, mais ayant des écailles redressées, brunâtres, un peu fauves à la base où elles sont marquées d'une tache blanchâtre en avant. Abdomen non

velu, couvert d'écailles assez larges, d'un gris pâle avec le
bord des segments et le dessous, blanchâtres, écailles couvrant
les hanches, les débordant en forme de plastron ; pattes d'un
gris blanchâtre, ayant sur les tibias postérieurs une touffe
un peu redressée.

Il est difficile d'après un seul individu de décider s'il est
une espèce distincte ; nous la désignerons sous le nom de
Atychia gaditana.

TROISIÈME TRIBU. ZYGÉNIENS.

Antennes souvent en massue assez épaisse et un peu fléchie
vers l'extrémité qui ne porte pas de pinceau de poils, presque
toujours un peu renflées, yeux larges, peu saillants, spiritrompe le plus souvent longue, palpes assez petits, grêles,
stemmates toujours visibles ; thorax plus ou moins épais, assez
court ; plis du prothorax en dessus ayant la forme de quatre
écailles un peu renflées, dont les premières, le plus souvent,
plus petites, au centre desquelles se voit le scutellum, sous
l'apparence d'une petite saillie lisse, ou rugueuse, scapules
peu prolongées, courtes, assez larges à la base, peu rétrécies
en arrière, presque en forme de croissant, ayant la partie
crochue comprimée obtuse, non allongée en pointe ; scutum
du mésothorax court, largement échancré en arrière, son
scutellum en forme de bouclier un peu dilaté en côté, ayant
ses angles peu marqués, tronqués ; pièce pectorale du métathorax bien plus étroite que la sous-axillaire qui est ici très-
grande, allongée, séparée de l'autre par un enfoncement profond ; pattes longues, les antérieures ayant l'épiphyse assez
petite, déprimée, naissant vers le milieu du tibia qu'elle égale
ou dépasse un peu ; les postérieures ayant les éperons petits, la
première paire distante de l'autre, et parfois manquant ; ailes
petites, assez étroites et allongées, un peu dilatées au bord postérieur, vers la base, les inférieures dilatées vers l'angle anal,
qui est arrondi, ayant un frein bien sensible, s'accrochant

dans une lanière large qui naît avant la première nervure.

Elle ne comprend que deux petites familles dont les espèces, au dessous de la taille moyenne, sont diurnes; la première, celle des Zygénides ne forme qu'un seul genre[*].

GENRE ZYGÆNA, Fabricius.

Tête médiocre, assez allongée, antennes toujours simples, en massue plus ou moins épaisse, parfois obtuse au sommet qui est plus ou moins fléchi, un peu plus minces chez les femelles, spiritrompe longue, déprimée, palpes petits, grêles, hérissés, un peu redressés, non contigus, ni comprimés, atteignant à peine les poils du front; thorax assez épais et court; pattes presque glabres ou lisses, un peu velues sur les cuisses, ayant les tarses à peine épineux et les onglets simples et accompagnés d'une pelote assez grande; aréoles dépassant le milieu de l'aile souvent un peu cordiformes; celles des supérieures très-rétrécies vers la base, comme pédiculées, deuxième nervure produisant trois rameaux directs, dont le troisième bifide, et deux autres placés sur la nervule avant son milieu, qui forme un angle rentrant, se continuant avec une nervure accessoire peu sensible, troisième se courbant à son extrémité, donnant quatre rameaux dont le dernier sur la nervale avant son milieu, de sorte que l'aréole émet, sur la partie externe de l'aile, neuf rameaux; l'espace qui vient après large, ayant le pli qui le

---

[*] Dans sa monographie des Zygénides, M. Boisduval réunit à cette famille les genres *Coeytia*, *Syntomis* et *Psicotoe*; le premier n'a certainement aucun rapport avec les zygènes; pour le troisième, il ne paraît pas devoir s'éloigner des *Syntomis* qui doivent être séparées des Zygénides, avec lesquelles elles ont beaucoup moins de rapport que les Procris; il prétend ensuite, que les genres *Œgocera* et *Hecatesia*, se rapprochant des Hespérides, doivent être placés dans les Castnides qui sont près des Agarista; nous croyons que ces genres peuvent être placés dans les Agaristides mais, comme ceux-ci, ils s'éloignent des Castnides.

divisé un peu épaissi en nervure, quatrième courbée en deux sens, recevant la cinquième avant la base.

Ailes inférieures dilatées en avant et postérieurement, ayant les premières et deuxièmes nervures d'abord séparées, parallèles, puis se touchant avant le milieu, parfois unies par un petit rameau, ensuite la seconde divergente, formant un angle, en atteignant la nervure, avec son premier rameau, le serpat placé sur celle-ci plus ou moins loin, troisième courbée à son extrémité, donnant quatre rameaux espacés, dont deux sur la nervure avant le milieu qui forme un angle rentrant se continuant en une nervure accessoire très-mince, ariole assez large, un peu dilatée au milieu.

Abdomen assez épais, long, dépassant beaucoup les ailes inférieures pendant le vol, parties génitales mâles cachées par deux pièces en forme de cuires (la pince), contiguës à leurs bords.

Crâne divisé par des saillies et des enfoncements, front un peu saillant, non rétréci en avant où il est rebordé, lisse, se terminant en pointe entre les antennes, celles-ci placées dans une dépression, rapprochées l'une de l'autre, ayant le premier article épais, assez grand, vertex saillant en forme de crête, divisée dans son milieu et dont les angles externes aboutissent aux stemmates, ceux-ci non saillants, presque déprimés et flétris, comme s'ils étaient mous pendant la vie, ce qui les rend parfois peu visibles, occiput formant souvent un bord saillant, divisé par une petite strie enfoncée, joues étroites, palpes maxillaires presque visibles à l'œil nu, avec les deux premiers articles épais, les labiaux ayant le premier article recourbé, un peu dilaté et déprimé d'avant en arrière, aussi long ou plus que les deux autres, dont le dernier très-court, articulés sur une partie très-saillante, presque en forme d'article, spiri-trompe membraneuse sur les côtés.

Notum du prothorax assez épais, de la largeur de la tête avec les quatre plis en forme d'écailles, bien visibles dont les deux postérieures, le plus souvent, plus larges; celui du mésotho-

rax ayant le scutum large, convexe, rétréci en avant et un peu
excavé et comme recourbé antérieurement où il forme deux
angles, au-dessous desquels existe le præscutum qui est tout à
fait inférieur, scapules assez larges, obtuses, peu prolongées, ne
recouvrant qu'une partie de l'attache de l'aile, non saillantes
en dessous, s'articulant dans un espace peu étendu, reçues
dans une échancrure latérale du scutum, celui-ci largement
mais peu profondément échancré en arrière, pour recevoir le
scutellum qui est grand, arrondi, peu prolongé sur les côtés
où il laisse un vide large et profond ; métathorax ayant la
partie centrale du scutum membraneuse et les côtés convexes,
allongés avec un enfoncement profond arrondi, en regard de
l'attache de l'aile, et la partie antérieure pulvérulente large ;
mésopectus ayant l'espace axillaire largement membraneux
avec la fossette de ce nom peu marquée, et l'épisternum petit,
ses épimères aussi larges que les hanches, arrondis postérieurement, ceux du métapectus presque postérieurs, n'offrant sur
les côtés qu'un bord mince, pièce sous-axillaire formant avec
le bord de la pièce pectorale au-dessus de la hanche, une fossette profonde, allongée; pattes antérieures ayant les tibias plus
courts que les cuisses avec l'épiphyse grêle, les dépassant un
peu, naissant avant le milieu, tibias moyens aussi longs que
les cuisses, les postérieurs plus courts.

Abdomen fortement excavé, en dessous, à sa base où il est
écailleux et caréné, avec les parties latérales membraneuses
larges, portant des stigmates petits, ayant le premier segment
membraneux en dessus, large avec la division latérale non
saillante, non distincte de la partie latérale membraneuse des
autres segments, non enfoncée à son attache thoracique, séparée par une rainure peu large, écailleuse, saillante, dont l'extrémité est un peu élevée, présentant, chez les mâles, huit segments, et l'extrémité formée par les valves anales ; parties
génitales peu visibles, composées d'un stylet fourchu s'appuyant
sur la partie supérieure de la gaine du pénis, entre plusieurs
épines divergentes, dont elle est munie (*Filipendulæ*); de cette

gaine, portant parfois, de chaque côté, une touffe d'épines et une autre inférieurement, au milieu de laquelle se voit le pénis qui est en partie membraneux et large, et enfin de la pince qui est très-simple, très-peu variable, à valves ovoïdes, hérissées en dedans, et qui en se joignant, cachent complètement les autres pièces; abdomen de la femelle présentant sept segments dont le dernier, plus étroit en dessous, laisse voir un bord épaissi, souvent large et double, et d'une couleur rouge qui doit faire partie du huitième, puis après, un autre bord de segment qui doit être le neuvième, se terminant par deux petites valves laissant saillir l'extrémité de l'oviduc.

Ailes peu larges, inégales, les supérieures presque toujours d'un bleu ou vert obscur chatoyant avec des taches rouges, et les inférieures rouges souvent un peu plus larges, ayant la marge antérieure, en dessus, couverte d'une manière inégale d'écailles dorées, jaunes ou blanchâtres, parfois peu apparentes. Ces insectes sont diurnes et passent une partie de leur vie sur les fleurs [*].

Les larves qui paraissent toutes éclore peu de temps après la ponte, grossissent très-lentement, restent presque stationnaires [**] pendant la fin de la belle saison et n'acquièrent

---

[*] On a beaucoup écrit sur les accouplements adultérins des Zygènes, et sur les hybrides qui en sont les résultats ; mais sans les nier, nous croyons qu'on en a beaucoup exagéré la fréquence et qu'on a pris des variétés pour des hybrides ; malgré la très-grande quantité d'individus que nous avons été à même de prendre, et d'observer dans des localités comme les prairies montagneuses de la Suisse, où il nous est arrivé de compter jusqu'à six espèces à la fois sur une seule fleur de *scabieuse* (*Onobrychis*, *Lonicerœ*, *Alpina*, *Filipendulæ*, *Minos*, *Achilleœ*) et d'en voir voler quelques autres, nous n'avons jamais rencontré de ces accouplements contre nature.

[**] Même à l'époque où elles sont presque à leur grosseur, elles peuvent supporter les jeûnes les plus prolongés ; ayant pris, près, de Marseille, une grande quantité de chenilles de la *Z. fausta*, dans les premiers jours de mars, dont plusieurs arrivaient à leur grosseur ; les ayant abandonnées sans nourriture, quelques-unes firent leur coque, mais parmi les autres, nous en retrouvâmes encore de vivantes au mois de septembre ! Elles étaient ainsi res-

guère leur entier développement que pendant le printemps
suivant, et pourtant, il en est qui se montrent dès la fin de
mai dans nos pays (*Achilleæ*), mais plusieurs paraissent deux
(*Bætica*) ou plusieurs fois, dans les pays chauds de l'Europe
(*Stæchadis, Trifolii*).

Ces chenilles sont courtes, épaisses, plissées ; la surface de
leur peau est inégale, rugueuse et présente, comme chez les
CHÉLONIENS, des groupes de tubercules portant des petits
poils très-finement hérissés. Elles sont souvent d'un vert jaunâtre avec des lignes de taches noires et jaunes ; lorsqu'on les
touche, elles se laissent tomber en se courbant en cercle ; si on
les tourmente, elles font sortir de leur corps de très-petites
gouttelettes d'un liquide qui paraît suinter des tubercules.

Elles se nourrissent, le plus souvent, de *Légumineuses* herbacées ou frutescentes, telles que les *Lotus*, *Coronilla*, etc., et
quelquefois d'*Eryngium* (*Sarpedon*, *Erythrus*, *Minos*?) et probablement de quelques autres plantes *.

Elles construisent, une coque presque ovoïde, très-atténuée
à ses extrémités, dilatée au milieu, d'une consistance papi-
racée, luisante et lisse à sa surface, qui est cependant plus ou
moins inégale et souvent plissée dans sa longueur ; elles l'attachent le long des brins d'herbe et autres tiges minces, ou
même sous les feuilles des plantes qui les nourrissent (*Sarpedon*) ; d'autres fois, comme chez le groupe de la *Z. onobrychis*, la coque est tout à fait ovoïde et égale aux deux
bouts qui sont arrondis, elle est très-fragile et parfois la
larve la place sous les débris des végétaux (*Fausta*) où elle
est à peine maintenue.

La chrysalide est molle à cause de son enveloppe qui est
très-mince et dont les différentes parties semblent mal jointes ;

---

fées près de six mois sans nourriture et elles étaient nées l'année précédente
à la fin de septembre ou dans le mois d'octobre, ayant vécu une année à
l'état de chenille.

* Nous avons découvert celle de la *Z. carduæ* sur le *Santolina incana*.

le fourreau des pattes postérieures et de la trompe se prolonge
beaucoup après celui des ailes; on reconnaît neuf segments
outre la partie anale qui est obtuse, arrondie et hérissée d'é-
pines très-courtes; la face dorsale des segments est aussi
munie, sur leur bord antérieur, d'une rangée de pareilles
épines dont la base se prolonge en fines cannelures.

Sa couleur est d'un brun roussâtre, ou plus pâle, ou noirâtre, ou même noire sur l'enveloppe de la partie antérieure
du corps, que l'insecte entraîne dehors lorsqu'il déchire sa
coque pour éclore.

Les Zygènes sont surtout particulières à l'Europe et à quelques parties asiatiques qui l'avoisinent, au nord de l'Afrique
et à sa pointe australe.

1. ZYGÆNA NEVADENSIS, *Nobis.*

Cat. Syst. Lép. pl. 1, fig. 10.

*Nigro-virescenti-subviridis; alis anticis maculis quinque et
posticis rubris, e maculis prima baseos elongata, externa ovato-rotundata, media minima a præcedente semper distanti,
duabus posticis approximatis sæpe confluentis; antennis ad
apicem tenue clavatis, obtusis.*

Très-rapprochée de la *Scabiosæ* **, mais plus petite; premières ailes courtes et arrondies au sommet, d'un noir bleu

---

* M. Boisduval représente (Icon. hist., pl. 41, fig. 2), sous le nom de
Dalmatina, une espèce qu'il rejette ensuite dans son texte (page 14), où il assure qu'elle ne diffère que très-peu de la *Scabiosæ,* dont elle a complètement
les antennes; plus tard (*Gen. et Ind.,* p. 33), il cherche à réhabiliter son
espèce aux dépens de la nôtre, qu'il cite comme variété, et contredisant ce
qu'il a d'abord avancé, il assure que les antennes de sa prétendue espèce
égalent presque celles de la *Punctum,* mais les deux assertions sont également
fausses; il est facile de voir qu'il n'a figuré qu'une *Z. punctum,* erreur qu'il
cherche maladroitement à couvrir; le nom de *Dalmatina* est donc à rejeter.

** La *Scabiosæ* particulière à l'Italie, au midi de l'Autriche et de la Russie,
n'a pas été rencontrée en Espagne et ne se trouve en France que dans les
parties avoisinant le Piémont.

un peu verdâtre, peu obscures, ayant cinq taches rouges
avec les deux de la base allongées, dont l'antérieure prolongée, aiguë, l'externe presque arrondie ou peu ovoïde, celle du
milieu très-petite allongée, toujours distante de la précédente,
la postérieure assez large, touchant souvent sa voisine de la
base, un peu tournée et courbée vers l'angle postérieur ;
secondes assez courtes, obtuses au sommet, un peu élargies
après le milieu du bord postérieur : d'un rouge peu foncé avec
une bordure brune qui s'élargit au sommet et se continue
parfois, sur le bord antérieur, en devenant pâle, les deux
couleurs n'étant pas nettement séparées ; deux femelles présentent des antennes plus grêles que les autres sans différer au-
trement. Elle diffère de la *Scabiosæ* en ce qu'elle est plus petite
et que ses ailes, sans être plus larges, sont notablement
plus courtes et plus arrondies, en ce que la petite tache
du milieu des premières ne s'allonge jamais pour toucher la
tache externe, en ce que les antennes du mâle, un peu plus
épaisses, sont en massue terminale bien plus courte avec le
sommet tout à fait obtus ; elle se distingue donc, par la forme
des ailes et des antennes, des variétés assez rares de *Scabiosæ*
dont toutes les taches sont isolées.

Les valves anales sont aussi plus étroites, plus allongées
et laissent entre elles en dessus, à leur base, un espace plus
étendu.

J'ai rencontré douze individus semblables dans des endroits
frais et boisés des parties moyennes de la Sierra-Nevada.

2. ZYGÆNA SARPEDON, *Hubner*, var. *Hispanica* *, *Nobis*.

Ramb. Faun. Ent. And. pl. 12, fig. 8, *Z. sarpedon*, var.
Herr. Schaeff., *Zyg.* Suppl. fig. 2, *Z. balearica*.

Elle diffère surtout de l'espèce ordinaire en ce que le thorax

---

* Nous appelons *Hispanica* la variété de *Sarpedon* connue de l'Andalousie,
parce que le nom de *Balearica* imposé par M. Boisduval, paroit se rapporter à

n'est pas varié de poils blanchâtres et que la teinte des ailes est souvent moins foncée, surtout chez les individus qui se rencontrent dans les montagnes; quelques-uns même sont si pâles, qu'ils sont à moitié transparents avec les taches rouges pâles et très-diminuées, pâleur qui ne tient pas seulement à ce que les écailles sont moins nombreuses, mais à ce qu'elles sont moins colorées; dans cet état, les deux segments rouges de l'abdomen sont toujours bien visibles; la partie claire de la base des ailes inférieures est moins sensible. La tache externe des supérieures, souvent plus dilatée que chez la *Sarpedon*, et tendant parfois à produire une sixième tache, comme chez la *Mediterranea* (*), que M. H. Schæffer indique, nous croyons à tort, du midi de l'Espagne.

L'*Hispanica* est très-répandue dans toute l'Andalousie, surtout sur le littoral, pendant les mois de mai et juin; la chenille que nous avons souvent rencontrée sur les *Eryngium campestre* et *maritimum*, en mars et avril, d'après nos descriptions, ne présente aucune différence d'avec celle de la *Sarpedon* de Touraine.

---

une variété douteuse de *Sarpedon* (Ess. Mon Zyg, pl. 2, f. 5), n'ayant que trois taches rouges, dont deux basilaires prolongées au-delà du milieu de l'aile, et la troisième avant le sommet, ce qui la fait ressembler à la *Punctum*; plus tard l'auteur a prétendu que sa figure était mal faite et il a rapporté sa *Balearica* à la variété espagnole, d'après un individu d'Espagne, communiqué par Pierret (Icon. hist., p. 47). Mais la première description qu'il donnait (Ess. Mon., p. 39), se rapportant à sa figure aussi complètement que si elle avait été faite d'après elle, on doit en conclure que l'auteur ne sait plus trop ce que c'est que sa *Balearica*, puisqu'il finit par dire (Gen. et Ind., p. 51, note 3) qu'elle n'est peut-être qu'une hybride des deux espèces. Mais on sait qu'elles habitent des pays très-différents; c'est un nom à détruire, comme n'ayant pas de type authentique ou étant pour le moins très-douteux.

* La *Mediterranea*, H. Sch. (*Sarpedon*, Hübn-Geyer, 161), ressemble beaucoup à certaines variétés d'*Hispanica*, dont elle a la teinte pâle; mais elle s'en distingue par la sixième tache, souvent séparée, par le thorax et les pattes blanchâtres; elle habite l'Algérie.

3. ZYGÆNA LEDERERI, *Nobis.*

Alis anticis violaceo-virescentibus maculis quinque coccineis, externa dilatata, e duabus baseos junctis (margine postico immaculato), secunda posticam attingente; posticis coccineis, margine fusco exterius dilatato; thoracis pilis pedibusque sordide albidis; abdomine nigro.

Si cet individu ne nous avait pas été envoyé par M. Lederer, de Vienne, comme ayant été prise par lui sur des montagnes de la Sierra-de-Ronda, nous l'eussions certainement réuni à la *Z. punctum* *; il ressemble aussi à la *Contaminei* **,

---

* La *Sarpedon* qui habite le centre et tout le midi de la France, l'Espagne et même l'Algérie, est remplacée comme beaucoup d'autres espèces, en Italie, en Sicile, en Autriche, par la *Z. punctum*; nous possédons cependant un individu de la Russie.

** Nous avons pris à Chamonix une zygène que nous avions d'abord réunie à la *Contaminei*, malgré la teinte des ailes bien plus foncée; en les comparant minutieusement, nous avons reconnu que les écailles couvrant les ailes de la *Contaminei* étaient plus étroites, non-seulement que chez celle-ci, mais encore que chez la *Sarpedon*, dont on aurait pu la croire une race pyrénéenne, ce qui prouve que c'est bien une espèce distincte; c'est donc de la *Punctum* et de la *Lederi* que notre zygène se rapprocherait le plus, mais dont elle paraît bien distincte. Premières ailes aussi foncées que chez la *Sarpedon*, et aussi arrondies au sommet, tache rouge externe, peu dilatée, courte; point central peu sensible, non allongé; des deux taches basilaires assez étroites, ne couvrant pas la marge postérieure et seulement confluentes à leur base, la première peu allongée et aiguë, la deuxième s'unissant à la postérieure qui est peu large, par une partie un peu rétrécie, franges roussâtres; inférieures d'un rouge un peu rosé, avec une bordure brune, médiocre, sinuée, élargie au sommet, faisant un peu saillie au milieu du bord; franges d'un brun à reflet très-peu roussâtre; thorax un peu varié de gris-roussâtre; abdomen noir, un peu bleuâtre sur les côtés, un peu roussâtre en dessus, sans apparence d'anneau rouge; nous la nommons *Z. Pennina*. Elle se distingue bien de la *Punctum*, par la largeur des ailes, qui sont plus arrondies; par les taches petites non allongées, ni élargies, et par celle du milieu, qui forme un point rond à peine sensible; de la *Contaminei*, par les écailles des ailes plus larges et la couleur foncée; la première paire d'éperons des pattes postérieures est plus prononcée que chez les précédentes.

mais ses ailes sont plus étroites et la teinte beaucoup plus
foncée, même plus que chez la *Sarpedon*. De la taille de la
Punctum avec les supérieures d'un brun-bleuâtre, tournant
moins au vert-jaunâtre et chatoyant en bleu-violet, ayant le
bord costal et les franges finement jaunâtres; des cinq taches
rouges, l'externe est dilatée, la médiane petite, mais sensible
assez allongée, les deux basilaires confluentes, la première un peu prolongée, très-aiguë, la seconde ne s'étendant
pas sur la base du bord postérieur, s'unissant à la postérieure
par une portion un peu étranglée, celle-ci à peine dilatée,
arrondie en dehors, postérieures n'ayant pas à la base d'espace
transparent, d'un rouge-rosé avec une bordure d'un brun-
violet s'élargissant vers le sommet, moins obscure que la
frange, le brun et le rouge séparés d'une manière bien plus
nette que chez la *Sarpedon*. Thorax varié de gris-roussâtre;
abdomen noir sans apparence de rouge.

En général, la teinte est plus obscure que chez la *Punctum*,
et les taches rouges moins étendues et moins confluentes.

4. ZYGÆNA BÆTICA, *Nobis*.

Faune Ent. And. pl. 12, fig. 9.
Herr. Schæff. Suppl. *Zyg.* 79, 80.

*Nigro-violacea; alis anticis basi integra maculisque sæpe
coadunatis, flavido-subcinctis, tribus mediis, externa lunata,
saturate rubris; posticis tenue nigro marginatis, abdominisque
segmento quinto et litura collari rubris.*

Cette belle zygène dont la taille égale parfois celle des plus
grosses espèces, se rapproche beaucoup de la *Fausta*, * mais

---

* La *Fausta*, comme les espèces du même groupe, pendant l'accouplement,
fait sortir de dessous le bord du huitième segment, deux touffes de poils nombreux, divergents, jaunâtres, et qui d'ordinaire sont réunis en deux faisceaux
roncités et complétement cachés sous les bords du segment; en dessus, ils
s'insèrent sur le bord du neuvième, vers la base de la pièce; ils paraissent

elle s'en distingue par des caractères constants, quoique
légers : le thorax a la partie dorsale toujours noire et sans
nuance jaunâtre, avec un collier rouge, tantôt comprenant
presque tout le prothorax, tantôt à peine sensible; l'abdomen
ne présente jamais qu'un seul segment rouge en dessus (trois
chez la *Fausta*) *, le cinquième et les valves anales sont
noires, caractères que j'ai constatés sur plus de cent individus
sans aucune variation. Aux premières ailes la bande du fond
qui sépare le rouge de la base, des taches du milieu, est rarement divisée au bord costal par un prolongement rouge et
arrive parfois entière sur ce bord; les parties rouges sont
moins largement cernées de jaunâtre et souvent ne le sont pas
du tout.

Cette espèce, peu répandue en Andalousie, est pourtant
assez commune dans certaines localités, mais seulement dans
les lieux où se rencontre la *Coronilla juncea*, comme pour la
Fausta ** du midi de la France; mais ses mœurs diffèrent
beaucoup, puisque nous l'avons rencontrée aux mois d'avril et
de septembre, sur des collines arides, dans les environs de

---

existe chez la plupart des Zygènes, mais moins prononcés ou rudimentaires
et d'une couleur obscure. Chez la *Fausta* et la *Bœtica*, le dernier segment de
l'abdomen en dessus, est prolongé et presque aigu ; chez la *Fortunata*, il est
plus court, plus obtus ; chez la *Faustula*, il est allongé et arrondi à l'extrémité ; chez l'*Hilaris* et l'*Algira*, il est à peine plus saillant que les autres en
arrière.

* Chez les mâles, les valves anales et les trois avant-derniers segments en
dessus, sont toujours rouges ; chez la femelle, il n'y a souvent que deux
segments de cette couleur.

** Nous avons trouvé sur le mont Salève, près de Genève (département
de la Haute-Savoie), une zygène différente de la *Fausta* ordinaire et que nous
nommons *Z. Fausta'n*. Les taches sont plus petites et moins confluentes ;
les deux basilaires sont en partie divisées et la seconde ne s'étend pas sur la
marge postérieure; la bande de la couleur du fond, qui sépare ces taches de
celles du milieu, n'est pas divisée par du rouge ; l'abdomen est noir et n'offre
que des atomes rouges en place des segments de cette couleur ; elle paraît
en juillet.

Malaga, tandis que la *Fausta*[*], dont la chenille vit par petites familles d'individus séparés, sur la même plante, à Marseille, Toulon, Hyères, ne se montre qu'à la fin d'août et en septembre, quoiqu'elle commence à faire sa coque dès le mois de mars. Notre *Bætica* ne peut s'appliquer à l'espèce figurée par Hübner (141-42), quoique lui ressemblant beaucoup, dont l'abdomen présente deux segments rouges; elle n'est pas davantage la *Faustina*[**].

5. ZYGÆNA HILARIS[***] *Ochsenheimer*.

Ramb. Faun. Ent. And. pl. 12. fig. 5, 6, var.

Cette espèce se distingue facilement de la *Fausta* par l'absence de collier et d'anneaux rouges à l'abdomen; la bande du fond qui sépare le rouge de la base, des taches du milieu,

---

[*] Les individus qui se rencontrent dans le centre de la France et plus au nord, à Fontainebleau, et que j'ai pris aussi à Angoulême, diffèrent de ceux du midi; les taches rouges des supérieures, largement bordées de jaunâtre, envahissent la plus grande partie du disque de l'aile, dont la couleur du fond est réduite à de petites taches et une bordure du tiers externe de l'aile; celle qui sépare la base est divisée en deux ou trois petites taches qui ne touchent le plus souvent ni la côte, ni le bord postérieur, comme chez l'*Hilaris*. On peut distinguer cette variété sous le nom de *Fortunata*.

[**] Nous avons reçu, dans le temps, du célèbre entomologiste Klug, un individu du *Faustina*, du musée de Berlin, étiqueté de sa main, comme étant un de ceux rapportés autrefois du Portugal, par Hoffmannzegg, et que nous avons fait figurer comme un objet de comparaison (Faun. Ent. And., pl. 12, fig. 7, ZYGÆNA *Faustina*, Ochsenheimer); elle ressemble extrêmement à la *Fausta* dont elle égale à peine la taille et en diffère surtout parce que le rouge de la base des ailes supérieures est séparé des taches du milieu, sur le bord antérieur, par la continuation de la bande noire qui n'est pas divisée par un prolongement rouge comme chez la *Fausta*, et par les valves anales qui sont noires; l'abdomen présente trois segments rouges.

[***] L'*Algira* Duponchel (Supp. II, p. 88, pl. 7, fig. 6; H. Schæf, Suppl. 106; Hübn-Gey., 172-73, *Hilaris*), confondue par Geyer avec l'*Hilaris*, lui ressemble beaucoup; elle s'en distingue bien par le corps qui est tout noir, et surtout par la massue des antennes, très-grosse, courte et obtuse; par sa couleur d'un

aux ailes supérieures [*], divisée ou diminuée, ne touche jamais le bord postérieur ; les taches rouges sont plus ou moins bordées de blanc-jaunâtre, parfois largement, ou de jaune-fauve, tantôt la teinte noire du fond, très-chatoyante en bleu-violet, égale presque l'étendue des taches, tantôt elle est réduite à de petites taches ; le thorax est varié de blanchâtre avec un collier semblable, la massue est allongée, moins obtuse et moins épaisse que chez la *Fausta*. Nous l'avons rencontrée au nord de Malaga, du 20 au 24 juillet, dans des parties montagneuses ; elle est peu répandue et se trouve isolément ; c'est une espèce bien distincte.

6. ZYGÆNA OCCITANICA, *Devillers*.

Ramb. Ann. des Scienc. d'observ., II. pl. 5, fig. 5, p. 14.
— Faun. Ent. And. pl. 12, fig. 16, var.

Elle n'est pas rare sur certaines collines dans les environs de Grenade ; dans ce pays elle acquiert un grand développement et dépasse, parfois, en grosseur, l'*Onobrychis* ; elle y produit de très-belles variétés dont les ailes antérieures deviennent presque entièrement jaunes avec cinq petites taches rouges. Nous avons découvert la chenille sur le *Dorychnium monspeliense*.

7. ZYGÆNA RHADAMANTHUS, *Esper*.

Elle se trouve dans les mêmes lieux que les précédentes ; on la rencontre souvent avec un anneau rouge sur l'abdomen

---

rouge de sang tranchant, parfois presque d'ocre ; [par] les taches rouges nullement ou à peine bordées de blanc-jaunâtre, séparées du rouge de la base par une bande noire du fond, réduite à une tache parfois assez large, non divisée et plus éloignée du bord postérieur ; d'Alstrie où elle paraît commune.

[*] Dans les variétés à corps à peu près noir, cette bande plus sensible chez ces individus, la distinguerait de l'*Alstrie*, par son prolongement vers le bord antérieur qui n'existe pas chez l'autre, dans le cas où les antennes manqueraient.

8. ZYGÆNA LAVANDULÆ, *Esper.*

Elle n'est pas rare dans les environs de Grenade.

9. ZYGÆNA STOECHADIS *, *Borkhausen.*

H. Schæff. Suppl. *Zyg.* fig. 35, 39, 45.
Cat. Syst. Lep. Aud. pl. 1, fig. 5, *Z. trifolii*, var.
Hübn. *Sph.* fig. 24, *Lavandulæ.*
Boisd. Ess. Mon. Zyg. p. 66, pl. 4, fig. 5, *Medicaginis.*
Dup. suppl. II, pag. 73, pl. 6, fig. 6.
Boisd. Icon. Hist. p. 61, pl. 54, fig. 9. *Charon.* (*Stoechadis* peu
prononcée.)

L'ancienne *Medicaginis* ** de M. Boisduval, celle citée dans
Duponchel, et la nouvelle *Charon* du premier auteur, ne com-

---

* M. Boisduval figure et décrit (Ess. mon. Zyg.), pour la *Stoechadis*, une *Lavandulæ*; pour la *Charon*, la *Medicaginis*; pour la *Medicaginis*, la *Stoechadis* (la transposition sur les planches des noms de *Charon* et *Medicaginis*, est une pure invention, ce que prouvent les descriptions; au reste il y aurait encore une erreur); plus tard, afin de pallier ces erreurs, l'auteur (Icon. Hist.) cherche à faire disparaître deux de ces espèces, sous prétexte de variétés. Il applique le nom de *Charon* à la *Stoechadis* qu'il croit avoir détruite, et donne le nom de cette dernière à une espèce nouvelle alors (*Z. Kiesenwetteri*, H. Schæffer, 56, 98); il reconnaît la *Medicaginis* (Icon. hist. pl. 55, fig. 10); mais la *Charon* d'Hübner est pour lui une *Scabiosæ*! Cette nouvelle application du nom de *Charon* doit encore être rejetée, car quoique la figure d'Hübner soit difficile à reconnaître, M. H. Schæffer l'a reproduite (fig. 69, 70) en lui conservant ce nom; au reste, M. Boisduval doit confondre sous le nom de *Charon* deux espèces, puisqu'il dit que la sienne (*Trifolii* var.) peut avoir six taches, ce qui n'a jamais lieu ni pour elle, ni pour la *Stoechadis*; quant à celle-ci, il la considère comme une variété de la *Medicaginis* ressemblant beaucoup à la *Lavandulæ*; ces espèces sont cependant très-distinctes surtout par les antennes. Plus tard (Gen. et I.), il rétablit le nom de *Stoechadis*.

** La *Medicaginis* (Boisd. Icon. hist. pl. 55, fig. 59) d'Hübner, ressemble beaucoup à une espèce que M. Boisduval a figurée pour l'*Angelicæ* et que, dans le doute qui lui vint après, il désigna dans une note, sous le nom d'*Alpina*

prennent que la même espèce qui doit conserver le nom de
Stœchadis, dont la figure d'Hübner (f. 21. *Lavandulæ*), celles
d'H. Schœffer, et la nôtre (Cat. Syst. pl. 1, fig. 5) représentent
le type; c'est la même que Becker, qui la recevait de Barcelone, a répandue abondamment, il y a quelques années, et
aussi sous le nom de *Stœchadis*; dans ces individus de grande
taille, le corps est plus allongé et moins épais, la massue des
antennes plus longue, les ailes plus dilatées et les taches beaucoup plus petites que chez la *Trifolii* du centre de la France.
Les individus d'Andalousie sont plus petits avec les ailes
inférieures moins souvent envahies par la couleur noire.
Dans les climats chauds, elle est très-précoce, c'est bien la
même que Duponchel trouva autrefois à Nice, déjà en coque
au mois de mars, et je vois dans mes notes qu'à Malaga, elle
faisait sa coque dès le mois de février, et qu'ensuite elle con-
tinuait à paraître pendant toute la belle saison.

Je prends pour type les individus de Barcelone qui sont
très-grands et bien caractérisés.

Ailes supérieures larges, d'un vert-obscur parfois presque
métallique, brillant, souvent chatoyant un peu en bleu, d'autres fois cuivreux, avec cinq taches rouges souvent très-petites
dont les deux basilaires assez courtes, des deux du milieu, la
première très-petite tendant à disparaître, la cinquième ronde
un peu transversale, ne se dilatant jamais, entourées de noirâtre, le plus souvent, peu sensible; inférieures d'un rouge vif

---

(pag. 66, pl. 53, f. 3) ; plus tard, M. Lederer l'a appelée *Ferula* (la *Ferula* ne
croît pas dans la patrie de l'insecte).

Leurs antennes sont semblables et marquées de blanc au sommet, et
quelquefois la *Mediterranea* n'a pas la marge noire des ailes inférieures plus
large que celle de certaines *Alpina*; peut-être en est-elle une race méridionale,
comme la *Stœchadis* pourrait en être une, de la *Trifolii*; cependant elle en
diffère, par les taches rouges plus petites aux supérieures dont la sixième
peut manquer en dessus (ce qui n'a jamais lieu pour l'*Alpina*), et qui ne sont
pas confluentes en dessous; par la marge noire des inférieures, le plus souvent, beaucoup plus large et très-sinuée; elle se distingue aussi de la *Peucedani* sans aucun rouge, par les taches des supérieures non confluentes en
dessous, et la bordure des inférieures.

avec une bordure large, sinuée d'un noir-bleu violâtre, envahissant souvent une grande partie de l'aile en suivant les nervures, ne laissant parfois qu'un petit point rouge en avant du sommet et un ou deux traits vers la base ; dans ce cas, les taches des supérieures diminuant en proportion, l'on conçoit que le rouge puisse disparaître entièrement sur les deux ailes, mais d'abord aux inférieures ; dessous différant peu, n'ayant jamais les taches confluentes, franges de la couleur des ailes, luisantes, n'ayant pas de reflet roussâtre ; corps de la couleur des ailes ou de leur bordure aux inférieures ; pattes d'un noir-verdâtre, un peu roussâtres à la face interne des tibias et des cuisses.

Antennes à peu près comme chez la *Filipendulæ*, assez épaisses chez le mâle, avec la massue allongée, partant d'assez bas et se prolongeant en pointe avec le sommet un peu rouge-obscur à la loupe.

Elle diffère de la *Medicaginis* *, en ce que le corps est toujours plus robuste et les antennes un peu plus épaisses n'ayant jamais de tache blanchâtre au sommet, en ce que les ailes sont plus aiguës, plus allongées, et n'ont jamais six taches, ni en dessus ni en dessous **, que la tache postérieure médiane est placée moins en dehors, et que le bord des franges n'est jamais roussâtre ; la bordure des inférieures, lorsqu'elle n'est pas très-dilatée, est moins sinueuse.

Elle a les mœurs de la *Trifolii*, dont nous la croyons une race (***) ; elle habite les lieux humides, le bord des ruisseaux,

---

* M. H. Schæffer finit par la méconnaître et la réunir bien à tort, dans son catalogue synonymique, à la *Medicaginis* ou à la *Lavandulæ*.

** Chez la *Medicaginis* la sixième tache manque souvent en dessus, mais elle reste en dessous.

*** On a dénaturé en Entomologie, la signification du mot *race*, d'une manière bien étrange. Ainsi M. Boisduval (Spec. Lép. Introd., pag. 5, 6, 8, 11, 32, etc.) emploie ce mot pour désigner des genres, des familles, des tribus composés d'un très-grand nombre d'espèces fort diverses ; nous la réservons comme on l'a généralement fait jusqu'à présent, par rapport à l'espèce hu-

les marécages; je n'ai pas trouvé de différences sensibles quant
à la chenille d'avec celle de la *Trifolii*; la chrysalide est souvent
d'un brun roussâtre pâle; la cocue, beaucoup moins jaune, est
parfois couleur feuille morte, plus foncée d'un côté, et plissée
de la même manière.

10. ZYGÆNA TRIFOLII. *Esper.*

Cat. Syst. *Lep.* And. pl. 1, fig. 6, 7, 8. *Z. trifolii*, var. *.

Cette variété, qui, par certains individus, semble se confondre
avec la *Stœchadis*, s'unit si intimement par d'autres avec la
Trifolii, qu'il est impossible de l'en séparer; nous y rapportons
aussi la *Syracusiœ* de Zeller, qui nous paraît surtout représentée par notre figure 8.

En examinant le nombre considérable des *Trifolii*, que nous
avons recueillis d'abord à Paris, puis surtout en Touraine, à
Périgueux, Tarbes, Marseille et Perpignan, nous trouvons tous
les passages entre ces diverses variétés, et il nous est impossible de rencontrer des caractères pour les séparer en plusieurs espèces **.

Nous avons élevé la chenille en Touraine, à Perpignan et à
Malaga, nous n'avons pas trouvé de différences sensibles.

Cette espèce est parfois difficile à séparer de la *Lonicerœ*,
mais elle est plus méridionale et commence à se montrer

---

maine, aux animaux acclimatés, aux végétaux cultivés, pour exprimer les
modifications ou variétés d'une même espèce, se continuant sous l'influence
des circonstances extérieures du climat ou de l'art.

* Toutes les zygènes de cette planche ont été enluminées avec un rouge
beaucoup trop pâle.

** Nous avons trouvé un individu femelle aux Sables-d'Olonne, qui est
l'opposé de ceux du midi. Les ailes supérieures peu colorées, un peu transparentes, ont les taches larges, dont les deux du milieu à peine confluentes, et
la première basilaire un peu prolongée; les inférieures ont une bordure à
peine sensible; dans des marécages en août; une autre variété rencontrée sur
des centaines d'individus, à la tache externe dilatée en une sixième tache peu
large, divisée; elle est extrêmement rare.

lorsque l'autre finit [*], ses antennes sont plus épaisses et la massue moins prolongée en pointe; sa taille est ordinairement plus petite, et dans le centre de la France où la *Lonicera* se trouve encore, on la distinguera par les deux taches du milieu qui sont presque toujours confluentes.

Deuxième famille, PROCRIDES [**].

Antennes bipectinées chez les mâles, un peu épaissies vers l'extrémité ou dans leur milieu, parfois très-obtuses au sommet qui peut être aussi très-allongé et aigu, peu ou pas fléchies; grêles, presque filiformes ou un peu en massue, denticulées ou bipectinées à dents un peu renflées, non ciliées, ou à peine sensiblement, canaliculées en dessous chez les femelles, yeux variables selon le sexe, assez petits, saillants, palpes grêles, non hérissés, tantôt dépassant le bord du front, tantôt très-petits, stemmates bien visibles, saillants, plus gros chez les mâles; thorax assez court, peu épais; notus présentant quatre plis en forme d'écailles, au prothorax, dont deux sont parfois peu visibles (*Aglaope*), avec un scutellum très-petit ou peu sensible; scapules courtes, recourbées, obtuses, non prolongées en arrière; épimères moyens aussi larges que le coté externe des hanches, les postérieurs très-étroits à leur face externe; pattes longues, grêles, presque lisses ainsi que le corps, tibias antérieurs privés d'épiphyses [***], postérieurs n'ayant qu'une paire terminale de petits éperons, onglets simples, petits.

(*) La *Lonicera* se trouve en Touraine assez commune dans des bois clairs et dans des landes de bruyères, au nord de la Loire, près de Langeais.

(**) M. Boisduval avait séparé avec raison cette famille dans son *Essai* sur les Zygénides, tout en mettant dans cette dernière des genres fort disparates; pourquoi il les a réunies.

(***) En mettant de côté les Diurnes, ce caractère négatif est d'autant plus curieux, qu'il constitue une véritable exception dans la série des autres Lépidoptères.

accompagés d'une pelote assez saillante avec deux appendices grêles ; ailes assez larges, les postérieures assez grandes, rarement plus petites chez les femelles, dilatées vers leur angle anal, frein très-long retenu dans une lanière courte, large, insérée au-dessus de la seconde nervure, espace après les aréoles divisé, ainsi que celles-ci, par une nervure accessoire peu sensible ou nulle *, première nervure des antérieures émettant six rameaux simples, dont le premier rapproché des autres, les deux derniers placés sur la nervule avant l'angle du milieu, les autres comme chez les précédentes ; deuxième aux postérieures unie à la première dans un espace assez long.

Chenilles courtes, ramassées, ayant la tête retractile dans le premier segment, présentant des groupes de tubercules pilifères saillants, placés circulairement et produisant des touffes de poils très-courts, formant une coque le plus souvent molle, à tissu peu serré ; chrysalides minces et molles, un peu courbées, offrant sur la partie dorsale des segments une bande de petits crochets et ayant l'extrémité obtuse et garnie d'une touffe de poils épineux avec la surface inégale plissée, couverte de stries flexueuses irrégulières, fourreaux

---

* Les caractères que nous présentons ne concernent guère que les espèces d'Europe, cependant, quelques-unes, étrangères, peuvent y être comprises et même de très-petites ; il existe d'autres exotiques qui, au premier abord, sembleraient ne pas se distinguer des Procrides, mais chez lesquels l'épiphyse tibiale est bien sensible et dont les ailes inférieures sont plus ou moins rétrécies avec des différences dans les nervures ; quelques-unes ont des touffes de poils sur les côtés de l'abdomen, elles doivent être rejetées de la famille.

D'autres espèces très-grandes pour cette famille et qui sembleraient se rapprocher un peu du genre *Aglaope*, ont les ailes ou larges et arrondies, ou allongées et plus ou moins étroites, ou même parfois, les inférieures presque en forme de queues, avec des points rouges à la base et sur le corps ; leurs antennes sont bipectinées dans les deux sexes, une des plus remarquables par sa forme étrange, a reçu de M. Guérin, le nom de *Gynatoceras zephyritis*.

de la trompe et des pattes postérieures formant, comme chez les Zygènes, une longue saillie détachée du corps.

Cette famille, composée de petites espèces d'une teinte le plus souvent uniforme et sans taches, a de grands rapports avec la précédente, surtout pour les nervures, mais les antennes plus ou moins bipectinées chez les mâles, dentées et même parfois un peu pectinées chez les femelles, les distinguent de suite.

GENRE AGLAOPE *, Latreille.

*Antennes bipectinées régulièrement de la base à la pointe qui est un peu obtuse, non renflées ni fléchies, assez épaisses chez les mâles, beaucoup moins pectinées chez les femelles où elles sont très-peu épaissies au sommet, spiritrompe à peu près nulle, réduite à deux prolongements maxillaires non réunis, palpes très-petits, écartés l'un de l'autre, le premier article égalant les deux derniers, dont le second assez épais, le troisième mince, pointu; yeux médiocres, arrondis, bien saillants, corps peu épais, pattes assez fortes avec deux éperons à peine sensibles aux tibias postérieurs; ailes grandes, les premières ayant l'aréole longue dépassant de beaucoup la moitié, n'émettant que huit rameaux dont un divisé en trois ** ramuscules (le troisième de la deuxième nervure).*

Tête allongée, crâne ayant le front très-saillant, gibbeux par en haut, enfoncé à son union avec le vertex, celui-ci

---

* L'*Infausta* a été réunie au *Procris* par presque tous les auteurs, malgré son aspect différent et les caractères tranchés qui la distinguent.

** Dans les Zygénides, le même rameau est divisé en deux ramuscules; dans les Procrides, aucun rameau n'est divisé, aussi il y en a dix; les ramuscules ne sont que les rameaux rapprochés; cette disposition du genre *Aglaope* semble le rapprocher des *Syntomis* tandis que, par la forme du crâne, il se rapproche beaucoup du genre *Zygæna*.

gibbeux, presque bilobé, ne divisant pas l'occiput qui est plan avec le bord extérieur saillant, tempes larges s'unissant avec la partie inférieure de la joue qui est dilatée, stemmates grands, plus petits chez les femelles ; prothorax ne présentant en dessus que deux plis, les deux postérieurs seulement visibles sur les côtés et bien plus courts ; scutellum du métathorax assez large, saillant en arrière, contigu en avant à un bord mince et saillant du scutum ; dessus du premier segment de l'abdomen large, à peu près autant que le suivant à sa jonction avec lui, sa division latérale séparée par une rainure étroite, divisée elle-même en deux parties un peu saillantes dont la seconde l'est davantage, deuxième segment ayant aussi sur les côtés une rainure qui correspond avec la précédente, dernier segment très-allongé en dessus, très-fortement échancré en dessous, où se voient la pince génitale dont le bord est épaissi et arrondi, terminée par une pointe aiguë un peu en crochet, recourbée par en haut au devant du stylet qui est très-large, celui-ci ayant ses bords recourbés, fortement échancré en croissant à l'extrémité, dont les angles forment une pointe saillante.

Les ailes de la seule espèce connue sont couvertes d'écailles en forme de poils comme chez les psychés, le corps est un peu velu et les pattes presque lisses.

Chenille large, épaisse, courte, ayant des groupes de tubercules pilifères saillants, placés circulairement et produisant des touffes courtes de poils raides subépineux, avec la tête rétractile dans le premier segment ; elle vit sur le *Prunus spinosa*, *Cratægus oxyacantha*, *Amygdalus communis*.

Elle produit une coque solide, épaisse, compacte, un peu allongée et courbée, arrondie à ses extrémités, et une chrysalide assez épaisse, ayant l'enveloppe mince, hérissée de petits crochets en dessus sur la moitié antérieure des segments, très-obtuse au sommet avec le fourreau des quatre dernières pattes saillant.

AGLAOPE INFAUSTA, *Linné.*

La couleur rouge qui orne le prothorax, la partie interne des secondes ailes et la base des bords antérieur et postérieur des premières, rehausse un peu la teinte brune du reste de l'insecte et lui donne un aspect bien différent de tous ceux de la famille.

Très-abondante en Andalousie, où la larve dépouille parfois complétement les *amandiers* de leurs feuilles ; elle fait chez nous de temps en temps les mêmes dégâts sur des parties de haies d'*épine-blanche* ou de *prunellier.*

GENRE PROCRIS *, *Fabricius.*

Palpes variables, redressés, écartés l'un de l'autre, ayant le premier article assez épais, aussi grand que les deux autres qui sont presque égaux et dont le dernier est aigu, spiritrompe

---

* Stephens et plusieurs autres auteurs, ont changé le nom de *Procris* pour celui d'*Ino*, sous le vain prétexte que le premier a été employé en botanique ; ces changements, qui ne sont nullement nécessaires, sont très-préjudiciables aux sciences naturelles, et ne prouvent pas l'érudition de ceux qui les font, car, pour être conséquents, ils auraient dû changer tous ceux qui se trouvent dans le même cas, et qui sont fort nombreux, tels que *Melitæa*, qui a été employé dans les Polypiers et les Méduaires ; *Oryza*, dans les Algues et les Mollusques ; *Phycis*, dans les Poissons ; *Glaucopis*, dans les Oiseaux, outre qu'il est formé aux dépens d'une espèce que l'on considérait du même genre ; enfin *Urania*, Acidalia, Ligya, *Zygæna* et un grand nombre d'autres; cependant tout en conservant ceux-ci, Treitschke changeait le nom de *Pœcilia*, employé dans les Poissons; M. Boisduval, adoptant ce changement, formait pour des Chéloniens exotiques, le genre *Leptosoma*, tandis qu'il décrivait un Leptosome Coléoptère, d'après un genre formé par Schœnherr dans les Curculionides ! Nous croyons qu'on doit conserver tout genre qui n'a pas été employé dans les véritables insectes, lors même que, comme celui de *Ligya* de Fabricius, il aurait été formé pour des Crustacés.

grêle, parfois très-longue, membraneuse sur les côtés, d'autres fois petite ou même impropre à la nutrition, antennes toujours bipectinées chez les mâles, dentées chez les femelles.*

Crâne ayant le front un peu saillant avec le vertex grand, bombé, surtout chez les mâles, s'étendant sur l'occiput qu'il divise plus ou moins en deux parties, tempes assez larges, saillantes, antennes insérées dans un enfoncement profond à à l'union du front et du vertex (fosse antennaire), ayant le premier article assez grand; ailes inférieures grandes, les premières ayant l'aréole longue allant au-delà du milieu, bifide, très-étroite vers la base, produisant en dehors dix rameaux simples; secondes ayant la première nervure anastomosée avec la deuxième vers les deux tiers de son étendue avant la nervule **, aréole rendue bifide par un angle rentrant très-aigu qui se continue avec la nervure accessoire plus ou moins apparente qui la divise, cette aréole produisant six rameaux, cinquième nervure longue allant à l'angle postérieur qui est arrondi, dilaté.

La forme du vertex est un peu variable selon les groupes; il est large et saillant chez ceux de la *Statices* et *Globulariæ*, divisant l'occiput en deux parties latérales, surtout chez les mâles, plus étroit chez le groupe du *Pruni* ***.

---

* Dans le groupe du *Pruni*, qui peut former un sous-genre.

** Cette anastomose a parfois lieu dans des genres exotiques, près des Procrides, au niveau de la nervule qui tombe elle-même sur la première nervure; alors elle forme l'aréole et paraît absorber la seconde qui devient nulle dans un grand nombre d'espèces.

*** Nous n'avons pas rencontré cette espèce, elle peut former avec l'*Ampelophaga* un sous-genre qui se distingue par une spiritrompe impropre à la nutrition, par les palpes très-petits, le vertex étroit, allongé d'avant en arrière, le front plus abaissé plus allongé, le premier article des antennes plus cylindrique, les pattes plus courtes; les ailes inférieures tendent à diminuer chez les femelles, surtout chez l'*Ampelophaga*; les larves vivent sur des arbres ou des arbrisseaux, et font une coque molle.

Chenilles vivant de plantes herbacées.

Les espèces de ce genre sont très-difficiles à séparer, les couleurs n'aidant en rien ; la forme des antennes, dans les deux sexes, est un des meilleurs caractères ; les espèces d'Europe peuvent être rapportées à quatre types principaux qui sont : les *Procris statices*, *chloros*, *globulariæ* et *pruni*, dont nous formons un sous-genre.

1. PROCRIS STATICES, *Linné*.

Hübn. Sph. pl. 1. fig. 1, 444, 130, 131, *Gerion*.
H. Schæff. suppl., *Zyg.* tab. 40, fig. 75, 76, var. *Micans*
et *Chrysocephala*.

Nous réunissons à la *Statices* les variétés citées, l'*Obscura*, zeller, et l'*Heydenreichii* d'H. Schæffer, qui nous ont été envoyées par M. Lederer, comme venant de Bairut ** ; nos individus d'Espagne ont de grands rapports avec la dernière, les antennes sont un peu plus minces chez les mâles et les ailes inférieures un peu plus obscures que chez les *Statices* ordinaires ; d'autres individus des Alpes, à ailes plus grandes, à antennes aussi

* Nous avons reçu, sous le nom de *Micans*, une espèce rapportée de Sicile, par M. Bellier de la Chavignerie, qui est de la taille de la *Statices* avec les ailes inférieures très-grandes et la femelle aussi grande que le mâle ; elle est d'un bleu-verdâtre, brillant, et les antennes des deux sexes sont semblables à celles de la *Chloros*, dont nous l'aurions prise pour une grande variété, si, nous n'eussions reconnu que les écailles qui couvrent les ailes étaient bien plus étroites et plus allongées ; nous proposons de la nommer *Bellieri*, en l'honneur du lépidoptériste distingué qui l'a découverte en Sicile, et qui a dû en répandre une certaine quantité d'individus.

M. Lederer, de Vienne, nous a envoyé comme prise autour de cette ville, et sous le nom de *Gerion*, une variété de *Chloros* d'un vert brillant sans changement de couleur à la base des ailes supérieures et dont la femelle a les antennes bien plus fortement dentées que chez la *Chloros* ordinaire ; ce n'est pas la *Gerion* d'Hübner, dont les antennes sont différentes; n'est-elle qu'une variété? Quant à la *Sarpedon*, nous ne la croyons pas distincte de la *Chloros*.

** Peut-être y a-t-il plus d'une espèce, mais je n'ai pu trouver de caractère organique distinct

plus minces, semblent en différer un peu ; mais les dentelures des antennes, plus ou moins serrées [*], ont une apparence variable qui peut tromper sur leur longueur.

La *Statices* a les antennes assez fortement bipectinées chez le mâle avec l'axe épais un peu renflé vers le sommet qui est obtus, parfois submucroné [**], et dont les huit à dix derniers segments sont contractés, à peine denticulés, un peu canaliculés en dessous ; chez la femelle elles sont bien plus grêles, un peu plus en massue, obtuses ou parfois un peu pointues, l'épaisseur est un peu variable dans les deux sexes ; les palpes atteignent et dépassent souvent un peu les bords du front.

Le dernier segment abdominal chez le mâle, plus long que le précédent, est presque aussi long en dessous qu'en dessus, où il forme deux plaques écailleuses, largement séparées sur les côtés, par une partie membraneuse avec son bord externe entier ; il renferme les parties génitales ; celles-ci, sorties (*Statices* d'Espagne), présentent en haut un stylet long, mince, aigu, presque crochu, courbé vers la base, qui est élargie et fixée sur un bord large, saillant et arrondi de chaque côté ; les branches de la pince sont larges et forment, en s'unissant en dessous, un coude saillant ; elles sont un peu déchiquetées à leur bord postérieur et présentent un sillon qui semble les diviser ; avant de se joindre par en dessous, elles forment un bord plus épais et écailleux, qui devient libre et produit un style courbé en dedans en hameçon et très-aigu.

Nous l'avons rencontrée dans les environs de Grenade [***] ; sa chenille est indiquée sur le *Rumex acetosella*.

---

[*] Pour juger de la longueur des dentelures, il suffit de laisser baigner l'antenne dans l'eau ; elles s'écartent et s'allongent complétement.

[**] Petite pointe formée par le dernier article qui est très-petit, tantôt un peu saillant, tantôt peu sensible et enfoncé dans le précédent.

[***] Nous n'avons pas trouvé la *Globularia*. Nous possédons, de la Russie méridionale, une espèce qui en est bien distincte et que nous avons reçue so-

2. PROCRIS COGNATA, *Nobis.*

Catal. Syst. Lép. And. pl. 3, fig. 1.
Her. Schæff. *Zyg.* tab. 13, fig. 94, 95.

Viridi-ænea: alis anticis infra, posticis fimbriisque et pedibus fusco-rufescentibus, palpis gracilioribus, minoribus, stemmatibus minimis, antennis gracilibus, filiformibus, dentibus longioribus, gracilioribus.

Les deux espèces de *Procris* du troisième groupe, que nous avons rencontrées en Andalousie, s'écartent plus ou moins du type ordinaire (*Globulariæ*); la *Cognata* surtout, présente des caractères organiques qui l'en distinguent nettement. La *Cognata* et la *Soror* sont de même bien distinctes l'une de l'autre, la première ayant les dentelures des antennes près du double plus longues; quoique l'axe soit plus grêle; la tête, les yeux, les stemmates sont aussi beaucoup plus petits, etc.

De la même taille que la *Globularia*, mais plus grêle dans toutes ses parties; corps, dessus des premières ailes, hanches, cuisses et dessus des antennes d'un jaune-cuivreux, verdâtre un peu doré et brillant, le reste d'un brun un peu roussâtre; pattes et antennes grêles.

Elle diffère de la *Globulariæ* par la tête, bien sensiblement plus petite, les yeux beaucoup plus petits, moins arrondis, moins saillants, les stemmates près de moitié plus petits, les tempes plus larges (partie de la tête, derrière les yeux) par la

---

même temps qu'elle venant des mêmes lieux et que nous désignons sous le nom de *Procris cuprea*, un peu plus petite que la *Globularia* et ayant les ailes un peu moins grandes; supérieures ou dessus, d'un vert-cuivreux brillant, parfois tournant au roux sur le ventre; antennes d'un vert-cuivreux à peu près pectinées comme chez la *Globularia*, mais moins allongées et bien plus courtes, avec les dents plus grêles, plus aiguës; yeux plus petits, stemmates moitié moins gros, palpes beaucoup plus petites, avec le dernier article beaucoup plus court; pattes d'un vert-cuivreux avec les tarses bruns, d'après six individus, semblables. La femelle nous est inconnue.

tache d'un brun roux (correspondant à l'occiput divisé par le vertex) derrière les stemmates, bien plus étendue et par les antennes plus grêles, plus aiguës, à dentelures plus longues et surtout plus grêles, s'allongeant plus rapidement en partant de la base, diminuant plus vite vers le sommet où elles sont surtout moins épaisses ; par les palpes bien plus courts, les pattes plus grêles, plus longues ; par les écailles qui couvrent les ailes qui sont plus allongées, plus étroites, etc. D'après trois individus trouvés près de Malaga et à Grenade.

3. PROCRIS SOROR. *Nobis.*

Lucas, Expl. Sc. Alg. Lép. pl. 3, fig. 2? *Cognata* *.

Viridi-ænea vel cuprea ; antennis gracilibus, dentibus brevioribus.

Cette espèce diffère de la *Globulariæ* par les antennes plus grêles et plus aiguës et dont les dentelures sont près de moitié plus courtes. D'après quatre individus complètement semblables trouvés dans les environs de Grenade.

---

* Ce procris pourrait bien être le *Soror* ; mais M. Lucas en le comparant à la *Statices*, au lieu de le comparer à la *Globulariæ*, dont il est très-rapproché, empêche de bien saisir les différences qui l'en distinguent ; mais d'après ce qu'il dit sur les dentelures des antennes, qui sont plus courtes que chez la *Statices* et d'après la figure qu'il donne, ce ne peut être la *Cognata*. Dans le même ouvrage, M. Lucas représente un autre procris du groupe de la *Chloros* que nous croyons posséder, quoique sa description ne s'accorde pas très-bien avec notre espèce, mais la figure paraît la représenter ; il l'appelle *Cirtana*. Il a la grandeur d'un petit *Chloros* avec les antennes à peu près semblables, mais plus courtes et à dentelures plus fortes : tête et yeux un peu plus petits, stemmates semblables ; d'un brun roussâtre à teinte dorée un peu verdâtre ; la teinte dorée existe aussi en dessous sur les ailes inférieures, sur les franges qui sont plus brunes et sur l'axe des antennes ; le thorax, les cuisses et surtout le ventre ont une teinte d'un vert-métallique plus prononcé qu'aux ailes supérieures, dont la base est d'un rouge-cuivreux brillant ; les palpes dépassent un peu la tête et la trompe est forte, les pattes sont plus courtes, plus épaisses. Nous ne savons d'où elle nous vient, elle se trouvait parmi des *Amphidasys*, dont elle a un peu la teinte ; est-elle d'Algérie ?

Famille des SYNTOMIDES *

Point de stemmates sensibles, antennes simples, parfois un peu denticulées, très-peu ou pas épaissies, légèrement obtuses au sommet qui est peu ou pas fléchi, palpes dépassant le bord du front, non redressés, dirigés en avant, yeux saillants, spiritrompe assez longue ; thorax peu épais ; prothorax n'ayant en dessus que deux plis assez larges et un scutellum petit ; pattes postérieures ayant les tibias un peu renflés avec les deux paires d'éperons bien sensibles ; ailes supérieures assez grandes, leurs aéroles fournissant six rameaux dont un très-

---

* Cette famille est plus éloignée des Zygénides que des Glaucopides, dont quelques-unes ont tout à fait l'apparence des *Syntomis*, presque les mêmes taches, et parfois l'extrémité blanchâtre des antennes : la petitesse des ailes inférieures, la disposition des nervures, l'étroitesse de l'arceau supérieur du premier segment, sont des points de contacte qu'on ne peut méconnaître ; toutefois les Glaucopides se distinguent par des caractères bien tranchés. Les antennes pectinées d'ordinaire dans les deux sexes, très-souvent épaissies dans leur milieu, s'amincissant petit à petit en une longue pointe, la présence d'yeux lisses, la longueur des palpes dépassant le vertex (parfois petits, avec la trompe courte), avec une trompe forte et surtout la forme du lobe latéral du premier segment abdominal, produisant de chaque côté une gibbosité arrondie avec une ouverture presque ovale entre elle et le thorax ; les pièces du pronotum, au nombre de deux, sont grandes et les sternales sont parfois très-larges. Élégants insectes dont quelques-uns ont l'aspect d'Hyménoptères, ornés, surtout sur l'abdomen, des plus brillantes couleurs, présentant du reste dans l'ensemble de la famille les formes et les couleurs les plus variées, ayant parfois les ailes en partie ou presque entièrement transparentes ; les inférieures variant pour la largeur et la disposition des nervures ; il en est qui ont un rétrécissement abdominal surtout visible en dessus, au troisième segment.

Les Glaucopides font le passage des Crépusculaires aux Chéloniens, de telle manière qu'elles présentent peut-être plus de caractères qui leur sont communs avec ceux-ci qu'avec les autres, auxquels elles se rattachent cependant, par la forme des antennes.

Les Syntomides s'unissent aussi à certaines Lithosides par le genre *Naclia*

divisé (4 5 ramuscules); inférieures souvent très-petites, leur première nervure absorbant la deuxième qui est nulle, les quatre aréoles rapprochées du bord antérieur; arceau supérieur du premier segment abdominal très-étroit a la base. Crâne ayant le front peu saillant, le vertex petit et l'occiput grand, tempes assez larges; præscutum du métathorax visible dans son milieu et aussi épais que le scutellum, côtés du scutum largement excavés; bord antérieur du premier arceau abdominal plus étroit que le scutellum, sa division latérale grande, n'ayant pas de saillie gibbeuse ni d'ouverture, deuxième segment marqué d'une rainure de chaque côté n'allant pas jusqu'au bord postérieur, huitième allongé en dessus chez les mâles, beaucoup plus court en dessous où il laisse voir la pince qui est oblongue pointue, stylet saillant, courbé.

Cette famille que nous ne pouvons comprendre dans une tribu, ne connaissant point toutes les espèces exotiques qui paraissent la composer, ne fournit que deux genres dont le second presqu'entièrement exotique.

Genre NACLIA [*] . *Boisduval.*

Tête assez grosse avec les yeux saillants arrondis, palpes aigus, à articles presque égaux ayant par en dessous, une petite touffe de poils saillante, spéritrompe assez longue, déliée, antennes nullement renflées, finement ciliées; premières ailes assez grandes, frein grêle long, retenu par une lanière longue, très-mince, peu solide, prenant naissance au-dessus de la première nervure, deuxième ne produisant que deux rameaux rapprochés, dont le premier se divise en cinq ramuscules, desquels deux aboutissent au bord costal, celui-ci à peine épaissi en nervure, troisième ayant quatre rameaux, dont le premier grêle, éloigné des trois autres, qui sont groupés à l'angle pos-

---

[*] M. H. Schæffer est le premier qui ait séparé ce genre des Chelonanus et l'ait réuni aux Syntomides.

térieur de l'aréole, celle-ci rapprochée du bord costal, de la longueur au moins de la moitié de l'aile, bornée par une nervule formant un angle rentrant très-profond, presque insensible dans son milieu, ne donnant aucun rameau; inférieures petites, surtout chez les femelles, leur seconde nervure absorbée par la première qui reste simple et reçoit la nervule, la troisième produisant quatre rameaux, dont le dernier semble presque la continuer, aréole assez large placée en avant, plus courte que la moitié de l'aile, bornée par une nervule formant un angle un peu saillant en dedans, sans rameau, quatrième et cinquième à peine sensibles; point de nervures accessoires; jambes assez épaisses avec les tibias antérieurs près de moitié plus courts que la cuisse, munis d'une épiphyse qui atteint presque leur extrémité, les postérieurs ayant la dernière paire d'éperons assez forte, onglets petits, enfoncés dans le tarse, en partie cachés, simples.

Front subcaréné, vertex étroit, petit, bilobé, premier article des antennes assez long, peu épais, occiput très-grand, bombé, tempes presque nulles ; les deux pièces du pronotus étroites, allongées, déprimées ; mésothorax assez large, court avec le scutellum large, l'épisternum petit, la pièce pectorale postérieure plus large que la sous-axillaire *, scapules rétrécies et prolongées en arrière en un angle obtus, épaissies, dépassant presque l'attache de l'aile, leur apophyse formant un angle aigu en crochet sous cette attache ; notus du métathorax excavé sur les côtés avec la marge antérieure élevée en carène, non pulvérulente et deux tubercules en dehors, son scutellum très-étroit ; premier arceau abdominal en dessus, et sa division laissant un petit espace entre eux et le thorax, dernier segment, chez le mâle, prolongé en dessus, court en dessous où l'on voit saillir la pince qui est allongée ; abdomen de la femelle épais, surtout à l'extrémité qui est élargie, fortement tronquée en dessous.

---

* Ce qui le rapproche un peu des Lithosides.

Chenilles ayant des groupes de tubercules couverts de touffes de poils, formant une coque molle et se nourrissant surtout de *lichens*.

NACLIA PUNCTATA *, *Fabricius*.

La variété que nous avons trouvée en Espagne, est d'un brun fuligineux assez foncé, et sans taches blanches sur les ailes supérieures; les inférieures sont jaunes à leur partie interne; nous l'avons aussi prise près de Perpignan. Les parties génitales mâles ne paraissent pas différer de celles de de l'espèce ordinaire. Nous n'avons pas rencontré le genre *Syntomis* **.

---

* La *Naclia punctata* mâle, présente une pince courte, simple, droite et pointue avec un stylet petit, un peu crochu; la pince de l'*Ancilla* est grande, assez large, très-rétrécie au sommet qui est un peu crochu, son stylet est assez long, grêle et courbé: l'*Hyalina* de Freyer et d'H. Schaeffer a la pince longue, étroite, contournée à son sommet sur le stylet qui est mince, assez long, non crochu et obtus. Cette espèce, que nous avons prise dans l'île de Corse, est tantôt d'un roux pâle, un peu doré et sans taches sur les ailes supérieures, tantôt avec des couleurs aussi vives et le même dessin que chez la *Punctata*, dont elle se distingue par les taches jaunes des inférieures en grande partie transparentes et les caractères génitaux très-prononcés, indiqués ci-dessus. Les parties anales des femelles présentent aussi des caractères bien tranchés.

** Il se distingue par des antennes simples, grêles, un peu épaissies, les palpes hérissés, une spiritrompe assez forte; par les jambes presque glabres ou lisses avec l'épiphyse tibiale, naissant dès la base du tibia, dont elle ne dépasse pas la moitié; par le bord costal des supérieures épaissi en nervure, l'absence de lanière, pour retenir le frein qui est très-petit et la quatrième nervure plus sinueuse, et surtout, par les ailes inférieures très-petites, ayant les nervures modifiées, dont la troisième (la deuxième est absorbée par la première), n'a que trois rameaux, avec une aréole courte, bornée par une nervule très-oblique d'arrière en avant et le bord antérieur sinué plus ou moins replié, pour s'accrocher sur un pli saillant de la marge postérieure des supérieures, ce qui rend ce bord sinueux et anguleux, dilaté avant la base et vers le milieu. Abdomen long, cylindrique; pattes assez fortes, presque lisses; pièces génitales mâles, presque semblables. Les syntomis ont sur les ailes des taches

NOCTURNES Latreille.

NÉMATOCÈRES et CHÉTOCÈRES, *Duméril*.

Antennes n'étant jamais sensiblement renflées dans leur longueur ou vers l'extrémité, filiformes, ou sétiformes.

PREMIÈRE TRIBU. ARCTIENS [*].

Ils se distinguent par les caractères suivants : crâne uni, front peu rétréci en avant, spiritrompe très-variable, antennes simples ou bipectinées, ayant les dents terminées par une soie tournée en dehors, assez écartées à leur insertion, stemmates presque toujours visibles [**], plis du pronotus au nombre de deux, souvent larges, renflés ou vésiculeux, couvrant les deux postérieurs qui sont peu sensibles ou nuls, et cachant le scutellum qui est petit, enfoncé ; thorax assez épais ; scapules grandes, prolongées, ayant leur apophyse en crochet prononcé ; pièce pectorale du métathorax toujours grande,

---

blanches comme les Noctuas, et de plus l'abdomen annelé de jaune ou de rouge. On ne peut douter qu'ils ne se lient au Glaucopis par des caractères intimes ; cette famille doit être considérée comme un rameau des Chéloniens

[*] Cette tribu comprend l'ancienne famille des Noctuo-Bombycites de Latreille ; elle renferme, avec les tribus et familles suivantes, jusqu'aux Noctuiliens, la plus grande partie du genre Bombyx de Fabricius et les Nématocères de Duméril.

[**] Par les stemmates et les deux premières nervures des secondes ailes, ils se séparent des Sphingides ; des Zygénides, parce qu'ils n'ont que deux plis au pronotum et les premières nervures des inférieures isolées, et des Sphingides par la présence des stemmates et les mêmes nervures ; enfin des trois, par la division externe du premier anneau supérieur de l'abdomen et la présence du tympanum.

parfois très-large, partie moyenne de son scutum toujours
très-rétrécie et peu sensible, avec les côtés plus ou moins
excavés, ayant la marge antérieure élevée, pulvérulente, formant en dehors un tubercule après lequel s'en trouve un
autre plus petit, son scutellum plus ou moins étroit ; épiphyse
naissant vers la base du tibia, n'atteignant jamais son extrémité, onglets ayant le plus souvent une dentelure ; ailes variables, souvent assez grandes, première nervure des supérieures donnant trois à quatre rameaux, troisième en fournissant
quatre, dont le premier très-éloigné des autres, celle-ci presque
semblable aux inférieures, ces nervures parfois anormales,
nervule le plus souvent presque libre ; première et deuxième
nervure des secondes ailes [*] naissant toujours d'un tronc
commun plus ou moins long ; frein assez long.

Premier arceau supérieur de l'abdomen ayant sa partie
moyenne plus ou moins rétrécie, sa division latérale toujours
modifiée, avec sa partie antérieure renflée ou globuleuse,
laissant, entre le thorax et son bord antérieur et externe,
une ouverture tympanique souvent large, en dehors de
laquel se trouve, près de ce même bord, le premier stigmate
abdominal.

Première famille. LITHOSIDES

Tête assez grosse, yeux grands, saillants, stemmates très-
petits ou nuls, peu élevés, palpes le plus souvent petits,
écartés l'un de l'autre, antennes sétiformes, ciliées ou un peu
dentées, non pectinées [**], spiritrompe variable, parfois assez

---

[*] Chez les Glaucopides que nous considérons comme faisant partie de
cette tribu, les nervures sont modifiées, de sorte que la première des inférieures absorbe la deuxième, qui disparaît souvent entièrement ; la forme
renflée de la division latérale du premier arceau supérieur, l'ouverture tympanique, la largeur de la pièce pédiculée du métasternum, en font de véritables
Chéloniens.

[**] Ces caractères ne s'appliquent qu'aux espèces européennes, car il y a
certainement des exceptions : antennes pectinées qu'on ne peut éloigner des

longue, grêle; pronotus formé de deux plis assez larges, déprimés dans leur milieu; scapules longues, étroites, à peine
dilatées à la base, très-obtuses au sommet; mésothorax assez
court, ayant le scutellum grand, long, presque subcordiforme;
métathorax ayant son scutum allongé sur les côtés, son scutellum très-étroit, pièce pectorale très-large, envahissant une
grande partie du flanc; pattes grandes avec les tibias antérieurs plus courts que leurs cuisses, ayant l'épiphyse toujours
plus courte qu'eux, les postérieurs munis d'éperons parfois
assez longs, les deux derniers un peu épaissis. Ailes grandes,
les supérieures le plus souvent étroites, les inférieures larges,
très-souvent pliées plusieurs fois sous les premières.

Abdomen assez mince dépassant peu les ailes, partie moyenne
du premier segment abdominal en dessus, plus longue que le
deuxième, membraneuse, la division latérale allongée, avec
la partie antérieure gibbeuse, formant une sorte de coque,
laissant sur le côté une ouverture plus ou moins large,
deuxième segment très-large sur les côtés et en dessous.

Crâne un peu rétréci en avant du front qui est peu saillant,
uni, ne formant pas d'enfoncement profond à son union avec
le vertex, celui-ci peu saillant, plus étroit que l'occiput dont
il est séparé par une ligne enfoncée, premier article des
antennes variable, peu renflé, parfois très-long, ayant un nœud
articulaire qui simule un article; côtés du scutum du métathorax ayant la marge antérieure saillante, pulvérulente,
presque bifide en dehors, la partie moyenne déclive ou excavée,
dilatée postérieurement; pièces génitales mâles, ayant beaucoup
de rapports entre elles, dans les différentes espèces, dernier

Lithosides, d'ailleurs elles semblent se lier aussi par certains rapports, aux
Glaucopides. Au reste les Chalcosiens exotiques sont très-nombreux, s'unissent aux Crépusculaires d'une manière inséparable; ils présentent des formes
tellement variées que, si l'on négligeait les caractères organiques, on pourrait
facilement en disperser quelques-uns dans plusieurs autres tribus ou
familles.

segment (septième) abdominal assez long, laissant voir le stylet,
et parfois, la base sur laquelle il s'articule et qui paraît, le
plus souvent, formée de deux lobes réunis en triangle, auxquels s'en ajoute deux autres plus petits, du centre desquels
part le stylet; celui-ci recourbé, plus ou moins dilaté, comprimé sur les côtés, aigu, pince large, souvent très-allongée,
en partie membraneuse, ayant ses bords plus épais, écailleux,
dont l'inférieur divisé vers le sommet et parfois dès la base,
ou sur sa longueur, en un style aigu, fortement échancrée en
dessous, ou bilobée au sommet.

Abdomen dénudé, de diverses espèces, présentant des taches
et une sorte de dessin, sans rapports avec la coloration produite
par les écailles.

Nervures offrant des anomalies, et plusieurs rameaux disparaissant malgré la largeur des ailes inférieures, qui sont
repliées souvent quatre à cinq fois sous les premières
(*L. unita*) pendant le repos; celles-ci étant étroites et un peu
roulées, l'insecte présente, parfois, une forme linéaire.

Elles ont un vol peu soutenu, et qui ne s'exerce parfois que
pour changer de place; quelques-unes volent le soir, mais
d'autres aussi à la chaleur du soleil comme la *Palleola* pour
pomper le suc de certaines fleurs (*Eryngium*), sur lesquelles
elles restent posées, mais marchant, et s'envolant à la moindre
commotion [*].

Chenilles ayant des groupes élevés de petits tubercules pilifères, tantôt en forme de petites touffes, tantôt avec de longs
poils souvent hérissés, parfois mélangés d'autres un peu en
massue et velus vers le sommet (*Mesomella*), placés circulairement sur la plupart des segments dont quatre en dessus en
double rangée, stigmates très-petits; vivant surtout de
lichens, mais plusieurs s'accommodant ou préférant d'autres
végétaux et semblant polyphages (*L. palleola, complana, caniola*), mangeant très-lentement, vivant pendant l'hiver et

---

[*] Nous avons rencontré ainsi, en absolutant la *Palleola*, Hubner.

une partie du printemps, mais parfois prolongeant leur existence, à l'état de chenille, jusqu'à la fin de l'été (*L. complana, caniola*); formant une coque très-légère ou presque nulle, produisant une chrysalide oblongue, obtuse, lisse, sans soies crochues, à segments abdominaux peu ou pas mobiles.

Insecte paraissant en été et parfois en automne.

Aux genres déjà faits dans cette famille, nous en ajouterons deux autres[*].

GENRE NUDARIA [**], *Stephens.*

Tête assez grosse, yeux saillants arrondis, antennes sétiformes épaisses, crénelées, ciliées après la base, premier article épais

---

[*] Celui de *Trichota* pour la *Mundana* qui diffère beaucoup de la *Morina*, et celui d'*Eccrita* pour la *Mesomella*, qu'il valait mieux laisser dans le genre *Lithosia*, que de la réunir aux *Setina*, comme l'ont fait à tort, MM. H. Schæffer et Lederer. Nous rejetons des Cheloniens le genre *Nola*, que les auteurs précédents ont placé près du genre *Nudaria*; les rapports qui semblent exister dans les nervures, les palpes (*Sexer*), le premier article des antennes, nous semblent de peu de valeur, si l'on considère l'organisation générale et l'aspect complétement différent des espèces composant ce genre.

[**] Les caractères que nous donnons de ce genre concernent surtout la *Mundana*; les trois espèces qui en ont fait partie jusqu'ici présentant des différences caractéristiques notables; la *Mundana* surtout diffère plus de la *Morina* que plusieurs des autres genres des Lithosides entre eux; nous la séparons sous le nom de *Trichota*, d'après les caractères suivants : front et vertex couverts d'une touffe de poils, premier article des antennes très-long, non renflé, cylindrique, garni de poils épais en touffes saillantes, celles-ci crénelées et ciliées seulement chez les mâles, palpes petits n'atteignant pas le front, ayant le premier article assez épais le plus long, le second grêle, plus court, le troisième un peu plus court, un peu pointu, spiritrompe assez forte, yeux saillants, petits, surtout chez la femelle; les deux pièces prothoraciques petites, luisantes; pièce pectorale du métathorax très-large, et l'épimère assez épais; éperons des tibias postérieurs assez longs; ailes larges, aréoles des supérieures non-jointes, dépassant les deux tiers de l'aile, deuxième nervure donnant trois rameaux, dont le dernier bifide vers le sommet; la troisième ayant quatre rameaux dont le dernier au milieu de la nervule; aréole des inférieures allant jusqu'aux deux tiers de l'aile, deuxième nervure bifide

assez grand, palpes presque aigus, non redressés, dirigés en avant, dépassant la tête avec l'article moyen au moins aussi long que les deux autres, spiritrompe et stemmates nuls; prothorax peu épais, n'ayant que deux pièces en dessus, étroites, distantes; mésothorax court, scapules courtes; pattes assez épaisses, les postérieures ayant deux paires d'éperons épais, presque obtus, épiphyse atteignant presque l'extrémité du tibia; ailes larges, non pliées ni roulées, les supérieures ayant le bord costal dilaté et l'aréole longue, deuxième nervure n'envoyant pas de rameau à la première, produisant quatre rameaux dont le troisième bifide, épaissi, avant l'angle antérieur de l'aréole, en un espèce de nœud qui crispe un peu l'aile autour de lui, troisième nervure ayant quatre rameaux dont le premier éloigné des autres, ceux-ci distants les uns des autres et le quatrième partant du milieu de la nervule (nervulaire); aréole des inférieures un peu moins longue qu'aux supérieures, la deuxième nervure se divisant après elle, la troisième fournissant quatre rameaux, dont le premier très-éloigné, les deux autres partant de l'angle postérieur de l'aréole, la quatrième avant le milieu de la nervule (nervulaire), celle-ci formant un angle rentrant prononcé où elle disparaît presque.

Abdomen mince, division latérale du premier segment en dessus, renflée, n'offrant pas d'ouverture sensible.

Crâne assez large, ayant le front abaissé, un peu bombé surtout au-dessus de la bouche, vertex séparé du front, à peu près aussi long que l'occiput dont il est distinctement séparé; côtés du métathorax larges, la partie antérieure saillante renflée, bilobée en dehors, pièce pectorale très-large un peu renflée, marquée de stries assez fortes et d'autres très-fines;

à l'extrémité, troisième ayant quatre rameaux dont, le nervulaire, placé avant le milieu de la nervule ; pièce génitale très-longue avec le stylet très-allongé, courbé, peu dilaté et la partie basilaire grande - la *Trichota mundana* paraît avoir à peu près les mêmes mœurs que la *Marina*.

épimère un peu renflé à sa base et saillant; pince génitale
assez large, en partie membraneuse, bilobée, avec le lobe
inférieur terminé en pointe aiguë; partie antérieure du dessus
du premier segment étroite en avant, avec la division laterale
grande, n'ayant pas en avant une partie saillante en forme de
coque, deuxième segment un peu dilaté sur le côté.

Les ailes sont molles avec les nervures grêles, peu solides,
leur membrane, finement plissée, est chargée d'écailles peu
serrées, disposées sans ordre, le frein est assez long, et la
lanière large un peu allongée, avancée sous l'aile à cause de
l'éloignement de la première nervure en cet endroit, et de la
dilatation du bord antérieur un peu renflé en nervure ; [*] ce
genre, ceux de *Trichota* et *Calligenia*, ont des rapports avec
les *Setina*.

[*] M. H. Schæffer avait réuni la *Rosea* à ce genre, mais Duponchel l'en a
séparée avec raison, sous le nom de *Calligenia*; voici ses caractères : palpes,
grêles, redressés, dépassant la base de la trompe, ayant le premier article un
peu renflé, un peu plus long que le suivant qui est plus mince, troisième très-
petit, presque conique, à peine distinct du précédent à son articulation, spi-
trompe méliœre, antennes à cils longs chez le mâle avec le premier article
assez grand, un peu renflé en avant, stemmates nuls, plis du prothorax
en dessus, étroits, allongés, distants, mésothorax, court, rétréci en
arrière, scapules assez larges obtuses, dépassant un peu l'attache des premières ailes ; pattes fortes, épiphyse ne dépassant pas les deux tiers du tibia, éperons assez longs et aigus chez le mâle, le dernier article des tarses un
peu épaissi par des poils, avec une très-petite denteiure aux ongiets ; ailes
assez grandes avec le bord costal un peu dilaté, deuxième nervure des antérieures n'envoyant pas de rameau à la première, fournissant quatre rameaux
dont le troisième est trifide; troisième fournissant quatre rameaux qui, à
partir du premier, se rapprochent les uns des autres, le dernier s'avançant un
peu sur la nervule ; deuxième nervure des postérieures naissant avec la première d'un tronc commun qui se prolonge presque jusqu'à l'angle antérieur
de l'aréole, devenant bifide bien après cet angle, troisième fournissant quatre
rameaux, dont les trois derniers presque réunis à l'angle postérieur de l'aréole ;
pièce pectorale grande, finement striée ; premier segment de l'abdomen ayant,
en dessus, sa partie moyenne triangulaire, avec la division latérale grande,
non saillante en avant, où elle ne laisse pas d'ouverture bien sensible, mais

NUDARIA MURINA, *Esper*.

L'individu trouvé dans les environs de Grenade est très-grand avec les stries de points noirs très-marquées.

La chenille d'un gris pâle comme un peu transparent, présente des taches jaunes et obscures avec des rangées de tubercules chargés de longs poils blanchâtres, un peu roussâtres; elle vit en société dans le jeune âge, et se trouve au pied des vieux murs et parmi les tas de pierres.

GENRE **LITHOSIA** [1], *fabricius*.

Palpes courts n'atteignant pas toujours la base de la spiritrompe, garnis en dessous d'écailles allongées qui les font paraître comprimés, dont le premier article grand, le second moins long, le troisième presque nul ou n'étant pas distinct du précédent, antennes ciliées [2], *parfois denticulées, spiritrompe*

---

un petit espace entre elle et le sommet de la partie moyenne; pinces génitales des mâles, allongées, dilatées et trifides au sommet, dont le bord inférieur se dégage en forme d'épine, le supérieur en une partie un peu dilatée, et le centre en un lobe large et membraneux, stylet court et pointu. La *Callipania rosea* se place près du genre *Nudaria* avec lequel elle a le plus de rapports; la chenille est couverte de poils longs et touffus.

[1] Ce genre, dont la plupart des autres sont des démembrements, présente les principaux caractères de la famille; il aurait pu comprendre sans inconvénients presque tous les autres, mais dès qu'on a essayé de le scinder, on s'est trouvé dans la nécessité de multiplier les coupes génériques qui se trouvent basées surtout, sur la disposition très-variable des nervures et de leurs rameaux; ces variations se rencontrent souvent un peu chez les espèces d'un même genre, et les deux mêmes ailes ne sont pas toujours identiques; la petite aréole accessoire qui peut se montrer et disparaître dans la même espèce, est à peu près constante chez les *L. complana, palleola, flaveola, cereola*, mais se voit rarement chez l'*Helveola*, H. la *Caniola*.

[2] Elles ont des cils de deux sortes, les uns petits et nombreux, couvrent la partie inférieure de l'antenne, les autres plus grands sont disposés par paires sur chaque article.

*assez longue, yeux gros, stemmates presque nuls; pattes lon-
gues, épiphyses dépassant à peine les deux tiers du tibia, onglets
ayant une dentelure à peine sensible; ailes supérieures longues,
étroites, avec le bord costal non dilaté, épaissi en nervure,
deuxième nervure envoyant son premier rameau à la première,
fournissant trois autres rameaux, le second et le troisième
produisant souvent entre eux, une aréole accessoire, celui-ci
trifide vers le sommet, s'unissant parfois en un tronc, court
et commun avec le quatrième (Lurideola), d'autres fois distants l'un de l'autre (Aureola), troisième nervure n'ayant que
deux rameaux, dont le premier éloigné du côté de la base, et
le second bifide bien après la nervule, celle-ci bornant l'aréole
après le milieu de l'aile et formant antérieurement un angle
en dehors, assez sensible (Complana), ou court, non aigu
(Helveola), puis un autre léger en dedans, tantôt visible dans
sa longueur (Complana), tantôt seulement à sa partie antérieure (Lurideola); inférieures très-larges, un peu plissées en
éventail sous les supérieures qu'elles ne dépassent pas pendant
le repos, leur seconde nervure bifurquée après la nervule,
troisième n'ayant que deux rameaux dont le second bifide bien
après la nervule ou vers la marge* ; premier arceau supérieur
abdominal très-long et très-étroit en avant, dans sa partie
moyenne, septième segment cachant le huitième qui n'est pas
visible chez les mâles.*

Crâne ayant le front un peu bombé, rétréci en avant,
séparé du vertex par une petite impression linéaire, celui-ci
un peu élevé, ayant à son angle postérieur un très-petit
stemmate, presque opaque, un peu plus large que l'occiput,
dont une petite rainure le distingue, premier article des an-

---

* Les deux ramuscules du deuxième rameau, représentent les deuxième
et troisième rameaux; ce troisième, lorsqu'il devient bifide, dans d'autres
genres, fournit alors le ramuscule représentant du quatrième rameau ou le
nervulaire qui, après avoir abandonné la nervule où il se trouvait chez la *Nud
marina*, devient ramuscule chez la *Gynophria rubricollis* et l'*Ecnina mesomella*,
et enfin disparaît complétement dans le genre *Lithosia*.

tennes, peu long, dilaté d'avant en arrière, fosse labiale profonde, remplie par une trompe assez longue et large, avec des palpes cylindriques, un peu dilatés par en bas, dont le premier article deux fois long comme les suivants, qui ne semblent faire qu'un seul article épaissi et obtus au sommet; pièces prothoraciques assez larges, déprimées dans leur milieu; notus du mésothorax ayant le scutum court avec les angles postérieurs tronqués, le scutellum très-grand, presque aussi long que lui; scapules grandes, très-obtuses, presque d'égale largeur après leur base, atteignant l'attache des secondes ailes; côtés du notus du métathorax ayant leur partie antérieure élevée, pulvérulente, un peu bilobée en dehors, déprimés, un peu excavés dans leur partie moyenne avec le bord postérieur, qui se continue dans l'attache de l'aile, un peu dilaté, mais ne formant pas un cuilleron sensible; pattes longues, assez grêles, épiphyse ne dépassant pas les deux tiers du tibia ou à peu près; hanches et épimères allongés; pièce pectorale du métathorax grande, longue, un peu striée, le scutellum assez long, très-étroit; premier segment abdominal en dessus très-long, membraneux avec sa partie moyenne plus étroite que le scutellum en avant, sa division externe ou latérale rétrécie en arrière, saillante et arrondie en coque en avant, où elle aide à former surtout en côté, une assez large couverture tympanique, et laisse à découvert une certaine partie postérieure du métathorax, septième chez le mâle, cachant presque ou entièrement le huitième, long, coupé verticalement, laissant saillir les pièces génitales, stylet presque toujours en forme de lame de couteau, très-aigu, placé entre l'extrémité des branches de la pince, qui ont une forme plus ou moins ovale et dont le bord inférieur épaissi, se détache parfois dès le milieu ou plus près de la base, en un style courbé, aigu, d'autres fois à peine sensible ou nul, ou rendant seulement la branche mucronée; partie vulvaire de la femelle saillante comprimée, conoïde [*]

---

[*] M. Guenée, dans un mémoire intitulé : *Étude sur le genre Lithosie* (Ann. Soc. Ent. fr 1861, p. 39), passe en revue toutes les espèces dont il

Les Lithosies ont les ailes supérieures luisantes et un aspect soyeux, comme perlé; les poils qui couvrent le scapus produisent une petite saillie au côté.

éclaircit la synonymie, et fixe d'une manière plus rigoureuse la spécialité; il rétablit avec raison pour l'*Aureola* d'Hübner, le nom d'*Unita* donné anciennement à cette espèce, ce qui permet d'adopter sans crainte de contestation, le nom de *Palleola* du même auteur, basé sur une assez bonne figure. Nous pensons, comme nous le disons dans notre travail, qui était alors terminé, que la *Pallifrons*, dont M. Guenée paraît douter comme espèce, ainsi que la *Pygmaeola* ne sont que des variétés de la *Luteola* Syst. Verz. M. Guenée pense à tort que cette espèce est rare en France, nous croyons qu'elle y est assez commune, puisque nous y avons recueilli les nombreux individus que nous possédons; il en est de même de la *Palleola* que nous décrivons plus loin, laquelle est abondante sur les collines arides de la Touraine et du Poitou, et qui de même que la *Caniola*, doit habiter toute la France, mais seulement dans des localités particulières; nous n'avons pas rencontré la variété *Pectreola* de cet auteur. Quant à celle qu'il nomme *Arundineta*, pour laquelle il désigne une très-mauvaise figure de Duponchel, faite sur un individu, sans doute usé de la *Palleola* de Touraine, que nous lui avons jadis prêté, elle nous paraît une variété bien peu tranchée; d'après ce que dit Duponchel, nous ne doutons pas que ce soit en chenille qu'il ait reçue de Chartres. Contre l'opinion de M. Guenée, la *Plumbeola* d'Hübner nous paraissant douteuse, nous lui préférons le nom de *Lurideola* Zinken; comme nous l'exprimons plus bas, si le nom de *Complanula* eut été conservé, il aurait fallu écrire *Complanula*, Duponchel, et non Boisduval, ce dernier ayant fait une description idéale, et qui s'est trouvée complètement fausse, sans avoir vu l'insecte, mais seulement la chenille, que nous avions découverte; cette chenille n'a pas comme l'avance M. Guenée, tout à fait les mêmes mœurs que celle de la *Complana*; on ne la trouve que dans les lieux couverts, les bois, les futaies où elle vit sur les troncs et les branches des chênes, d'où par un temps pluvieux, on peut la faire tomber en grand nombre, sans y trouver sa congénère; elle s'avance moins dans le centre et le midi. La *Deplana* d'Esper paraissant aussi douteuse, nous lui préférons celui de *Depressa*, qui représente avec certitude la femelle de l'*Helvola*, H. (et non *Helveola*, qui exprime une nuance différente); pour la *Cereola*, nous ne pouvons être de l'avis de notre savant collègue qui lui trouve les plus grands rapports avec les *Setina*, nous croyons que par ses caractères, elle est une des lithosies qui s'en rapproche le moins. M. Guenée a aussi remarqué, dans le genre *Setina*, le grand développement au métathorax de la pièce que nous appelons *pectorale* (partie du *sternum* d'Audouin), d'abord

4. LITHOSIA BIPUNCTA. *Hübner.*

Hübn. Bomb. Tab. 68, Fig. 286, 287.

Pallens; alis anticis cinereo-subroseo-violaceis punctis duobus mediis, uno costali, altero ante marginem posticum, limbo costali tenue margineque posticarum et corpore flavidis; posticis pallidis, subflavicantibus.

D'après la forme des palpes, les nervures, etc., cette espèce s'éloigne beaucoup de la *Quadra* *, pour une variété de

observée chez la *C. Pudica*, par Devilliers, et que M. Goureau pense à tort être une dépendance de la hanche ; elle en est parfaitement distincte, ainsi que de l'épimère, mais dans ce cas, elle se développe aux dépens de ces deux pièces qui, alors sont beaucoup plus courtes ; elle absorbe même complétement celle que nous appelons sous-axillaire, couvrant le même espace qui serait assez grand, comme on peut le voir au mésothorax.

* M. Lederer la sépare avec raison sous le nom d'*Œonestis* d'Hübner, genre dont les caractères suivants prouvent la nécessité : Tête médiocre, palpes assez longs, courbés an-devant du front avec le premier article grand, épais, le second plus court, grêle, le troisième très-court, globuleux, obtus, distinct du précédent, spiritrompe assez longue, antennes ciliées, subdenticulées chez le mâle, premier article court, ayant un nœud articulairebien sensible, occiput plus étroit que le vertex, en partie caché par les pièces prothoraciques ; prothorax ayant en-dessus deux pièces grandes, épaisses, bombées ; scapules grandes, allongées ; pattes fortes, épiphyse ne dépassant pas les deux tiers du tibia, onglets ayant une dentelure ; aréoles formant dans leur milieu un angle rentrant très-prononcé, occupant les deux tiers de l'aile aux supérieures, dont la deuxième nervure n'envoie pas de rameau à la première et forme une aréole accessoire constante, produisant quatre rameaux dont le premier peu éloigné, le troisième trifide après l'aréole accessoire ; troisième nervure ayant quatre rameaux, dont le premier très-éloigné, les trois autres partant de l'angle postérieur de l'aréole ; aréole des inférieures fermée par une nervule complétement libre de tout rameau, ne dépassant pas le milieu de l'aile, avec la deuxième nervure bifide peu après, troisième n'ayant que deux rameaux, dont le second bifide après l'aréole, ailes pliées comme chez les Lithosies ; pièce pectorale très-large, courte, non striée ; partie moyenne du premier

laquelle on l'avait prise, et nous paraît devoir se placer dans le genre *Lithosia*.

De la taille de la *Muscerda* à laquelle elle ressemble un peu; ailes supérieures, en dessus, d'un cendré livide avec un

---

segment abdominal en dessus, allongée, membraneuse, rétrécie en avant, division latérale peu saillante en avant, rétrécie en arrière, laissant une ouverture assez grande, pièce longue, divisée en un grand style épais, surcroué, dépassant l'autre portion qui est oblongue, en partie membraneuse, terminée en pointe un peu obtuse, stylet rétréci après la base, puis épaissi, prismatique, courbé, aigu; dernier segment chez la femelle, long, dilaté, gibbeux à la base, un peu évasé à l'extrémité. La chenille est figurée par Sepp et citée par Godart, comme mangeant des feuilles d'arbre, ce qui a été considéré, nous croyons à tort, comme une erreur; elle vit plus souvent de *lichens*.

M. H. Schæffer réunit à l'*Œnestis quadra* la *Rubricollis* que Stephens distingue sous le nom de *Gnophria*, et dont voici les caractères: tête assez large avec des yeux saillants, stemmates sensibles, palpes dépassant un peu le front, assez épais, non recourbés ni redressés, avec le premier article plus épais et plus long que le suivant, le troisième petit, mais bien distinct, spiritrompe longue, antennes cylindriques, sans villosité en dessous, ayant des cils très-courts avec le premier article court; pièces du pronotus allongées, assez larges, un peu déprimées; scapules de la longueur du scutum, presque d'égale largeur après leur base, très-obtuses; hanches antérieures épaisses, pattes assez fortes, leurs onglets ayant une petite dentelure; pièce pectorale du métapectus très-grande (moins que dans le genre *Setina*), renflée en arrière, striée; division latérale du premier arceau supérieur de l'abdomen, renflée en forme de coque, laissant une assez large ouverture; seconde nervure des supérieures formant une aréole accessoire et fournissant quatre rameaux, dont le troisième trifide; troisième nervure ayant quatre rameaux, dont les deux derniers partent de l'angle de l'aréole; seconde aux inférieures bifide après l'aréole, troisième donnant trois rameaux, dont le troisième bifide après l'aréole; septième segment abdominal du mâle, laissant voir le huitième, le même chez la femelle, ayant l'arceau supérieur beaucoup plus long que l'inférieur; pièce du radie ressemblant à celle de la *L. griseola*, ayant en arrière et en dessus, une large échancrure terminée à ses deux extrémités par une pointe aiguë, stylet mêle, long, courbé. Chez la *Gnophria rubicollis*, les ailes supérieures sont médiocrement larges et les inférieures un peu plus petites que chez les *Lithosia*; nous n'avons point trouvé cette espèce en Andalousie, ni la *Mesogona* de Godart, avec laquelle M. H. Schæffer a formé le genre *Paidia* et qui présente les caractères suivants: palpes avancés, non redressés, éloignés du front qu'ils ne dépassent pas, avec le pre-

reflet un peu rosé, marquées de deux points, dont le premier
à peu près sur le milieu du bord costal, et le deuxième un
peu moins gros, placé à l'opposé du premier, un peu avant la
marge postérieure, et de deux ou trois atomes, à prine
sensibles, près de la nervule; noirs; bord costal finement
jaune.

Inférieures d'un jaunâtre très-pâle des deux côtés, avec
le bord antérieur jaune; dessous des supérieures d'un jaunâtre obscur, plus vif sur la marge antérieure et sur les
nervures.

Tête jaune, ainsi que la base des antennes, palpes très-
courts, jaunes, noirâtres au sommet, qui est pointu, et ne

---

nier article plus grand que le suivant, le dernier petit, spiritrompe petite ou
incomplète, antennes ciliées, ayant le scapus assez grand et épais, fortement
couvert d'écailles qui forment une touffe en avant; pièces du prothorax petites,
épaisses, distantes l'une de l'autre; scapules rondes, très-obtuses, ne dépassant pas la moitié de l'attache de l'aile, non dilatées, presque de la même
largeur dans leur longueur; pattes bonnes, ayant des éperons assez grands,
épiphyse ne dépassant guère la moitié du tibia; plaque pectorale du métapectus assez grande, avec le scutellum du même nom, arrondi à peine
allongé; division latérale du premier anneau supérieur de l'abdomen peu
saillante en avant, formant une ouverture étroite, septième segment laissant
voir une partie notable du huitième chez le mâle; ailes assez larges, les inférieures peu plissées; bord costal des supérieures un peu dilaté, deuxième
nervure envoyant un rameau à la première, qui ne fait que la toucher sans
s'y perdre, ayant trois autres rameaux dans l'espace entre eux, le troisième
trifide, troisième nervure donnant trois rameaux dont le deuxième bifide
après l'aréole; nervure formant un angle rentrant presque; inférieures
courtes, arrondies, leur seconde nervure ayant un long rameau court, ni-
fide après l'aréole, troisième fournissant deux rameaux dont le second bifide
après l'aréole, le premier peu plissant.

Nous avons publié (Ann. Soc. Ent. Fr. 1872, p. 71, pl. 3, fig. 12) sous le
nom de *Rafenia*, une espèce que plusieurs auteurs ont regardée comme une
variété de la *Paidia mesogona*, mais que nous croyons distincte; elle en diffère par les ailes supérieures plus étroites, plus allongées au sommet et qui
sont d'un gris pâle un peu roussâtre, saupées d'écailles noirâtres avec la série
ponctuée plus oblique, dont la partie moyenne en dehors, forme un angle
plus saillant, plus aigu; par les inférieures qui sont d'un blanchâtre un peu
livide et jaunâtre des deux côtés; par les antennes dont les cils sont plus
longs, les yeux notablement plus gros; par les pattes plus grêles avec les éperons sensiblement plus longs, d'après deux mâles semblables pris en Corse.
Ce genre doit se placer avant les Lithosies.

dépasse pas la base de la trompe, celle-ci médiocre, blanchâtre; thorax d'un gris jaunâtre ou roussâtre; abdomen d'un jaune-roussâtre avec l'extrémité fauve; pattes assez courtes jaunes, ayant les tibias et les tarses antérieures, l'extrémité des autres tibias, et une partie des tarses d'un brun-violacé luisant.

Première nervure ne formant pas d'aréole accessoire aux supérieures, deuxième, envoyant son premier rameau à la première qu'il atteint à peu près sous le point noir costal, le second arrivant à la côte avant l'extrémité, nervule naissant du même point que lui, et formant un zigzag avant d'atteindre la troisième nervure, en produisant en avant un angle externe obtus, très-saillant, puis un autre rentrant postérieur; de l'angle externe partent trois autres rameaux se rendant au sommet, où, le premier devient bifide, celui-ci et le second naissant d'un tronc commun très-court, troisième nervure ne fournissant que deux rameaux dont le second se bifurque vers la marge externe.

Pièce pectorale du métathorax n'étant pas très-dilatée, déprimée au milieu, renflée postérieurement; dernier segment abdominal renflé en bourrelet dans sa partie supérieure.

D'après un individu femelle détérioré, rapporté d'Andalousie par M. Staudinger.

2. LITHOSIA CANIOLA, *Hübner.*

Hubn. Bomb. Tab. 51, Fig. 220.
Boisd. Icon. Hist. Pl. 57, Fig. 6, et 10, *Vitellina* [1].
— — — Pl. 58, Fig. 4, *Lacteola.*
Guen. Ann. Soc. Ent. Fr. 1861, p. 48, n. 10, *Caniola.*

La figure d'Hübner donne une fausse idée de la coupe des

---

[1] Ce ne peut être que la *Caniola*, qui est figurée par M. Boisduval pour la

ailes supérieures de cette espèce dont le bord est costal elliptique et le postérieur avide en dehors; quoique assez facile à reconnaître d'habitude, elle peut cependant se modifier de manière à pouvoir se confondre avec des variétés de *Complana*, et surtout de *Lurideola*, Zinken [*].

Dessus des ailes supérieures et corps d'une teinte ardoisée très-pâle avec le bord costal finement jaune ou fauve, souvent un peu brun à la base, en avant, précédé d'une éclaircie blanchâtre, ou d'un blanc-jaunâtre, rétrécie en dehors, plus ou moins sensible ou nulle, mais parfois formant avec le liseré costal une bande presque comme chez la *Lurideola*; inférieures d'un blanchâtre pâle un peu plombé avec la marge antérieure d'un brunâtre souvent insensible; couleurs obscures du dessus se reproduisant plus foncées en dessous,

---

femelle de sa *Vitellina*, et encore cette dernière n'est-elle qu'une *Lutеola*, espèce qui est très-variable; nous la possédons de Corse, avec les ailes inférieures presque entièrement d'un jaunâtre pâle ainsi que le front, c'est la variété *Vitellina*; nous l'avons reçue de M. Lederer, de Vienne, sous le nom de *Pallifrons*, Zeller, et ayant les ailes supérieures blanchâtres en dessus, mais noirâtres en dessous, ainsi que les inférieures dans leur partie antérieure, qui est aussi obscure en dessus.

[*] MM. H. Schæffer et Lederer pensent que la *Plumbeola* d'Hübner, est cette espèce, sans doute d'après la sainte teinte de l'abdomen et des ailes supérieures, mais la bordure costale, d'égale largeur partout, pourrait aussi faire croire que c'est la *Complana*; comment supposer qu'Hübner n'eût pas figuré l'espèce la plus commune? On sait qu'il avait l'habitude d'outrer les couleurs; du reste, cette figure rend mieux la *Complana* que celle de la *Caniola* ne rend l'espèce que nous la supposons représenter; je crois que dans le doute il vaut mieux appliquer le nom de *Lurideola*; quant à celui de *Complanula* par lequel M. Boisduval a sans doute voulu désigner cette espèce, il ne peut être sérieux et doit être annihilé; ce qu'il en dit et la description même qu'il en donne, prouvent assez qu'il ne l'avait pas vue, mais seulement la chenille; c'est ainsi qu'il suppose que ses ailes sont plus étroites que celles de la *Complana*, tandis que c'est le contraire qui existe; il en est de même pour la ressemblance imaginaire qu'il leur suppose.

laissant aux premières une partie externe et aux secondes le bord antérieur, jaunâtres, franges blanches, parfois légèrement bordées de jaunâtre dont on voit une légère teinte sur les inférieures; tête, notus du prothorax et une petite portion humérale des scapules d'un jaune d'ocre foncé, reste du corps et abdomen d'un gris un peu ardoisé avec la partie anale jaune ou jaunâtre; pattes d'un jaune-fauve nuancées d'une teinte plombée.

Les individus des pays chauds sont parfois très-pâles avec la bordure costale peu sensible, comme ceux d'Espagne et de Corse *, d'autres, au contraire, sont d'une teinte plus obscure avec une bordure costale assez large et assez vive; elle pourrait alors être confondue avec les espèces citées plus haut.

Elle se distingue de suite de la *Complana*, par son bord costal dilaté au milieu, ce qui le rend elliptique, bord qui est nu en dessous, tandis qu'il est chargé d'écailles chez le mâle de la *Complana* de manière à simuler un pli de l'aile, par l'absence de l'aréole accessoire et par les inférieures qui sont à peine un peu jaunâtres; de la *Lurideola*, en ce que le bord costal de celle-ci est plutôt tronqué en dehors qu'elliptique, et dont la marge externe, jaune en dessous, reste plus large et le bord postérieur non évidé; par les ailes inférieures et l'extrémité abdominale moins jaunes.

C'est une des espèces dont certains individus, comme chez la *palleola*, peuvent se prolonger assez longtemps à l'état de larve, pour que l'insecte ne paraisse qu'en septembre.

Habite toute la France, commune, surtout, dans le centre

---

* Nous y réunissons la *Lucteola* de M. Boisduval, nommée d'après un individu femelle en mauvais état, que nous possédons, et qui ne diffère en rien de plusieurs autres individus très-pâles, qu'on ne doit pas la confondre avec notre *Cniola*

et le midi; larve vivant sur les *lichens* des toits, des murailles, des pierres; insecte paraissant en juillet. Nous l'avons rencontré à St. Malo.

3. LITHOSIA UNIOLA [*], *Nobis*.

Alis supra albido-submargaritaceis, anticis parteque antica posticarum pallide sublividis, prioribus subtus, margine externo excepto, secundisque antice fuscantibus: capite collari, anoque flavidis.

Elle ressemble extrêmement à la *Caniola*, mais elle est distincte; ses ailes ont à peu près la même forme. D'une couleur blanchâtre brillante, ou d'une teinte perlée surtout aux premières qui ont, en outre, une nuance livide à peine sensible, cette nuance se voit sur la partie antérieure des secondes où elle se fond avec leur teinte qui devient ensuite laiteuse, ou d'un blanc perlé, moins brillant qu'aux premières, bord antérieur restant finement blanchâtre, franges blanchâtres avec un reflet blanc-laiteux; bord costal des premières, finement jaunâtre; dessous de celles-ci, brun-livide un peu rayonné en dehors, avec la marge externe et en partie les bords blanchâtres; marge antérieure des secondes en dessous, ayant la même teinte, puis blanchâtre; tête et premier article des antennes d'un jaunâtre ocreux, celles-ci d'un jaunâtre un peu obscur, palpes très-courts, jaunes; prothorax jaunâtre en dessus, un peu plus jaune en avant, reste du thorax d'un cendré jaunâtre; pattes nuancées de jaunâtre et de cendré; poitrine et abdomen d'un blanc-cendré, extrémité de celui-ci jaunâtre.

Les parties génitales externes diffèrent essentiellement de celles de la *Caniola*, qui est la seule ayant les branches de la

---

[*] *D'unio, perlé.*

pince entières, avec les côtés saillants, épaissis, écailleux, un
peu pliés en dehors, terminés au sommet en une petite pointe
peu sensible, et le centre déprimé membraneux, le stylet
comprimé, très-élargi de haut en bas, terminé en pointe.
Chez l'*Uniola*, le bord inférieur des branches de la pince, se
sépare, avant le sommet, en un style en forme d'épine aiguë,
contournée en dedans, ne s'élevant pas au devant de la partie
supérieure qui est élargie, membraneuse, un peu arrondie au
sommet, le stylet est linéaire non élargi, mucrone.

Outre les caractères indiqués, cette espèce offre une aréole[*]
accessoire aux ailes supérieures, et le dernier rameau, de la
deuxième nervure, est éloigné du précédent presque comme
chez l'*Aureola*; ces ailes sont moins lisses que chez la *Caniola*
et les écailles plus grosses; aux inférieures, la nervule est
moins courbée en arc, avec la deuxième nervure divisée, bien
après, et moins fléchie en dedans. D'après quatre individus
semblables, dont deux ont été pris par M. Graslin aux environs de Grenade.

4. LITHOSIA SORDIDULA, Nobis.

*Alis anticis albido-sublividis, posticis livido-subrufescenti-
bus exterius et antice obscurioribus, omnibus infra fuscis, margine costali tenuiter, capite, abdomineque postice flavidis.*

Elle ressemble un peu à la *Caniola*, et surtout à la variété
Pallifrons[**] de la *Luteola*, mais elle est bien distincte. Les
ailes supérieures ont le bord costal moins elliptique que dans

---

[*] Caractère variable et peu important dans ce genre.

[**] Au premier abord, l'aspect blanchâtre de la *Pallifrons* de Zeller semble
la distinguer de la *Luteola*; mais ayant comparé les pièces génitales de plusieurs individus de la première, de la *Luteola*, et de la *Vitellina* de M. Boisduval, nous n'avons pu trouver de différences sensibles, quoiqu'il y en ait de
notables dans la coloration.

la première, et elles sont un peu plus étroites que chez la seconde.

Ailes antérieures d'un blanchâtre-livide brillant, très-légèrement jaunâtre ou roussâtre avec le bord costal finement
jaunâtre, brun à la base ; postérieures d'une teinte livide un
peu jaunâtre, plus obscure dans leur moitié antérieure, surtout
du côté externe ; dessous d'une teinte brune un peu livide,
rayonnée en dehors par les nervures aux supérieures, dont la
marge externe est blanchâtre, étroite et les deux bords jaunâtres avec l'antérieur brun à la base, couleur qui s'étend sur
la lanière ou gaîne du frein, plus pâle et jaunâtre dans la moitié postérieure aux inférieures où la teinte est un peu nuancée
en rayons ; franges blanches ; antennes et leur premier article blancs en dessus, tête et palpes jaunâtres, ceux-ci bruná-
tres au sommet ; thorax d'un gris-blanchâtre, un peu
brunâtre sur les scapules ; pattes d'un gris-jaunâtre, plus
obscures et d'un brun-livide en dessous et en avant ; abdomen d'un gris-blanchâtre, jaunâtre à l'extrémité.

D'après deux individus semblables, un peu plus petits que
la *Caniola*, rapportés d'Andalousie par M. Staudinger.

Les pièces génitales ressemblent à celles de la *Luteola*, mais
le bord inférieur des branches de la pince se détache moins
longuement en un style court, tourné en dedans, appliqué
contre les côtés de la pince qui est plus large ; le stylet est
bien moins dilaté, etc. Elle se distingue de suite par la teinte
pâle d'un brun-roussâtre de la partie externe des inférieures,
sans que la marge antérieure soit plus foncée, et par la partie
postérieure beaucoup moins pâle que chez la *Pallifrons* où elle
est blanchâtre ; elle se distingue aussi de la *Caniola* par la
forme des ailes supérieures.

3. LITHOSIA FLAVEOLA, *nobis.*

Cat. Syst. Lép. And. pl. I, fig. 3.

Flaveola ; alarum anticarum margine costali, capite, pal-

*thoraceque et pedibus pallide, abdomineque infra et postice
ochraceis, prioribus disco subtus fuscanti.*

Elle ressemble beaucoup à la *Palleola* [*], Hübner, et est
presque aussi grande; ses ailes supérieures paraissent un
peu plus étroites et un peu plus arrondies au sommet; elle en
diffère en ce que le bord costal des supérieures est d'une
couleur plus vive et rougeâtre et n'est pas noirâtre vers la base
et en dessous; en ce que la marge antérieure des inférieures
n'est pas brune ou brunâtre en dessus ni en dessous ainsi que
les pattes et les scapules. Les pièces génitales paraissent aussi
différer un peu, la pince est plus large, plus courte, son style
un peu plus court.

D'après quatre individus pris par MM. Graslin, Staudinger et nous.

Chenille ressemblant beaucoup à celle de la *Palleola* [**] et
vivant de la même manière dans les lieux arides et pierreux,

---

[*] La *Palleola*, B. et l'*Unita*, envoyée d'Allemagne, ne diffèrent pas sensiblement; quant à l'*Unita* d'Hübner, on ne peut être certain que ce soit bien la
même; sa couleur d'ocre sans apparence de bordure costale, la teinte uniforme
du thorax, celle de l'extrémité abdominale qui est pâle, tandis qu'elle devrait
être plus jaune que chez la précédente, donnant à penser qu'elle pourrait être
différente; c'est donc une espèce douteuse ou une figure inexacte; on envoie
aussi de Prusse, sous le nom d'*Arideola*, une espèce ou variété figurée par
H. Schæffer (fig. 52, 53), comme variété d'*Unita*; puis sous le nom d'*Arideola*
à représenter (57-9), des individus plus petits, qui n'en paraissent pas bien
distincts, surtout fig. 58-59. Malgré la couleur foncée de cette *Arideola*, elle ne
paraît être qu'une variété de la *Palleola*. Quant à la *Moroina* du même auteur,
qui est bien distincte des précédentes, nous ne la connaissons pas.

[**] La *Palleola* assez bien représentée par Hübner (fig. 22) (teinte mauvaise,)
se trouve communément en Touraine sur les collines arides, surtout
sur les côtes qui bordent la rive droite de la Loire, près de Tours,
dans les parties non cultivées qui sont sèches et rocheuses; elle diffère de
l'*Unita* envoyée d'Allemagne parce qu'elle est moins jaune et d'une teinte pâle
un peu jaunâtre et livide, peu différente sur les quatre ailes, un peu plus
jaunâtre sur la marge externe qui est légèrement bordée de jaune. Certains
individus sont parfois presque aussi jaunes que cette *Unita*, et d'autres fois
d'un jaunâtre ocreux très-pâle, un peu plus jaune aux inférieures et toutes un

où la terre est couverte de *lichen*, dont elle se nourrit, se tenant aussi, parfois comme elle, sur les brins d'herbe ou autres petites tiges, pour éviter l'ardeur brûlante du sol.

GENRE **SETINA**, *Schrank.*

Palpes grêles, petits, écartés l'un de l'autre, ne dépassant pas le front, non redressés, dirigés en avant, dont le premier

---

peu lavées de jaune sur la marge externe. Tête, prothorax, partie antérieure des scapules et bord costal des supérieures un peu brun à la base, en avant, d'une couleur d'ocre foncée, plus vive que chez l'autre; pattes jaunes, dont les antérieures nuancées de brun-livide; partie postérieure du ventre plus pâle en dessus, d'une teinte d'ocre moins foncée: marge antérieure des inférieures un peu obscurcie, jaunâtre sur le bord; dessus du ventre et antennes de la couleur des ailes.

Les mêmes teintes se reproduisent plus foncées en dessous, avec le disque brun des supérieures n'allant pas jusqu'à l'extrémité, et la partie brune des inférieures un peu rayonnée, plus large, plus marquée, milieu du ventre en dessus, scapules un peu déprimées au milieu, et notus du mésothorax parfois un peu obscurcis, franges blanchâtres un peu jaunâtres à la base. Pince génitale ovalaire, dont le bord inférieur épais se détache à l'extrémité ou un style court, aigu, tourné en dedans, stylet petit en forme de lame un peu trigone, dilaté de haut en bas, très-aigu. Nous n'avions pas trouvé la variété obscure d'Allemagne.

Chenille d'un gris-pâle ou cendré-blanchâtre, parfois jaunâtre, teinte qui est divisée par des lignes noires longitudinales sinueuses, entrecoupées, dont une dorsale interrompue sur la partie antérieure des segments et accompagnée, sur leur section, d'un petit trait en croissant; de chaque côté sur l'intervalle se voit antérieurement une tache jaune pâle assez large; l'espace qui vient après est d'une teinte un peu plus grise traversée par des linéaments noirs, la ligne qui sépare cet espace du suivant ou des côtés, s'élargit en petites touffes, ceux-ci sont marqués de louûres taches jaunes plutôt par paires, la ligne qui les borde, très-sinueuse, irrégulière passe par les stigmates qui sont peu visibles. La base des pattes, le bas et le dessous des segments sont marqués de linéaments noirs. Tête petite d'un roux-jaunâtre varié de noir et de blanchâtre; corps portant de gros tubercules inégaux, hérissés de poils gris blanchâtre peu longs, rugueux.

Vit jusque dans les mois de mai et juin et parfois plus tard. L'insecte se montre dès la fin de juin et en juillet.

article plus épais que le suivant, le dernier très-petit, peu distinct, spiritrompe petite ou incomplète, antennes ciliées, villeuses, presque crénelées, avec le scapus assez court, un peu renflé en arrière, stemmates insensibles, yeux saillants chez le mâle; pièces du pronotus assez larges, un peu renflées, rugueuses, inégales; scapules courtes peu rétrécies en arrière; thorax mince; pattes longues, épiphyse dépassant peu les deux tiers du tibia, éperons assez prononcés, onglets petits, n'ayant pas de dentelure sensible; pièce pectorale du métathorax extrêmement grande, renflée [*]; ailes assez larges, les inférieures arrondies, non prolongées à l'angle externe, pliées deux ou trois fois, ayant le frein long, retenu par une lanière étroite, assez longue; deuxième nervure des supérieures donnant quatre rameaux dont le premier se rend à la première nervure, le troisième inégalement divisé en trois ramuscules, les deux derniers partant de l'angle de l'aréole, troisième nervure ayant quatre rameaux dont les trois derniers rapprochés; deuxième aux inférieures bifidé après l'angle de l'aréole, troisième donnant trois rameaux dont le premier bifidé après l'aréole ou vers la marge; aréoles occupant les deux tiers de l'aile, étroites aux supérieures, bornées par une nervule formant un angle rentrant; division latérale du premier segment abdominal, en dessus, ayant, en avant, la partie antérieure renflée étroite, laissant une ouverture peu sensible, ce segment à peine aussi long que le suivant.

Crâne assez lisse, joues saillantes, vertex divisé par une rainure, yeux gros, plus petits chez les espèces des montagnes

* Cette pièce, qui est très-grande dans toute la famille, acquiert dans ce genre, un développement presque aussi considérable que chez la *Cymbalophora pudica* et recouvre la plus grande partie des côtés du mésothorax, qu'elle dépasse, envahissant presque entièrement l'espace sous-axillaire; elle est claire, transparente, renflée ou vésiculeuse, plus épaisse en arrière, divisée comme chez la précédente, par un sillon ou un enfoncement qui est peut-être accidentel; mais n'ayant pas sa partie antérieure cannelée ou striée comme chez la *Pudica*, plus petite chez les femelles.

et chez les femelles ; scutellum du mésothorax presque arrondi ; notus du métathorax ayant les côtés un peu obliques,
longs avec la marge antérieure pulvérulente large, la partie
moyenne excavée ou peu élevée, la postérieure offrant
une pièce scutale grande (postérieure) et le même bord un
peu dilaté en cuilleron, avant de se perdre dans l'attache de
l'aile, le scutellum étroit, long, presque quadrilatère ; hanche
et épimère courts, refoulés par la pièce pectorale, celui-ci
étroit ; abdomen grêle, ayant la partie moyenne du premier
segment subtriangulaire, large en arrière, son arceau inférieur
formant souvent, en dessous, une saillie très-comprimée (*S. fla-
vicans*, *ramosa*) ; pièces génitales comme chez les Lithosies, pince
très-allongée, ayant un style à la base du bord supérieur outre
celui du bord inférieur, base du stylet très-grande. Les
Setina sont grêles, peu velues, avec les ailes supérieures plus
larges et plus courtes, et les inférieures plus courtes que chez
les Lithosies, celles-ci un peu prolongées vers l'angle anal
qui est arrondi ; les écailles qui les couvrent sont peu serrées
et les laissent parfois à demi-transparentes ; l'abdomen ne dépasse pas les ailes ouvertes, dont les supérieures sont rabattues dans le repos ; elles se tiennent le jour accrochées aux
tiges d'herbe, et habitent surtout les pays montagneux. Les
femelles sont plus petites ainsi que leurs ailes. Dans les espèces de ce genre, les pièces génitales ont les plus grands rapports, ce qui fait penser qu'elles sont trop multipliées.

SETINA IRRORELLA, *Linné.*

Elle a été trouvée en Andalousie par M. Lederer.

Nous n'avons par rencontré la *Mesomella*, L. qui diffère notablement des *Setina* et pour laquelle nous avons formé un
genre propre[*].

---

[*] Celui d'*Eeticia*, qui diffère surtout des *Setina* par la pièce pectorale
beaucoup plus petite, comme chez les Lithosies, un peu strient spiritrompe

Deuxième famille. CHÉLONIDES *.

Tête médiocre ou petite, munie de stemmates, parfois très-petits, mais presque toujours sensibles, antennes tantôt simples, tantôt plus ou moins bipectinées, parfois inégalement, avec les dents terminées par une petite soie tournée en dehors mais non par plusieurs **, scapus peu épais, peu renflé, front coupé carrément presque au niveau des trous nasals,

---

plus longue ainsi que les palpes, antennes tout à fait simples, non subdenticulées ou crénelées, tête plus grosse; pièces génitales différentes, pince beaucoup plus courte, plus large, n'ayant pas de style à la base du bord supérieur, stylet plus long, mais ayant la base beaucoup plus courte, plus large.

* Pour la famille précédente et surtout pour celle-ci, la plupart des auteurs ont créé de nouveaux noms de genre, sans tenir compte de ceux établis avant eux, et plusieurs de ces genres ont été appliqués ensuite à des groupes qu'ils ne devaient pas désigner.

Ainsi Ochsenheimer a remplacé le genre *Arctia* de Schrank, que Latreille avait d'abord adopté, par celui d'*Euprepia*; plus tard, Godart voulant conserver le nom vulgaire d'*Ecaille*, donné anciennement à ces insectes par Geoffroy, fit le genre *Chelonia* et rejeta les deux précédents; Latreille et M. Boisduval, dans son premier *Index*, suivirent cet exemple; ce dernier et Godart conservèrent en même temps le genre *Callimorpha* de Latreille. Plus tard, Curtis et Stephens, tout en rejetant les genres *Chelonia* et *Euprepia* en formèrent beaucoup d'autres, qui semblent plus tôt basés sur les couleurs et l'aspect général, que sur des caractères organiques; ils réunirent à leur Arctiidæ les Liparides et le *D. coryli*, les Psychides et les Limacodides, tandis qu'ils en séparèrent une partie des Chélonides et les Lithosides! on peut s'étonner qu'ils aient méconnu ainsi les rapports et les caractères.

Dans son *Genera*, M. Boisduval créa le genre *Euchelia* pour ses premières Lithosides, sans tenir compte de celui de *Deiopeia* de Curtis; il fit encore celui d'*Emydia* (traduction latine du mot Emyde, *Emys*, Brongn., Tortue, Pline) avec les premières *Euprepia* d'Ochsenheimer et écarta sans raison, celui d'*Eulepia* de Stephens; enfin il rejeta le nom d'*Euprepia* pour celui de *Chelonia*, et appliqua celui d'*Arctia* au détriment des genres *Phragmatobia*, *Spilosoma* et *Diaphora* de Stephens. MM. H. Schäffer et Lederer ajoutent de nouveaux genres et rejettent celui de *Chelonia*.

** Comme chez les Liparides, du moins chez les espèces européennes, car nous ne doutons pas que chez les exotiques, il y en ait dont les antennes

non recourbé ni prolongé en dessous en un long épistome (Liparides); les deux plis du pronotus fortement renflés, vési-culeux, ou parfois déprimés, aplatis, larges; métanotus ayant les côtés bilobés en dehors, excavés dans leur milieu avec la marge antérieure dilatée extérieurement, très-mince en dedans, élevée et bien distincte du centre, pièce cunéique souvent prolongée, vésiculeuse; aréole dépassant toujours le milieu des ailes, surtout aux inférieures, frein long s'engageant dans une lanière longue; épiphyse n'atteignant pas l'extré-mité du tibia, naissant vers la base, assez large, aplatie, poin-tue, courbée en dehors; tympanum toujours sensible, division latérale du premier segment abdominal, plus ou moins renflée, en valve ou en coque, parfois géminée avec le stigmate en dehors; tibias postérieurs épaissis vers l'extrémité où les deux

---

diffèrent peu de celles des précédents, quoiqu'ils puissent s'en distinguer par d'autres caractères; nous croyons donc qu'on a tort, en ne considérant que les espèces européennes, de les réunir aux Chélonides, comme la fait M. H. Schaef-fer; ils s'en distinguent bien par des caractères suivants: Tête grosse, yeux très-saillants, front élargi en arrière, rétréci en avant, ayant l'épistome pro-longé, recourbé par en dessous, très-distinct, avec les trous nasals placés plus ou moins au-dessus du bord, trous antennaires très-larges et situés très-en arrière, scapus fortement renflé; plis du pronotus au sommet du deux, le plus souvent peu renflés, non aplatis; pièce pectorale du métathorax ordi-naire, jamais étroite, pièce cunéique saillante, les côtés du notus n'ayant pas le bord antérieur presque isolé, mais se continuant avec le milieu qui est déclive, parfois élevé, rarement à peine excavé, quelquefois saillant; lanière relevant le frein, courte, large; les deux premières nervures des inférieures d'abord écartées, puis se touchant dans un point avant le milieu ou très-rap-prochées, aréole des inférieures ne dépassant guère ou même plus courte que le milieu de l'aile; épiphyses souvent égalant le tibia ou même le dépas-sant; partie moyenne du premier anneau supérieur de l'abdomen, presque toujours plus large; partie anale de la femelle, toujours très-différente; enfin les antennes des mâles souvent courtes, courbées avec les dents beaucoup plus longues, munies le plus souvent, du plusieurs soies vers le sommet et parfois dans la longueur, différemment tournées, les distinguent de suite; chenilles ayant des tubercules élevés et des touffes de poils, vivant presque toujours sur les arbres, produisant une chrysalide parfois très-velue, terminée souvent par une petite tétine, assez longue, déprimée.

paires d'éperons, se trouvent rapprochés, onglets ayant presque toujours une denteelure ou bifides.

Chenilles hérissées de poils plus ou moins longs, disposés
par touffes sur de gros tubercules; formant une coque molle,
lâche, souvent enveloppée d'une sorte de toile; produisant une
chrysalide glabre et obtuse à l'extrémité qui est lisse, ou
munie d'un tubercule ou d'une pointe épaisse hérissée de soies
crochues; vivant toujours à terre, polyphages sur les plantes
basses.

GENRE EULEPIA, Curtis.

*Tête assez grosse, yeux petits, laissant derrière eux un es-
pace temporal large, palpes petits velus, non redressés, ayant le
dernier article très-court, peu distinct du précédent, spiritrompe courte, incomplète, antennes bipectinées, à dents peu inégales avec le premier article assez court renflé, stemmates bien
sensibles, joues prolongées en triangle sur le bord du front; plis
prothoraciques assez larges, peu allongés en travers, non contigus, un peu déprimés; scapules larges, grandes, dépassant
l'attache de l'aile; pattes assez fortes avec l'épiphyse grande,
large épaisse, contournée en dehors, naissant dès la base du
tibia qu'elle égale en longueur, éperons petits, onglets simples;
épimères moyens plus larges que la face externe de la hanche,
les postérieurs presque aussi larges, saillants en arrière, pièce
pectorale médiocre; ailes assez grandes, les inférieures plus
larges, plissées et comme roulées autour du corps dans le repos,
aréoles larges et longues, comprenant les deux tiers de l'aile
aux supérieures, dont la deuxième nervure ne produit que trois
rameaux avec le premier rapproché; troisième aux inférieures
ne donnant que trois rameaux.*

*Premier arceau abdominal en dessus, plus étroit que le sui-
vant, qui est grand, élargi en arrière, sa division latérale très-
rétrécie postérieurement, renflée et dilatée en avant où elle laisse
une large ouverture, huitième segment, plus étroit que le pré-*

*cédent, ne cachant qu'une partie des pièces génitales, pince
assez grande, en forme de tenaille dont l'extrémité est échancrée
ou bifide, échancrée avant la base en dessous, en un lobe membraneux, stylet court, mince, dilaté et tronqué au sommet.*

Front large, un peu déprimé, séparé du vertex par une rainure, celui-ci petit, saillant, occiput grand, saillant en arrière, séparé des tempes par une ligne enfoncée; scutum du
mésothorax assez large, court, peu échancré par le scutellum
qui est grand, presque arrondi et très-saillant en arrière, entouré latéralement par les côtés du métathorax qui sont assez
larges, ayant un bord antérieur élevé, épais, pulvérulent, étroit
en dehors; abdomen mince chez les mâles, assez gros chez
les femelles dont l'extrémité anale est épaisse avec l'arceau
supérieur du septième segment renflé sur les côtés, et l'inférieur plus court, plus étroit, ayant de chaque côté, une large
impression arrondie et au milieu une excavation carrée profonde, partie vulvaire entourée par le bord du huitième segment qui est un peu échancré en dessus, dilaté et échancré au
milieu en dessous.

Les chenilles ont des tubercules garnis de touffes de poils
courts, peu serrés et vivent de *graminées*. Elle produisent
sous les débris une coque légère, étroite et se changent en
une chrysalide obtuse, rugueuse, à anneaux immobiles. Ce
genre et le suivant se rapprochent beaucoup des Lithosides
parmi lesquelles ils ont été mis par plusieurs auteurs; du
reste les Lithosides se séparent difficilement des Chélonides.

EULEPIA GRAMMICA, *Linné.*

Elle n'est pas rare dans les environs de Grenade [*].

---

[*] Elle habite toute l'Europe, et Eversmann l'indique aussi de l'Oural
d'Orenbourg.

GENRE **EUPREPIA** [*], *Ochsenheimer.*

*Tête assez grosse, yeux gros, saillants, non rétrécis par les
tempes, palpes petits, aigus, peu ou pas velus, dont le dernier
article peu distinct, spiritrompe très-courte, antennes bipectinées, avec le premier article presque cylindrique, stemmates
peu sensibles, joues presque nulles.*

*Plis prothoraciques assez larges; scapules grandes; pattes
allongées avec l'épiphyse épaisse, tournée en dehors, plus
courte que le tibia, éperons assez longs, aigus, onglets simples;
épimères moyens un peu plus larges que la face externe des
hanches, les postérieurs plus étroits, pièce pectorale assez
grande, striée, pièce cunéique très-saillante en arrière.*

*Abdomen long et mince, premier arceau en dessus, à peu
près aussi long que le suivant qui est grand, large en arrière,
étroit en avant, division latérale très-rétrécie en arrière, dilatée et globuleuse dans sa moitié antérieure qui est un peu rebordée, laissant une large ouverture bornée en dessous par la saillie
de la pièce cunéique; huitième segment plus étroit que le précédent peu rétréci en dessous, pièces génitales très-peu saillantes.*

Pince génitale, dans toutes les espèces ou variétés, excepté
la *Bifasciata*, peu large à la base, épaisse, comme roulée en
cornet, revêtue en dehors d'une partie membraneuse, échancrée en dessous avant son extrémité qui est courte, rétrécie
et terminée en pointe fine recourbée en dedans; on voit entre
la base des branches en dedans, la gaîne du pénis qui est
étroite et en carène, stylet très-grêle, mince, courbé, un peu
dilaté au sommet; partie anale de la femelle non renflée ni
tronquée et d'une forme ordinaire; ailes à peu près comme
chez les *Eulepia*, dont ce genre diffère surtout par la

---

[*] Dalman, dans ses *Analecta Entomologica*, écrit avec raison *Euprepia* au
lieu de *Eyprepia*.

grosseur des yeux, l'étroitesse du front en avant, et des joues; mésothorax assez court, son scutellum allongé, étroit; celui du métathorax assez épais et très-étroit.

Chenilles ayant des tubercules chargés de touffes de poils peu longs, noirâtres; produisant une chrysalide courte, très-obtuse, rugueuse et ponctuée, sans pointe à l'extrémité, qui est dépourvue de soies crochues; ayant sur sa surface des groupes de poils très-courts; placée sous les débris, dans une coque très-légère; vivant de *graminées* et à l'occasion de *chicoracées* et autres plantes; ayant la tête plus petite que dans le genre précédent. L'insecte paraît l'été et parfois plus tard.

Malgré les différences apparentes que présentent les espèces qui composent ce genre, on ne trouve pas de caractères organiques bien tranchés pour les séparer; les parties génitales externes n'offrent pas de différence notables, et l'on est tenté de les considérer comme de simples variétés; à l'exception de notre *Bifasciata* *, méconnue par plusieurs auteurs, quoique

---

* Nous allons établir ici, de nouveau, l'authenticité de la *Bifasciata*, en la comparant avec une *E. cribrum* bien marquée. On observe qu'entre les deux points, visibles le plus souvent, et placés sur le bord externe de l'aréole, et la base de l'aile supérieure, il n'existe jamais que deux lignes transverses de points noirs au lieu de trois, dont une médiane et l'autre avant la base, qui elle-même est marquée de quelques points; ces lignes sont plus nettes, mieux formées, plus anguleuses; on en voit souvent une autre, moins régulière, avant la marge externe, celle-ci est bordée d'une série de points; de même que chez l'*E. cribrum*, l'aile est plus ou moins rayée de lignes longitudinales souvent plus pâles; les scapules sont marquées d'un trait, au lieu d'un point.

Les yeux sont un peu moins saillants, les dents des antennes sont plus minces et moins en masse, les écailles qui les recouvrent sont plus longues et plus étroites. Les pièces génitales sont très-différentes; la pince, plus allongée et plus large, à les extrémités échancrées et bordées (un peu comme chez la *Grammica*), avec la partie inférieure plus large, plus saillante, tronquée obliquement, le stylet est beaucoup plus large, aplati, arrondi à l'extrémité, le septième segment, en dessous, chez la femelle, présente un bord saillant et bilobé ou largement échancré, sans excavation.

Chenille d'un brun-roux, avec une ligne dorsale et une sous-dorsale peu visible, roussâtres, ayant les côtés roussâtres, nuancés de brun au-dessus des

bien caractérisée; il n'y a guère que la *Rippertii,* qui présente quelques différences, peu sensibles.

EUPREPIA CRIBRUM [*], *Linné,*

La variété de *Cribrum* que nous avons rencontrée, dans les montagnes de la Sierra-Nevada, se rapporte surtout, à la *Candida*; elle n'est jamais d'un blanc pur, mais souvent obscurcie par des écailles noirâtres formant, parfois, des apparences de lignes longitudinales qui peuvent envahir une grande partie des ailes supérieures; les inférieures sont d'un blanchâtre un peu jaunâtre plus ou moins obscur chez les femelles; nous n'avons pas trouvé d'individus ayant la tête jaune [***]. Chez la femelle le bord du septième segment, en dessous, est évasé et forme une petite cavité.

EUPREPIA CHRYSOCEPHALA, *Hübner,*
— Bomb. tab. 58, fig. 151.
Ochsenh. Schm. III, p. 309. *Euprepia coscinia.*

Nous ne voyons pas d'autres différences, entre cette espèce et la variété *Candida* de la *Cribrum*, que d'avoir la tête d'un

---

pattes, et le ventre plus pâle; ayant des tubercules bruns, chargés de touffes de poils gris et noirâtres; pattes rousses, les écailleuses plus obscures; tête d'un cuivreux obscur brillant; stigmates oblongs, comprimés, noirs; chrysalide noire.

[*] Quoique chez la *Rippertii,* il n'y ait pas de différences notables dans les pièces génitales du mâle, on remarque cependant qu'elle a les yeux plus petits, moins rapprochés, ce qui rend le front plus large, les antennes un peu moins pectinées et les lignes de points noirs, aux ailes supérieures, plus étroites, mais disposées de même. La pièce génitale paraît avoir l'extrémité plus allongée, plus aiguë, tandis que le stylet est un peu plus large et plus déprimé. La teinte des ailes, le plus souvent brunâtre, peut devenir blanchâtre, les écailles qui les couvrent sont un peu plus courtes, plus larges.

[**] Indiquée aussi, par Eversmann, dans les monts Ourals.

[***] Nous rencontrons en Touraine et autour de Poitiers, une variété ou espèce intermédiaire entre la *Chrysocephala* et la *Cribrum*; mais ayant souvent des

jaune-fauve ; les ailes supérieures n'ont jamais de lignes ou points noirs, autres que les deux du bord externe de l'aréole qui disparaissent souvent.

Assez commune dans les environs de Malaga.

M. Millière, lépidoptériste distingué de Lyon, qui a élevé la chenille, n'a pas trouvé de différences sensibles entre elle et celle de l'*E. cribrum* (*Ann. Soc. Linn. de Lyon*, 1858, pl. 2, fig. 1-3, p. 17). D'après notre description : d'un roux obscur plus clair sur les côtés et grisâtre en dessous, avec une ligne dorsale et une sous-dorsale très-étroite, d'un blanc bleuâtre ; corps couvert de tubercules noirâtres portant des touffes de poils bruns, mêlés d'autres blanchâtres ; stigmates oblongs, noirs ; tête d'un noir brillant un peu cuivreux ; vraies pattes noirâtres, les autres rousses. Chrysalide d'un brun un peu roux, rugueuse et ponctuée.

Les petites différences que présente cette chenille peuvent être dues au climat.

GENRE **EUCHELIA**, *Boisduval.*

Tête assez large, yeux médiocres, très-saillants, front large, tempes nulles, palpes courts, dirigés en avant, velus, dont le

---

apparences de points. Chez un mâle bien marqué : tête d'un jaune un peu fauve ; une partie du prothorax, le bord costal des supérieures, quelques nervures, le bord externe, les ailes inférieures un peu obscurcies en avant et leurs bords, d'un jaunâtre un peu fauve ; supérieures souvent marquées de quelques points bruns pouvant former une ligne avant la marge externe et un ou deux points discoïdaux. Septième segment chez la femelle, présentant en dessous une petite saillie bifide, beaucoup moins large que chez la *Bryseriata*, mais bien plus sensible que chez les autres ; pour lui donnant le nom d'*Euprepia inquinata*.

Nous croyons que c'est à tort que MM. Lederer et Staudinger, rapportent à ce genre, et même le dernier, comme variété de *Chrysocephala*, l'*Aberda* Hübner, 384, 285 ; cette figure, représentant le prothorax fauve et l'extrémité abdominale jaune, doit se rapporter au genre *Lithosia* : pour le n° 337, auquel

premier article assez long, le second petit, le troisième très-petit, mais distinct, spiritrompe petite, antennes peu longues, grêles, simples, avec des cils courts, ayant le scapus presque cylindrique, court, stemmates bien sensibles; plis prothoraciques étroits, un peu renflés; scapules assez grandes, ne couvrant pas toute l'attache de l'aile; épiphyse mince, aiguë, dépassant un peu les deux tiers du tibia, éperons assez longs avec le tibia un peu épaissi et le premier article du tarse comprimé, un peu élargi, onglets ayant une petite dentelure; épimère moyen plus large que la face externe de la hanche, espace membraneux axillaire très-grand, allongé, pièce pectorale du métathorax assez large, la cunéique saillante.

Premier arceau abdominal, en dessus, un peu plus court que le suivant, peu rétréci en avant, formant une petite saillie à ses angles postérieurs, sa division latérale courte, membraneuse, peu renflée en coque, laissant une ouverture assez étroite, huitième segment long en dessus, très-court en dessous, enveloppant les pièces génitales.

Ailes grandes, larges, surtout les inférieures, ayant le frein assez fort, retenu par une lanière longue; deuxième nervure aux supérieurs, ayant trois rameaux, dont les deux premiers forment une aréole accessoire longue, troisième donnant quatre rameaux dont le premier éloigné, le troisième plus éloigné du second que du quatrième qui est sur la nervule celle-ci à peine visible dans le reste de son étendue; seconde aux inférieures divisée après l'aréole, troisième donnant quatre rameaux dont le second naît, avec le troisième, de l'angle de l'aréole, le quatrième éloigné sur la nervule, cette partie de l'aréole bien plus avancée vers la marge que l'antérieure, nervule formant un zigzag très-prononcé et étant très-peu sensible dans sa plus grande étendue.

Guyer donne le même nom, il paraît bien représenter notre *bupinata*; mais nous n'avons pu adopter ce nom, qui est appliqué, pour la seconde fois, à une espèce toute différente de la première.

Tête courte, non prolongée derrière les yeux, occiput assez grand, n'étant pas du tout couvert par les plis prothoraciques, notus du mésothorax assez allongé, ayant le scutellum étroit, presque arrondi; côtés du notus du métathorax larges, ayant la marge antérieure étroite en dedans, dilatée en dehors et pulvérulente, excavés en arrière avec le scutellum assez épais; deuxième segment abdominal un peu élargi sur les côtés, surtout en dessous, ayant une strie latérale en dessus assez marquée; pince génitale peu allongée, en partie membraneuse, bilobée au sommet dont la partie supérieure plus étroite, courbée, un peu obtuse, l'inférieure membraneuse, stylet comprimé, dilaté en dedans, mucroné, gaine du pénis formant en dessous une saillie étroite; ces parties ont des rapports avec celles des Lithosies; le corps est assez grêle; l'insecte tient ses ailes rabattues; il vole très-mal.

Chenille paraissant glabre, mais couverte d'un duvet excessivement fin, ayant des poils espacés sur des tubercules isolés; produisant, dans une coque très-lâche, une chrysalide courte, rugueuse, dont les segments sont immobiles; vivant sur les *Senecio, Cineraria*.

EUCHELIA JACOBEÆ, *Linné*.

Elle habite les environs de Grenade[*].

GENRE **DEIOPEIA**[**], *Curtis*.

Tête assez grosse, yeux grands, très-saillants, palpes grands, redressés, courbés au devant du front, non velus, le premier article hérissé d'écailles, épais, courbé, un peu plus long

---

[*] Eversmann l'indique comme n'étant pas rare dans la province de Casan, etc.

[**] Ce genre ne comprend, en Europe, qu'une seule espèce, et encore est-elle indiquée par les différents auteurs, dans beaucoup de pays étrangers d'Asie et d'Afrique; en examinant des individus qui nous paraissaient être des *Pulchella* exotiques, nous avons reconnu une espèce très-rapprochée, mais

que le suivant, le dernier court. Spiritrompe très-forte, longue, antennes peu longues, grêles, simples, à peine ciliées, ayant le scapus court, stemmates bien sensibles; plis du pronotus assez larges, un peu épaissis; scapules grandes, très-obtuses, dépassant l'attache de l'aile en arrière, épimères moyens bien plus larges que la hanche, les postérieurs aussi larges; pièce pectorale du métapretus médiocre, striée par en bas, excavée, la ramüque et la sous-axillaire étroites, formant le bord antérieur et inférieur, crase et excaré du tympanum; jambes assez faibles, épiphyse peu épaisse, un peu plus courte que le tibia, insensible en dehors, éperons petits, courts, onglets ayant une dentelure; premier arceau abdominal en dessus, au moins aussi long que le suivant, assez étroit en avant, un peu élevé de chaque côté en arrière, sa division latérale au moins aussi longue, divisée en deux parties un peu renflées, surtout l'antérieur qui est convexe et plus large, laissant une ouverture assez large et longue.

Ailes supérieures peu larges, leur deuxième nervure fournissant quatre rameaux, dont le second et le troisième forment

---

bien distincte, qui avez été confondue avec la nôtre, dont la patrie se trouvera alors plus restreinte. Nous appelons cette nouvelle espèce *Lepida*; voici en quoi elle diffère : outre une partie des points et des taches rouges disposés différemment, ou n'ayant pas la même forme, les taches rouges costales dépassent la deuxième nervure, et la dernière, plus proche du sommet, est unie avec la suivante; la cinquième ligne de points noirs, qui est double en avant, est en grande partie effacée à l'exception des premier et dernier points, et les quatre points qui forment sa branche interne ne sont pas placés sur la même ligne; aux inférieures la nervule est plus empâtée de noir et la partie de la marge noire, qui, au milieu, fait saillie, est plus étroite; les pièces génitales sont bilobées à l'extrémité avec le lobe inférieur plus saillant, le stylet est comprimé de haut en bas, bifide, obtus; le dernier article des palpes est à peine tuilâtre, et les antennes sont un peu plus ciliées.

Au premier aspect, cette espèce semble moins différer de la *Pulchella*, que certains individus méridionaux de la même espèce, mais la forme bien distincte des pièces génitales et du stylet la séparent de cette. La *Deiopeia lepida* vient, paraît-il, de l'île Bourbon, et se rapporte sans doute aux individus de *Pulchella*, indiqués par M. Boisduval et Rojenchel, des îles Mariannes, de Madagascar, etc.

une petite aréole accessoire, troisième donnant quatre rameaux dont le premier éloigné des autres, le dernier avancé sur la nervule, celle-ci bornant l'aréole vers les deux tiers de l'aile; troisième des inférieures ayant quatre rameaux dont le premier éloigné, les deux suivants partant de l'angle de l'aréole, le quatrième sur la nervule, celle-ci en zigzag, et l'angle postérieur de l'aréole très-avancé vers la marge, frein retenu par une lanière longue, assez étroite; corps presque lisse, non velu, assez grêle.

Crâne presque uni, front un peu convexe avec le bord antérieur peu abaissé, joues assez larges, mandibules bien sensibles, occiput en carré long, scapus presque cylindrique, yeux non dépassés par les tempes en arrière; plis du prothorax rétrécis en dehors; scutum du mésothorax grand, très-dilaté après son milieu au niveau de l'épine scutale, son scutellum très-grand en forme de cœur non échancré, avec l'angle antérieur peu saillant et ses angles latéraux très en avant; côtés du scutum du métathorax très-obliques, entourant le scutellum précédent, ayant la marge antérieure dilatée en dehors, pulvérulente, excavés dans leur milieu, bilobés extérieurement, avec la pièce scutale postérieure bien sensible, le scutellum étroit, épais, saillant, son entothorax arrondi, entier au sommet; espace sous-axillaire grand, membraneux, les quatre épimères saillants en arrière; portion antérieure de la division externe du premier arceau abdominal, dépouillée des téguments, formant une sorte de capsule prolongée sur le côté et inférieurement, ayant la forme d'une cuvette, constituant la paroi postérieure concave du tympanum; huitième segment plus étroit que le précédent; pince très-large, non bilobée, dont les branches contiguës et courbées par en haut, avec le bord supérieur plus long, largement écailleux, courbé, pointu, denticulé, en partie membraneux par en bas, stylet long, très-courbé, d'abord mince, puis comprimé et dilaté, ensuite trigone et terminé en pointe; septième segment chez la femelle beaucoup plus grand que le précédent, épais, ayant un enfoncement sur le côté qui le rétrécit à l'extrémité en dessous, où il est bifide.

Les espèces, composant ce genre, ont toujours sur le corps des points et l'extrémité des palpes noirs; les ailes supérieures ont aussi, le plus souvent, des séries transverses sinueuses, de points noirs et rouges; les inférieures, tantôt blanches, tantôt d'un rouge rosé, bordées ou variées de noir, sont larges, plusieurs fois pliées dans le repos. Chenilles * glabres, portant des tubercules isolés, non saillants, dont quelques-uns rapprochés, surmontés d'un poil court, épais, roide, velu.

DEIOPEIA PULCHELLA, *Linné*.

Assez commune, dans les champs autour de Malaga.

---

* Les chenilles du groupe de la *Cribraria* Cramer, d'après M. Boisduval, seraient fort différentes de celles-ci, puisqu'elles auraient des touffes de poils au lieu de poils isolés, et vivraient en société sur les *Liliacées* ; les caractères qui distinguent ce groupe nous paraissent suffisants pour en faire un genre sous le nom de *Xanthethes* : antennes des mâles plus épaisses et dentées; ailes inférieures de ceux-ci, ayant la marge postérieure échancrée, ce qui rend l'angle anal saillant, rétrécies au bord abdominal, de manière que ce bord est épaissi, plissé et que la frange ne semble pas être placée sur l'extrême bord replié en dedans, mais sur un pli de l'aile; supérieures assez larges; métathorax épaissi sur les côtés du pectus ; pièce cunéique très-saillante; éperons courts, petits, avec les tibias postérieurs un peu épaissis ; les quatre ailes jaunes, les premières ponctuées à peu près comme dans le genre *Deiopeia*, mais n'ayant que des points noirs; les secondes ayant un dessin très-différent, disposé sur trois bandes comme chez les *Chelonia*. M. Boisduval (Faun. Ent. Mad. Lép. p. 86), au sujet de la *Cribraria*, prétend qu'il ne peut trouver de différences entre celle-ci et le *B. pylotis* de Fabricius ; mais la phrase de cet auteur indique seulement une espèce à ailes jaunes et à taches noires, ce qui les concerne toutes, et ce nom de *Pylotis*, outre qu'il est moins ancien, est pris à une espèce de Drury; il doit être rejeté. M. Boisduval ne trouve de différence entre les individus de Bourbon et de Java que dans la saillie de l'angle anal ; mais ce caractère propre aux mâles, et que nous considérons même comme générique, l'auteur cité, aurait-il cru le voir manquer chez des mâles de la même espèce? Il eut alors pris des femelles pour des mâles. Drury a aussi donné le nom d'*Astrea* à une autre espèce.

GENRE **CALLIMORPHA** *, *Latreille*.

Tête médiocre, épaisse, yeux gros, saillants, palpes assez grands, redressés et un peu courbés au-devant du front, le

---

Parmi les *Cribraria*, se trouve une femelle qui diffère, en ce que les points noirs ne sont pas sensiblement cernés d'une couleur plus pâle, et que la ligne de points du milieu de l'aile, est interrompue par l'absence de deux points; en ce que les inférieures présentent trois taches noires vers la base dont l'antérieure marginale, divisée en deux, et que la tache discoïdale, beaucoup plus petite, ne couvre pas toute la nervule: nous l'appelons *Xanthesthes guttata*: nous croyons qu'elle vient de Madagascar.

Nous donnons le nom d'*Albicincta*, à une autre espèce bien distincte et un peu plus grande: d'un jaune d'ocre plus ou moins foncé, tous les points noirs aux supérieures, cernés de blanc, ceux de la marge antérieure et quelques autres, réunis et formant de petites bandes, et ceux du bord externe s'étendant sur les franges, ceux du sommet pouvant se réunir et cerner la pointe; inférieures, ayant la marge interne plus ou moins tachée de noir, selon le sexe, avec la plus grande tache sur l'angle externe, dont elle sépare le sommet, une tache discoïdale étroite, et souvent un double point entre celle-ci et le bord interne et une petite tache sur le milieu de la marge antérieure; chez le mâle de cette espèce l'angle anal très-saillant, est marqué d'un petit point noir; chez le mâle de la *Cribraria* surtout, pièce pectorale du métapectus gibbeuse, grande, très-longue, striée dans sa largeur par en bas, refoulant l'épimère et la hanche, dont elle dépasse la base, du côté du mésopectus, pièce conique très-renflée, très-saillante et prolongée, tournant le bord inférieur, qui est échancré, de l'ouverture tympanique; celle-ci très-large.

Le *Xanthesthes albicincta* habite Madagascar.

* Nous prenons pour type de ce genre l'*Hera*, qui s'éloigne de la *Dominula*, surtout par les couleurs, et se rapproche beaucoup des *Deiopeia*; nous pensons qu'il eût mieux valu éteindre le genre *Callimorpha* à toutes les espèces ayant une trompe forte, dans les Chélonides, les genres étant très-difficiles à circonscrire; j'excepte toutefois presque tous les exotiques qui y ont été mis et qui ont les antennes pectinées avec quelques autres caractères. Chez la *Dominula* les antennes sont plus élevées, les palpes non redressés, un peu dirigés en avant, et un peu velus; la tête plus courte, surtout le front, la trompe plus étroite et moins longue; le thorax bien plus court, moins épais de haut en bas, avec les hanches et les épimères plus courts, ainsi que la pièce

premier article un peu hérissé, le dernier bien distinct, plus court que le précédent, spiritrompe forte, longue, antennes minces, très-simples, à peine ciliées avec le premier article peu long, stemmates bien sensibles; plis du pronotus assez larges et épais, prolongés en côté; scapules grandes, longues, dépassant l'attache de l'aile; notus du métathorax grand, allongé, avec son scutellum grand, saillant en arrière, hanches excavées pour recevoir les cuisses, pièce pectorale du métathorax moyenne, striée à son côté antérieur, l'épimère renflé, aussi large que la base de la hanche, pièce cunéique très-renflée; deuxième nervure des premières ailes ayant quatre rameaux dont le premier et le second forment une petite aréole allongée; première et deuxième aux secondes, naissant d'un tronc court, presque basilaire; premier arceau abdominal en dessus, séparé de la division latérale par une large rainure qui se continue sur l'arceau suivant, celle-ci divisée en deux parties dont l'antérieure large, en forme de coque assez saillante, médiocrement longue, la postérieure assez longue, rétrécie et tronquée en côté, huitième segment étroit, septième chez la femelle, grand, avec l'arceau inférieur largement et profondément échancré.

Corps couvert d'écailles serrées, non velu ainsi que les pattes, celles-ci assez grandes avec les cuisses allongées, épiphyse peu épaisse, non tournée en dehors, aiguë, dépassant peu les deux tiers du tibia, éperons assez forts, inégaux, onglets ayant une dentelure; ailes larges, les inférieures un peu plissées, leur attache formant, en arrière des côtés du métanotus, un cuilleron sensible; corps marqué de points noirs; pièces génitales saillantes, pince assez large, longue, profondément divisée en deux lobes dont l'inférieur membra-

---

cunéique ; les pièces génitales sont bien différentes, la base d'où part le stylet est bien plus courte, et en grande partie recouverte par le huitième segment ; elle a été désignée sous le nom d'*Hypercompa*. Chez la femelle, septième segment en dessous, ayant le bord épaissi, non échancré, cachant une cavité.

neux, obtus, le supérieur formant une longue branche sinuée, bordée, étroite, obtuse, écailleuse, stylet court, dilaté, comprimé, terminé en pointe, porté sur une base bimucronée d'abord très-étroite et très-longue, canaliculée en dessus, base de la gaîne du pénis petite, étroite, un peu saillante; chez la femelle, l'extrémité anale présente en dessous, après le bord épaissi du dernier segment, une excavation rebordée.

Chenille ayant des séries de groupes de tubercules saillants, portant des poils peu nombreux.

CALLIMORPHA HERA, *Linné.*

Nous l'avons vue dans les environs de Grenade.

GENRE **CYMBALOPHORA** *, *Nobis.*

Tête assez large, yeux gros, palpes dépassant le front, velus, à peine redressés, les deux premiers articles presque égaux, le troisième beaucoup plus petit, bien distinct, spiritrompe réduite à deux petits appendices non roulés, antennes un peu denticulées, ciliées et villeuses en dessous, stemmates très-petits; plis prothoraciques grands, allongés en travers, épaissis en avant et en dedans, plus larges à leur bord interne, contigus; scapules grandes, dépassant l'attache de l'aile; pattes antérieures ayant la cuisse épaisse, large, et le tibia court, non dilaté, échancré en dessous à son extrémité qui est bifide en dessus, ou prolongée en deux épines, dont l'interne assez longue

---

* Ayant laissé à la division A, d'Herrich-Schæffer, le nom d'*Euprepia* (*Euprepia*), qu'il avait imposé, nous avons dû en former un nouveau pour la *Pudica*, à laquelle M. H. Schæffer l'avait appliqué. Cette curieuse espèce par le renflement énorme de la pièce pectorale du métathorax, présente des rapports évidents avec le genre *Setina*, quoiqu'elle s'en éloigne par d'autres caractères ; à l'exception de la *Rivularis* de M. Ménétriés, que nous n'avons pas sous les yeux, et qui se trouve peut-être dans le même genre, nous ne connaissons aucune espèce, même exotique, qui ait des rapports avec elle.

*et aiguë, son épiphyse presque aussi longue que lui, pointue,
onglets n'ayant pas de dentelure, tibias postérieurs un peu
épaissis avec des éperons assez courts, dont les deux paires
ne sont pas très-rapprochées; épimères moyens n'étant pas
plus larges que la face externe de la hanche; pièce pectorale*

(*) De Villiers (*Ann. Soc. Ent. de France* 1832, p. 293) a appelé l'attention
sur cet organe avec lequel il croyait que l'insecte produisait une stridulation;
mais il en donne des figures et surtout une description très-inexactes puisqu'il
la fait partir de la naissance de l'aile dont son extrémité supérieure est séparée par plusieurs parties refoulées; cette pièce très-fortement renflée chez la
Pudica, n'a aucun rapport avec la *cymbale* (ou *tymbale*) des cigales qui est une
dépendance du premier segment abdominal et que nous avons nommée division ou lobe latéral chez les Lépidoptères, où il joue un grand rôle par la diver-
sité de ses formes, surtout dans cette famille et dans l'ancien genre *Noctua*,
et que Latreille a nommé aussi *tambour* (surtout la cavité recouverte par le
lobe), mais déjà signalé par de Geer chez les Acridiens. La cymbale de la
Pudica est formée par la partie externe du sternum du métaposthus que nous
distinguons sous le nom de pièce pectorale et qui s'articule en bas avec la
hanche, en arrière avec les pièces cymbiques et sous-axillaire, en haut avec
l'épisternum qui a la forme, ici, d'une petite écaille; cette pièce est large et
bien visible aussi au mésothorax, où l'épisternum est grand. Dans cet état de
renflement elle présente la forme d'une sorte de botte déprimée, subtriangulaire dont l'angle le plus aigu est tourné vers la partie dorsale du ventre et
dont le côté le plus long, et qui est cannelé, est contigu au mésothorax; c'est la
pièce même qui s'est soulevée en une sorte de vésicule creuse à parois externe
mince et dont l'interne n'est que la couche musculaire thoracique, refoulant
par en haut la pièce sous-axillaire, par en bas l'épimère et surtout la hanche
qui devient très-courte, et couvrant les parties postérieures en se dilatant jusqu'au-delà du bord postérieur du thorax et du premier segment abdominal. La
cavité qu'elle forme n'a aucun conduit extérieur ou intérieur visible, ce ne
serait donc que par le frottement de la cuisse postérieure sur la partie cannelée qu'il se produirait un son; cette cuisse se trouve être appuyée sur l'instru-
ment par sa face interne, un peu déprimée et concave, mais couverte d'écailles
et sans rugosités ou rien qui annonce qu'elle puisse remplir les fonctions d'un
archet; il faut alors admettre que la vibration des ailes peut être transmise
aux cymbales et les rendre sonores, ce qui produirait un bruit continu. Le même
effet peut avoir lieu dans le genre *Setina*, mais d'une manière à peine percep-
tible, la vibration des ailes devant être très-faible. Chez la femelle, la pièce

du métapectus énormément développée et renflée, refoulant toutes les autres pièces qu'elle absorbe, à l'exception d'une partie de la hanche et de l'épimère, se prolongeant en une saillie arrondie un peu comprimée jusque sur les côtés du deuxième segment abdominal, formant une espèce de tambour ou cymbale comprimée, subtriangulaire à parois minces, striée et cannelée à son côté interne; bord postérieur du métathorax en dessus, dilaté sur le côté en un cuilleron bien visible; deuxième nervure aux antérieures, fournissant quatre rameaux, dont le premier éloigné des autres, le second naissant avant l'angle de l'aréole, formant avec le troisième, une aréole accessoire, celui-ci et le dernier plus épais que les autres.

Division latérale du premier arceau abdominal en dessus, étroite, courte, évasée en un bord mince en avant et en côté, puis renflée et saillante, tronquée en arrière sur le côté, laissant une ouverture tympanique inférieure large, pièce cunéique en forme de sac.

Corps épais, velu, ailes médiocrement grandes.

Crâne élargi en arrière, front abaissé, scapus un peu renflé, spiritrompe représentée par deux petits appendices maxillaires assez épais, non roulés, ayant un petit rebord au côté interne, abaissés sous les palpes, tempes peu sensibles, dépassant à peine les yeux en arrière, même chez la femelle, occiput élevé en un bord saillant, en grande partie couvert par les plis prothoraciques; mésonotus assez court, son scutum en losange à peu près aussi long que large, ses angles latéraux se trouvant au milieu des côtés; métanotus ayant ses côtés assez étroits, peu obliques, bilobés extérieurement avec la marge antérieure très-étroite en dedans, dilatée et pulveru-

cannelures sont plus prononcées, ce qui prouve qu'elles ne servent pas à la production d'une stridulation. De Villiers compare le bruit produit par le mâle (non la femelle) de la *Pudica* à celui d'un métier de fabricant de bas! Nous pensons qu'il pourrait y avoir eu erreur de la part du naturaliste de Montpellier, qui se serait mépris sur le bruit produit par un autre insecte (*Gryllo-talpa*).

lente en dehors, déclive, déprimée dans son milieu, presque
divisée par un sillon; hanches antérieures épaisses, carrées,
ayant une apophyse à leur extrémité interne, pattes assez
courtes, fortes, cuisses épaisses, tibias antérieurs moitié plus
courts que la cuisse; troisième nervure aux supérieures, donnant quatre rameaux dont le premier très-éloigné, les trois
autres groupés à l'angle de l'aréole; tronc commun des premières et secondes, aux inférieures, assez court, frein
médiocre, retenu par une lanière longue.

Premier arceau abdominal en dessus, un peu plus long que
le suivant, le huitième court, très-rétréci et coupé obliquement par en dessus chez le mâle, cachant en grande partie
les pièces génitales, pince peu longue, large, obtuse, profondément bilobée, avec le lobe supérieur plus long, recourbé
par en bas, l'inférieur dilaté à la base en dessous, stylet
ayant sa base entièrement couverte, assez court, comprimé et
dilaté après son milieu, presque en lame, terminé en pointe[1];
partie inférieure de la gaîne du pénis étroite, saillante; dernier segment chez la femelle grand, épais, le dessous formant
une large plaque échancrée, derrière laquelle se trouve une
excavation étroite.

Chenilles ayant des groupes de tubercules saillants, portant
des touffes de poils assez courts, un peu divergents, roides,
ayant la tête grosse; vivant de *graminées* à la manière de
l'*Arct. polyodon*; arrivant à leur grosseur au printemps, mais
restant dans leur coque longtemps, avant de produire leur
chrysalide, l'insecte ne paraissant qu'à la fin de l'été et en
automne.

CYMBALOPHORA PUDICA, *Esper.*

Elle n'est pas rare en Andalousie.

---

[1] Il ressemble à celui de beaucoup de Lithosides; ce stylet mobile sur sa
base reste plus ou moins fléchi.

GENRE **SPILOSOMA** [*], *Stephens.*

Tête assez large, spiritrompe incomplète, palpes assez longs dépassant beaucoup le front, dirigés en avant, chargés de longs poils, le dernier article presque aussi long que le premier, plus court que le second, antennes inégalement bipectinées [**], très-amincies vers l'extrémité, dentées d'un côté chez les femelles avec le premier article assez court, peu renflé, stemmates très-petits; pièces prothoraciques assez grandes, allongées en travers, un peu renflées, contiguës; scapules grandes, dépassant l'attache de l'aile, avec l'apophyse formant crochet sous l'aile, séparée par une ligne élevée; mésothorax court, épais, son scutellum très-grand, presque arrondi, celui du métathorax court, allongé en travers, avec le bord marginal sans cuilleron; pattes anté-

----

[*] L'espèce appelée *Spectabilis* Tauscher; *Intercisa*, Freyer, et dont le dessin se rapproche un peu de celles de ce genre, présente des caractères qui la distinguent: tête assez large ayant le front rétréci en avant, yeux un peu saillants spiritrompe nulle, palpes longs dirigés en avant, velus, dont l'article moyen le plus long, stemmates à peine sensibles, antennes fortement bipectinées chez les mâles, dentées chez les femelles avec le premier article court, renflé; thorax court; pièces prothoraciques allongées en travers épaissies, peu larges; épimères moyens plus larges que les hanches, les postérieures aussi larges, et la pièce pectorale plus étroite que la cunéique qui est saillante en arrière; épiphyse courbée en dehors, moins longue que le tibia, onglets grands découverts, hibbles avec une pelote simple, étroite, sans appendices; côtés du métathorax en dessus, ayant en dehors, deux parties renflées; premier arceau abdominal en dessus, court divisé en quatre parties, son lobe latéral ayant trois plis dont le moyen plus renflé, le dernier peu sensible, en partie membraneux, ouverture tympanique étroite; pièce génitale courte, obtuse presque simple, ayant en dedans, une petite saillie cornée, denticulée, stylet très-court très-comprimé en lame, presque acude, aigu, rabattu sur une partie anale très-épaisse, base de la gaîne du pénis saillante, épaisse; nous en faisons l'*Acymba spectabilis.*

[**] Elles sont presque unipectinées, avant la base, chez l'*Urtica*, les dents les plus longues, d'un côté, correspondant aux plus courtes de l'autre; la différence n'est pas très-sensible chez la *Spectabilis.*

rieures ayant les hanches épaisses, le tibia assez court, avec son épiphyse épaisse, courbé en dehors, tibias postérieurs un peu épaissis, ayant deux paires d'éperons, onglets entourés de longues écailles, ce qui rend le bout du tarse un peu épais, ayant une pelote et deux prolongements ciliés presque aussi longs qu'eux; épimères moyens beaucoup plus larges que la face externe des hanches, les postérieurs très-étroits un peu élargis à leur base; pièce cunéique saillante, la pectorale médiocre; premier arceau abdominal en dessus, presque carré, ayant le lobe latéral divisé en deux parties plus ou moins renflées, l'antérieure dilatée sur le côté, ouverture tympanique assez large, arceau inférieur du deuxième segment grand, large, saillant sur les côtés, ce qui fait paraître le précédent étranglé, dernier segment épais, grand dans les deux sexes; deuxième nervure des ailes antérieures ne fournissant que trois rameaux dont le premier peu éloigné[^1].

Corps couvert de poils épais et crépus, paraissant parfois laineux, pattes courtes et velues; abdomen large à la base, étranglé à son attache; ailes médiocrement larges, deuxième rameau de la seconde nervure, aux supérieures, donnant quatre ramuscules, sans produire d'aréole accessoire, troisième ayant son premier rameau assez éloigné et les trois autres autour de l'angle de l'aréole aux deux ailes.

---

* Les caractères que nous donnons, concernent surtout le premier groupe, *Urticæ*, *Menthastri*, *Lubricipeda*; la *Mendica*, qui est à la tête du second présente quelques différences.

Les espèces appelées *Luctuosa* et *Sordida*, Hübner, ont une paire d'éperons de moins aux tibias postérieurs, les trois rameaux de la deuxième nervure, aux premières ailes, partent presque de l'angle de l'aréole, de même que les trois derniers rameaux de la troisième nervure, ils sont disposés de même aux inférieures; elles se rapprochent de l'*Hemigena* et de la *Zoraida*, et forment le genre *Diaphora* de Stephens.

Dans ces espèces le corps est très-velu ainsi que les palpes qui sont dirigés en avant et couverts de poils; les pattes très-velues ont parfois l'épiphyse presque aussi longue que le tibia et tournée en dehors, les éperons des postérieures très-rapprochés lorsque les deux paires existent; les ailes sont quelquefois presque à demi-transparentes. Ils semblent se rapprocher des Liparides

Parties génitales cachées par le huitième segment chez les mâles, formant par en dessous, une plaque très-large, rabattue sur les côtés et par en dessous, une plaque moyenne et deux parties latérales plus longues. Pince variable, ou étroite, échancrée à la base qui est épaisse, puis divisée en deux branches dont l'inférieure et interne très-courte, obtuse, la supérieure longue, filiforme, un peu courbée en dedans, un peu épaissie au sommet (*Menthastri*), stylet assez large, courbe vers l'extrémité qui est pointue, non comprimée.

Chenilles ayant des groupes de tubercules saillants, portant des touffes de poils inégaux; souvent fort vives dans leurs mouvements; formant dans les débris une coque lâche et produisant une chrysalide épaisse, obtuse, un peu rugueuse et ponctuée, ayant une partie anale un peu saillante avec les segments non flexibles.

SPILOSOMA MENTHASTRI, *Syst. Verz.*

Habite les environs de Grenade.

GENRE PHRAGMATOBIA*. *Stephens.*

Tête assez large, yeux petits, un peu saillants, rétrécis en arrière par l'élargissement des tempes, spiritrompe faible,

---

* Le genre *Estigmene*, de M. Hübner, qui comprend la *Lubricipeda*, diffère bien peu de celui-ci et surtout du précédent qui, avec celui de *Diaphora*, pourraient être réunis. Antennes un peu moins pectinées et de la même manière que chez l'*Urtica*, stemmates assez sensibles, spiritrompe disjointe à peine roulée, thorax épais, court, très-velu; ptis du pronotus assez larges, déprimés, recourbés en dehors, scutum du métathorax large, très-court, son scutellum très-grand, large avec ses angles latéraux obtus; côtés du métanotum étroits, le scutellum large, court, presque linéaire, pièce pectorale bien plus étroite que la sous-axillaire; abdomen du mâle épais, surtout à la base, en dessous, où le deuxième segment est élargi et sur le côté qui est anguleux et touche le métapectus, premier anneau en dessous très-court, sa division latérale très-courte, formant deux plis peu saillants, laissant une ouverture étroite; ongles

courte, palpes assez longs, dépassant le front, dirigés en avant, les deux premiers articles à peu près de la même longueur, le dernier plus petit, antennes simples, à peine denticulées d'un côté, ayant le scapus court, un peu renflé, stemmates très-petits; corps et abdomen épais, velus; plis du pronotus larges, subtriangulaires, renflés, rétrécis en dehors, contigus; scapules grandes dépassant l'attache de l'aile, obtuses; mésothorax large, court, ayant son pectus un peu renflé sur les côtes avec l'épimère plus large que la face externe de la hanche, le postérieur un peu renflé à la base; pièce pectorale assez grande, striée à sa partie antérieure; hanches antérieures épaisses; pattes assez fortes, peu longues, épiphyse ne dépassant guère les deux tiers du tibia, éperons courts, onglets grands avec une denteleure, munis d'une pelote ayant de longs appendices.

Premier arceau supérieur de l'abdomen plus large que long, peu rétréci en avant avec le lobe latéral court, divisé, ayant la partie antérieure renflée, saillante, et la postérieure étroite, tronquée, formant un petit bord élevé, laissant une ouverture médiocre.

Corps velu, pattes assez courtes, avec les éperons courts; ailes peu larges ayant les nervures comme chez les Spilosomes avec les écailles peu serrées, surtout aux inférieures sur le disque et vers la base, où elles sont un peu transparentes, lanière du frein longue, très-étroite; abdomen épais, surtout le deuxième segment qui, large et saillant sur le côté, dépasse le premier, partie divisée par une rainure, dernier plus long que le précédent, laissant saillir les pièces génitales, pince longue, ayant les branches amincies en une longue épine

accompagnés d'appendices longs, ayant une denteleure, paires d'éperons postérieures rapprochées. L'*Euprepia Lactifera*, habite surtout le nord. Si l'on sépare génériquement cette espèce, de la *Fuliginosa*, l'on se trouvera forcé de faire un genre pour chacune des autres. A l'exception de la *Mendica* et surtout des *Sordida* et *Luctuosa* qui s'éloignent un peu, le genre *Spilosoma* comprend toutes ces espèces qui ne diffèrent que par la couleur.

courbée, munie en dedans de deux pointes en forme de fourche et ressemblant à certaines mandibules de Coléoptères, stylet assez large, se terminant en pointe à peine crochue, pénis très-épais, entouré par une gaine saillante.

Chenilles ayant des touffes de poils peu longs ; chrysalides assez lisse avec les segments mobiles.

PHRAGMATOBIA FULIGINOSA, *Linné.*

Très-commune dans les environs de Malaga, Grenade, etc. *

PHRAGMATOBIA PUDENS, *Lucas.*

— Ann. Soc. Ent. de Fr. 1854, p. 410, pl. 13, 2, 1, *Trichosoma.*
Cat. Syst. Lép. And. pl. 4, fig. 2.

M. Staudinger, dans son *Catalogue des Lépidoptères d'Europe*, place la *Pudens* dans le genre *Spilosoma ;* nous sommes à peu près de son avis, car nous considérons le genre *Phragmatobia* comme un démembrement de celui-ci ; du reste, ne possédant pas la *Pudens*, nous n'avons pu étudier complétement ses caractères.

Antennes un peu bipectinées, noires, ayant l'axe rouge jusqu'au milieu ; ailes supérieures d'un gris-roux un peu rougeâtre sur la marge antérieure, surtout sur la côte, avec la base et le disque extérieurement plus obscurs, ayant quatre taches noires sur la marge antérieure, se continuant en lignes maculaires plus ou moins sensibles, dont celle de la base marquée au milieu et postérieurement, ainsi que la moyenne, l'externe peu visible sur le disque, formant un angle en dehors ; inférieures d'un cendré obscur, plus foncées postérieurement, marquées dans le milieu d'une petite ligne transverse et d'une bande postérieure inégale, noirs.

---

* Elle habite toute l'Europe ; nous la possédons de la Russie méridionale et M. Ménétriès l'a prise sur les Alpes du Caucase : La *Placida* de M. H. Scheffer paraît s'en rapprocher beaucoup.

Tête, thorax et abdomen couverts de poils d'un fauve-roux, abdomen et pattes rouges, celui-là ayant une série de taches en dessus, et une autre sur le côté en dessous, les derniers tarses, noirs.

M. Lucas cite cette espèce, d'après M. Boisduval, comme ayant été découverte en Andalousie par M. Lesquin; nous doutons beaucoup de cette provenance; ne serait-elle pas plutôt de Californie?

*

GENRE PACHYLISCHIA [*], *Nobis.*

Tête assez large, déprimée, très-peu épaisse, yeux très-petits, très-réduits par l'étendue des tempes, palpes dépassant le front, rendus invisibles par les poils longs et soies qui les couvrent, un peu redressés, à articles subglobuleux allant en décroissant du premier au dernier, celui-ci un peu pointu et comme tronqué, spiritrompe très-petite à filets disjoints, antennes bipectinées à dents longues, velues, terminées par une soie, un peu plus longues en dehors qu'en dedans, dentées d'un côté chez la femelle, ayant le premier article épaissi, stemmates petits.

Thorax très-épais, court, pièces prothoraciques larges, prolongées sur les côtés, contiguës, plus larges chez les femelles,

---

* Ayant attribué le genre *Trichosoma* au *parasitum* seul, qui en était le type, nous avons donné le nouveau genre *Pachylischia*, pour les espèces appelées *Coriaceus* et *Butopus*, auxquelles nous donnons la *Latreillii*; pour le autre *Chrostoma* par lequel M. Latreille avait cru devoir mal à propos remplacer celui de *Trichosoma*, nous l'appliquons à l'*Hemipou*, et autres; que cet auteur comprenait dans le même genre, mais qui s'éloigne beaucoup des *Pachylischia* et *Trichosoma*; quant au remplacement de ce dernier, parce qu'il a été employé dans la classe des Vers, nous avons montré l'inconvénient; pourquoi M. Latreille n'a-t-il pas changé les genres *Melitra*, employé deux fois, *Oryza*, id. et voir les *Phycis*, *Aridaia*, *Bryar*, *Glaucopis* et une foule d'autres? Ces doubles emploi du même nom dans des classes d'animaux très-différentes étant inévitables et sans inconvénients, nous avons cru pouvoir donner le nom d'*Aurlonia* à une Noctuelle, l'*Hybris Helena*, quoique ce nom fût déjà employé pour des coquilles d'eau douce.

surtout celles presque aptères, un peu renflées, scapules grandes,
dépassant l'attache de l'aile; hanches antérieures d'une grosseur
énorme, fortement excavées sur les côtés pour recevoir les cuisses
qui ne sont pas plus longues qu'elles, mais épaisses et larges,
le même tibia très-court, dilaté, évasé largement, échancré par
en dessous, trifide, ayant une épiphyse grêle, prolongée le long
du premier article du tarse, celui-ci aussi long que le tibia,
première paire d'éperons des tibias postérieurs nulle, onglets
bifides, munis d'appendices ciliés presque aussi longs qu'eux;
épimères moyens beaucoup plus larges que la face externe des
hanches, les postérieurs bien plus étroits que les mêmes hanches,
bord postérieur du métathorax dilaté en cuilleron sur les
côtes.

Abdomen un peu déprimé, premier arceau en dessus, plus
étroit en avant où il est membraneux, ossilleux postérieurement, au moins aussi large que le segment suivant, son lobe
latéral grand, aussi large que lui, entièrement globuleux,
laissant une large excavation entre lui et le métathorax;
deuxième nervure des ailes antérieures ayant trois rameaux,
dont le premier un peu éloigné, les deux autres partant de
l'angle de l'aréole, le moyen quatrifide, troisième ayant quatre
rameaux dont le premier très-éloigné, les trois autres placés
autour de l'angle de l'aréole, celle-ci dépassant le milieu de
l'aile; première nervure des postérieures ayant le tronc commun
avec la deuxième court, celle-ci bifide à l'angle de l'aréole ou
peu après, troisième ayant quatre rameaux dont le premier
très-éloigné, les trois autres partant à peu près de l'angle de
l'aréole, parfois le quatrième un peu distant sur la nervure
(Corsica); corps entier couvert de longs poils.

Crâne déprimé avec les yeux dirigés en avant, éloignés l'un
de l'autre, comme pédicellés par l'élargissement des tempes,
joues très-larges, espace comprenant la lèvre et la bouche
très-rétréci, les diverses parties de celle-ci rudimentaires,
front large, vertex et occiput élevés, saillants, un peu divisés
par un sillon, occiput en pointe obtuse en arrière, ce qui rend

la tête triangulaire, celle-ci s'articulant par une large surface
avec le prothorax qui se trouve en partie caché par les pièces
supérieures et ses énormes hanches, pour l'articulation desquelles sa face inférieure est très-développée, plis du pronotus
assez larges, déprimés, arrondis et non rétrécis au côté externe,
en forme de corselet.

Thorax très-épais; scutum du mésonotus dilaté sur les
côtés, plus large que long, son scutellum grand; pièce
pectorale du métathorax peu large, la pièce cunéique peu
saillante, un peu évasée pour l'ouverture tympanique qui
est très-large, côtés du scutum en dessus, ayant la marge
antérieure élevée, renflée extérieurement et leur milieu très-
déclive, excavé, scutellum linéaire en travers. Abdomen un
peu épaissi en dessous à sa base, ayant le premier segment
plus large que le second qui n'est pas saillant sur les côtés,
division latérale entièrement employée à former une sorte de
coque globuleuse, mince, constituant surtout la paroi supérieure du tympanum, plus ou moins largement échancrée sur
le côté, huitième assez large en dessus, très-étroit en dessous,
laissant saillir le stylet, celui-ci court à la base, recourbé
vers l'extrémité qui est obtuse, pince très-courte, parfois
échancrée avant la base, terminée en pointe obtuse, pénis
entouré d'une gaine écailleuse, saillante.

Ces caractères ne concernent guère que les mâles, certaines
femelles étant très-modifiées. Chenilles couvertes de poils un
peu variés pour les couleurs, assez longs et épais, partant des
tubercules par faisceaux divergents; polyphages, vivant
souvent en société; formant, sous les débris, une coque légère
appliquée sur la chrysalide, celle-ci très-obtuse, peu rugueuse,
ayant les segments abdominaux immobiles.

Mâles volant le jour à la recherche des femelles; ils forment
deux groupes, ceux dont les femelles ont les ailes en grande
partie avortées, tel que le *P. corsica* et ceux chez lesquels ces
organes sont semblables dans les deux sexes, tel que le *Le-
treillii*, et dont les caractères génériques sont un peu moins

prononcés [1]. On ne peut nier que ces espèces, soit pour la disposition des taches, soit pour la forme des antennes et des parties génitales, n'aient de grands rapports, d'une part avec les *Spilosoma*, et de l'autre avec le genre *Ocnogyna*, moins le groupe de la *Maculosa* et *Simplonica*, dont les antennes et le dessin sont différents.

PACHYLISCHIA BÆTICA, *Nobis*.

Ramb. Ann. Soc. Ent. de Fr. 1836, p. 58, pl. 17, f. 1-4. *Trichosoma bæticum.*
Faun. Ent. Lép. And. II. pl. 14. fig. 1-4, a, b.
H. Schæff. Suppl. Bomb. tab. 2, fig. 11.
Lucas Ann. Soc. Ent. Fr. 1853, p. 400, fig. 2.

Corpus villosissimum, pilis griseis fusco-variis; alis nigris, maculis et fasciis longitudinalibus transversisque, confluentibus albo-subrufis, posticarum macula basali fasciaque transversa exterius angulata; antennis plumosis.

Nous avons autrefois décrit cette espèce sous le nom générique de *Trichosoma* [2]. Outre les caractères ordinaires qui

---

[1] En ne considérant que l'avortement des ailes, chez les femelles, MM. H. Schæffer, Lederer et Lucas nous semblent avoir un peu confondu les caractères de ces espèces, en mettant l'*Hemigena* avec la *Corsica* et la *Bætica*, dont elle n'a pas les caractères, et la *Latreillii* avec les *Arctia*, quoiqu'elle ne puisse être séparée des précédentes; M. Lucas, dans la revue qu'il a faite du genre *Trichosoma* (Ann. Soc. Ent. de Fr. 1853, p. 391.), ne nous paraît pas avoir précisé suffisamment les caractères, dont il a omis deux des principaux, la forme des tibias antérieurs et le renflement des mêmes hanches, ce qui nous empêche de reconnaître si toutes les espèces admises par notre savant collègue font partie de notre ancien genre, et, même, sont bien des Chélonides.

[2] Nous restreignons le genre *Trichosoma* au seul *Parasitum*, qui s'éloigne notablement de nos *Pachylischia*, quoiqu'il y ait entre eux quelques caractères communs, surtout celui tiré de la grosseur des hanches antérieures; voici ceux qu'il présente: yeux assez gros, saillants, antennes épaisses, longuement bipectinées; pièces du prothorax très-larges, s'étendant sur les côtés du

distinguent la femelle presque aptère, du mâle, les formes générales sont modifiées; tête au moins aussi large, plus déprimée avec les yeux plus petits, antennes denticulées d'un côté; plis du pronotus plus larges, surtout au bord interne où ils sont contigus; notus du mésothorax au moins aussi large, beaucoup plus court, avec le scutellum tout à fait transversal, scapules rébattues comme les ailes; hanches antérieures plus épaisses (de même que chez la *Corsica*); notus du métathorax ne présentant qu'une grande pièce plus large que la précédente, courte, en arc de cercle où le scutellum n'est pas distinct, ou plutôt c'est lui-même qui s'est dilaté et a absorbé les autres pièces qui s'y sont jointes (chez la *Corsica*, cette partie est bien moins modifiée; elle ne l'est pas chez la *Laveillei*); premier arceau abdominal étendu en largeur, sa division latérale non renflée, ne laisse qu'une ouverture très-étroite.

---

elles ne sont pas rétractiles; cuisses antérieures épaisses avec le tibia très-court, dilaté, évasé, prolongé d'un côté en une large épine et en une saillie de l'autre avec l'épiphyse moins longue que lui, également évasé chez la femelle; tibias postérieurs n'ayant qu'une paire d'éperons terminales; cuisses moyennes le double plus larges que la face externe des cuisses, les postérieurs au moins aussi larges qu'elles vers leur naissance; côtés du metanotus divisés en deux lobes saillants, presque semblables, par un sillon moyen. Abdomen déprimé, ayant le premier segment arqueux, bien plus étroit que le suivant, sa division latérale courte, non renflée (très-différente de ce qu'elle est chez les *Pachylischia*), ni saillante et presque appliquée contre le métathorax, seulement un peu convexe et laissant une petite ouverture; deuxième un peu saillant sur les côtés en dessous, le huitième grand, allongé et un peu dilaté en dessus, très-court en dessous; pièces génitales très-embrassées, pince assez longue en pointe obtuse, courbée, ayant une petite saillie calleuse après son milieu, stylet presque triangulaire, très-courbé, un peu obtus, valve du pénis glabrieuse. L'insecte est recouvert de très-longs poils, moins fins, moins lâches que chez les *Pachylischia*; la femelle a les ailes plus ou moins avortées, moitié moins grandes que celles du mâle; nous ne savons si la chenille vit en société et si le petit vole en plein jour. On est surpris en examinant la *Simplonica* de sa grande ressemblance avec le *Trichosoma parasitum*, mais les taches sont disposées d'une manière très-différente, ce qui les sépare de suite.

Dans notre mémoire cité, nous avons donné des détails sur ses mœurs qui ont été reproduits par Duponchel et M. Lucas.*

---

* M. Lucas a publié plusieurs espèces comme appartenant à notre ancien genre *Trichosoma*; telles sont celles qu'il appelle *Mauritanicum* et *Algiricum* (*Expl. Scient. Alg.*, Lep., pl. 3, fig. 5, 6), puis *Atlanticum* et *Pudens* (*Ann. Soc. Ent. Fr.* 1853, p. 391, pl. 13, fig. 1, 2). Nous pensons que l'*Atlanticum* fait partie du genre *Pachylischia*; pour le *Mauritanicum* et l'*Algiricum*, en l'absence de certains caractères organiques, nous doutons presque, surtout pour l'*Algiricum*, qu'il puisse appartenir à la famille des Chélonides; quant au *Pudens*, qui ne peut hésiter à le distraire des *Pachylischia*, puisqu'il n'a les antennes que subpectinées; il paraît devoir se placer près de la *Fuliginosa*.

Une autre espèce très-curieuse que feu Carreño (jeune Espagnol venu à Paris pour étudier la médecine), l'un de nos collègues et auquel beaucoup de parties de l'Entomologie étaient encore étrangères, et d'après de fausses données, avait prise pour un Hémiptère (voir notre observation, *Ann. Soc. Ent. Fr.* 1841, bulletin p. xxvii, où nous dédions cette espèce à Pierret) ou au moins, pour un insecte d'ordre douteux, présente de grands rapports avec le *Parasitum* et les *Pachylischia*; et quoique le mâle, presque indispensable dans ces espèces, pour l'établissement d'un genre, soit inconnu, nous proposons, celui de *Notorhachus*.

NOTORHACHUS PIERRETI, Nobis.

Carreño, *Ann. Soc. Ent. Fr.* 1841, p. 205, pl. 5, fig. 1. (grandeur exagérée). Tête petite, très-déprimée avec le front large saillant, dépassant beaucoup les yeux, ceux-ci petits, saillants, étroits, tempes étroites, allongées en arrière, joues très-allongées, antennes assez longues, mûres un peu denticulées d'un côté, le premier article épais, ayant un nœud articulaire qui simule un article, vertex un peu saillant et rugueux, occiput prolongé en arrière en un angle saillant très-obtus, palpes courts hérissés, à articles subglobuleux dont le dernier plus petit, spiritrompe petite, incomplète, stemmates bien sensibles; plis du pronotum, plus larges que dans aucune espèce connue, surtout à leur bord interne où ils semblent sinués, produisant un véritable corselet, aussi larges que le scutum du mésonotus, très-rugueux, sinués, plissés, à bords relevés, sinués en avant, non épaissis, ni renflés; hanches antérieures très-épaisses, très-renflées, ainsi que leurs cuisses qui sont épaisses et larges, avec le tibia très-court, dilaté et évasé, largement échancré par en dessous, de sorte que le tarse s'insère presque à la base, trifide, à dentelures larges, obtuses; les deux autres divisions thoraciques larges, courtes, déprimées, leur scutellum étroit, très-allongé en travers; côtés du métanotus très-courts canaliculés, ayant leur marge postérieure un peu dilatée en cuilleron, hanches-

La chenille que nous trouvions dans les environs de Cadix, est polyphage et vit en sociétés nombreuses répandues sur le sol aride, qu'elles tapissent de soie, progressant lentement et au fur et à mesure qu'elles rongent les végétaux, ne se séparant guère qu'après la quatrième mue, et se transformant à la fin de l'hiver ; passant ensuite en chrysalide la saison des chaleurs, d'où l'insecte ne sort qu'en septembre.

---

et épimères très-allongés, refoulant les autres pièces, de sorte que l'espace axillaire est très-réduit, pièces pectorale et sous-axillaire de la même largeur; hanches moyennes, larges très-déprimées; tibias postérieurs n'ayant qu'une paire d'éperons, onglets hilides; ailes avortées, très-étroites, les premières prolongées en pointe, les secondes très-petites; scapules très-courtes, embrassant la partie antérieure de l'attache de l'aile.

Abdomen large (les femelles que nous avons vues étaient débarrassées de leurs œufs) déprimé, division latérale du premier segment, en dessus, non renflée, ayant un rebord en avant, qui n'est que la partie antérieure, réduite à une lame mince, un peu excavée, laissant une-ouverture assez étroite, ce segment aussi large que le suivant; septième très-grand, subtrigone en dessus, très-rétréci à l'extrémité qui forme une petite saillie convexe un peu arrondie, bien plus étroit en dessous, laissant voir le bord du huitième qui est un peu épaissi; scutum du mésothorax caréné; scutellum du mélanotus saillant un peu élevé.

Corps non velu, mais un peu hérissé en dessous et sur la tête en forme de touffes, revêtu d'écailles souvent courtes, un peu hérissées, donnant à l'insecte une teinte d'un brun un peu roussâtre, plus clair sur les ailes, et surtout sur les pattes qui sont nuancées de cendré; ces femelles ayant pondu, l'abdomen doit être très-diminué; aussi la figure donnée par Carreño est-elle exagérée et c'est à tort qu'on a rougi les cuisses antérieures (largeur, à peu près cinq millimètres, longueur, neuf).

Si l'on juge d'après la femelle de la *Pachylischia bætica*, le mâle du *Nototrachus Pierreti*, doit égaler ou surpasser en grandeur, le mâle de celle-ci, avoir les antennes plus grêles, moins pectinées, avec les ailes un peu évidées ou falquées; nous l'avons rencontré parmi des Coléoptères venant d'Algérie, nous l'avons aussi reçu de Pierret, et Carreño l'indique de Constantine.

Le corps de cette espèce n'étant pas velu, le mâle doit singulièrement différer de ceux des précédents; il faut que les recherches en Lépidoptères algériens aient été presque nulles pour qu'aucun mâle n'ait été rapporté, celui-ci cherchant sa femelle pendant le jour.

Nous avons retrouvé à Madrid, cette même année, la chenille de notre *Bætroom* très-modifiée par le climat. Nous ne l'avons plus trouvée réunie en société dans des toiles, mais dispersée dès la seconde ou troisième mue, et vivant pendant le mois d'avril et jusqu'au commencement de mai; voici sa description : chenille d'abord d'un gris-brun (ayant un peu l'apparence de celle d'une lithosie), couverte de poils courts; après la quatrième mue ils sont plus longs, surtout postérieurement et sur les côtés ; tantôt ils sont d'un roux-fauve, tantôt blanchâtres, d'autres fois blanchâtres et seulement roux sur la partie dorsale, disposés en étoile d'une manière serrée, sur des tubercules blanchâtres dont le milieu produit des poils noirs et droits, plus longs en arrière ; corps brun ou noirâtre, pâle en dessous avec les pattes d'un jaune-roussâtre, stigmates oblongs, blancs; tête petite, d'un noir luisant peu foncé, avec les côtés roux et deux traits en avant blanchâtres, unis par en haut. Elle ne se tient pas cachée et grimpe sur les plantes d'où elle tombe très-facilement, il y en a parfois plusieurs peu éloignées les unes des autres, ce qui indique qu'au premier âge elles vivaient en société. Polyphages, aimant beaucoup les jeunes tiges du *spartium junceum*, les *résédas*, les *chicoracées;* formant, sous les débris végétaux, une coque lâche, roussâtre, surtout composée de poils, appliquée sur la chrysalide ; celle-ci assez épaisse, courte, obtuse, d'un brunâtre-ferrugineux, un peu rugueuse et ponctuée, très-peu saillante à la partie anale et un peu divisée; il en est éclos en septembre et octobre.

PACHYLISCHIA LATREILLII, *Godard.*

Hist. Nat. Lep. IV, p. 318, pl. 33, fig. 1, [*].
H. Schæff. Suppl. Bomb. t. 3, fig. 66, 67, et t. 21, f. 118.
Graells Ann. Soc. Ent. Fr. 1843, pl. 12, n. 2?

Cette espèce, qui forme le deuxième groupe, est pourvue

---

[*] Cet individu-type de la *Latreillii*, que nous n'avons pas vu, d'après la figure de Godard, a les bandes des ailes supérieures très-larges surtout vers la

d'ailes semblables dans les deux sexes et se distingue des autres par les inférieures qui sont rouges avec une large bordure noire plus ou moins interrompue, et parfois, d'autres taches, dont une discoïdale; les supérieures sont noires avec des bandes et taches, dont trois des premières surtout, sont unies par des anastomoses longitudinales et forment, à l'aide d'une bande antérieure, souvent disjointe, trois bandes transverses d'un blanc-jaunâtre un peu rosé, dessin qui ressemble à celui des *P. bætica* ou *corsica*. Corps épais beaucoup moins velu.

Tête large avec les yeux très-petits, et des tempes étendues; plis du pronotus un peu épaissis, non déprimés, hanches antérieures très-renflées, les mêmes cuisses épaisses, et le tibia extrêmement court, presque réduit à un évasement basilaire trifide, dont une des pointes très-prolongée; scutellum du mésonotus moins transversal; métanotus à peu près semblable; premier arceau abdominal en dessus à peine aussi large que le suivant, ayant sa division latérale en forme de cymbale moins renflée et plus petite que chez la *Bætica*. Le mâle de cette espèce, d'après M. Graells, vole vivement pendant la chaleur du jour à la recherche de sa femelle, quoiqu'elle soit ailée comme lui, mais rendue pesante par la grosseur de son ventre.

On voit qu'elle diffère peu du genre *Pachylischia*, dont elle présente les principaux caractères; celui des tibias antérieurs surtout, et l'immobilité des segments de la chrysalide, l'éloignent du genre *Arctia*; nous en formons le sous-genre *Artimelia*. Autrefois, le docteur Graells en nous envoyant l'insecte, y avait joint une chenille desséchée, comme étant celle

---

base, et les inférieures ont une large bordure noire qui remonte le long du bord abdominal et diffère des autres individus: il avait été soustrait de la collection Dejean, comme beaucoup d'autres espèces, lorsque nous avons acquis les Nocturnes de cette collection.

qui le produisait, mais qui est tout à fait différente de celle
qu'il a figurée plus tard, dans les Annales Entomologiques
(1843, pl. 12, n° 3) [*], comme étant celle de la *Latreillii;* voici
la description de la première chenille, qui est très-détériorée :
noirâtre avec des tubercules rougeâtres, fortement hérissée de
poils nombreux différents pour la longueur et la couleur; les
uns assez longs fauves, mélangés d'autres blanchâtres sur le
dessus du corps et les côtés, les autres d'un rouge vif ou rosé
au dessus des pattes et en dessous, puis sur tout le corps et
surtout en dessus, des poils plus courts roides et aigus noirs,
en partie cachés par les autres; la tête manque.

La seconde, figurée par M. Graells, est longue, obscure,
pâle en dessous avec une ligne dorsale blanche, munie de tubercules blancs, portant des poils égaux, courts, roussâtres.
Elle vit sur le *plantain*, il est à croire qu'elle est polyphage)
au mois de mai, et donne l'insecte pendant le mois de mars;
trouvé en Catalogne.

L'*Artimelia Latreillii*, d'abord rapportée d'Espagne, par le
général Dejean, a été prise depuis en Andalousie, par MM. Lederer et Staudinger.

Genre NEMEOPHILA [**] *Stephens.*

*Tête médiocre, palpes peu longs, très-velus, dépassant le
front, à articles assez épais, presque égaux, dirigés en avant,*

---

[*] À l'égard de cette chenille, M. Graells, après les différentes mues, ne retrou-
vant plus les poils, s'est imaginé qu'ils pouvaient rester sur l'animal après la
mue, en traversant la vieille peau : Il n'en est rien; après chaque mue, les
poils sont renouvelés et différents. Ils se trouvent couchés sous l'ancienne peau
et se redressent après la mue; M. Graells a cru aussi à tort, que ces chenilles
pouvaient changer de peau un grand nombre de fois; la règle est pour toutes
les chenilles, à l'état normal, de changer quatre fois de peau; ce n'est que ma-
ladivement et parce que leur existence se trouve prolongée forcément, dans
certains cas (défaut de nourriture), qu'elles éprouvent d'autres mues.

[**] Une espèce de Californie publiée par M. Boisduval, (*Ann. Soc. Ent. F.*
1852, p. 290, 8°, et p. 221, 8°), une première fois sous le nom d'*Agarista qui-*

*dernier un peu abaissé, spiritrompe peu longue, imparfaite,
antennes également bipectinées, à dents un peu épaissies, ciliées,
terminées par un poil avec le premier article court, un peu
renflé, yeux petits, comprimés, subpédicelles, front assez large
peu saillant, rétréci à son union au vertex dont il est séparé
par un sillon, celui-ci grand, élevé, occiput très-étroit, non
saillant en arrière, partie temporale derrière les yeux épaisse,
joues assez larges.*

*Plis prothoraciques médiocrement larges, non élargis à leur
bord interne, un peu renflés, les mêmes hanches assez fortes,
non renflées, avec les cuisses grêles, beaucoup plus longues
et les tibias non dilatés, non épineux, ayant une épiphyse
presque aussi longue qu'eux, les postérieurs ayant deux paires
d'éperons assez longs, et éloignées l'une de l'autre; mesothorax
allongé, son scutellum grand, allongé, arrondi en arrière, profondément engagé entre les parties latérales du métanotus qui
est étroit avec son scutellum saillant et son bord postérieur
dilaté, mais non en cuilleron.*

*Premier arceau abdominal en dessus, peu rétréci en avant,
presque tout membraneux, son lobe latéral entièrement globuleux, un peu prolongé et comme tronqué en arrière avec le bord*

----

rata? puis une seconde fois sous celui de *Chelonia virginalis*, paraît devoir
faire partie de ce genre, ou d'un sous-genre à côté : la *Gattata*, présente une
trompe un peu plus forte, mais ne paraissant pas servir à nourrir l'insecte,
des antennes simples, en outre la pièce pectorale est plus large, les côtés
du métathorax en dessus plus larges, plus excavés et la marge postérieure
qui se continue avec l'attache de l'aile, plus dilatée; pour le reste et même
pour la forme des parties génitales externes, elle diffère peu de notre *Nemeo-
phila*; de même que la *Phalaenoïs*, elle peut avoir les ailes inférieures, tantôt
noires (*Agarista guttata*, Boisd.), tantôt presque toutes jaunes (*Chel. virginalis*, Id.).

Cette espèce prouve combien il est difficile de circonscrire les genres chez
les Chélonides qui, presque toutes, outre les caractères génériques apparents,
présentent quelque caractère organique particulier, à l'exception de ceux tirés
des nervures et qui sont peu variables.

antérieur un peu dilaté par en bas, non échancré, laissant une ouverture assez large sensible par en dessus ; deuxième segment saillant sur les côtés, ayant en dessus une partie latérale saillante, divisée par une rainure, huitième très-grand en dessus, concave, obliquement et profondément échancré par en dessous, où il se trouve très-rétréci, pince très-allongée.

Ailes grandes, lanière pour retenir le frein, longue, étroite ; seconde nervure des supérieures donnant quatre rameaux dont le premier et le deuxième peu éloignés, le troisième pouvant former une aréole avec le précédent, quadrifide, naissant avec le suivant de l'angle de l'aréole, troisième ayant quatre rameaux, dont le premier éloigné, les trois autres espacés autour de l'angle de l'aréole, celle-ci dépassant un peu le milieu de l'aile, la même aux postérieures ayant son quatrième rameau un peu éloigné sur la nervule ; parties génitales externes recouvertes en forme de capuchon par le huitième segment, stylet peu large à la base un peu crochu, pince d'abord large, puis rétrécie en une partie très-étroite longue, un peu en spatule, contournée par en haut, gaine du pénis allongée, saillante entre la base de la pince.

La chenille est couverte de poils peu longs, variés pour la couleur, et se métamorphose comme celle des *Arctia* dans une coque molle ; la chrysalide, comme la plupart de celles des espèces de cette famille, conserve sa dépouille à son extrémité qui est munie d'une pointe, ses anneaux sont mobiles et sa surface est inégalement ponctuée.

NEMEOPHILA PLANTAGINIS (*), *Linné.*

Elle n'est pas rare dans les parties élevées des montagnes des environs de Grenade.

---

* M. J. Fallou a découvert dans les montages du Haut-Valais une espèce qu'il appelle *Cervini* et qu'il croit devoir placer dans ce genre ; nous pensons plutôt qu'elle se range à côté de la *Quenselii* ; (Ann. Soc. Ent. Fr. 1864. p. 25. pl. 1. f. 2.)

GENRE EUTHEMONIA, Stephens.

Tête médiocre, front non rétréci en avant, peu abaissé, avec les joues saillantes, presque en forme de tubercule, palpes assez longs, droits, dirigés en avant, velus, dont les articles sont presque égaux, spiritrompe grêle, incomplète, antennes biperlées, à dents assez longues, un peu plus courtes vers la base du côté supérieur, très-finement ciliées en dedans et terminées par une soie, denticulées, surtout d'un côté, chez la femelle, yeux assez gros, saillants, dépassant le front en avant, stemmates petits, front et occiput bombés; plis du pronotus renflés, écartés l'un de l'autre; scapules grandes, larges, dépassant l'attache de l'aile, leur apophyse distincte de la base, formant un fort crochet, mésonotus allongé, peu épais, échancré en avant, ayant le scutellum grand, un peu arrondi en arrière avec les côtes obtus, le long desquels remontent ceux du métanotus, dont la marge antérieure, d'abord étroite, s'épaissit en dehors, scutellum de celui-ci étroit, épais, saillant; épimères moyens, un peu plus larges que la face externe des hanches, les postérieurs presque aussi épais qu'elles à leur base; pattes peu velues, longues, assez grêles, épiphyse tournée en dehors, plus courte que le tibia antérieur, les postérieurs longs, avec les deux paires d'éperons assez distantes, ceux-ci assez longs, onglets petits avec une légère denteture, leur pelote ayant des appendices peu longs.

Premier segment abdominal en dessus, plus large que le suivant, avec la division latérale dilatée, globuleuse, un peu prolongée en arrière et sur le côté par en bas, laissant une large ouverture tympanique; huitième segment grand en dessous, pince génitale courte, étroite, bifide, stylet grêle, allongé, courbe, pointu, à base étroite.

Ailes grandes surtout chez les mâles, deuxième nervure aux supérieures donnant trois rameaux dont le second bifide, troisième ayant le premier rameau très-éloigné, les trois derniers également espacés; la même nervure aux inférieures, avec

le quatrième rameau un peu éloigné sur la nervule, celle-ci
en zigzag, deuxième nervure renflée à la base. Femelle ayant
le septième segment abdominal en dessus, large, saillant
sur les côtés, plus étroit en dessous, épais, non sensiblement
échancré.

Chenille comme dans les genres précédents; chrysalide rugueuse à segments mobiles, ayant l'extrémité munie d'une
pointe portant des crochets.

Les mâles diffèrent des femelles, par les ailes plus grandes,
à couleurs plus pâles, ils s'envolent, le jour, dès qu'ils sont
effrayés.

EUTHEMONIA RUSSULA *, Linné.

Trouvée dans les environs de Grenade.

GENRE OMOCHROA, Nobis.

*Tête assez grosse avec les yeux gros et saillants; palpes
allongés, d'abord un peu redressés, puis dirigés en avant,
ayant les deux premiers articles presque égaux, le troisième
plus court, spiritrompe grêle, courte, front un peu convexe,
antennes ciliées, villeuses, subcrénelées avec le premier article
plus épais, stemmates assez gros.*

*Plis prothoraciques médiocres, peu allongés, un peu dépri-
més dans le milieu; scapules ordinaires, obtuses, mesothorax
assez allongé avec son scutellum grand, médiocrement large,
arrondi en arrière; métathorax embrassant complètement le
scutellum précédent, ayant ses côtes, qui sont assez larges,
excavés en arrière avec le bord antérieur épaissi en dehors,
son scutellum étroit, assez épais, la pièce pectorale médiocre, la*

* La *Rufula* de Californie, paraît plutôt se rapprocher des Spilosomes que de
ce genre.

...nérique saillante ; pattes assez longues, l'épiphyse un peu plus courte que le tibia, courbée en dehors, saillante, les deux paires d'éperons rapprochées, onglets ayant une denteture ; premier segment abdominal en dessus, assez large, à peu près aussi long que le suivant, son lobe latéral renflé dans sa partie antérieure qui est assez étroite, puis prolongé en une partie membraneuse étroite, deuxième segment saillant en dessous, sur les côtés et au milieu, huitième large en dessus, presque nul en dessous ; pince génitale rétrécie après la base en une tige très-mince, recourbée par en bas, fourchue, stylet très-court, épais, renflé à son sommet qui est presque bilobé, ayant sa base large.

Ailes assez grandes avec les aréoles larges, dépassant le milieu, deuxième nervure des antérieures donnant trois rameaux dont le premier rapproché de l'angle de l'aréole, grêle, le second quadrifide, troisième ayant son quatrième rameau un peu écarté sur la nervule; la même aux postérieures n'ayant que trois rameaux dont aucun bifide.

Omochroa Spurca, *Nobis.*

Cat. Syst. Lép. And. pl. 4, fig. 3.

Flavo-rufescens ; alis posticis supra obscurioribus ; antennis villosis, subcrenulatis.

De la taille de la *Setina irrorella;* toute d'un jaune-roussâtre, un peu rougeâtre en dessous avec le dessus des ailes inférieures plus foncé. Cette teinte plus rousse est produite par des écailles différentes des autres : les antennes sont grêles un peu moniliformes.

Nous n'indiquons cette espèce, qu'avec doute, du midi de l'Espagne, l'ayant trouvée parmi des restes de Lépidoptères de ce pays, sans nous rappeler l'avoir prise: elle pourrait être exotique; d'après un mâle un peu usé.

GENRE OCNOGYNA, *Lederer* [1]

Tête médiocre, palpes dépassant peu le front, dirigés en avant, très-velus, un peu renflés, à articles presque égaux, spiritrompe petite, imparfaite, antennes assez fortement bipectinées et presque également, un peu épaissies et dentées chez les femelles, surtout d'un côté, ayant le premier article peu long, un peu renflé, yeux médiocres, stemmates petits, front assez large carré, vertex bombé, occiput en partie caché par les plis prothoraciques, ceux-ci assez grands, un peu renflés, un peu élargis à leur bord interne; mesothorax court, épais, saillant sur les côtés, son scutellum grand, large, arrondi en arrière, celui du métathorax assez large et court; épimères moyens plus larges que la face externe des hanches, beaucoup plus étroits au métathorax dont la pièce pectorale est assez grande et la cundique un peu saillante.

Pattes courtes, fortes, velues, ayant les hanches antérieures épaisses, renflées, les tibias assez courts non dilatés avec l'épiphyse presque aussi longue qu'eux, épaisse, tournée en dehors, les postérieurs épaissis avec deux paires d'éperons très-rapprochées, onglets ayant une denteure, accompagnés d'appendices assez longs; premier segment abdominal en dessus, plus court que le suivant, plus étroit, un peu étranglé, sa partie postérieure écailleuse, élevée, son lobe latéral dirigé

---

[1] M. Lederer avait cru devoir remplacer notre genre *Trichosoma*, par celui d'*Ocnogyna*, en y comprenant l'*Henikgena*, à laquelle nous l'appliquons ainsi qu'à la *Zormila*; toutefois ces espèces, qui se rapprochent du groupe de la *Maculosa*, en diffèrent comme les *Trichosoma* et les *Pachylischia*, pour la disposition des larves. Ce nom de genre ne donne point l'idée d'ailes avortées, il veut dire, *femelles paresseuses*, et s'applique assez bien à un groupe dont les femelles ont souvent les ailes moins développées que les mâles; elles se rapprochent aussi beaucoup des espèces appelées *Sordida*, *Luctuosa* et un peu des *Pachylischia*.

en deux parties presque égales, l'antérieure plus saillante laissant une ouverture étroite, deuxième segment saillant sur les côtés et dilaté en dessous, huitième grand en dessus, très-étroit en dessous, entourant des pièces génitales peu saillantes; septième chez la femelle grand, long, non échancré en dessous.

Corps couvert de poils nombreux. Ces caractères sont surtout pris sur l'*Hemigena*, ils se modifient un peu chez la *Zornida* *. Les ailes, d'une largeur médiocre, parfois avortées, ou moindres chez les femelles, semblent n'avoir pas toujours tout leur développement chez les mâles (*Hemigena*).

Chenilles couvertes de poils noirs et parfois fauves sur les côtés, formant une coque étroite et produisant une chrysalide à anneaux non flexibles. Nous pensons que ce genre est près des Trichosomes et a des rapports avec les derniers Spilosomes **.

---

* Dans les genres, il ne peut y avoir de caractères absolus, puisqu'ils ne sont jamais complétement semblables chez deux espèces différentes; le genre est donc une division arbitraire, plus ou moins bonne, selon que les caractères varient plus ou moins dans l'ensemble des espèces; chez les Chelonides surtout, l'instabilité des caractères est telle que, pour les avoir trop divisés, on se trouve presque obligé de faire un genre pour chaque espèce; le système nerveral seul reste toujours à peu près le même.

** On peut y ajouter la *Caste*, Esper, qui s'en éloigne un peu. Les espèces appelées *Maculosa*, Esper, *Simplonica*, Boisduval, *Mannerhemi*, Duponchel, en diffèrent, ainsi que des *Pachyllachia*, par la disposition des taches des ailes supérieures; c'est donc à tort que M. Boisduval écrit pour la *Simplonica* « ate antice ut apud Tr. parasitam » les taches au contraire sont placées différemment, les marges postérieures et antérieures en sont à peu près libres, ce qui est le contraire chez le *Parasitum*; les pièces génitales de celui-ci sont comme chez les Spilosomes, chez la *Maculosa*, pince courte, épaisse, couverte, presque trilobe, avec la partie supérieure prolongée, stylet très-petit, très-court, redressé, presque en zigzag; nous les distinguons sous le nom de *Chelis*.

OENOGYNA ZORAIDA , *Graslin.*

Ann. Soc. Ent. Fr. 1836, p. 56, pl. 17, B.
Catal. Syst. Lep. And. pl. 4, f. 1.

Alis griseo-subroseis; anticis supra maculis quatuor costalibus,
duabus aliis posticis marginalibus, punctis quibusdam striga
que disci, posticis puncto discoidali maculis que marginalibus,
nigris; antennis longe bipectinatim dentatis.

Ailes d'un gris-brunâtre pâle un peu rosé, ou ayant une
teinte d'un roux-fauve surtout à la marge antérieure des premières, celle-ci marquée de quatre taches et d'un point basilaire, la marge postérieure de deux petites taches, le disque
d'une strie et d'un ou plusieurs points ; secondes un peu plus
pâles, ayant un point discoïdal et quatre ou cinq petites
taches pouvant parfois se toucher, noirs ; dessous semblable
au dessus avec la marge antérieure d'un fauve rosé plus
vif.

Corps couvert de longs poils d'un brun varié de gris et de
roussâtre, plus foncé sur le dessus du ventre avec le dessous,
les côtés et l'extrémité plus ou moins teints de rougeâtre et
une bande noire latérale ; pattes antérieures ayant les cuisses
teintes de rougeâtre en avant ; antennes noirâtres avec l'axe
rougeâtre en dessus.

Elle se trouve dans les parties élevées de la Sierra-Nevada
et autres montagnes des environs de Grenade, où nous avons
trouvé plusieurs chenilles avec M. Graslin dont une seule lui
a réussi ; l'insecte a paru le 15 mai.

Cette espèce, a peu près semblable à l'*Hemigena* *, par le
dessin, s'en distingue par des antennes, à dents plus longues,

---

* L'*Oenogyna hemigena* (Graslin *Ann. Soc. Ent. Fr.* 1850, p. 402, pl. 10,
fig. 811), diffère peu de la *Zoraida*, mais les mâles ne paraissent pas avoir
les ailes complétement développées. La chenille, d'après M. Graslin, arrive à sa
grosseur en juillet et août ; elle est noire, couverte de poils de la même cou-

par les ailes plus développées dans les deux sexes, par la chenille dont les poils des côtés sont fauves.

Genre CHELONIA,* *Godart.*

Tête courte, yeux petits, rétrécis par les tempes, palpes droits, dirigés en avant, velus, ayant le dernier article aussi long que le précédent, antennes bipectinées à dents égales, denticulées chez les femelles, stemmates petits, front assez large, non rétréci en avant.

Plis prothoraciques un peu arrondis à leur bord interne, un peu renflés, assez larges; scapules assez grandes très-obtuses, recouvrant à peine l'attache de l'aile; mésothorax épais, large, son scutellum large, arrondi en arrière; métathorax assez large sur les côtés en dessus, borné en arrière par un bord un peu élevé, non en cuilleron, pièce pectorale moyenne, assez étroite, pièce runéique saillante aidant, avec la pièce sous-axillaire, à former une cavité assez profonde; hanches antérieures épaisses, épiphyse large dépassant à peine les deux tiers du tibia, petite chez les femelles, les deux paires

---

leur, plus longs sur les derniers segments, mêlés d'autres roussâtres sur les côtés, avec une raie latérale orangée, interrompue, et un liseré dorsal blanchâtre; elle arrive à sa grosseur en juillet et août, forme dans une excavation, une coque étroite, enveloppée d'une toile légère, et produit une chrysalide d'un brun foncé, terminée par une pointe courte, munie de soies crochues et ayant ses anneaux soudées; l'insecte en sort au mois de mai et habite les parties élevées des Pyrénées-Orientales; M. Graslin ajoute qu'il s'accouple le jour, mais il ne dit point si, en liberté, le mâle vole pendant l'ardeur du soleil à la recherche de sa femelle, ce qui nous paraît probable. Chez le mâle, les pièces génitales externes sont peu saillantes, le stylet très-court, obtus, est assez large à la base; la pince est très-courte, étroite d'abord, puis cylindrique obtuse avec un petit angle en dedans;

* Par le mot *Chelonia*, Godart a voulu reproduire celui d'Écaille, imposé depuis longtemps aux Chélonides par Geoffroy, Engramelle, etc.; nous l'appliquons à l'*Anthérée* à la *Curialis* qui forment un groupe intermédiaire entre les précédents et les *Arctes.*

d'éperons postérieurs grandes, onglets avec une dentelure, pelote ayant des appendices médiocres.

Premier segment abdominal assez étroit en dessus, membraneux, non élevé en arrière, son lobe latéral court, en grande partie renflé, globuleux, un peu prolongé en arrière où il est membraneux laissant une large ouverture, arceau inférieur du deuxième très-large, évasé, dernier très-large en dessus en forme de capuchon, presque nul en dessous, grand chez la femelle, non élargi au sommet ni échancré en dessous.

Ailes grandes, non diminuées chez les femelles ; chenilles à peu près comme chez les *Ocnogyna*, mais produisant des chrylides à anneaux mobiles.

Chelonia Dejeanii *, *Godart*.

— Hist. Lep. IV, Noct. p. 326, pl. 84, fig. 2.
Boisd. Icon. Hist. Lep. p. 127, pl. 59, fig. 13.

Alis anticis fusco vel rufo-ferrugineis, fascia primum longitudinali et postica, dehinc transversa, angulata et maculis

---

* La *Dejeanii* n'a été connue pendant longtemps, que d'après un seul individu, rapporté d'Espagne par le général Dejean, et n'avait pas été retrouvée depuis. C'est d'après des données mensongères, que Godart l'avait indiquée de la Cerdagne française, elle n'a pas encore été trouvée en France. M. Boisduval dans son premier *Index* (1829), cherche à accréditer cette fausse indication, dont il était l'auteur, en l'appuyant d'un nouveau mensonge : « *et ego ex agro ruscinonensi accepi specimen !* » plus tard dans ses *Icones* (1834), il écrit, « la femelle ressemble au mâle » ! mais encore plus tard, dans son nouvel *Index* (1840), il ne l'indique plus que d'Espagne ; enfin dans sa notice sur le général Auguste Dejean, de la collection duquel il avait été le conservateur ! (*Ann. Soc. Ent. Fr.* 1846, p. 55, note 1), il raconte ainsi : « Il fit aussi la découverte, près de Talavera-la-Real, de la *Chelonia Dejeanii*, dont on ne connaît encore qu'un seul individu qui, aujourd'hui, fait partie de notre collection ! » Si nous citons ces contradictions de M. Boisduval, c'est pour montrer que, dès le principe, il songeait à s'approprier cette espèce.

Il ajoute ensuite, que les espèces de la collection Dejean, ont été disséminées

quinque parvis, thoracis margine, abdomine alisque posticis flavis, his rubido marginantis fasciisque duabus e maculis nigris; abdomine flavo, fasciis punctisque nigris.

Cette espèce qu'on avait considérée comme pouvant être une variété de *Curialis*, en est bien distincte et doit peut-être se ranger dans le genre *Arctia*; les ailes inférieures par leur dessin la rapprochent de la *Caja*, mais ne la possédant pas nous n'avons pu vérifier ses caractères.

Dans ces derniers temps, il en a été trouvé, deux autres individus en Espagne, par M. Staudinger, qui a dû commettre une erreur à l'égard de la chenille, en disant qu'elle ne différait pas assez, de celle de la *Curialis*, pour être distinguée.

Nous-même, nous avons vu un autre individu chez M. le docteur Graells à Madrid; il n'existe donc encore, que quatre individus, tous semblables, de cette belle et rare espèce qui, paraît surtout habiter, la partie centrale et les montagnes de l'Espagne.

Genre ARCTIA, *Schrank*.

Tête assez petite, étroite d'avant en arrière, yeux gros, saillants, front assez large, carré, ne dépassant pas les yeux,

---

dans diverses collections (il se garde de citer la nôtre), ainsi que dans la sienne, par l'acquisition qu'il en aurait fait.

Nous donnons à cette dernière assertion le démenti le plus formel, appuyé du reste sur des preuves irrécusables; nous possédons les étiquettes écrites de la main de M. Boisduval, de toutes les espèces de la collection Dejean, acquises par nous, et qui se composaient : des Hespérides qui ont servi à Latreille pour l'article de l'*Encyclopédie Méthodique*, des Crépusculaires, des Bombycides et Chélonines, d'une grande partie des Noctuides et de tous les Micro. — M. Boisduval avait soustrait la *Latreillii* type, la *Dejeanii* qui était remplacée par une *Curialis* portant son étiquette; le *Cestrum* remplacé par l'*Arundinis*; l'*Hadronica*, si rare à cette époque, et une foule d'autres; s'étant ainsi appro-

palpes plus ou moins longs, à articles presque égaux, dirigés en avant, spiritrompe petite, incomplète, antennes plus ou moins bipectinées ou simples, chez les mâles, souvent denticulées chez les femelles, stemmates petits.

Plis du pronotus larges, souvent plus étroits en dehors, renflés, excavés par en dessous en arrière, où ils laissent voir parfois, les deux autres plis qui sont garnis de poils écailleux (Caja, Matronula), scapules allongées, dépassant l'attache de l'aile; mésothorax large, épais, assez court, avec le scutellum grand; métathorax large sur les côtés en dessus, qui forment un bord saillant en avant, épaissi en dehors ou bilobé, puis un peu excavés et déprimés, cernés en arrière par un rebord membraneux parfois en cuilleron (Villica), son scutellum assez épais, pièce pectorale large; hanches antérieures un peu épaissies, les mêmes tibias non dilatés avec l'extrémité anguleuse, ayant l'épiphyse plus courte qu'eux, large, courbée en dehors, tibias postérieurs un peu épaissis avec leurs éperons rapprochés,*

---

* M. Lederer a séparé sous le nom de *Pleretes*, la *Matronula*, dont la spiritrompe est plus longue mais paraissant impropre à nourrir, les antennes simples, les plis postérieurs du pronotus bien sensibles sous le bord postérieur des premiers; les pièces génitales peu différentes, mais dont le stylet présente, ainsi que chez l'*Hebe*, une disposition particulière : sur la partie dorsale, on voit s'élever une sorte de crête longue, épaisse, peu large, très-obtuse, recourbée vers le stylet qui est petit, étroit, obtus un peu crochu, pince présentant en dessus, à sa base, une pointe obtuse; chez l'*Hebe*, la crête du stylet est très-large, débordant sur les côtés, obtuse, épaisse, un peu échancrée au sommet avec une saillie latérale à la base, elle a un peu la forme d'un cœur renversé. Ce caractère rapproche deux espèces bien différentes pour les couleurs, la forme des antennes, la longueur de la trompe ; pour le reste la *Matronula* s'éloigne peu de la *Caja*.

On peut séparer sous le nom de *Gramusia* la *Quenselii* (Paykull), qui a des rapports avec la *Plantaginis*; ses yeux sont petits, la deuxième nervure aux supérieures fournit quatre rameaux séparés, et le premier rameau de la troisième nervure, aux inférieures, est rapproché des autres : la *Dahurica*, que nous ne connaissons pas, paraît faire partie de ce genre.

couchés, épais, inégaux, dernier article des tarses plus long que le précédent, onglets bifides, appendices de la pelote plus ou moins longs; premier segment abdominal en dessus, assez large, un peu plus étroit que le suivant, plus court, son lobe divisé en deux parties plus ou moins renflées dont la première, tantôt plus épaisse et tantôt moins, deuxième un peu saillant sur les côtés, huitième assez grand couvrant, par en dessus, les pièces génitales qui sont saillantes, son arceau inférieur étroit, court.

Femelles ayant le septième segment très-grand, épais, divisé sur le côté par un pli produisant une rainure, plus ou moins échancré à son bord inférieur [*].

Ailes grandes et n'avortant jamais chez les femelles; deuxième nervure des supérieures donnant tantôt trois, tantôt quatre rameaux, parfois chez la même espèce (*Caja*), et produisant souvent une aréole accessoire; parties génitales des mâles différant peu dans les diverses espèces, pince grande, large, rétrécie avant l'extrémité, en une partie très-étroite, parfois presque aussi longue que la première, quelquefois en spatule dont un côté est opposé à l'autre en se contournant par en haut, souvent dilatée par en dessous et anguleuse ou divisée à son bord supérieur en une pointe; entre ses branches, au-dessus du pénis, se voit souvent, de chaque côté, une épine obtuse, parfois hérissée, stylet parfois bossu ou surmonté d'une crête et alors très-court, ou simple, plus long, étroit, courbé, pointu, gaîne du pénis épaisse, convexe, peu ou pas saillante. Corps gros, surtout l'abdomen chez les femelles, peu velu; mâles ne recherchant pas celles-ci pendant le jour. C'est dans ce genre que se trouvent les chenilles dont les poils sont les plus longs, ce qui lui a valu son nom, en les comparant à

---

[*] Chez les *Villica*, *Hebe* et *Lapponica* femelles, ces parties anales ont beaucoup de rapport; chez la *Fasciata*, le bord inférieur est peu échancré.

un *ours*. La plupart sont polyphages, d'autres vivent de *graminées* et se nourrissent pendant la mauvaise saison ; elles forment
parmi les débris végétaux, ou dessous, une coque légère,
lâche, molle, enveloppée d'une toile et s'y métamorphosent en
une chrysalide épaisse, un peu rugueuse, terminée par une
saillie ou pointe courte, parfois un peu bifide et souvent munie de soies crochues auxquelles reste accrochée la dépouille,
ayant toujours les segments abdominaux mobiles ; l'insecte se
montre pendant l'été. Quelquefois la chenille de la *Caja* gros-
sit de nouveau si rapidement, qu'elle arrive à sa grosseur à la
fin de l'automne et pourrait paraître deux fois dans l'année.
Nous regardons cette espèce comme le type du genre.

ARCTIA VILLICA, *Linné.*

H. Schæff, Suppl. Bomb. tab. 2, fig. 7, 8, *A. Konewkai.*

Cette variété diffère par ses taches plus larges, dont quelques-unes sont réunies, d'une couleur plus jaune, et en ce
que les taches noires des inférieures, sont plus petites ; la
chenille ressemble à celle de la *Villica* ordinaire, mais les
pattes sont noirâtres au lieu d'être rouges, elle était commune
sur le rocher de Gibraltar, et se trouve aussi à Madrid.

ARCTIA HEBE, *Linné.*

Cette espèce dont la chenille ressemble beaucoup à celle de
la *Caja*, en diffère extrèmement à l'état d'insecte ; elle a été
rencontrée en Andalousie, par MM. Lederer et Staudinger. Les
onglets sont grands, la pelote petite, ne présente pas d'appendices sensibles.

CINQUIÈME TRIBU. **LIPARIENS**

Se réduisant à la famille des LIPARIDES *.

Point de stemmates, antennes courtes, fortement bipectinées avec les deux rangées de dents inégales, un peu écartées l'une de l'autre, celles-ci grêles, longues, biciliées, non renflées, terminées par une petite épine et une ou plusieurs soies dont une presque toujours fléchie presque à angle droit vers la base, diminuant brusquement et ayant l'axe elliptique, bipectinées ou dentées chez les femelles; palpes variables, dirigés en avant avec le premier article un peu abaissé, souvent écartés l'un de l'autre, surtout vers l'extrémité, spiritrompe toujours rudimentaire ou nulle, ou impropre à la

---

* MM. Stephens et H. Schæffer ont réuni cette famille à celle des Chélonides; l'on ne peut nier qu'elles aient entre elles des rapports d'organisation très-rapprochés, soit dans la forme du premier segment abdominal, soit dans celle des pièces génitales, soit dans celle des nervures et même un peu dans les antennes; si l'on compare certaines femelles de ceux-ci avec des mâles de ceux-là, l'apparence dans ces rapports est telle, qu'à première vue, la femelle du *Detrita* ou du *Rubea*, lorsqu'elle est brune, seraient bien plutôt prises pour une Chélonide du groupe de la *Mendica*, que pour une Liparide. Nous croyons pourtant ces deux familles distinctes l'une de l'autre, mais celle-ci doit s'embrancher sur celle-là; les Liparides, diffèrent par le corps des mâles presque toujours plus grêle, par des antennes plus courtes, ayant des dents beaucoup plus longues, plus minces, moins épaisses au sommet, qui est presque bifide, se terminant, d'un côté, par une sorte d'épine penchée en dehors, de l'autre, par une soie courbée vers la base (*Menacho*) ou par plusieurs divergentes, par le scapus toujours plus large, moins cylindrique, par la spiritrompe toujours rudimentaire ou nulle, par le front plus large par en haut, plus rétréci par en bas, prolongé en un épistome saillant, épais, qui est nul chez les autres, et surtout par l'absence des stemmates; par les côtés prothoraciques plus étroits, non déprimés; par la pièce pectorale toujours plus étroite; par la lanière du frein plus courte, plus large et par d'autres caractères organiques, enfin par les couleurs et le dessin complètement différents, et aussi par les mœurs, celles-ci étant surtout arboricoles, celles-là vivant à la surface de la terre.

nutrition; épiphyse tibiale large, très-longue, fléchie chez les mâles; deux plis prothoraciques assez épais, derrière lesquels s'en trouvent souvent deux autres plus longs, minces, descendant au devant du stigmate; espace sous-axillaire très-étendu, membraneux.

Ailes toujours assez grandes chez les mâles, les inférieures n'étant jamais rétrécies, munies d'un frein long et fort qui est multiple chez les femelles; troisième nervure ayant quatre rameaux dont le dernier parfois sur la nervule, mais ne s'avançant jamais jusqu'au milieu; inférieures non dilatées à la base du bord antérieur, ou dans sa longueur, les deux premières nervures toujours écartées l'une de l'autre à la base, puis peu après contiguës ou unies par un rameau à peine visible, très-rarement confondues dans une certaine longueur, la première épaissie à la base, la deuxième toujours bifide à partir de l'aréole ou après; celle-ci sur les deux ailes atteignant ou dépassant le milieu, bord postérieur de l'attache de l'aile plus ou moins dilaté en cuilleron.

Division externe du premier arceau supérieur de l'abdomen le plus souvent modifiée, surtout chez le mâle, pour élargir ou étendre la cavité tympanique qui est toujours sensible; stylet presque toujours saillant en dehors du dernier segment, sous la forme d'une pointe crochue, celui-ci fortement échancré par en dessous et laissant voir une partie des pièces génitales[*].

Larves toujours velues, ayant sur le neuvième et dixième

---

[*] Ne pouvant faire suivre tous les genres d'une manière continue, sans rompre quelques-uns des rapports que les espèces présentent entre elles, après nous être servi de l'échancrure des onglets, et de la divergence des rameaux de la deuxième nervure des premières ailes, comme aidant à disposer plus naturellement ces genres, quatre se sont trouvés exclus de la série; mais à cause de leurs rapports, nous les avons considérés comme un rameau partant du genre *Dasychira* et suivant parallèlement; ce sont les *Penthophera*, *Liparis*, *Psilura* et *Hypogymna*; les deux derniers se liant intimement avec les *Dasychira* et *Micropterogyna*, mais les onglets sont simples comme chez les *Leucosia* et *Lælia*.

segments, un pore vésiculeux rétractile, portant des rangées circulaires de tubercules assez gros d'où partent des touffes de poils; vivant presque toujours sur les arbres, formant entre les feuilles, où les débris, où sous les pierres, une coque parfois assez serrée, toujours molle; chrysalide velue souvent par touffes, surtout sur le dos, terminée par une pointe assez longue, garnie de soies crochues.

RAMEAUX DE LA DEUXIÈME NERVURE DES PREMIÈRES NON DIVERGENTS ;
ONGLETS ÉCHANCRÉS.

GENRE PORTHESIA *, *Stephens*.

Yeux gros, antennes assez grandes, ayant les dents mucronées avec deux soies, dont une plus longue, tournée vers la tête, et

Onglets non échancrés.

* Nous n'avons pas rencontré les espèces suivantes : genre LARSODIA Nobis; antennes rétrécies vers le sommet qui est presque aigu, un peu redressé, ayant les dents très-peu épaisses et échancrées au sommet avec une petite épine tournée vers le haut et une soie assez longue penchée vers la base, celles de la femelle fortement bidenticulées; thorax couvert de poils divergents, cotonneux; pattes fortes, peu velues avec les tarses presque glabres, tibias antérieurs ayant une épiphyse large, épaisse, flexueuse avec l'extrémité tournée en dehors, et dilatée, aussi longue qu'eux, postérieurs n'ayant qu'une paire d'éperons, onglets sans échancrure, munis d'une pelote, ailes un peu dilatées à la marge postérieure des premières, ayant les nervures fortes, deuxième des premières donnant quatre rameaux non divergents, dont les trois derniers rapprochés et le troisième divisé deux fois, troisième nervure courbée, ses trois premiers rameaux très-espacés, le quatrième peu éloigné sur la nervule, celle-ci formant un angle en dedans, angles de l'aréola à peu près égaux; deuxième nervure des secondes bifid après l'aréola, celle-ci ayant son angle postérieur plus avancé, rameaux de la troisième nervure disposés presque comme aux premières; abdomen épais, très-velu à sa base en dessus et à l'extrémité, division externe du premier arceau supérieur, petite, étroite, formant un renflement plus élevé en arrière, partie moyenne, large, fortement rétrécie en avant, ouverture tympanique étroite, deuxième arceau saillant sur les côtés. Premier article des antennes très-court, le dernier article des palpes assez long; pli prothora-

l'autre un peu en dedans, sommet rabattu plus court que les dernières dents, base en dedans et front couverts de longs poils, bipectinées, chez les femelles, palpes avancés, dépassant le front, troisième article bien visible.

Thorax et pattes couverts de longs poils cotonneux peu serrés, étalés, divergents, redressés, dont quelques-uns très-longs.

ciques grands, larges, contigus, amincis en pointe en dehors; scapules grandes prolongées en arrière, espace axillaire très-grand; côtés du scutum du métathorax assez larges ayant la marge antérieure et externe élevée, saillante avec la tache pulvérulente large, triangulaire, scutellum large, court, épimère plus étroit que la hanche, bord postérieur de l'attache de l'aile peu élargi en cuilleron, dernier segment abdominal en dessus (8ᵉ) moins large que le deuxième, tronqué, laissant voir le stylet qui est étroit, court, déprimé, obtus un peu courbé, branches de la pince divisées en un lobe inférieur court, large, terminé en dedans par une pointe et par en haut en une longue tige étroite, courbée en dedans sur les côtés du pénis, pointue, un peu crochue; extrémité anale de la femelle privée de duvet, partie vulvaire très-large, ovoïde, déprimée, bordée de cils, échancrée en dedans par en bas pour le passage de l'oviduc; œufs disposés en plaque sur l'écorce des arbres et recouverts d'une matière écumeuse blanche, luisante. Chenilles déprimées vivant sur la *saule* et le *peuplier*. Insecte ayant les ailes blanches plus ou moins luisantes et cotonneuses. *Leucosia salicis*, Linné.

Genre Lᴇʟɪᴀ Stephens : antennes assez longues ayant l'extrémité rabattue, plus courte que les dernières dents, celles-ci presque échancrées au sommet avec trois ou quatre soies divergentes et parfois d'autres dans la longueur, noires à la base; denticulées chez les femelles, palpes longs, le dernier article bien visible, comprimés, hérissés en dessous, poils du front rabattus sur eux, spiritrompe assez sensible; thorax et cuisses couverts de poils peu serrés; tibias et tarses presque glabres, épiphyse courbée en faucille, plus longue que le tibia, le postérieur ayant deux paires d'éperons assez forts, non velus, presque égaux, la première après le milieu, onglets sans échancrure avec une pelote étroite, saillante; ailes supérieures peu larges, deuxième nervure ayant quatre rameaux non divergents, dont le dernier sur la nervule, le deuxième et le troisième formant souvent une petite aréole accessoire, celui-ci se divisant deux fois, troisième nervure courbée vers l'extrémité, ses quatre rameaux se rapprochant progressivement, aréole peu large, nervule courbée en dedans un peu en zigzag; inférieures assez larges, évidées au bord anté- rieur, les deux premières nervures contiguës dans un point très-étroit, assez loin après la base, troisième ayant le second et le troisième rameau rappro-

celles-ci assez longues avec l'épiphyse aplatie, amincie et courbée avant son extrémité, à peu près aussi longue que le tibia, postérieures ayant deux paires d'éperons, dont les premiers situés au milieu, plus longs, grêles, tarses velus, onglets ayant une échancrure profonde, et une petite pelote; abdomen assez grêle, très-velu, terminé par des poils fauves ou roux, ouverture tympanique assez apparente, division externe du premier arceau supérieur renflée, convexe, ouverte en avant, presque contiguë au thorax ; celui de la femelle cylindrique, un peu épaissi vers l'extrémité qui est couronnée par un bourrelet épais de poils roux pour couvrir les œufs **, qui est nul en dessous.*

Ailes blanches ayant des poils crépus vers leur base, deuxième nervure des antérieures donnant trois rameaux dont un seul avant l'aréole, le deuxième divisé trois fois, troisième courbée au sommet où se trouve les trois derniers rameaux avec le quatrième placé sur la nervule et le premier éloigné des autres, aréole large, nervule peu distincte au milieu;

---

ciées l'un de l'autre, le quatrième éloigné sur la nervule, celle-ci peu sensible, en zigzag, avec son angle interne en avant du milieu, aréole assez grande ayant l'angle postérieur peu avancé, bord postérieur de l'attache de l'aile peu dilaté en cuillère; abdomen assez long peu velu, premier arceau supérieur ayant la partie moyenne, large au moins deux fois autant que son lobe externe celui-ci peu renflé avec le bord antérieur élevé, ouverture tympanique médiocre, deuxième arceau un peu renflé sur le côté en avant, bien plus long que le premier, dernier segment tronqué en dessous, stylet en crochet pointu, large comprimé, plus court, inférieure, simple, formant deux lobes étroits opposés, arrondis au sommet qui est mucroné en dedans, évidés à leur bord interne; femelle ayant la partie mâle nue, et l'oviduc un peu saillant; insecte blanc, ou roussâtre sur les supérieures et les pattes couleur d'ocre pâle. *Llia canora*, Hübner.

* Cette échancrure est produite par la base de l'onglet qui, dilatée, amincie, large, se continue ainsi jusqu'au delà du milieu, où elle cesse subitement en laissant entre elle et la partie externe une fente profonde et assez large; avant de cesser, la dilatation est un peu plus forte et forme un petit angle, le reste de l'onglet est courbé et rabattu sur elle (*V-nigrum*).

** Ce duvet ne sert point à garantir les œufs du froid, puisque les chenilles naissent pendant l'été, mais plutôt de la chaleur ou des insectes destructeurs.

première et deuxième nervure des inférieures rapprochées,
ou se touchant assez loin après la base, première bifide après
l'aréole, troisième trifide, un des rameaux moyens devenant
ramuscule, et le quatrième éloigné sur la nervule (*Chrysor-
rhœa*) ou trifide, le quatrième ayant disparu (*Auriflua*).

Yeux très-saillants ; plis prothoraciques étroits, écartés l'un
de l'autre ; scapules assez grandes, un peu prolongées en
dehors, avec un crochet large assez court, peu aminci au
sommet ; bord postérieur de l'attache des secondes ailes un
peu dilaté, non en cuilleron ; dernier segment abdominal non
allongé par en haut, stylet court, étroit, un peu épaissi au
sommet, courbé, pince simple, à branches allongées plus ou
moins rétrécies vers le sommet, dilatées par en bas ; partie
anale, chez la femelle, un peu saillante, septième segment portant le bourrelet, très-rétréci.

PORTHESIA CHRYSORRHOEA, *Linné.*

Sepp. V, tab. 28.

Presque toute blanche avec quelques parties noirâtres et
parfois des points noirs sur les supérieures, dont quelques-
uns plus nombreux, indiquent une ligne marginale et les
croissants discoïdaux.

Habite l'Andalousie. Chenilles causant de grands dégâts
dans les bois et les vergers, naissant dès le mois de juillet,
et se réunissant en société dans une toile assez serrée, enveloppant quelques feuilles dans lesquelles elles se tiennent et dont
elles mangent le parenchyme.

Elles passent ainsi, sans grossir, la mauvaise saison, atten-
dant les nouvelles feuilles pour se développer. Ce sont celles
dont la destruction est obligatoire, et dont, au premier printemps, on voit les toiles sous forme de paquets blanchâtres
placés à l'extrémité des rameaux.

PORTHESIA AURIFLUA, *Syst. Verz.*

Supp. V, tab. 22.

Presque toute blanche comme la précédente; se reconnaît de suite à l'extrémité anale entièrement fauve, tandis qu'elle est blanche en dessous, chez l'autre; présentant, en outre, beaucoup d'autres différences, surtout organiques; chenille très-différente, vivant surtout dans les bois sans faire de dégats; rencontrée par M. Staudinger[*]

Caractère essentiel.

[*] Nous n'avons pas trouvé les soixante... pour l'insecte Stephens : yeux gros très-saillants, antennes redressées au sommet qui est aigu, ayant les dents garnies avec une soie assez courbe insérée vers la tête, la rangée postérieure beaucoup plus longue surtout vers la base, celle-ci ne présentant pas de touffe de poils sensible, palpes droits minces, peu velus, un peu redressés, dépassant à peine le front; thorax épais, surtout chez la femelle, revêtu d'assez longs poils cotonneux; pattes courtes, couvertes de poils peu longs jusque sur les tarses, maculées de noir, les antérieures plus courtes, ayant l'épiphyse épaisse velue, bordée en dehors, moins longue que le tibia, postérieures munies de deux paires d'éperons médiocres, la première placée au milieu du tibia, dernier article des tarses un peu dilaté, surtout par des écailles, quelquefois avec une échancrure et une pelote saillante; ailes grandes, larges, blanches, couvertes d'écailles peu serrées; deuxième nervure des antérieures ayant quatre rameaux rapprochés, parallèles, dont le troisième formant avec le second, une aréole accessoire étroite non existante, troisième un peu courbée vers son extrémité ayant ses rameaux séparés avec les deux derniers plus rapprochés sur l'angle de l'aréole, celles-ci dépassant le milieu de l'aile avec l'angle postérieur plus avancé, nervule courbée ...; deuxième nervure des postérieures bifide après l'aréole; troisième ayant ses trois derniers rameaux sortant de l'angle de l'aréole qui est large et très-avancé au delà du milieu de l'aile, nervule en zigzag, d'abord transverse, puis concurrente, ensuite oblique en avant avec l'angle antérieur très-court.

Abdomen assez épais, couvert de poils épais à la base en dessus et de petites touffes lâches, terminé par des poils assez longs; chenilles vivant sur les arbres, produisant une chrysalide glabre.

Tête assez large, yeux rapprochés en avant avec le bord du front très-court, celui-ci large par en haut, un peu échancré par le vertex qui est bombé, étroit, occiput très-court, scapus assez épais, premier article des palpes petit, second...

RAMEAUX DE LA DEUXIÈME NERVURE DES PREMIÈRES DIVERGENTS;
ONGLETS NON ÉCHANCRÉS.

GENRE **LIPARIS**, *Ochsenheimer.*

Yeux, petits, éloignés l'un de l'autre, antennes assez longues non prolongées au sommet vers lequel les dents diminuent pres-

grand épais, presque en massue, troisième nul ou insensible; prothorax ayant en dessus quatre plis dont les deux premiers un peu renflés, arrondis au dehors, cachant les deux autres qui naissent plus en côté et descendent beaucoup plus bas au-devant du stigmate; mésothorax assez épais, scapules grandes, médiocrement larges à la base où elles présentent un crochet très-allongé, très-mince vers le bout, prolongées en arrière, au delà de l'épine scutale, peu rétrécies obtuses, scutum peu échancré en arrière avec ses angles obtus, au-dessous desquels existe une fossette bornée par la pièce scutale postérieure qui est saillante, scutellum en losange plus large que long avec ses angles latéraux un peu en pointe et les autres courts, obtus, le postérieur rabattu; pièce axillaire saillante peu étendue, espace axillaire largement membraneux, comme rebordé par la pièce sous-axillaire qui est très-étroite; métathorax ayant les côtés du scutum assez larges, obliques, un peu convexes, déclives, peu échancrés en dehors, n'ayant pas de tache pulvérulente sensible, saillant à sa partie antérieure, scutellum assez large, court, laissant entre lui et le précédent un certain espace, épimère aussi large que la hanche à sa base, pièce pectorale assez large, courte, la cuméjure saillante en arrière, renflée. Abdomen rétréci à son attache, ayant le deuxième segment un peu renflé et large sur les côtés, son premier arceau supérieur bien plus court que le suivant, avec la partie moyenne large, peu rétrécie en avant, l'externe non renflée formant un petit bord antérieur redressé, présentant le stigmate en dehors; ouverture tympanique très-petite, dernier segment prolongé en dessus en un lobe arrondi, presque nul en dessous et laissant à découvert la plus grande partie de la pince, celle-ci assez large et épaisse, rétrécie à l'extrémité, redressée, allongée, dilatée à son bord supérieur, en dedans duquel l'on voit une longue pointe grêle un peu en massue, sa clef à base large, abaissée et rétrécie en une tige étroite, déprimée, un peu redressée, dilatée et un peu bilobée au sommet, pénis large, surmonté d'une pointe recourbée, femelle ayant l'extrémité anale amincie, privée de duvet, avec la partie vulvaire épaisse et l'ovidue pro saillant. *Leucoma v-nigrum,* Esper, t. 40.

Rameaux de la deuxième nervure des premières divergents.

Genre ORGYA, Ochs. *pudibunda* Linné. Nous avons conservé à cette espèce le nom d'*Orgya* comme étant le type du genre d'Ochsenheimer, et comme ayant

*que insensiblement, celles-ci grêles, peu serrées, presque égales
des deux côtés, mucronées, munies d'une soie longue tournée*

---

la même signification que le nom donné à l'insecte par Geoffroy : la *Patte-
étendue*. Yeux grands, antennes un peu prolongées au sommet, aiguës, ayant
leurs dents mucronées avec une soie tournée vers la base, ciliées-épineuses,
la rangée postérieure bien plus courte, surtout à la base, un peu bipectinées
chez la femelle, palpes dépassant le front, garnis de poils serrés par en bas,
ce qui les fait paraître larges, comme tronqués, poils du front rabattus sur
eux ; thorax épais, couvert de poils touffus, ayant une touffe saillante en
arrière, pattes couvertes de poils formant une bordure épaisse en dehors,
antérieures étendues dans le repos, ayant l'épiphyse épaisse, contournée en
dehors, aplatie et arrondie au sommet, plus courte que le tibia, postérieures
avec le tibia court, sinué, un peu renflé à l'extrémité qui est munie de deux
paires d'éperons aigus, inégaux, ayant le premier article des tarses courbé;
ailes assez grandes, deuxième nervure des premières ayant quatre rameaux dont
les deux premiers éloignés de l'angle de l'aréole, le second et le troisième
formant une aréole accessoire, troisième nervure courbée à son sommet qui se
confond avec la nervule, celle-ci formant un angle très-obtus ; première et
deuxième nervure des secondes, anastomosées dans un point, celle-ci bifide
peu après l'aréole, troisième ayant ses deux rameaux moyens très-rapprochés
à leur naissance, aréoles n'étant pas très-larges, dépassant peu le milieu des
ailes, leurs deux angles presque égaux.

Abdomen non crêté, couvert de poils touffus presque fasciculés, assez épais,
terminé par une touffe de poils, large à la base, partie moyenne du premier
arceau supérieur presque carrée, à peine rétrécie en avant, la division externe
peu renflée, déprimée au milieu, très-rétrécie en avant où elle forme un bord
arrondi et aide à élargir l'ouverture tympanique qui est médiocre, peu profonde ; deuxième segment dilaté sur les côtés, dernier en dessus, d'abord large
puis rabattu, rétréci et trilobé, la partie moyenne en pointe, imitant un stylet,
celui-ci peu développé, pince assez grande, épaisse, denticulée à son bord
inférieur, où elle est plus ou moins bilobée en une pointe inférieure, puis en
un lobe terminal assez large et obtus, épais, convexe ; femelles ayant
l'abdomen épais et long, privé de duvet au sommet. Chenilles n'ayant pas de
panceaux de poils différents sur le premier segment, munies de touffes de
poils et de brosses, vivant sur les arbres. À l'*Orgya pudibunda*, il faut joindre
l'*Abietis*, Syst. Verz, qui s'en rapproche beaucoup.

Genre DASYCHIRA Hübner; antennes prolongées et aiguës au sommet, ayant
les dents postérieures beaucoup plus longues, un peu mucronées à l'extrémité
avec une soie assez ornée plus ou moins penchée vers la base qui est dé-

vers la base; très-finement ciliées, dentées ou un peu bipectinées
chez la femelle, presque hérissées d'écailles en dessus, avec un

---

pourvue de touffe de poils, bidenticulées chez les femelles, spiritrompe très-petite; thorax assez épais et velu, ayant en arrière une touffe élevée, épais chez la femelle; pattes assez longues, velues, antérieures ayant une bordure épaisse de poils allant un peu jusqu'au bout avec une épiphyse tournée au dehors, au moins aussi longue que le tibia, les postérieures n'ayant qu'une paire d'éperons terminale courte. Ailes médiocres dans les deux sexes, deuxième nervure des antérieures donnant quatre rameaux dont le premier et le deuxième éloignés de l'angle de l'aréole, celui-ci formant avec le troisième une aréole accessoire, troisième nervure ayant ses deux derniers rameaux rapprochés, angles de l'aréole égaux, dépassant un peu le milieu de l'aile; deuxième nervure des postérieures bifide bien après l'aréole, troisième trifide, le troisième rameau devenant ramuscule sur le deuxième; abdomen du mâle, mince, terminé par des poils assez longs, tympanum bien sensible, division externe du premier arceau supérieur renflée en forme de coque, ouverte en avant et un peu en bas, cette disposition bien moins prononcée chez la femelle; abdomen de celle-ci très-épais, plus long que les ailes inférieures, terminé par une masse de poils formant un bourrelet autour de l'anus, qui est interrompu en dessous; pince du mâle simple, courte, presque en triangle, stylet très-court épais, courbé, canaliculé en dessus, un peu abaissé au-dessous du dernier segment. Chenilles vivant de *légumineuses*, ressemblant à celles des *Micropteryx*, auxquelles ce genre se lie; *Dasychira selenitica*, Esper; *fascelina*, Linné.

Onglets non échancrés.

Genre PENTHOPHERA, Germar: yeux très-petits, peu saillants, très-éloignés l'un de l'autre, antennes avec l'extrémité rabattue, ce qui les rend obtuses, ayant les dents munies au sommet de trois soies divergentes et de quelques autres dans leur longueur, non-sensiblement mucronées, les deux rangées non écartées l'une de l'autre, à peu près égales; palpes dépassant beaucoup le front, très-hérissés, spiritrompe nulle; thorax couvert de poils peu serrés; pattes assez longues, peu velues, épiphyse mince, grêle, plus courte que le tibia, postérieures munies d'une seule paire d'éperons épais, onglets étroits ayant une pelote; ailes médiocres, peu couvertes d'écailles, noires, deuxième nervure des antérieures donnant quatre rameaux, le deuxième formant souvent avec le troisième une petite aréole accessoire, celui-ci divisé deux fois, le quatrième un peu écarté sur la nervule, rameaux de la quatrième se rappro-

pinceau de poils allongé à la base; palpes longs, un peu
variables, presque aigus, ayant le troisième article bien visible;
thorax mince, couvert de poils peu serrés, hérissés, divergents;
pattes longues, peu velues, les premières ayant une épiphyse un
peu plus courte que le tibia, non courbée en dehors, postérieures
munies de deux paires d'éperons épais, macrones, variables,
onglets sans dentelure avec une pelote saillante; ailes assez
grandes, larges, deuxième nervure des premières courbée au
sommet, donnant trois rameaux dont le deuxième divisé trois
fois, le troisième sur la nervule, celle-ci très-courte peu sensible au milieu, troisième nervure courbée au sommet, avec son
premier rameau très-éloigné des autres, le troisième plus rapproché du dernier que du second, aréole dépassant le milieu de
l'aile, étroite, rétrécie au sommet, deuxième nervure des
secondes bifide dès l'angle de l'aréole, troisième ayant le premier rameau très-éloigné des autres, le deuxième et le troisième
rapprochés, le quatrième assez éloigné sur la nervule, celle-ci

---

chant les uns des autres progressivement; aréole étroite, rétrécie au sommet
par la courbure des nervures, dépassant le milieu de l'aile, nervule courte,
peu visible au milieu; première et deuxième des postérieures confondues
après la base dans un espace assez long, la seconde bifide à l'angle de l'aréole,
celle-ci plus large et plus courte qu'aux premières, nervule longue, en zigzag,
formant un angle interne; troisième nervure ayant ses rameaux disposés
presque comme aux premières, bord postérieur de l'attache de l'aile un peu
dilaté, non en saillie; abdomen mince, velu, ayant en dessus et surtout sur
les côtés, des touffes de poils plus longs à l'extrémité, ouverture tympanique nulle, premier anneau supérieur ayant la partie moyenne étroite surtout
en avant et la division latérale non modifiée. Bord du trou antennaire saillant
en avant; quatre plis prothoraciques bien visibles; scapules prolongées en
arrière au-delà de l'épine scutale, épimères moyens à peine aussi larges que
la hanche; dernier segment abdominal fortement prolongé en dessus, laissant
saillir le stylet qui est étroit, dilaté au sommet, pièce très-courte, tronquée,
presque réduite à sa base, pièce inférieure, échancré en pointe; femelle ayant
les ailes très-petites, avortées, repaissisant les nervures, seulement velues et
ciliées tout autour; abdomen renflé, épais, avec le septième segment arqué,
recouvert en dessus et en dessous d'un duvet très-serré et court. *Pentophora
serva* Linné.

longue, en zigzag, avec la partie moyenne oblique-récurrente, l'antérieure transverse, arcale large, son angle postérieur plus long, dépassant le milieu de l'aile.

Abdomen grêle, assez long et velu avec de petites touffes le long du centre et une terminale, premier arceau supérieur ayant la partie moyenne rétrécie en avant et la division latérale déprimée, membraneuse en arrière, un peu renflée, produisant un bord saillant surtout en côté où elle forme un angle obtus; ouverture tympanique assez petite; abdomen de la femelle long et épais, terminé par un oviduc un peu saillant, large, comprimé, privé de duvet pour couvrir les œufs.

Épistome étroit, gibbeux, front large, scapus peu épais, dernier article des palpes assez long; premiers plis prothoraciques écartés l'un de l'autre, courts, renflés, les autres peu sensibles; scutellum allongé, étroit, scapules courtes, obtuses en arrière, assez larges à la base, avec le crochet d'abord large, puis terminé en pointe fine, épimère à peine plus large que la hanche; côtés du scutum du métathorax larges, obliques, ayant la marge antérieure pulvérulente, pièce alaire visible, non saillante, scutellum étroit, bord postérieur de l'attache de l'aile un peu dilaté, non en cuilleron; dernier article de l'abdomen long, tronqué et échancré à l'extrémité en dessus, laissant voir le stylet qui est en forme de petite pointe courbée au bout, largement échancré en dessous, où l'on voit la pince qui est bilobée avec une base inférieure, arrondie, terminée en pointe, puis très-échancrée et se continuant, par en haut, en une seconde portion en forme de pointe qui se courbe au-dessous du pénis et devient contiguë à celle du côté opposé

LIPARIS RUBEA *, *Syst. Verz.*

God. Lépid. IV, p. 266, pl. 25, fig. 5, 6.

Il a été trouvé en Andalousie par M. Staudinger.

---

* À cette espèce se joint le *Detrita* qui en est très-rapproché, mais qui n'a

GENRE **PSILURA**, *Stephens*.

Il a beaucoup de rapports avec celui d'*Hypogymna*.

Yeux assez gros saillants, antennes un peu prolongées au sommet qui est redressé, contourné, palpes en massue un peu comprimée, dépassant le front, ayant l'article moyen grand, le dernier très-petit, spiritrompe nulle; plis prothoraciques au nombre de quatre, les deux premiers assez épais courts, les autres descendant beaucoup plus bas; thorax assez épais, peu hérissé; pattes ayant les tibias bordés de poils serrés, peu velues sur le tarse, avec l'épiphyse tournée en dehors, égalant le tibia et deux paires postérieures, rapprochées, d'éperons celus mucronés, onglets non échancrés, munis d'une pelote courte. Ailes assez grandes, nervures différant peu de celles des suivants; abdomen médiocre, assez long, un peu déprimé à l'extrémité, terminé, par une touffe un peu aplatie avec plusieurs autres en dessus sur la partie antérieure, celui de la femelle épais, non recouvert de duvet au sommet, muni d'un oviduc qui peut être fort saillant.

Chenilles différant peu des précédentes, vivant sur les arbres.

Le *Monacha*, qui est le type du genre, diffère ainsi du *Dispar* : front large par en haut, beaucoup plus rétréci inférieurement, épistôme gibbeux, yeux bien plus gros, très-saillants; scapule ayant un crochet très-courbé assez court, scutum du mésothorax peu large; épimères postérieurs courts, bien plus étroits que la hanche, scutellum court, assez large. Abdomen ayant la partie moyenne du premier arceau supérieur large, la division externe peu dilatée, en forme de coque, ouverture tympanique assez étroite, deuxième segment

---

plus long que le premier, plus large sur les côtés où il est
saillant. dernier segment long en dessus, mais tronqué.

Les espèces composant ce genre ont l'abdomen plus ou
moins coloré en rouge. L'*Urbicola* Staudinger, figuré par
M. H. Schæffer pour notre *Atlantica*. et celui-ci forment un
groupe un peu différent pour les couleurs et le dessin;
quant au *Lapidicola* du même auteur, l'étroitesse des antennes, si elles sont exactes, ferait croire qu'il n'appartient
pas à cette famille.

PSILURA ATLANTICA, *Nobis.*

Faun. And. pl. 15, fig. 7; et Cat. Syst. Lép. pl. 4, fig. 4.

*Alis cinereo vel fusco-subrufescentibus aut subroseis ; anticis
strigis tribus transversis, sinuatis, lineisque interruptis longitudinalibus sublanceolatis aut angulatis, albido notatis, nigris,
posticis fuscantibus; subtus parte interna pallidiori fasciis
duabus approximatis fuscis; thorace fusco; abdomine rubenti.*

D'un gris-roux un peu rosé ; ailes courtes, un peu arrondies
au bord externe, les supérieures plus ou moins nuancées de
brun avec trois lignes principales, sinuées, traversant la partie
moyenne, dont la médiane moins régulière, marquées de
linéaments longitudinaux dont un, à la base, plus grand et
de traits sagittés divisés par des points ou linéaments blanchâtres qui semblent être les restes d'un liseré dédoublant
les lignes, et deux ou trois autres nuances blanchâtres longitudinales, interrompues, étroites, dont une discoïdale peu
sensible; marge externe portant les traces d'une ligne sinuée,
dentelée en zigzag, et la base, d'une bande raccourcie noire ;
inférieures d'un brun-roussâtre plus pâle vers la base, franges
un peu jaunâtres et luisantes, tachetées de brun.

Dessous nuancé de brun et de roux-jaunâtre un peu rosé,
plus pâle à la partie interne, avec deux bandes plus ou moins
sensibles, dont l'interne plus nette et l'externe nébuleuse;

tête et palpes bruns, ceux-ci peu longs, hérissés ; thorax brun, hérissé, mêlé de poils roussâtres ; abdomen atténué, peu velu, rougeâtre, avec trois ou quatre touffes de poils noirâtres sur la partie antérieure ; pattes et dessous du corps gris, les premières tachées de brun et un peu de blanchâtre ; antennes amincies et allongées au sommet qui est tourné en arrière, ayant l'axe épais, brun en dessus, les dents très-longues d'un cendré roussâtre avec la pointe tournée en dehors et la soie assez longue, dirigée vers la base, un peu bipectinées chez la femelle, touffe de poils de la base peu allongée.

Nous avons trouvé un seul mâle près de Malaga, posé sur un rocher, dans une partie boisée. La femelle, qui en diffère peu, vient d'Algérie ; la partie anale ayant été détruite, nous ne savons si l'oviduc est saillant comme chez le *Dispar*.

GENRE **HYPOGYMNA** , *Hübner.*

Yeux médiocres, saillants, antennes courtes un peu prolongées au sommet qui est tourné en dehors, ayant les dents presque égales, légèrement ciliées, terminées par une épine un peu tournée en dehors et une soie dirigée en dedans, base sans touffe de poils bien sensible ; celles de la femelle, un peu bipectinées, surtout vers les deux tiers de la longueur, palpes droits, un peu redressés, assez longs, peu velus ; thorax assez grêle chez le mâle, court, couvert de poils presque lisses un peu élevés en arrière, épais, hérissés, cotonneux chez la femelle ; pattes velues surtout aux tibias antérieurs, presque glabres sur les tarses, avec l'épiphyse courbée en dehors un peu moins longue que le tibia, les postérieures ayant celui-ci un peu épaissi vers le sommet où naissent les deux paires d'éperons, qui sont épais inégaux , mucronés ; onglets sans échancrure , munis d'une petite pelote.

Ailes assez grandes, deuxième nervure des premières n'ayant que trois rameaux dont un seul avant l'angle de l'aréole, le *deuxième divisé trois fois, troisième nervure très-courbée à son extrémité, formant l'angle postérieur de l'aréole d'où partent les deux derniers rameaux, la même nervure presque semblable aux secondes ailes, celles-ci ni évidées au bord antérieur, ni dilatées à la base, les deux premières nervures unies par un rameau à peine sensible, la deuxième bifide peu après l'aréole, aréole très-courbée aux premières en un angle interne en forme de <, récurrente aux secondes et transverse à sa partie antérieure, aréole de celles-ci plus allongée à son angle postérieur qui dépasse le milieu.*

Abdomen du mâle grêle à peu près aussi long que les ailes inférieures, terminé par une touffe de poils allongés, avec une série dorsale d'autres peu sensibles, ouverture tympanique grande, formée en partie par la division externe du premier arceau supérieur, qui est renflée en forme de coque, un peu prolongée en arrière et plissée et qui s'ouvre en avant et en dehors, bien moins prononcée chez la femelle dont l'abdomen est long, très-épais, garni à l'extrémité d'un duvet roux qui sert à couvrir les œufs, ceux-ci disposés en plaques larges, allongées, sur les écorces.

Chenilles épaisses ayant des rangées de gros tubercules chargés de touffes de poils, sans pinceaux ni brosses * vivant sur la plupart des arbres et se tenant le jour dans les fissures de l'écorce ; formant une coque molle, et une chrysalide couverte de touffes de poils.

Tête médiocre ; front large, n'étant pas très-rétréci par en bas, terminé par un épistome grand, tout à fait inférieur, scapus épais, renflé, s'insérant dans un torulus très-large, vertex très-étroit, gibbeux, marqué d'un sillon, plus long que l'occiput, palpes ayant le premier article court, assez épais, le second grand, le troisième à peine visible pointu, abaissé ; prothorax ayant en dessus quatre plis, les premiers assez épais

---

* On comprend, sous ce nom, des touffes très-épaisses, de poils serrés peu égaux, placés sur le dos.

cachant les deux autres qui sont minces et descendent plus
bas, où ils sont arrondis, en avant se voit l'apparence de deux
autres placés au-devant d'une partie membraneuse, ressemblant
à un cou; scutum du mésothorax assez large et court, ayant
en avant un sillon prononcé, offrant, au-dessous de ses angles
postérieurs, une excavation profonde bornée par la pièce
scutale postérieure, peu échancré en arrière par le scutellum,
celui-ci convexe presque aussi long que large, avec l'angle
antérieur obtus, et le postérieur abaissé, submucroné, scapules grandes, prolongées en arrière et obtuses avec la base
large, échancrée en dehors à la naissance du crochet qui est
long, aminci au sommet, et un peu obtus; pièce axillaire un
peu étendue par en bas, formant un bord saillant, l'espace du
même nom assez grand, membraneux, la sous-axillaire étroite
en forme de rebord élevé, hanche saillante en dessous, plus
étroite que l'épimère qui est convexe; métathorax ayant les
côtés du scutum assez larges, échancrés en dehors, avec la
marge antérieure marquée d'une tache pulvérulente allongée
aiguë en dedans et la partie moyenne déclive, un peu convexe, bordée par la pièce scutale postérieure qui est allongée,
saillante bien visible, bord postérieur de l'attache de l'aile
large, dilaté en cuilleron, épimère aussi large que la hanche,
pièce cunéique très-saillante, renflée.

Abdomen du mâle grêle, aminci à l'extrémité, élargi à la
base par la division externe du premier arceau supérieur, celle-
ci arrondie, convexe, renflée en forme de coque, prolongée en
arrière en une partie membraneuse étroite, avancée par en
haut et en avant sous le bord postérieur de l'attache de l'aile,
ouverte en avant et en côté où elle fait partie de l'ouverture
tympanique, portion moyenne étroite, n'étant pas plus large
que la précédente, un peu plus large en arrière, à peu près
aussi longue que l'arceau suivant, celui-ci ayant une saillie
latérale en avant, dernier segment prolongé en dessus, comprimé à l'extrémité d'où l'on voit saillir le stylet qui est mince,
long, pointu, un peu courbé, fortement échancré en dessous

et très-court, laissant à découvert une partie des pièces génitales ; pince ayant la base courte assez épaisse, formant deux
lames arrondies, se prolongeant en dedans et par en haut, en
deux pointes longues, minces, conniventes à leur sommet, entourant le pénis qui a l'apparence d'une tige écailleuse sortant
d'une gaine.

HYPOGYMNA DISPAR, *Linné.*

Esp. III, Bomb. tab. 38.

Habite l'Andalousie et aussi l'Algérie ; occasionne parfois
de grands ravages dans les forêts.

OSSELETS ÉCHANCRÉS.

GENRE CLETHROGYNA *, *Nobis.*

Nous consignons surtout les caractères qui le distinguent
du genre *Micropterogyna* : *yeux très-petits, très-éloignés l'un*

---

* Ayant rendu le nom d'*Orgya*, au type du genre d'Ochsenheimer, nous
avons divisé les espèces, dont les auteurs modernes l'avaient composé, en
trois groupes ou genres dont les deux principaux, ayant pour types, l'*Antiqua*
d'une part, les *Dubia* et *Splendida* de l'autre, diffèrent plus entre eux que tous
les autres genres de la famille, mais qui semblent s'unir par les modifications
graduelles des espèces du groupe intermédiaire, ce qui a lieu du reste, entre
beaucoup de genres, ceux-ci n'étant, presque toujours, que des divisions ar-
bitraires plus ou moins étendues ou restreintes.

Nous n'avons pas vu l'*Antiqua* pour lequel nous formons le genre MICROPTE-
ROGYNA, et qui doit suivre le *Dasychira selenitica* ; voici ses caractères : yeux
saillants, antennes courtes, obtuses au sommet, qui est rabattu sur les dernières dents encore longues, celles-ci assez grêles, n'étant pas très-serrées,
longues dès la base et jusqu'à l'extrémité, terminées par une petite épine pourhée
vers le sommet et par une soie opposée tournée vers la base, les deux rangées
partant du dessous de l'axe qui est elliptique, assez rapprochées l'une de
l'autre, un peu courbées, premier article n'ayant pas de pinceau de poils
sensible, palpes comprimés, très-velus, dépassant beaucoup le front, spiritrompe rudimentaire ; thorax grêle ayant des poils peu serrés, ceux des scapules longs, divergents ; hanches antérieures assez longues, un peu épaisses
à la base ; pattes assez velues et un peu sur les tarses, tibias antérieurs au
moins aussi longs que les cuisses, très-velus, inermes avec une épiphyse

de l'autre, antennes ayant l'axe peu courbé et les dents termi-
nées par deux petites épines divergentes ce qui les rend presque

---

aussi longue qu'eux, velue, les postérieurs munis d'une paire d'éperons lon-
gaux assez grands.

Ailes larges, deuxième nervure des premières ayant quatre rameaux dont
les trois premiers divergents, le second divisé deux fois, formant avec le
troisième, une aréole assez large, non constante, troisième et quatrième
naissant du même point, troisième nervure courbée à l'angle de l'aréole,
ayant son premier rameau très-éloigné, les trois autres également espacés
autour de l'angle de l'aréole, celle-ci assez grande, allant au moins jusqu'
au milieu de l'aile, nervule courbée en angle rentrant, obtus, quatrième nervure très-rapprochée du bord postérieur, cinquième à peu près nulle; secondes
ailes un peu prolongées vers l'angle anal, arrondies, première et deuxième
nervures d'abord écartées à la base, puis contiguës en un point étroit où elles
s'anastomosent, ensuite divergentes, la deuxième bifide bien après l'angle de
l'aréole, troisième trifide, son quatrième rameau, le nervulaire, éloigné sur la
nervule, celle-ci en zigzag, s'unissant à angle droit aux deux nervures, son
milieu oblique en dedans, aréole assez large ayant l'angle postérieur plus
avancé; abdomen du mâle très-grêle, terminé par un pinceau de poils assez
longs, ayant une touffe sur le deuxième segment et d'autres peu sensibles
sur les côtés, ouverture tympanique peu grande, en partie cachée par l'avancement de la division externe de l'arceau supérieur du premier segment;
femelle ayant les ailes avortées, très-petites, avec l'abdomen énorme, très-
roulé en forme de sac, non munie de duvet pour recouvrir ses œufs qu'elle
dépose en tas sur la coque où elle s'accroche. Chenilles vivant sur les arbres
et arbrisseaux, velues, tuberculeuses, ayant toujours un long pinceau de poils
plumeux sur les côtés du premier segment, un autre sur le onzième, et quatre
brosses placées sur les 4e 5e 6e et 7e; formant une coque molle entrmêlée
de leurs poils et une chrysalide peu résistante, hérissée sur le dos, munie d'une
pointe anale.

Tête assez large, yeux très-éloignés l'un de l'autre, avec des tempes larges,
front très-large par en haut, rétréci en bas avec l'épistome avancé et la face
large, saillante, vertex gibbeux, plus large que l'occiput; prothorax ayant en
dessus deux plis médiocres et les deux autres insensibles; scutum du mésothorax dilaté en arrière dans le sens de l'épine scutale qui est saillante, bombé
en dessus, ayant un sillon en avant, échancré en demi-cercle en arrière,
troisième pièce scutale renflée, bilobée, scutellum épais, convexe, assez
allongé, peu large, ayant ses angles obtus, pièce axillaire saillante peu
étendue, et l'espace du même non membraneux, pièce sous-axillaire très-

bifides, premier article ayant un pinceau de poils en avant, palpes confondus dans les poils de la bouche qui forment une petite saillie en avant, dépassant à peine le front dont les poils s'unissent à ceux-ci; spiritrompe nulle, hanches antérieures courtes, épaisses, presque renflées, les mêmes tibias bien plus courts que les cuisses, peu velus, denticulés au sommet, ayant une épiphyse à peu près aussi longue qu'eux, écartée, peu velue, les postérieurs munis de deux éperons courts.

Ailes assez grandes, les antérieures un peu dilatées à la partie interne du bord costal, leur deuxième nervure donnant quatre rameaux, les trois premiers très-divergents, renfermant deux espaces presque égaux, le second et le troisième formant une aréole accessoire large, troisième nervure ayant les trois premiers rameaux presque également espacés, le troisième sur la nervule, celle-ci formant deux petites courbes sur la même

---

étroite, épimère bien plus large que la hanche, bombée; métathorax ayant les côtés du scutum assez larges, divisés par une dépression, avec la marge antérieure pulvérulente, scutellum peu large, convexe, un peu élevé, bord postérieur de l'attache de l'aile un peu dilaté en cuilleron, pièce cunéique très-saillante en arrière, épimère saillant. Abdomen non rétréci à son insertion, convexe en dessus, division externe du premier arceau supérieur aussi large que la partie moyenne à sa base, en forme de coque excavée en dedans, ouverte par en dessous et en côté, un peu prolongée en arrière, cet arceau plus court que le suivant, mais plus large, dernier segment allongé en dessus où il est dépassé par le stylet en forme d'un petit crochet pointu, très-étroit en dessous où il laisse à découvert les branches de la pince qui sont allongées, courbées par en haut, presque contiguës, profondément divisées en un lobe oblong obtus, et en une longue pointe externe et supérieure, grêle, obtuse, courbées en dedans, et par en haut, pénis écailleux, évasé, *Micropterogyna antiqua Linné* ; à cette espèce se joint le *Gonostigma* Syst. Verz.

Nous formons avec les espèces intermédiaires entre les deux genres, celui de THYLACORYSA comprenant les *Th.* ericœ, Germar, rupestris, Rambur; trinotephras, Saporta; *Aurolimbata*, Guenée. La variété du précédent que nous avons vue chez M. Boisduval, au milieu d'un envoi venant de Sicile et adressé à M. Maillard instituteur, devrait prendre le nom de *Sicana* si, elle était reconnue comme espèce, le nom de *Corsica* ayant été donné, avec intention, d'après une indication mensongère.

ligne et produisant un angle interne peu sensible, lunule du frein large ; postérieures prolongées vers l'angle anal, première et deuxième nervures confondues dans un petit espace après la base, puis la première divergente et la deuxième bifide bien après l'aréole, troisième nervure ayant les second et troisième rameaux assez éloignés l'un de l'autre, celui-ci et le dernier partant presque du même point. Abdomen très-mince, court, assez velu ayant des petites touffes sur la partie inférieure des côtés, terminé par un pinceau, ouverture tympanique grande, premier arceau supérieur ayant la partie moyenne très-étroite à peine plus large en arrière, et la division externe plus large qu'elle, convexe renflée en forme de coque, avec l'ouverture tournée en avant et en côté, femelle aptère, gonflée en forme de sac, pleine d'œufs, ayant tous les autres organes rudimentaires ou nuls, couverte d'un duvet épais qui se mêle avec les œufs et les recouvre ; ceux-ci pondus dans le cocon même, qu'à leur naissance les petites larves percent pour sortir.

Chenille ressemblant à celle des *Micropterogyna*, mais n'ayant pas de pinceaux de poils plumeux, celui du onzième segment remplacé par une petite brosse ; vivant sur les *genêts* ou autres arbrisseaux ; se métamorphosant sous les débris où elle forme une coque ovoïde d'un tissu assez serré mais très-mou.

Clethrogyna Splendida, *Nobis.*

Faun. Ent. And. II, pl. 15, fig. 3, 4, 5, 6, d ; et Cat. Syst. Lep. And.
pl. 2, fig. 4, a, b, c.
H. Schæff. Suppl. II, p. 131, n° 2, tab. 8, fig. 41, et t. 31, f. 163, (var.)
Grasl. Ann. Soc. Ent. Fr. 1836, p. 164, pl. 17, fig. 4, 5, 6,
Orgya dubia *.
Dup. suppl. III, pl. 5, fig. 3, a, b, c ; Ch. pl. 2, fig. 2.

Ochreaceo-flava ; alis anticis supra, macula baseos factisque

---

* Nous présentons ici la diagnose de la *Dubia*, et nous signalons plus bas,
les différences bien tranchées qui existent entre elle et la *Splendida*.

*tribus, duabus exterioribus, macula discoidalique angulata con-
fluentibus, nigris; posticis margine exteriori dilatato, postice
abbreviato, macula discoidali obsoleta fimbriisque anguli
analis rotundati nigris; anticis infra dimidia parte externo
adjacente macula discoidali nigris; fimbria abdomineque
flavis.*

Cette espèce, sur laquelle M. Graslin, qui le premier a rencontré la chenille, a donné des détails étendus, étant encore
confondue avec la *Dubia*, par plusieurs lépidoptéristes, nous
allons mettre en évidence, non-seulement les différences bien
notables que présente le dessin, mais encore celles plus caractéristiques qui se rencontrent sur les organes extérieurs de
l'insecte denudé et qui, nous l'espérons, prouveront avec certitude son authenticité; en les comparant nous désignerons la
Dubia par la lettre A, et nous commençons par la *Splendida* :
plus grande de près d'un tiers, ayant les ailes un peu anguleuses au milieu du bord externe, un peu sinuées avant l'angle
postérieur, surtout aux secondes ; d'une couleur jaune d'ocre
vif sur les quatre ailes et les franges ; ailes nullement anguleuses chez A, aux premières, et peu sinuées aux secondes,
d'une teinte blanchâtre sur les premières et les franges. Des
quatres bandes noires, souvent en partie confluentes, qui tra-
versent les premières, dont une tache basilaire, disparaissant
parfois (fig. cit. H. Schæff. et Grasl.), celle qui vient après
bien plus courbée en forme de S et s'allongeant en pointe sur

---

Clethrogyna dubia, Tauscher; Hübn. Bomb. 201 ; Cat. Syst. Arol. pl. 3. fig. 4.
a, b : *Alis anticis supra pallide subochreaceis, fasciis quatuor, macula discoidali
rotundata, confluentibus nigris, fimbria albicanti; posticis ochreaceis margine
exteriore, late, macula discoidali adjacente abdomineque nigris; anguli analis
producti fimbria flavida; anticis infra margine exteriori maculaque discoidali
sejuncta, subpapillata, nigris.* Les mœurs et l'organisation de ces deux espèces
présentant beaucoup de rapports avec celles composant notre genre *Pachylischia* (olim *Trichosoma corsicum, forticum*), leur modification organique
paraît simplement due à des circonstances extérieures presque accidentelles ;
l'*Aurolimbata* semble s'en rapprocher un peu.

la côte, tandis qu'elle est arrondie chez A; la tache discoïdale qui rend la troisième bande fourchue par sa jonction avec elle, anguleuse et prolongée en dedans; toujours arrondie et nullement anguleuse en dedans chez A; cette bande, presque toujours confluente dans sa partie moyenne avec l'externe, est souvent séparée chez A, ou laisse des traces visibles; bande noire couvrant la marge externe des secondes, s'avançant davantage sur le disque et toujours plus courte vers l'angle anal, tache discoïdale placée très en avant, peu sensible ou nulle, bien marquée chez A; frange de l'angle anal toujours noire ou noirâtre, jaune ou jaunâtre chez A, où le bord interne et l'abdomen sont noirs ou noirâtres, tandis qu'ils sont jaunes ici; bandes noires moins foncées; poils du thorax jaunes, blanchâtres chez A; axe de l'antenne jaune, noirâtre chez A; dessous présentant presque le même dessin et des différences plus grandes; premières ayant les deux bandes externes confluentes et unies à la tache discoïdale qui est anguleuse, et envahissant au moins la moitié de l'aile; chez A, la bande externe, une tache antérieure et la discoïdale très-isolée, presque carrée et un nuage à la base seuls visibles; aux secondes la bande extérieure dilatée, la discoïdale peu sensible et confuse ou se fondant dans une nuance du disque qui tend à l'envahir; chez A, le disque toujours jaune, la bande extérieure plus allongée vers l'angle anal et la discoïdale bien marquée.

Tête * large, front très-large, déprimé en avant, vertical, ayant la partie moyenne saillante, divisée par un large sillon

---

* La forme de la tête dans ces deux espèces présente de grandes différences d'avec celle de l'Antiopa, et au moins aussi grandes que celles qui se voient parfois, d'une famille à une autre; toutefois nous ne les considérons guère que comme accidentelles et n'étant que le résultat d'habitudes et de moeurs différentes produites par les circonstances extérieures; des modifications analogues se rencontrent, chez les Chélonides, surtout dans notre genre *Pachytischia* (olim *Trichosoma*) qui offrent certains rapports d'organisation avec eux...

où se voit en haut, une carène très-fine ; chez A, cette partie
très-différente, présente deux petites cornes ; bord du front
tronqué ne laissant pas voir d'épistome, trous nasals peu sensibles, palpes très-courts, droits, visibles sous le bord du
front, assez épais, jaunes, avec le dernier article très-petit,
pointu ; chez A, bord du front plus étroit avec les palpes noirâtres, plus grêles et les yeux plus petits ; yeux très-petits, cernés par un sillon, occiput plus large que le vertex, gibbeux ;
seulement élevé au bord postérieur chez A ; prothorax ayant
deux plis médiocres un peu renflés et le tibia beaucoup plus
court que la cuisse, avec l'épiphyse longue, dilatée, dont le
bord antérieur est courbé en faucille et l'externe arrondi,
aussi longue que le tibia, celui-ci dilaté et évasé au sommet, à
peine échancré avec le bord supérieur de l'échancrure prolongé en une petite épine, l'inférieur non saillant, arrondi ; chez A,
épiphyse large, dilatée, presque droite, un peu plus courte
que le tibia, celui-ci dilaté et évasé au sommet, ayant à la
partie supérieure une grande et profonde échancrure dont
chaque côté forme un angle épineux, le supérieur plus
allongé ; un peu en crochet * ; mésothorax long, son scutum
ayant en arrière, une échancrure courte étroite, scutellum
convexe, subtriangulaire, avec l'angle antérieur presque nul,
les latéraux courts, le postérieur obtus, scapules courtes,
assez larges, obtuses avec le crochet large, court, sternum
grand, convexe, épimère bien plus large que la hanche, convexe, presque gibbeux, ainsi que la partie inférieure de la
pièce sous-scapulaire qui forme un rebord épais ; métathorax
très-court, ayant les côtés du scutum étroits, très-obliques,
efflorescents à leur marge antérieure, un peu convexes en arrière, excavés chez A, plus obliques ; scutellum très-étroit,
peu épais, saillant en arrière ; chez A, beaucoup plus mince,

* Chez la *Thylacigena aurolimbata*, les tibias sont un peu épineux et courts ;
la femelle présente de petits tubercules d'ailes.

prolongé en arrière, laissant un espace entre lui et le précédent ; côtés du pectus étroits, épimère à peu près aussi large que la hanche, bord postérieur de l'attache de l'aile, dilaté en cuilleron, subtriangulaire ; les quatre derniers tibias un peu épineux, ayant une paire d'éperons courts.

Abdomen court, grêle, dilaté en dessus, à la base, par la division externe du premier arceau qui forme une sorte de coque renflée, saillante, arrondie, s'avançant sur le thorax et s'ouvrant un peu obliquement d'avant en arrière, plus large que la partie moyenne qui est très-étroite surtout en avant, un peu renflée en arrière, dernier segment en dessus, prolongé, comprimé à l'extrémité, d'où l'on voit sortir le stylet en forme de crochet comprimé, pointu, obliquement échancré et très-rétréci en dessous, où le pénis très-épais, écailleux, fait saillie entre les branches de la pince qui est très-petite, allongée, simple, tout à fait inférieure ; chez A, stylet plus court, moins large, surtout à la base, moins comprimé, pince plus longue.

Femelle très-épaisse, obtuse aux extrémités, ayant la bouche et les pattes incomplètes, celles-ci munies d'onglets ; ne présentant aucune trace d'ailes [*] ; revêtue d'un duvet, très-mou, très-épais, très-touffu, peu tenace, que les mouvements de l'abdomen suffisent pour détacher, mêler avec les œufs et les en recouvrir ; partie vulvaire saillante, entourée par le dernier segment qui forme en dessous, une excavation large, limitée par un bord saillant arrondi.

Chenille noirâtre tachetée de jaune soufre avec des tubercules portant des touffes de poils roussâtres, ayant sur les 4, 5, 6, 7 et 11e segments une brosse de poils d'un fauve-brunâtre en dehors, d'un blanc-jaunâtre au milieu, dont la dernière plus petite ; pores vésiculeux des 9e et 10e segments d'un jaune-orangé, pattes d'un fauve-jaunâtre ; tête noire [**] ;

---

[*] Visibles chez l'*Aurolimbata*.

[**] on peut voir d'après nos figures, pl. 3, 4, 5, et 5, a, (le peintre a oublié la brosse du 1er anneau), que les larves de *Splendida* et de *Dubia* ne diffèrent

coque ovoïde, amincie à ses extrémités où elle est claire chez la femelle et deux ou trois fois plus grosse, d'un gris sale ou un peu roussâtre, ayant l'apparence d'un feutre, très-molle, composée d'un peu de soie et des poils de la chenille qui la rendent hérissée, celle de la femelle surtout ; cachée sous les débris végétaux ; chrysalide assez épaisse, luisante, d'un ferrugineux clair, terminée par une pointe déprimée faisant suite à la partie dorsale, portant un faisceau de soies crochues, velue sur le dos où l'on voit quatre doubles fascicules de petits appendices représentant les brosses de la chenille ; celle de la femelle n'étant enveloppée que d'une pellicule.

Cette belle espèce est abondante sur certaines collines et dans les montagnes des environs de Grenade.

SIXIÈME TRIBU. PSEUDOBOMBYCIENS.

Elle renferme cinq familles qui ne présentent pas entre elles des rapports immédiats, et qu'il est difficile de réunir sous des caractères communs, à cause des vides produits par les exotiques, qui pourraient aussi montrer leurs rapports avec d'autres familles.

Première famille. PSYCHIDES .

Ils se distinguent par les caractères suivants : antennes toujours bipectinées, souvent plumeuses ; point de stemmates,

pas moins entre elles, que les insectes ; voici la description de cette dernière : jaune, marquée de stries et taches noires, dont un certain nombre disposées en lignes, ayant des tubercules d'un rouge clair vif, situé au-dessus des fausses pattes, d'un rouge fauve, portant des boufles de poils blanchâtre, mélangés de noirâtres sur les deux premiers segments ; brosses épaisses, grises, la dernière blanchâtre ; stigmates ayant le disque étroit, blanc ; tête d'un jaune fauve obscur, avec le sommet jaune au milieu, et de petites marques noirâtres autour de la bouche ; habite la Russie méridionale.

 M. Boisduval (Gen. et Ind., p. 173) caractérise ainsi sa tribu des Psychides, en y comprenant les espèces qui paraissent faire partie des Tinéides : « Lingua brevis. Corpus villosum. Œr. de Arca. Intalles squamatæ. Antœæ

palpes rudimentaires ; spiritrompe nulle ; deux plis prothoraciques et un scutellum peu prononcés ; tibias antérieurs, plus
longs que les postérieurs, ceux-ci n'ayant qu'une paire d'é-
perons peu sensibles ; épimères moyens plus larges que les
hanches ; abdomen dépassant peu les ailes, ayant le stylet
simple, en forme de plaque large et plus ou moins allongée ;
aréoles divisées par une nervure accessoire.

Femelles tout à fait aptères, vermiformes, ayant les pattes
avortées, s'accouplant sans sortir du fourreau ; chenilles lisses,
vivant dans des fourreaux portatifs ; chrysalides ayant l'anus
crochu et bifide.

Palpes en forme de tubercule, à articles non distincts,
antennes toujours bipectinées, ou crénelées ou plumeuses,
ayant le premier article grand, plus ou moins renflé, le second
très-déprimé, yeux variables, souvent très-petits ; scapules
très-courtes, assez larges, épaisses ; mésothorax assez grand,
avec le scutum allongé, dilaté en arrière, son scutellum grand,
large ; scutum du métathorax assez étroit avec les côtés épais
et la partie moyenne étroite, son scutellum court ; épimères
moyens beaucoup plus larges que les hanches, les postérieurs à peu près aussi épais, saillants en arrière ; pièce pectorale étroite ; pattes souvent assez courtes, les premières
étant plus longues que les postérieures, surtout le tarse, leur
epyphyse grêle dépassant souvent le tibia, les dernières les
plus courtes ; ailes assez larges, les inférieures parfois petites ;
aréole des premières plus ou moins cordiforme en dehors, fortement étranglée avant la base et parfois, dans près du tiers de
sa longueur, dépassant toujours le milieu de l'aile, divisée dans
sa longueur par une nervure accessoire qui se continue souvent
en un rameau * jusqu'à la frange et, qui parfois, se bifurque

---

parra. « Des caractères aussi vagues peuvent s'appliquer à un grand nombre
de Lépidoptères sans désigner aucun groupe.

* Ce rameau, qui part du milieu de la nervule, ne semble pas toujours être
la continuation de cette nervure accessoire, et part quelquefois un peu avant

avant la nervule et divise alors l'aréole en trois parties ; nervure composée antérieure (2me) fournissant trois (*Albida*) ou quatre rameaux (*Villosella*, *Graminella*), et dans ce cas, le troisième est bifide, composée postérieure ayant trois ou quatre rameaux, quatrième nervure souvent sinuée, comme brisée et présentant deux angles opposés qui se prolongent parfois en un rameau, dont le premier, en dehors, ne semble être que la continuation de la cinquième nervure qui, peu après la base, s'unit à la précédente et semble s'en détacher à cet angle, le second produit un rameau récurrent qui s'unit à la nervure accessoire, peu sensible, qui se trouve dans le pli de cet espace.

Ailes inférieures ayant souvent les deux premières nervures libres à la base, et seulement unies par le rameau *

---

ou un peu après son extrémité ; cependant il doit être considéré comme sa continuation et comme un rameau accidentel ou accessoire ; et, il ne faut pas le confondre avec le rameau que nous avons appelé nervulaire, lors-même que celui-ci aurait disparu, ce qui peut arriver, et que l'accessoire eût pris sa place ; ce nervulaire s'unit souvent avec le troisième rameau de la nervure composée postérieure (3me) et il devient ramuscule (*Viciella*), dans ce cas, le rameau accessoire semble être le quatrième de cette nervure, comme chez la *Viciella*, où il part de la nervule bien après l'extrémité de la nervure accessoire, il en est cependant la continuation ; dans la *Calvella*, au contraire, il naît avant la nervure accessoire et chez l'*Albida* il continue cette nervure, mais le rameau nervulaire a disparu.

* M. H. Schæffer, en divisant les Psychides à l'aide de l'aréole discoïdale des inférieures, comprend avec celle-ci l'espace entre la première et la seconde, mais cet espace ne peut faire partie de l'aréole que lorsque la deuxième nervure disparaît ; dans le cas contraire cette aréole est toujours comprise entre la deuxième nervure et la troisième, seules nervures qui d'ordinaire se ramifient, et que nous avons distinguées sous les noms de composées antérieure et postérieure ; au reste, M. Schæffer, indiquant seulement les nervures et leurs rameaux numériquement, a beaucoup restreint la valeur des caractères qu'il aurait pu en tirer, s'il les avait désignées d'une manière particulière.

Je n'en citerai qu'un exemple : dans le genre *Papilio*, le rameau que je nomme nervulaire aux premières ailes, et qui est le quatrième donné fourni par la troisième nervure, se déplace dans le genre *Pieris*, et s'avançant sur le bord de l'aréole (nervule) vient se réunir à la deuxième nervure, ainsi le même

que la deuxième envoie à la première, dans la longueur de
l'aréole, ou la deuxième nulle et absorbée par la première
(*Albida*) qui, alors, ne produit qu'un rameau et borde l'aréole,
celle-ci souvent très-large et rapprochée en avant lorsque la
deuxième nervure manque, traversée par une nervure accessoire, qui peut se continuer en un rameau, plus ou moins
irrégulière et ayant sa partie postérieure prolongée vers la
marge externe; troisième nervure donnant quatre rameaux
dont le dernier devient souvent ramuscule et peut disparaître.
L'espace après cette nervure présente souvent une légère
nervure accessoire ; les deux nervures suivantes sont comme
à l'ordinaire; frein long * assez grêle, maintenu par une
lanière large, courte, éloignée de la base, insérée au-dessus de
la première nervure.

Abdomen assez long, très-extensible à cause de l'étendue
des parties membraneuses transverses et latérales, premier
segment déprimé en dessus, ayant la partie moyenne très-
large et son lobe latéral très-étroit, sans ouverture tympanique, dominé par la partie thoracique qui est renflée en dessus
et en dessous, huitième segment bien sensible, parties génitales externes peu variables selon les espèces, se composant
d'une pince allongée étroite et d'un stylet en forme de plaque ;
corps le plus souvent revêtu de poils épais, longs et très-mous.

Femelles vermiformes, épaisses, ventrues, ayant les trois

---

rameau va d'une nervure à l'autre, présentant de suite un caractère tranché
qui sépare deux familles : dans les *Palgonatides*, il reste au milieu de la
nervule.

Dans ses travaux ptérologiques, M. Lefèvre a aussi le tort en coloriant ses
nervures pour les distinguer, de ne pas donner à ce même rameau, qu'il n'a
pas su reconnaître, toujours la même couleur, n'importe la place qu'il pouvait
occuper; il a ainsi méconnu sa valeur, y étant d'ailleurs pour ainsi dire forcé,
en partant d'une fausse base qui lui faisait séparer les nervures et les rameaux, de chaque côté du pli médian, comme indépendantes les uns des autres.

* Bruand prétend que l'extrémité est parfois munie d'un pinceau de poils,
nous n'avons pas observé cette disposition.

premiers segments en dessus, écailleux, avec les pattes incomplètes, couvertes d'un duvet court qui disparaît facilement; fécondées par le mâle sans sortir de leur fourreau où elles éclosent et dans lequel elles déposent leurs œufs; les mâles volant pendant le jour à leur recherche (1).

Les chenilles sont rases, lisses avec des poils rares et déliés, elles sont d'un blanc sale roussâtre, plus ou moins marquées de noir, écailleuses sur les trois premiers et le dernier segments; les vraies pattes sont grandes et fortes, les autres très-courtes portent une couronne entière de crochets. Elles vivent dans des fourreaux portatifs composés de soie et revêtus de différents débris végétaux, de brins de graminées qu'elles y attachent, et même parfois de grains de terre ou de sable: elles paraissent polyphages quelques-unes semblent surtout manger des *graminées* (*Apiformis*, *Graminella*).

Elles fréquentent surtout les lieux arides, déserts, sablonneux, peu couverts, les landes de bruyères et les bords des bois, passent l'hiver à l'état de larve, se suspendent aux différents corps, lorsqu'elles changent de peau, et pour se métamorphoser; dans ce cas, elles se retournent du côté de l'extrémité anale du fourreau restée libre, pour que, plus tard,

---

* Plusieurs auteurs ont considéré les Psychides comme devant être réunies aux Tinéides, tels que MM. Guénée et Bruand; on ne peut douter qu'elles ne se lient à ces dernières par des caractères organiques et que les espèces appelées *Pulla, Pectinella*, ne forment un passage naturel et ne se rapprochent des véritables Tinéides appelées *Pseudobombycella, Politella*; cependant les premières se distinguent déjà des vraies Psychides par la présence de deux paires d'éperons aux tibias postérieurs, par la forme des femelles, mieux développées, munies d'un long oviducte; se servant de leurs pattes pour sortir et s'accrocher sur leur fourreau. Elles forment une petite famille intermédiaire, déjà distinguée par M. H. Schäffer;

Quand aux vraies Psychides, certains rapports avec les Procrides et quelques Glaucopides à spiritrompe courte, empêchent qu'on ne les éloigne beaucoup de ces familles; nul doute que la connaissance complète des espèces exotiques ne fît découvrir d'autres rapports avec les Zeuzérides, les Hépialides et Limacodides. En écrivant ceci, nous ne pensions pas encore les réunir aux familles suivantes.

l'insecte puisse sortir; après sa sortie la chrysalide reste
engagée dans l'ouverture et en grande partie dehors.

GENRE PSYCHE, Schrank.

*Tête médiocre écartée, comme tronquée en arrière, antennes
très-bipectinées ou plumeuses, peu longues, à dents en barbes
ciliées jusqu'à l'extrémité qui n'est pas terminée par une soie,
ayant le premier article grand, très-renflé par en dessus et en
dedans, trous antennaires larges, très-rapprochés, yeux très-
petits, étroits, saillants, bordés en arrière par les tempes qui
forment un bourrelet saillant, front large, vertex et occiput
étroits.*

*Plis prothoraciques peu sensibles, les postérieurs plus ou
moins visibles, ainsi que le scutellum ; celui du mésothorax
grand, large, en losange; scutellum du métathorax court, plus ou
moins large, ses épimères au moins aussi larges que les hanches
ou plus larges ; tibias antérieurs et postérieurs presque égaux,
les intermédiaires plus longs, tarses antérieurs plus longs que
les autres, surtout le premier article, les postérieurs les plus
courts, onglets non dilatés, simples, ayant la base large sans
appendices ni pelote sensibles; abdomen au moins aussi long
que les ailes inférieures.*

Deuxième nervure des supérieures fournissant quatre
rameaux dont le troisième toujours bifide ou ayant deux
ramuscules [*], troisième donnant aussi quatre rameaux,
aréole cordiforme extérieurement, nervure accessoire ne se
continuant pas toujours au-delà de l'aréole, non fourchue en
dedans [**] : quatrième nervure brisée en deux angles; les

---

[*] C'est un rameau devenu ramuscule, sur un autre rameau.

[**] Nous possédons une Psychide exotique, chez laquelle les barbes des antennes se raccourcissent beaucoup avant l'extrémité qui est presque nue; la
nervure accessoire de l'aréole, aux supérieures qui sont étroites, est longuement bifide et une de ses portions longe la troisième nervure, ce qui

deux premières nervures des inférieures distinctes, la deuxième
envoyant toujours un rameau à la première et parfois s'anastomosant avec elle et se continuant jusqu'à la marge en un
seul rameau, aréole large ayant son angle postérieur très-
avancé vers la marge, traversée par une nervure accessoire
mince ou presque nulle qui peut se continuer jusqu'à la marge
en un rameau qui ne lui est pas toujours contigu sur la nervule, troisième nervure donnant quatre rameaux, dont le
dernier devient souvent ramuscule. Ailes ayant le bord antérieur un peu dilaté ainsi que le bord interne aux inférieures.

Les fourreaux sont couverts de fétus placés dans un sens
plus ou moins longitudinal, jamais en travers.

1. PSYCHE VILLOSELLA, *Ochsenheimer.*

Ged. Hist. Nat. Lép. IV, p. 287, pl. 39, fig. 1, 2; Bru. Mon. Ps. f. 28.
Hübn. Tin. Bomb., fig. 2, *Viciella.*
Dup. H. N. Lép. suppl. IV, p. 61, pl. 56, f. 4, P. *cinerella;*
Br. f. 30.
Esper. Faun. Lep. Volg, Gr. p. 149, 8, *Hirtella?*
Bruand, Mon. Psych. fig. 29? *Nigricantella* (le fourreau, 27.
Febrettella, 32, *Magniferella*, 34, *Magnella* (le fourreau)

Nous ne sommes pas certain que cette espèce habite l'Au-

---

divise l'aréole en trois parties; aux inférieures qui sont petites, courtes, arrondies, la bifurcation se trouve plus au milieu, et la deuxième nervure est
presque absorbée par la première; l'aréole très-large, a son angle postérieur
très-peu saillant et la nervule peu fléchie en angle rentrant; les angles simples,
non dilatés, sont un peu élargis et anguleux à la base. L'insecte est couvert de
poils noirâtres et a les ailes demi-transparentes. Par ses ailes inférieures, il
ressemble aux Glaucopides; mais, selon nous, il se rapproche surtout des Zeuzérides, quoique appartenant aux Psychides. M. Lefebvre, *Ann. Soc. Ent.
Fr.* 1847, pl. ?, f. ?, représente sous le nom d'*Hestiens*, les nervures de l'aile
supérieure d'une espèce à peu près semblable. 1re et 2me nervure inégales

dalousie, ayant cru seulement la reconnaître d'après le fourreau de la chenille *.

2. PSYCHE VETULELLA, *Nobis.*

Cat. Syst. Lep. And. pl. 3, fig. 2, a, b, c.
Duponchel suppl. IV, p. 62, pl. 56, fig. 2. *Febretta.*
H. Schæff. Suppl. II, 2, psych. 2, Bomb. t. 19, f. 105.
Bruand. Mon. Psych. pl. 3, (nervures), fig. 27, **.
Bruand, Ann. Soc. Ent. Fr. 1858, p. 459, pl. 11, 1. fig. 2, 2 a.
Maritimella?

*Alis squamis angustis indutis, subopacis, fusco-fulvidis, fim-
briis fulvo-albidis, nitidis; thoracis pilis griseo-rufescentibus;
antennis plumosis, rufulis.*

---

* Cette espèce est commune dans le Midi de la France et on ne peut douter
que ce ne soit elle que Fonscolombe ait désignée sous le nom de *Febretta*;
du reste sa description est presque nulle et nous possédons la *Febretta* envoyée
par l'auteur à Duponchel, qui n'est qu'une *Villosella!* Nous l'avons reçu autrefois de Léautier de Marseille; il trouvait le fourreau en très-grande quantité
dans la ville même, le long d'un mur du Lycée. Quant au nom de *Cinerella*,
d'abord donné par Duponchel, il désigne aussi la *Villosella* qui, à une époque,
était assez commune dans la forêt de Fontainebleau; elle habite la plus grande
partie de l'Europe.

L'*Ecksteini* de M. Lederer (Bruand la compare à l'*Opacella!*) ressemble
beaucoup à la *Villosella*, surtout par les nervures; elle s'en distingue bien :
par sa taille un peu plus petite, plus grêle, par son corps moins velu et noir
avec les poils du dessous du ventre blanchâtres; par ses antennes plus courtes,
dont les barbes un peu plus longues, surtout vers le bout; par les ailes
presque transparentes, un peu jaunâtres à leur partie interne, seulement
revêtues de poils fins peu serrés. Le stylet est plus étroit canaliculé; le fourreau bien plus grêle est couvert de pailles ou débris bien plus longs, plus
inégaux et bien moins nombreux; elle habite les environs de l'est.

** Nous ne croyons pas que ce soit cette espèce que Bruand ait figuré, mais
seulement la *Villosella*; pour la figure représentant les nervures, elle a été
faite d'après un individu usé de *Vetulella* que nous lui avions communiqué;
il en est de même pour Duponchel, à qui nous avions prêté cette espèce et qui,
la confondant avec l'individu envoyé par Fonscolombe, se servit du nôtre; si

Ailes opaques d'une teinte brun roussâtre, avec un reflet fauve ou doré, couvertes de très-fines écailles, parfois piliformes, selon les parties, avec les franges étroites, d'un fauve-blanchâtre luisant, plus obscur à leur bord interne ; dessous blanchâtre vers le milieu ; corps couvert de poils laineux d'un gris-roussâtre, blanchâtre autour de la tête et du thorax, obscur à l'extrémité du ventre ; antennes assez courtes, très-plumeuses et villeuses, roussâtres ; nervure accessoire de l'aréole se prolongeant jusqu'à la frange.

M. H. Schæffer représente cette espèce, avec les ailes trop étroites, les antennes beaucoup trop grêles, et la couleur mauvaise.

Voici les caractères qui la distinguent, et même l'éloignent un peu de la *Villosella* : paraissant souvent plus petite quoique son fourreau soit plus grand ; teinte des ailes plus fauve, plus brillante avec la frange toujours plus blanchâtre, plus luisante ; barbes des antennes plus longues, plus épaisses et surtout plus villeuses ; poils du corps plus fournis, plus laineux, d'un gris-blanchâtre plus roussâtre surtout au thorax et à la tête ; ailes un peu plus étroites avec le bord antérieur des premières plus dilaté, plus arrondi à la base, leur aréole moins cordiforme à son côté externe, la deuxième nervure donnant son premier rameau plus près de la base, son troisième et quatrième plus rapprochés et naissant presque du même point, et parfois d'une souche commune, nervure accessoire de l'aréole prolongée en rameau [*] ; quatrième rameau de la troisième nervure, toujours ramuscule sur le troisième et souvent assez loin de l'aréole, marge postérieure de l'aile plus étroite, traversée d'avant en arrière par l'extrémité de la cu-

---

donc le nom de *Febretta* devait rester, quoique prêtant à la confusion, il faudrait écrire *Febretta* Duponchel, et non Foncolombe, qui n'a nullement distingué ce qu'il a cru figurer ou décrire.

[*] Nous avons vu par exception cette disposition chez une *Villosella* ; mais dans toutes les espèces les divisions des nervures peuvent varier.

quième nervure après son anastomose avec la quatrième, beaucoup plus courte et non oblique comme chez la *Villosella* ;
secondes ayant l'espace entre la première nervure et la
deuxième beaucoup plus étroit, le premier rameau de celle-ci
très-court, de sorte qu'elle paraît presque s'anastomoser avec
la première, écailles plus larges, plus nombreuses, rendant
les ailes plus opaques ; corps dénudé, d'un rougeâtre obscur
au lieu d'être fauve, tête moins épaisse, avec le front plus
déprimé, noir, ainsi que le thorax en dessus qui a le scutellum
marqué d'une large tache fauve ; parties écailleuses de l'abdomen bien plus obscures, noirâtres, plus étroites, pièce
aplatie du stylet bien plus étroite.

Chenilles avec le corps plissé épais, et la tête grosse
rugueuse, noirâtre, ayant sur le premier segment trois bandes,
et sur les autres quatre séries de taches d'un blanc jaunâtre et
le ventre rougeâtre ; les parties noires des premiers segments
plus foncées ; fourreau souvent très-grand et très-gros, couvert de brins de graminées, bruyères ou genêts nombreux,
coupés à peu près d'égale longueur, placés parallèlement.
Nous l'avons rencontré à une très-grande hauteur et en grand
nombre dans des parties arides de la Sierra-Nevada, sous les
touffes d'un genêt épais à rameaux très-rigides.

La chenille au lieu de le suspendre * à un corps quel-
conque, à l'instar des autres espèces, enfonce dans la terre la
partie antérieure de ce fourreau, dont l'extrémité, comme celle
d'un piquet, est dirigée par en haut.

La chrysalide, plus lisse et moins plissée que celle de la

---

*Nous croyons que cette habitude est peut-être exceptionnelle et due à l'in-
fluence de la localité habitée par cette espèce, où les vents et les ouragans
l'eussent bientôt détruite si elle n'eût trouvé un abri sous des touffes serrées
et dures en s'enfonçant en terre pendant l'état de chrysalide (dans le pot
couvert d'une toile métallique, où nous les avions placées, elles se sont ainsi
enfoncées en terre.

Villosella, est d'un jaune ferrugineux, présentant sur le bord antérieur des segments abdominaux, une série de pointes surtout sensibles, à partir du quatrième ; le bord postérieur en manque.

La femelle est couverte d'un duvet d'un gris blanchâtre qui disparaît facilement. Cette espèce se trouve dans les parties montagneuses des environs de Grenade; elle est rare dans les lieux bas.

3. Psyche Graminella, *Syst. verz.*

Fabr. Ent. Syst. III, 1, p. 481, n° 232. *B. vestita ?*

Cette espèce plus grêle et moins épaisse que les précédentes, a les ailes proportionnellement plus larges, couvertes d'écailles serrées qui les rendent tout à fait opaques et d'un noir rougeâtre ou roussâtre ; elle est aussi moins velue.

Dans la jeunesse de la chenille, le fourreau est couvert de petits débris ou pailles, qui sont disposés un peu en spirale ; plus tard elle le revêt de débris très-inégaux placés dans le sens du fourreau ; d'abord des débris de feuilles souvent presque arrondis et courts, et autres plus ou moins inégaux, puis tout à fait en dessus, des morceaux de paille ou de feuilles, dont quelques-uns sont parfois très-longs, égalant en longueur le fourreau entier; dans cet état il se distingue facilement de celui des espèces précédentes [*].

---

[*] On conçoit que lorsque la chenille se trouve dans certaines localités où les pailles et autres débris ordinaires lui manquent, son fourreau puisse en être fortement modifié, c'est ainsi que nous avons vu en Corse de nombreux fourreaux de *Febulella* le long d'un rocher escarpé au bord de la mer et dans un espace circonscrit et très-étroit où la chenille, forcée de vivre sans pouvoir le quitter, n'avait pour couvrir son fourreau que des débris de plantes marines et pour nourriture des Lotus, pouvant même être ballotée par le flot de la mer; elle avait pour compagne celle du *Pachulischia corsica*, qui s'y reproduisait aussi forcément.

Bruand compare sa *Muynella* à cette espèce, mais la transparence des ailes de l'insecte l'en éloigne; peut-être, de même que le fourreau, appartient-elle à la *Villosella*, celui-ci ne paraît pas venir du midi, étant comme ceux de Fontainebleau recouvert de brindilles d'*Erica vulgaris* ou *cinerea*.

Nous avons rencontré le fourreau de la *Graminella* dans les environs de Grenade *.

---

*Nous comprenons dans ce genre, dont nous avons donné les caractères, les espèces suivantes : *Psyche villosella*, O., *Eckstein*, Led., *Fenella*, Ramb., *Graminella*, S. V., *Opacella*, H. Schäff. (*Zelleri*?, Mann.), *Zelleri* Mann., *Ecksdella*, Nobis; Il faut y ajouter *Inquinata* et *Bonvouloiri*, Led., espèces douteuses pour le genre auquel elles doivent appartenir. Nous considérons la *Zelleri* comme très-distincte de notre *Ecksdella*, que Bruand a rapportée à l'*Opacella* de H. Schäff. (qui serait bien différente de l'*Ecksdella* d'après les nervures figurées par Mann); mais la *Zelleri* n'est peut-être que l'*Opacella*; nous maintiendrons donc le nom d'*Ecksdella*, sous lequel nous l'avions communiquée à Bruand et qu'il a mentionné en décrivant l'*Opacella*, mais qui devrait être remplacé par celui du *Fenella*, Newman, s'il était prouvé que ce fût la même espèce. Voici ses caractères et ses différences d'avec la *Zelleri* : plus grande, plus épaisse; ailes un peu allongées, non arrondies, les supérieures ayant le bord antérieur un peu évidé, moitié transparentes, d'un brun plus foncé aux franges qui sont un peu plus étroites et moins lâches et surtout au bout antérieur; nullement marquées au bord externe de l'aréole, comme chez la *Zelleri*, d'une ou deux petites taches noires, couvertes de petits poils peu serrés, non élargis en écaille; nervures un peu roussâtres à peu près disposées comme chez la *Villosella*, mais l'aréole plus échancrée en recevant deuxième nervure aux secondes, rapprochée de la première et la touchant en un point, l'aréole de celles-ci ayant la partie antérieure de son bord externe coupée obliquement, non anguleuse; corps très-court, velu, avec les poils du ventre d'un brun un peu roussâtre, ceux du thorax et de la tête d'un gris un peu blanchâtre en avant; barbes des antennes au moins aussi longues en proportion que chez la *Villosella*, un peu roussâtres (la *Zelleri* s'en distingue donc de suite, par sa taille plus petite, le thorax beaucoup moins épais, les antennes moins pectinées, les ailes plus courtes, bien plus arrondies, plus teintes, ayant au bord externe de l'aréole deux ou trois petites touffes de poils noirs, par la première nervure des secondes en grande partie rentrée à la deuxième; par la partie externe de l'aréole bien plus anguleuse, etc.; fourreau presque comme chez la *Graminella*, revêtu de débris assez longs, presque égaux.

GENRE **COCHLIOTHECA**, *Nobis*

Tête large, antennes assez longues, hérissées, ayant le premier article peu renflé, bicrénelées, surtout avant leur milieu, après lequel les crénelures diminuent rapidement ou sont peu sensibles, celles-ci ayant la forme de larges dentelures pointues peu longues, yeux convexes, gros, saillants en avant et en

---

L'insecte paraît au premier printemps et habite les bois sablonneux du centre de la France. On sait maintenant que la *Grandiella* n'est que le mâle du *Francontca* pris, par M. Boisduval, pour une Psyché!

On peut détacher du genre *Psyché* une groupe chez lequel les onglets sont dilatés dans la moitié de leur longueur et l'épiphyse tibiale à peu près nulle, les antennes moins inégales, avec les barbes plus épaisses et leurs cils couchés, plus nombreux vers l'extrémité où ils forment presque un plateau (*Viciella*).

Leurs fourreaux sont courts, recouverts de nombreuses pailles placées en travers, et la chenille, avant sa métamorphose, le revêt d'une toile de soie. Ils habitent les lieux arides, les landes et paraissent à peu près polyphages (l'*Apiformis* semble ne vivre que de graminées); ils placent leurs fourreaux sur des corps peu élevés, où ils se trouvent plutôt appliqués que suspendus, et celui de la femelle est toujours plus en évidence que celui du mâle; nous en formons le genre ANCRUS, comprenant: l'*Apiformis*, Rossi; le *Graslinellus* Boisd. (Atra Freyer; H. Schæff.; H. Psych. 101). Le nom d'*Atra* doit être conservé à la figure d'Esper, qui représente parfaitement l'espèce appelée plus tard *Angustella*, H. Sch.; puis *Stomoxella*, Boisd. Le *Graslinellus* se trouve surtout dans le centre de la France et jusques dans les environs de Paris où son fourreau a été autrefois signalé par Geoffroy, qui est cité, à tort, par Treitschke pour le *Viciellus*, étranger à la France; il habite surtout les landes arides. Le *Constancellus*, Millière, qui en est très-rapproché, en diffère par les ailes plus larges, entièrement jaunâtres à la base, dont les rameaux bifurqués des nervures ont une souche plus courte, ou dont les ramuscules redeviennent rameaux par les onglets dont la partie dilatée est plus large; découvert par M. Millière sur le mont Pila près de Lyon et rapporté des environs de Montbouis (Pyr. Or.) par M. Graslin. Les *Stetinellus* et *Fasciculellus* se rapportent aux Viciellus. Nous y ajoutons avec doute le *Detrites*, Lederer.

*dessous ; plis prothoraciques postérieurs visibles, scutellum du
mésothorax saillant, arrondi, étroit, partie moyenne du scutum
du métathorax assez épaissé, un peu déprimée en arrière, son
scutellum épais, étroit, élargi à son bord postérieur.*

*Tibias antérieurs sans épiphyse, ayant une petite épine, les
postérieurs sans éperons avec les tarses un peu épaissis, onglets
ayant la base large, non dilatés dans leur longueur, couverts
par une touffe de poils. Abdomen assez épais vers l'extrémité
avec le premier arceau en forme de disque, le second plus
long, non élargi ni épaissi, pièces génitales courtes, peu
saillantes.*

*Ailes très-minces et très-faibles, un peu plissées, les infé-
rieures ayant les deux premières nervures distinctes, toutes
très-grêles, avec leurs rameaux à peu près comme chez les
Psychés, franges larges.*

Deuxième nervure aux antérieures, donnant quatre rameaux
dont aucun n'est fourchu, avec le premier très-grêle, troisième fournissant quatre rameaux dont les premier, deuxième
et troisième très-distants les uns des autres, les troisième et
quatrième partant du même point, nervure accessoire à peu
près nulle, quoique son rameau soit visible, quatrième nervure à peine brisée ou anguleuse, la cinquième s'unissant à
la base de celle-ci et s'en séparant dans ce point, pour se
porter au bord postérieur, côté externe de l'aréole non cordiforme, borné par une nervule peu sensible; inférieures
ayant la première et la deuxième nervure distantes l'une de
l'autre, deuxième envoyant à la précédente son premier
rameau vers le tiers de l'aréole, celle-ci dépassant à peine le
milieu de l'aile, divisée par la nervure accessoire en deux
parties dont l'antérieure beaucoup plus étroite, surtout vers
le même angle, premier et deuxième rameaux de la troisième
nervure très-éloignés l'un de l'autre.

Corps très-grêle, couvert de poils peu épais, peu longs,
excepté sur l'abdomen.

COCHLIOTHECA HELICINELLA *, *H. Schæffer.*

H. Schæff. Suppl. Bomb. II, p. 21, 40, fig. 108-9.
Bruand, Mon. Psych. p. 78, 49, fig. 49, a, b, *Crenulella.*

Parvula ; alis subopacis, subplicatis, cinereo-rufescentibus, exterius rotundatis ; antennis villosis, in medio crenatis ; corpore nigricanti, villoso ; mesothoracis scutello subgibbo flavo ; abdomine hirsuto.

---

* Cette curieuse espèce a beaucoup exercé l'imagination des Lépidoptéristes, son histoire est un véritable roman ; un très-bon observateur s'appuyant sur des données antérieures, et prenant les aberrations de son jugement pour des faits réels, est venu sérieusement annoncer que : « plusieurs espèces de Lépidoptères pouvaient n'avoir qu'un sexe et qu'ils n'ont jamais eu de *mâles proprement dits !* » M. Millière prétend que ce qu'il avance est le résultat de ses expériences nombreuses et souvent répétées. Il réunit l'*Helicinella* et deux Thécides sous le nom d'*Apterona*, et donne la description détaillée du fourreau et de la larve ; ce qu'il cite de M. Siebold, qui a vu sortir une quantité de petites chenilles vermiformes, se hâtant de construire leur fourreau avec les matières qu'elles rencontraient, aurait dû lui faire penser qu'un mâle avait probablement fécondé la femelle ; mais le merveilleux a beaucoup plus d'attrait que la réalité : aussi M. Millière cite-t-il avec complaisance la partie de la notice de M. Nylander, sur le mâle de la *Ps. helix* de Siebold, où ce naturaliste, comparant la femelle de l'*Helicinella* à celles des Aphidiens, prétend que : « ces individus nourrices portent déjà en naissant, dans leur sein, des germes fécondés qui se développent ensuite, sans plus avoir besoin de l'intervention du mâle ; ces insectes présentent ainsi une véritable *génération alternante* ! savoir, l'un des individus se reproduisant par accouplement, l'autre secondaire, d'individus à organes femelles incomplets, se multipliant sans coopération du mâle, par une sorte de bourgeonnement spontané ! » M. Millière, renchérissant sur ces divagations, ne craint pas de dire qu'il croit avoir acquis la certitude que les naturalistes qui ont cru voir, décrire, ou figurer le mâle de l'*Helicinella* ont été induits en erreur.

Mais ces rêves merveilleux s'évanouissent devant la réalité, plusieurs mâles d'*Helicinella* nous sont éclos, nous l'avons donné à M. Millière, et lui avons montré un fourreau avec la dépouille de la chrysalide à moitié sortie, comme chez les autres Psychides, indiquant avec certitude l'éclosion d'un mâle.

Ce qui a pu donner lieu à des suppositions erronées c'est que l'on recueille, avec les fourreaux de l'année, ceux de l'année précédente, que, pour une partie

Bruand n'a donné qu'une mauvaise copie de l'*Helicinella*, et nous ne l'avons reconnue, dans sa *Cremulella*, que par l'antenne qu'il a figurée.

Les individus que nous avons obtenus sont du Midi, nous ne pouvons donc assurer qu'il n'existe qu'une espèce, cependant nous sommes portés à le croire d'après la similitude des fourreaux ; alors l'espèce serait répandue dans toute la France du nord au midi, et jusque près des glaciers, car nous l'avons trouvée au cirque de Gavarnie. Elle paraît être la plus petite et la plus grêle de nos Psychides, sa taille atteignant à peine celle de la *Plumella*, mais quoique plus mince, ses ailes sont plus larges, et elles ressemble tout à fait, pour l'aspect et la couleur, à la *Calvella* [*], qui est beaucoup plus grande, et dont le fourreau est tout différent.

---

des nouveaux, l'insecte peut être éclos, et que, pour le reste, beaucoup contiennent des parasites et les autres des femelles, et qu'en outre, comme pour la plupart des Psychides, lorsqu'on les soustrait aux conditions dans lesquelles la nature les place, presque toutes les chrysalides périssent ; c'est ainsi que, sur plus de cent fourreaux d'*Eriodella*, il n'est éclos que deux ou trois insectes.

[*] La *Calvella*, Ochs., est une véritable Psychide pour laquelle nous formons le genre Gynea, et dont voici les caractères : tête large, rétrécie, front très-étroit, yeux gros, convexes, dépassant la tête en avant et en dessous, antennes à articles longs dont le premier peu renflé, fortement bipectinées, à dents épaisses velues, surtout à l'extrémité qui est un peu renflée, décroissant lentement vers le sommet où les dernières sont bien sensibles ; plis prothoraciques peu visibles, mésothorax ayant le scutellum un peu gibbeux, partie moyenne du scutum du métathorax assez épaisse, son scutellum large en arrière, peu épais ; épimères moyens beaucoup plus larges que les hanches, les postérieurs à peine aussi larges ; pattes assez longues, les antérieures, les plus longues, n'ayant pas d'épiphyse sensible, les postérieures avec une paire d'éperons peu visibles, onglets dilatés dans leur longueur, terminés subitement par un crochet mince et étroit.

Ailes très-minces et fragiles, grandes, ayant les nervures très-grêles, la deuxième aux premières, ne donnant que trois rameaux dont le second parfois bifidé à l'extrémité, troisième ayant trois à quatre rameaux, le quatrième partant, le plus souvent, d'une souche commune avec la troisième, côte externe de l'aréole

Ailes assez grandes et larges, ayant la membrane un peu opaque et colorée, un peu plissées le long des nervures, d'un gris-cendré un peu roussâtre ou un peu fauve, plus foncé sur les nervures et leurs rameaux, qui sont plus velus, ainsi que

---

nullement surdiforme, celle-ci traversée par une nervure accessoire qui se continue en un rameau; première et deuxième nervures aux inférieures, éloignées l'une de l'autre, celle-ci envoyant son premier rameau à la première dès la base de l'aréole, troisième nervure donnant trois rameaux dont le dernier bifide, aréole dépassant le milieu de l'aile; abdomen assez épais, très-hérissé, stylet concave en forme de plaque, pinces et pénis saillants. *Cynops calvella*, Ochs. — Bruand, Mon. Psych. p. 71, 47. — Hübn., Tin. Bomb. f. 3, *Hirsutella*. — God., IV, p. 288, pl. 29, f. 3, *Ficiella*. Cette espèce a été méconnue par plusieurs auteurs; Bruand la décrit bien, mais la figure de Godard est meilleure, seulement il y joint un fourreau étranger; on peut douter des figures de Duponchel, Suppl. IV, pl. 56, fig. 7, 8. De moyenne grandeur, mais très-grêle; ailes grandes, les premières obtuses, les secondes arrondies, leur membrane, un peu opaque par sa coloration, d'un gris cendré un peu roussâtre, devenant presque roussâtre avec le temps, plus foncées au bord antérieur qui est plus velu, ainsi qu'aux nervures où elles sont plissées, ce qui produit presque des bandes, comme chez l'*Helicinella* et la *Planistrella*, couvertes de poils fins assez longs, assez épais, surtout sur les nervures et la côte, grisâtres ou un peu brunâtres, franges longues, claires (tous les poils, tant des ailes et des franges que du corps, à l'exception de l'abdomen, très-caducs); antennes d'un cendré roussâtre, ainsi que les pattes; corps roux, couvert de poils assez longs, peu serrés, d'un gris pâle; abdomen plus court que les ailes inférieures, revêtu de poils longs, serrés, comme verticillés, ou séparés à chaque segment, surtout sur les côtés, plus persistants que partout ailleurs, d'un gris-brunâtre pâle, premier segment plus court que le suivant, pièces génitales saillantes. Le fourreau, allongé, un peu grêle, ressemble un peu à celui de la *Grammella* pour la forme, mais il est beaucoup plus petit; il est couvert de débris végétaux variés, inégaux, placés plus ou moins obliquement et même en travers, de sorte qu'il tient le milieu entre les fourreaux à pailles transverses (*Apiformis*) et ceux à pailles longitudinales (*Villosella*); Bruand le figure mal et trop court.

La chrysalide est assez épaisse, d'un brun ferrugineux, peu différente des autres, avec l'enveloppe des yeux très-large. Cette espèce habite les bois clairs et entre mêlés de bruyères, où elle n'est pas rare; elle se suspend en juin et paraît en juillet. On est surpris des rapports qui existent entre les genres *Cochliotheca* et *Cynops*, lorsque l'on examine l'extrême différence des fourreaux.

le bord costal, revêtues de poils déliés assez nombreux, un peu hérissés (ce qui donne à la loupe l'aspect d'un feutre), disparaissant facilement, d'un gris pâle un peu fauve, ainsi que les franges qui sont larges. Corps d'un brun-roux couvert de poils gris peu serrés, avec le scutellum du méso-thorax jaunâtre, saillant; abdomen couvert de poils d'un gris un peu fauve, plus épais, comme verticillés; pattes et antennes ayant des poils courts et serrés, dentelures de celles-ci commençant au quatrième article et augmentant rapidement jusqu'au neuvième ou dixième, puis diminuant de même et disparaissant dans les poils vers le quinzième ou seizième, devenant insensibles dans le dernier quart de l'antenne.

Le fourreau a la forme d'une petite hélice subconique pré-sentant à peu près trois tours de spire ou un peu plus; il est composé de petits grains de terre ou de sable fin liés d'une manière uniforme qui le rendent peu rugueux; le sommet est étroit, augmentant de grosseur jusque vers la base qui, elle-même, s'amincit; il est mou, peu solide, de sorte que la chrysalide, qui est courbée comme lui, le déchire un peu au dessous de la moitié de sa longueur, dans le sens de la spire, et reste assujettie, et aux deux tiers sortie, après l'éclosion de l'insecte.

Elle est d'un ferrugineux pâle, un peu obscur à l'extrémité, avec l'enveloppe des yeux noire et large. M. Bellier, qui l'a prise en Sicile, dit qu'elle vole de très-bonne heure, peu après le lever du soleil *, en France, elle éclôt à la fin de juin et dans le mois de juillet; la chenille, qui paraît polyphage, vit à terre jusqu'au moment de sa métamorphose et alors elle grimpe parfois très-haut pour s'attacher aux rochers, aux mu-railles, aux arbres et même à de petites tiges; elle est surtout

* M. Bellier suppose, par erreur (Lép. de Sic. Ann. S. Ent. 1861, p. 600), que les fourreaux figurés par M. H. Scheffer et Bruand n'appartiennent pas à l'*Heliciella*, seulement ils sont tronqués.

très-commune dans le Midi et en Espagne , où l'on rencontre son fourreau dans les champs, sur le tronc des oliviers.

GENRE **PTILOCEPHALA** *, *Nobis.*

Tête aussi large que le thorax avec le front très-large, yeux petits débordés en arrière par des tempes aussi larges qu'eux, à réseau prononcé, antennes en panache à barbes très-longues, relativement assez épaisses, ciliées, un peu en pinceau à l'extrémité, premier article presque oeoïde; plis prothoraciques au nombre de deux, assez épais, descendant sur les côtés, séparés par un scutellum saillant, scutum du mésothorax assez allongé, son scutellum petit, peu allongé; métathorax large, ayant le scutellum épais; hanches antérieures épaisses, un peu gibbeuses, épimères moyens plus épais que les hanches, les postérieurs beaucoup plus courts que les hanches, un peu moins épais; pattes grêles, n'ayant pas d'épiphyse sensible, onglets dilatés, surtout les antérieurs, presque jusqu'à l'extrémité, éperons nuls ou peu sensibles.

Ailes vitrées parfois assez petites, surtout les inférieures; deuxième nervure des supérieures donnant le plus souvent quatre rameaux, dont aucun n'est bifide, mais dont les deux derniers s'unissent parfois; aréole non cordiforme au côté externe, ayant une nervure accessoire qui fournit un rameau, quatrième nervure peu brisée, recevant la cinquième après

---

* Nous distinguons de ce genre la *Plumistrella*, sous le nom de SCHOFFERA, qui, par ses ailes opaques, se rapproche des *Gyona calcella* et *Cochliotheca helicnella* et dont l'opacité n'est pas produite par les poils peu nombreux et grisâtres qui les couvrent. Antennes en panache un peu plus longues que chez les *Ptilocephala*, plus grêles ; abdomen en grande partie membraneux, surtout vers l'extrémité, qui est moins chargée de poils, annelé, avec les pièces génitales très-allongées et le stylet recourbé, presque crochu; deuxième nervure des ailes antérieures donnant trois rameaux, dont le dernier bifide un peu avant son milieu, troisième produisant trois rameaux, nervure accessoire de l'aréole nulle, mais son rameau existant, nervures saillantes, franges très-grandes ; poils du corps très-lâches, yeux de la face en toute saillante; ailes

la base, qui se continue un peu avec elle et s'en sépare vers le tiers de sa longueur, en se dirigeant vers le bord postérieur ; première nervure aux inférieures absorbant la deuxième qui est nulle, bordant l'aréole et ne donnant qu'un rameau, troisième fournissant trois rameaux, angle postérieur de l'aréole dépassant à peine le milieu de l'aile.

Corps très-velu, hérissé de très-longs poils qui cachent en partie les pattes et forment une saillie considérable au devant de la tête et à l'extrémité du ventre.

Les fourreaux sont courts, épais, revêtus de pailles placées longitudinalement, ou plus ou moins obliquement, ou même en spirale, étant attachés par une de leurs extrémités, ce qui rend parfois le fourreau hérissé de pailles nombreuses et serrées.

PTILOCEPHALA [*] MEDITERRANEA, *Lederer.*

Bruand, Mon. Psych. 41, *Massiliella.*

Les espèces appelées *Muscella*, *Plumifera* et *Mediterranea* diffèrent peu les unes des autres; chez la *Muscella*, les rameaux

---

vées étroites et allongées, plus opaques et plus obscures que chez aucune autre Psychide, et comme rayées de bandes plus obscures; tarses un peu épaissis, les antérieurs très-courts n'étant pas tous distincts (peut-être sont-ils avortés?) Habite les Alpes.

[*] Le type de notre genre est la *Ptilocephala atra*, Esp. ic. tab. 44, fig. 7; — Devill. Linn. Ent. ii, Lép. Bomb. p. 148-49, (excl. Synon. et ell.); — Dup. Suppl. iv, pl. 56, f. 3, *Hirsutella*; — H. Schaeff. fig. 104, *Angustella*; — Boisd. Soc. Ent. Fr. bull. 1852, Stenoxella; — Bru. Mon. Psych. 39, et 307 *Hirtella*. (Il reconnaît à tort la figure de Duponchel, faite d'après un individu que nous possédons).

Tous les auteurs ont eu le tort de ne pas reconnaître la figure d'Esper, qui est fort bonne et dessinée d'après des individus envoyés par Devillers; ce dernier auteur ajoute, après la description de l'Atra : « in maiali vulgo l'ila frequens, primavere. » Comme on le voit, d'après l'indication de Devillers, il n'était pas difficile de découvrir de nouveau cette espèce. Elle se distingue facilement des autres par des ailes inférieures plus petites, plus étroites et dont l'arête n'a pas l'arête postérieur bien sensiblement plus prononcé que l'antérieur, carac-

naissant autour de l'aréole des premières, produits par les deuxième et troisième nervures, sont tous distincts et isolés ;

être bien rendu par Esper qui n'a pu avoir en vue la *Plumifera* ou *Muscella* ; les ailes ont l'extrémité en ovale et les nervures sont bien plus visibles que chez les précédentes. Le fourreau assez court, oblong, est couvert de pailles parallèles et obliques. Elle se trouve surtout aux environs de Lyon sur le mont Pila, d'où M. Millière l'a répandue ; elle habite aussi les Pyrénées-Orientales, où elle a été recueillie par MM. Bellier et Graslin.

Le premier auteur la désigne et décrit sous le nom de *Bicolorella* d'après M. Boisduval (qui, avant, lui avait déjà donné le nom de *Stomoxella*), Bull. Ann. Soc. Ent. Fr. 1858, p. 130. Sous ce nom de *Bicolorella*, M. Boisduval a nommé trois espèces : la première dans ses Ind. Méthod. 1840, et que plus tard, il n'a plus reconnue ; la deuxième fort différente, qu'il a fait publier par Bruand (Mon. 39), remarquable par ses gros yeux ; c'est une Tinéide, peut être près des *Adela* ; enfin sa troisième *Bicolorella*, n'est que sa *Stomoxella* ou l'*Atra* d'Esper.

Les autres espèces du genre *Phylocephala*, outre l'*Atra*, Esper, sont : les *Muscella*, S. V., *Plumifera*, Ochs. (*Belierella*? Bruand), *Mediterranea*, Led. (*Massiliella* Bruand), *Hirsutella*, S. V., espèces qui ont les plus grands rapports entre elles.

Sicheliella, Bruand, Ann. Soc. Ent. Fr. 1858, p. 464, pl. 2, fig. 3, a? Si elle est identique avec celle que nous devons à l'obligeance de M. Bellier sous ce nom, et venant du Piémont, Bruand a fait les ailes inférieures trop larges, et oublié la première des nervures en les figurant. De la taille de la *Mediterranea* et lui ressemblant, mais ayant les ailes plus étroites, surtout les inférieures qui le sont plus que dans aucune autre espèce du groupe après l'*Atra*, avec les nervures mieux marquées, plus noires, les troisième et quatrième rameaux de la deuxième nervure des antérieures éloignés à leur naissance, et l'angle postérieur de l'aréole des secondes beaucoup plus court, franges un peu plus courtes en arrière, plus larges à leurs naissance et plus épaisses ; barbes des antennes ciliées de poils plus sensibles, plus longs à l'extrémité, plus épaisses, aussi longues, mais plus courtes à l'extrémité de l'antenne qui est aussi plus courte, plus épaisse, ayant le premier article bien renflé. *Kahri* Lederer, Wien. Ent. Mon. 1857, p. 80 : bien distincte. *Tabanella* Boisd. Bruand, Monogr. 42. *Albida* Esp., *Phanosella* Raub., *Malvinella* Millière.

Elles peuvent être disposées en trois groupes : 1° et. *Atra*, *Sicheliella*, *Hirsutella*, *Muscella*, *Plumifera*, *Mediterranea*; 2° *Tabanella*, *Kahri*, 3° *Albida*, *Phanosella*, *Malvinella*. Nous doutons que la *Lescherault* Stand. trouvée dans les Pyrénées appartienne à ce genre.

les ailes sont plus larges et plus arrondies, et le premier article des antennes est plus renflé; chez les deux autres les deuxième et troisième rameaux antérieurs naissent d'un tronc commun court, rarement du même point chez la *Mediterranea*, mais chez la *Plumifera*, il y a toujours un tronc commun; cette dernière est plus petite et n'habite pas le midi.

La *Mediterranea* a été prise en Andalousie, dans la Sierra de Ronda, par M. Lederer, qui nous en a donné deux individus chez lesquels les rameaux antérieurs sont plus grêles que chez les individus de Marseille et de Montpellier, les ailes un peu plus étroites et plus pâles.

Le fourreau est recouvert de petits débris et de diverses parties peu nombreuses, inégales et irrégulières et plus ou moins grosses de végétaux et même de grains de sable, variant selon les localités habitées par la chenille.

TROISIÈME DIVISION DES PTILOCEPHALES.*

SOUS-GENRE HYALINA *Nobis*.

Premier article des antennes presque globuleux; plis prothoraciques peu sensibles; aréole discoïdale des premières assez large, deuxième nervure ne donnant que trois rameaux dont aucun bifide, groupés autour de l'angle antérieur de l'aréole.

PTILOCEPHALA ALBIDA, *Esper*.

— III, tab. 78, fig. 2.
Cat. Syst. Lep. pl. 3, fig. 4, a.
H. Sch. Suppl. Bomb. 110,111 (la *V. Millierella*).
Boisd. Soc. Ent. fr. 1852. Bull. p. 22, *Millierella*.
Bruand, Mon. Psych. n° 23. *Tabanicicinella*, et n°² 24, 25, 26.

Assez commune dans les environs de Malaga en avril.
Cette espèce devient souvent plus obscure dans les mon-

---

* La deuxième division comprend les *Pt. kahri* et *cabanella*.

tagues, telles que celles du mont Pila aux environs de Lyon, qui
ont reçu le nom de *Millierella* et celles des montagnes du midi
de l'Espagne appelées *Lorquinella*. Le fourreau assez court est
couvert de petites pailles et brindilles d'abord très-fines, puis
plus épaisses vers le milieu, nombreuses, placées en long ou
un peu en spirale, et de manière à être divergentes; en avant
elles deviennent très-petites et courtes et la partie postérieure
est nue ou villeuse; ce fourreau est souvent modifié par les
débris que la chenille rencontre, il est surtout déformé par la
mousse dont elle est parfois obligée de se servir. On le trouve
dans les landes arides où il est suspendu aux bruyères.

PTILOCEPHALA PLUMOSELLA, *Nobis*.

Cat. Syst. Lep. pl. 3, fig. 3.

*Fusca; alis subelongatis, vitreis, pilis tenuissimis subindutis,
costaque et fimbria fuscis; antennarum barbulis postice
albidis, nitidis; corpore nigro hirsutissimo, pilis antice griseis,
postice griseo subrufescentibus, subfasciculatis, longissimis.*

Cette espèce a de grands rapports avec l'*Albida*, cependant
elle offre un aspect et une forme d'ailes un peu différents.

Ailes un peu luisantes et bien transparentes, sensiblement
moins larges et plus allongées avec les aréoles plus étroites,
moins rapprochées du bord externe, surtout aux inférieures,
ayant un aspect plus vitré, moins blanchâtre, couvertes de
poils très-déliés, plus nombreux, plus sensibles, noirâtres,
nervures plus distinctes, franges un peu plus prononcées, un
peu plus longues, plus brunes; antennes ayant davantage la
forme d'un panache avec les barbes plus allongées surtout les
supérieures et vers le bout, plus grêles, d'une teinte brunâtre,
un peu roussâtre, un peu dorée sur leur face postérieure,
ayant le premier article plus dilaté; poils du devant de la
bouche plus longs, gris, mêlés de blanchâtre, ceux du ventre
sensiblement plus longs, d'un noirâtre un peu roussâtre.

Scutellum du mesothorax plus étroit, marqué comme chez la *Ps. cetulella* d'une tache rougeâtre ou fauve, formant ici une partie saillante qui manque chez l'*Albida* et la variété *Millierella*, qui s'en éloigne davantage par ses ailes antérieures et leurs aréoles bien plus larges.

Nous l'avons rencontrée en mars sur la montagne de Gibraltar, où elle ne paraissait pas rare.

PTILOCEPHALA MALVINELLA, *Millière.*

— Icon. Chen. Lép. In. 1850, p. 30, pl. 4, fig. 11.

Staud. Ent. Zeit. 1850, p. 211.

Minima, nigra, pilis albidis induta; alis rotundatis, posticis minoribus, subhirtis, fimbriis, costa, antennis, facie, pectoreque fuscis.

Cette espèce, qui a l'aspect de l'*Albida*, est beaucoup plus petite; ses ailes plus arrondies sont couvertes de poils plus nombreux, un peu hérissés, qui les rendent plus opaques; le bord costal et la plus grande partie des franges, qui sont plus larges que chez l'*Albida*, sont bruns; les antérieures sont un peu nuancées de gris en avant, sur la partie externe du disque et sur quelques nervures; les antennes sont brunes avec la partie postérieure des barbes argentée.

Le corps est noir, couvert de poils longs, blancs, noirâtres au-devant de la tête et à la base de l'abdomen, un peu gris sur le thorax.

Le fourreau, semblable à celui de la *Mediterranea*, est revêtu de débris peu nombreux, variés, inégaux, placés tantôt en long, tantôt un peu en travers et de grains de sable.

APPENDICE

Famille des PSYCHIDÉIDES *, *Nobis*.

Canephora, Hubner. Canephorina, H. Schæffer.

Elle diffère des Psychides par les caractères suivants : hanches aussi larges que les épimères; deuxième nervure aux inférieures, ne fournissant pas de rameau à la première ; tibias postérieurs munis de deux paires d'ergots peu éloignées l'une de l'autre; femelles aptères, ayant des pattes complètes ** et l'abdomen terminé par un oviduc très-long, avant lequel les derniers segments sont revêtus de poils serrés ; sortant de leur fourreau, sur lequel elles restent accrochées.*** Chez les mâles, les antennes sont beaucoup moins pectinées que chez la plupart des Psychides (à l'exception des *Cochl. helicinella*

---

* Nous considérons les espèces qui la composent comme formant un passage, ou un rameau, qui unit les Psychides aux Tinéides; mais nous pensons qu'elles ne font plus partie des Psychides. Plusieurs auteurs comprenaient en outre, parmi ces dernières, de véritables Tinéides, telles que les *Talæporia*. A ce sujet Bruand, qui ne s'est jamais fait une idée nette des Psychides, émettait cette opinion ridicule : « Le groupe désigné (*Mon. Psych.*, p. 9) sous le nom de *Talæporia* ressemble bien plus à celui qui a pour type la *Graminella*, qu'à celui que constituent *Albida*, *Plumifera* » on voit, d'après cela, combien cet auteur était peu capable d'étudier la famille des Psychides, M. H. Schæffer met les Psychidéides en tête de ses Tinéides et rejette loin, parmi celles-ci, le G. *Talæporia*.

** D'après M. H. Schæffer, celle de la *Pulla* serait vermiforme; Bruand la figure ainsi, mais sa description peu claire fait penser qu'il ne l'aurait pas vue.

*** Nous séparons des *Epichnopteryx*, la *Pectinella*, avec laquelle nous formons le genre Psychidea, dont voici les caractères : tête médiocre, front large, bouche placée dans une excavation, yeux assez petits, palpes courts, bien distincts, renflés, à dernier article très-petit, ayant des poils en pinceau, spiritrompe nulle, trompes assez larges, antennes bipectinées à dents ciliées des deux côtés, avec le premier article renflé, assez court, et ceux après le second, à peu près d'égale longueur, ailes prothoraciques comprimées, peu visibles, scapules

et *Gymn. culvella*.) avec les articles plus long. Le genre Typhonia a de grands rapports d'organisation avec cette famille, dont il ne peut être éloigné : il en diffère par les femelles qui ont des ailes propres au vol ; les chenilles vivent protégées par de longs fourreaux cylindriques, revêtus de débris pierreux très-fins, nous ne l'avons pas rencontré.

---

rudimentaires ; pattes longues, cuisses et tibias antérieurs plus courts que les postérieurs, ayant une épiphyse plus courte qu'eux, grêle, onglets non dilatés, étroits ; mésothorax court, peu échancré avec le scutellum presque globuleux, saillant ; métathorax large assez épais dans son milieu où il présente une excavation (comme chez les Hétérogynides), ayant les côtés épais, bombés et le scutellum très-étroit.

Ailes grandes, les premières dilatées au bord antérieur, ayant l'aréole grande, large, non étranglée avant le milieu, deuxième nervure donnant quatre rameaux, dont la troisième bifide, troisième produisant trois rameaux ; nervure accessoire de l'aréole fortement bi-fide, donnant un rameau, quatrième non brisée, ni anguleuse, recevant la cinquième à sa base où elle se termine ; inférieures ayant l'aréole divisé en deux parties inégales, dont l'antérieure très-étroite, leur troisième nervure donnant trois rameaux.

Abdomen déprimé, dilaté vers l'extrémité, renflé sous le deuxième segment ; parties génitales externes ayant un stylet en forme de plaque allongée, déprimée au milieu, comme formée de deux branches, dépassant la pièce qu'elle couvre, celle-ci grêle, limitant un espace presque circulaire où se voit le pénis. Corps peu velu ; abdomen non hérissé vers l'extrémité.

Le fourreau nous est inconnu.

Psychidea pectinella, Syst. Verz. — Boisd., Gen. et Ind. 629. — Dup. suppl. IV, p. 71, pl. 56, fig. 10, Ps. *marinella*. M. Boisduval a ajouté à ce nom une petite phrase diagnostique faite de mémoire d'après un individu de notre collection que nous avons rapporté de Montpellier, et qui a servi depuis à M. Duponchel pour la figurer ; il ne diffère de la *Pectinella* ordinaire (alors inconnue à Paris) que par le fond des ailes qui est d'une teinte cendrée plus pâle, et par les franges et une partie des poils des nervures et du bord costal, qui ont un reflet doré plus brillant ; celle appelée *Pellucidella* n'est qu'une variété plus pâle ; M. Graslin a pris dans les Pyrénées-Orientales des individus plus petits et très-pâles. Cette espèce habite toute l'Europe et surtout les parties alpines.

Le genre *Talæporia* s'éloigne davantage des Psychides, surtout par les tibias postérieurs, beaucoup plus longs que les antérieurs, ayant leurs paires d'ergots éloignées l'une de l'autre, par les antennes non pectinées, à articles beaucoup

GENRE **FUMEA**, *Haworth.*

Palpes très-courts, épais, oblongs, à articles peu distincts, premier article des antennes assez long, peu renflé, les autres comme dans le genre Psychidea, longs, peu nombreux, avec les dents grêles, un peu renflées au sommet, plis prothoraciques non visibles; scapules un peu prolongées au delà du bord antérieur de l'attache de l'aile; mésothorax court, large, ayant une excavation sur les côtés du scutellum qui est étroit; métathorax ayant ses côtés larges, épais, presque gibbeux, avec le scutellum étroit, dilaté en arrière; hanches saillantes et renflées au bord inférieur, les antérieures un peu renflées, les moyennes plus larges que les épimères, les postérieures beaucoup plus larges que ceux-ci, qui sont rejetés en arrière où ils forment un bord saillant; tibias postérieurs renflés, plus ou moins hérissés; abdomen couvert de poils serrés surtout vers l'extrémité. Ailes assez larges, velues ou couvertes seulement d'écailles, nervure accessoire de l'aréole des supérieures bifide.

Le fourreau est revêtu de pailles longitudinales peu nombreuses.

FUMEA PULLA, Esper.

— III, tab. 44, fig. 8.

Elle se trouve dans les environs de Grenade. Cette espèce, qui est le type du genre, diffère un peu des autres par ses ailes velues et l'absence de l'épiphyse tibiale. *

---

plus courts et plus nombreux, par les ailes inférieures étroites, munies de très-larges franges et par la présence des stemmates. Il a pour type la *Politella*, qui se trouve être la première du genre *Psyche* de Bruand! Toutefois, on ne peut nier qu'il ne présente des rapports avec les *Fumea*, dans la forme des tibias postérieurs, dans celle du tergum du métathorax et des parties pectorales dont les hanches et les épimères sont très-saillantes, enfin dans celle de l'abdomen et des pièces génitales externes.

* Celle appelée *Sieboldii* n'en diffère guère que par une teinte plus pâle et les antennes dont les dents semblent plus courtes et plus épaisses. La *Proxima*

Deuxième famille. HÉTÉROGYNIDES.

Nous rapprochons cette famille des Psychides, avec lesquelles elle présente plus de rapports qu'avec les Procrides ; elle paraît précéder le rameau qui les unit aux Tinéides, auquel nous appliquons le nom de Psychidéides, et pourrait tout aussi bien faire partie des Tinéides.

Elle présente les caractères suivants : *point* de stemmates, spiritrompe et palpes nuls ; ailes assez grandes, peu larges, velues chez les mâles, munies d'un frein retenu par une lanière bien sensible, scapules rudimentaires ; plis prothoraciques enfoncés, peu visibles ; tibias postérieurs n'ayant qu'une seule paire d'éperons peu sensibles ; femelles vermiformes glabres.

Elle est réduite au genre suivant.

GENRE **HETEROGYNIS**, *Rambur.*

Tête assez grande, prolongée en arrière après les yeux, épistome bien distinct dans une excavation du front, celui-ci large, vertex grand, allongé, gibbeux, occiput rejeté en arrière presque divisé en deux, formant un bord tranchant et saillant, antennes assez longues, bipectinées, à dentelures peu serrées, ciliées, diminuant progressivement jusqu'à l'extrémité, premier article assez épais, le second court, déprimé, les autres longs, yeux petits, arrondis, saillants ; mésothorax court, bombé, avec le scutellum étroit, allongé, saillant ; métathorax ayant les côtés larges et épais en dessus avec la partie moyenne assez épaisse, excavée par une sorte de dépression bornée par le*

(Leder, Zool. Bot., Ver. tab. 6, f. 7), paraît plus grande avec les articles des antennes plus courts.

* Cette disposition se retrouve un peu dans le genre *Fumea*, qui a des rapports avec les *Heterogynis*.

*scutellum qui est petit, étroit, saillant ; épimères moyens, plus
larges que les hanches, pièces axillaire et sous-axillaire larges,
épimères postérieurs à peu près aussi larges que les hanches,
saillants en arrière, celles-ci prolongées en dessous* [1], pièce
pectorale étroite, séparée de la sous-axillaire par un sillon
profond.*

*Abdomen assez grêle, s'amincissant graduellement de la base
au sommet, ayant le premier segment plus large, dont la partie
moyenne très-large et le lobe latéral étroit, le huitième au moins
aussi long que le précédent en dessus, court en dessous, pince
génitale allongée, simple, ayant les branches contiguës à leur
extrémité, qui est obtuse, laissant en dessous une ouverture
oblongue, à la base de laquelle se voit le pénis, entre leur
base se trouve le stylet, qui est large, triangulaire.*

*Pattes longues, grêles, ayant les hanches antérieures longues
et le premier article des mêmes tarses plus long que dans les
autres pattes, tibias à peu près de la longueur des cuisses, les
antérieurs un peu plus courts avec l'épiphyse grêle, les dépassant un peu, paraissant naître vers le milieu de leur longueur,
onglets petits, étroits, simples.*

Ailes minces, revêtues d'un léger duvet qui les laisse demi-
transparentes, peu larges ; les premières un peu plus étroites,
ayant l'aréole longue, non étranglée, étroite, fermée par une
nervule formant un angle rentrant dans son milieu où aboutit
la nervure accessoire qui divise l'aréole, deuxième nervure
fournissant trois rameaux avec le quatrième placé près du
milieu de la nervule, troisième en donnant aussi trois, dont les
deux premiers très-écartés et un quatrième avant le milieu de
la nervule qui semble être la continuation de la nervure
accessoire, quatrième nervure courbée, non anguleuse, et
recevant la cinquième un peu après la base ; aréole des
secondes ailes assez large, avec son angle postérieur très-sail-

---

[1] Toute la partie pectorale, en dessous, très-développée ou prolongée, surtout les hanches postérieures.

lant, tout à fait comme chez les dernières Psychides, mais souvent incomplète par la disparition de la partie antérieure de la nervule; première nervure libre à sa base, se confondant presque avec le bord antérieur; seconde paraissant simple, son deuxième rameau naissant sur la nervule et semblant continuer la nervure accessoire; l'espace après cette nervure, aux quatre ailes, présentant une nervure accessoire mince; nervures suivantes ordinaires, marge interne dilatée après la cinquième.

Les espèces connues sont d'une teinte uniforme et de petite taille; tout le corps est couvert de poils fins assez abondants vers l'extrémité de l'abdomen un peu comme chez les *Psiniza*; les larves, presque glabres, vivent à découvert sur les *genêts* et genres voisins.

HÉTÉROGYNIS PARADOXA, *Rambur*.

Ann. Soc. Ent. fr. 1836, p. 384, (et 577), pl. 17, A, fig. 1-8. — Faun. Ent. And. II, pl. 14, fig. 7, 8, a, b, c, d, e. H. Schæff. Suppl. Bomb. 98, *Penella*.

Cette espèce, qui a été méconnue par certains auteurs, se distingue bien de la Penella, H.[*] : Elle est plus allongée, plus grêle dans toutes ses parties, et un peu plus grande; ses ailes sont plus grandes, plus minces, leurs nervures sont moins sensibles et leur membrane plus finement rugueuse, revêtue de poils plus déliés, moins nombreux; leur teinte est d'un gris de souris plus pâle; aux inférieures la partie antérieure de la nervule manque chez les individus que nous possédons[**]; les antennes ont les dentelures moins longues, moins

---

[*] La *Penella*, dont M. Graslin a décrit minutieusement les mœurs, sous le nom d'*Erotica*, (*Ann. Soc. Ent. Fr.*, 1850, p. 345, pl. 10, fig. 4-7), habite les Cévennes, les Pyrénées et les Alpes méridionales, nous y réunissons notre *Hispanica*, et avec doute, notre *Affinis*.

[**] Elle manque rarement chez la *Penella*.

écartées à leur insertion, les yeux sont un peu moins gros,
plus saillants, supportés par une partie plus rétrécie, ce
qui rend la tête un peu moins large ; les pattes sont plus grêles,
plus longues, et les divisions des tarses moins sensibles, le
scutellum du métathorax est plus petit et la dépression plus
profonde ; l'abdomen est plus grêle, les pinces génitales plus
étroites et plus allongées.

La *Paradoxa* se distingue encore par les différences qui
existent chez la chenille, par son cocon qui est plus gros et
d'une teinte rougeâtre, ayant la toile extérieure plus forte et en
réseau, tandis que la coque de la *Penella* est blanche ou jaunâtre,
avec la toile extérieure inégalement serrée, mais non en réseau.

Aux détails que nous avons donné dans les *Annales* (1836),
nous ajouterons les suivants : la chenille est courte et épaisse,
de grandeur très-variable, selon qu'elle produit des mâles ou
des femelles ; celles de ce sexe égalent une chenille de Zygène
ordinaire et lui ressemblent un peu.

Elle est jaunâtre ou d'un jaune un peu sale, le dos est
marqué d'une ligne noirâtre qui n'atteint pas les extrémités,
surtout en avant où elle disparaît presque sur les 2e et 3^e
segments, laissant sur le premier deux traits courbés réunis ;
deux autres lignes existent sur les côtés dont les bords
sont irréguliers, entre lesquelles la teinte du corps devient un
peu sombre et tend à former une bande ; l'espace entre la dorsale et celles-ci présente aussi quelque petites marques disposées en forme de ligne ; les stigmates sont orbiculaires, de la
couleur du fond, avec la bordure noirâtre ; au-dessous existe
une autre ligne noire sinuée, plus foncée et plus large que les
autres, et s'enfonçant dans un pli longitudinal de la peau ;
plus bas, à la base des pattes, se voit une série longitudinale de
taches noires plus ou moins marquées, souvent peu sensibles ;
le ventre présente une bande noirâtre, irrégulière sur ses
bords.

Il y a sur le corps des poils blanchâtres, peu nombreux,
dont les uns sont courbés vers l'anus et les autres vers la tête ;

on y remarque aussi de petits tubercules munis d'un bord
saillant portant trois à quatre petites épines disposées en
étoile. La tête qui est très-petite s'enfonce presque entièrement
dans le premier segment qui est bordé de noir en avant ; les
vraies pattes sont noires, les autres sont jaunes.

Elle file, à l'extrémité des rameaux, une coque en réseau
composée de deux couches, l'interne plus fine et plus serrée,
l'externe claire, d'une teinte rougeâtre ; celle de la femelle est
cinq à six fois plus grosse que celle du mâle, la chrysalide est
vermiforme, molle, épaisse et très-obtuse aux extrémités, dont
la postérieure est plus grosse et noirâtre, conservant sur le
reste la teinte et le dessin de la chenille ; la femelle est épaisse,
glabre, tout-à-fait vermiforme et présente les couleurs de la
chenille et son dessin, et même les stigmates à peu près tels
qu'ils étaient ; on distingue une tête à organes imparfaits et
six pattes très-courtes.

La chrysalide du mâle ressemble un peu à celle d'une
Zygène ; elle est très-petite, noirâtre, luisante, l'enveloppe des
ailes est très-large et celle des quatre dernières pattes se prolonge en pointe ; la tête est large, déprimée, et les parties autour de la bouche sont très en relief * ; la poitrine est marquée d'un large sillon, l'enveloppe des antennes à la même
largeur que chez l'insecte parfait, l'extrémité anale est obtuse,
très-lisse.

Quelque informe qu'elle paraisse être, la femelle sort de sa
coque, soit parce que le mâle se fait attendre, soit pour rendre
l'accouplement plus facile **, et s'accroche autour de
l'ouverture qu'elle a faite pour sortir ; son corps est alors un

---

* L'épistome et le labre, la lèvre inférieure et une partie saillante représentant les palpes rudimentaires.

** D'après les observations de M. Graslin sur la *Psalis*, la femelle sortirait
toujours pour s'accoupler ; elle laisserait alors une entrée facile aux insectes
destructeurs ! Le même auteur a aussi observé que les œufs étaient réunis en
chapelet.

peu courbé en forme de S. et paraît continuellement agité
par des contractions dans diverses parties; après l'accouplement elle rentre dans sa coque et dans la pellicule dont elle
s'était dépouillée et qui se trouve un peu engagée dans l'ouverture et elle y dépose ses œufs; l'insecte parfait se montre
en août.

Troisième famille. HÉPIALIDES.

Point de stemmates, spiritrompe complètement nulle; plis
prothoraciques, en dessus, au nombre de quatre, les deux
premiers déprimés, grands, prolongés sur les côtés, les autres
souvent plus petits et plus courts paraissant soudés entre eux.
et avec le scutellum qui est peu visible; métathorax plus
étendu que d'habitude en dessus, dans le sens de la longueur
et son scutum ayant une certaine étendue dans son milieu, *
avec le scutellum parfois aussi long que celui du mésothorax,
mais beaucoup plus étroit; épimères plus larges que les
hanches, les deux dernières divisions thoraciques gibbeuses sur
les côtés. Ailes en toit très-incliné dans le repos, ayant toutes la
même forme, les supérieures divisées à la base du bord postérieur en un lobe étroit; les inférieures n'ayant pas de frein;
aréoles discoïdales divisées en trois portions par une nervure
accessoire longuement fourchue; disposition des nervures à
peu près semblable aux quatre ailes, la deuxième des inférieures ayant autant de rameaux que celle des supérieures;
point d'ouverture tympanique.

---

* Dans la plus grande partie des Lépidoptères, le scutum du métathorax est
tellement rétréci dans son milieu, et en même temps couvert par le scutellum
du mésothorax, que, le plus souvent, il n'est pas visible; il peut aussi être
assez largement divisé par le scutellum de la même partie thoracique qui s'a-
vance entre ses deux portions comme cela existe chez certains Diurnes
(A. galathea); voir notre partie anatomique et note des Sphingides.

GENRE **HEPIALUS**, *Fabricius.*

Tête petite, hérissée de poils nombreux, ayant les yeux variables pour la grosseur, antennes variables, souvent moniliformes, simples, très-courtes, à articles plus ou moins nombreux (15, 30 et plus), distincts, arrondis ou serrés, ou comprimés, velus, avec des cils, d'autres fois dentées ou unipectinées, à dents larges, courtes, plus petites et plus étroites chez les femelles, où elles sont plus grêles, palpes très-courts, très-velus; thorax court; pattes peu longues, inermes, souvent très-velues, les postérieures plus courtes ou à peine aussi longues que les antérieures, leurs tibias dilatés ou parfois chargés de poils très-épais, ou renflés en une massue large, aplatie, contenant une touffe de poils et absorbant le tarse (H. hectus), ou ne différant pas des autres, n'ayant pas d'éperons, tibias antérieurs avec ou sans épiphyse, celle-ci naissant dès la base, onglets simples, accompagnés d'une pelote,

Abdomen assez long, couvert de poils mous, souvent très-longs vers sa base, celle-ci saillante en dessous, étranglée à son union avec le thorax, ayant le premier segment beaucoup plus étroit et plus court que le suivant avec sa partie moyenne de la même largeur que lui, déprimé de manière à laisser voir le postscutellum du métathorax, oviduc très-court, n'étant jamais saillant après la mort.

Les Hépiales ont bien quelques rapports avec le Cossus et la Zeuzère, mais elles en diffèrent beaucoup par d'autres points organiques, et surtout par la curieuse disposition de leurs ailes que nous n'avons vue dans aucune autre famille; c'est donc tout-à-fait à tort que Duponchel a imposé leur nom à sa tribu comprenant les Zeuzérides; voici quelques détails organiques sur ces singuliers Lépidoptères.

Tête ayant le crâne petit, arrondi, avec les divisions peu distinctes, présentant quelques tubercules saillants, front non rétréci en avant, lèvre étroite, convexe, saillante, portant deux palpes appliqués sur la bouche, droits, épais, courts et dont le troisième article est à peine sensible, palpes maxillaires ayant leur second article globuleux ; prothorax à peine plus large que la tête et beaucoup plus étroit que le reste du thorax, composé, en dessus, de quatre pièces réunies formant un notus solide et plan , dont les deux antérieures prolongées sur les côtés , présentent aussi des petits tubercules , les quatre marquées d'un sillon, sur la ligne médiane, qui se continue sur le mésothorax : celui-ci assez épais, court avec le scutellum large, convexe et l'entothorax non divisé, scapules petites , larges, déprimées s'avançant peu sur l'attache de l'aile , laissant voir une portion notable et un peu saillante de la pièce sous-scapulaire, * épimère beaucoup plus large que la hanche, saillant, arrondi en arrière ; métathorax beaucoup plus long en-dessus que dans la plupart des autres familles , son scutum ayant une partie médiane souvent assez étendue d'avant en arrière , et le scutellum triangulaire , égalant parfois en longueur celui du mésothorax (*H. hamuli*) , ses côtés se prolongeant en un bord très-élevé, côtés du scutum étendus , convexes, pièce sternale courte , épisternum grand, épimère souvent plus large que la hanche, convexe, celle-ci très-saillante en dessous, postscutellum rendu bien sensible par la dépression du premier segment abdominal : pattes faibles, les postérieures sans éperons avec les cuisses grêles, courbées. Abdomen ayant une texture mince presque transparente, arceau supérieur du premier segment presque aussi large que les suivants, mais beaucoup plus court , excavé dans son milieu avec le bord postérieur relevé, en grande partie membraneux, rétréci sur le côté où il laisse , entre lui et le suivant, un espace lisse , division latérale ** petite, ayant

---

* Cette pièce termine la partie antérieure de l'attache de l'aile dont la scapule (ptérygode) est une dépendance.

** Nous avons appelé cette portion , qui se mêle plus ou moins à la partie membraneuse des côtés, division en lobe latéral du premier arceau; ici très-petite, elle devient parfois très-large aux dépens de la partie moyenne qui se rétrécit beaucoup (Lithosides), elle est toujours séparée par une rainure et un bord saillant; les deux segments suivants, très-longs, dilatés, convexes et gibbeux en dessous, huitième visible chez les mâles, variable, entourant les pièces génitales qui ont une forme anormale; stylet presque nul ou réduit à sa base d'où partent, une de chaque côté, deux lames rapprochées, écartées l'une de l'autre dans leur milieu, appuyées sur une base tuberculeuse, échancrées et ayant deux parties saillantes prolongées en pointe, [*] se dirigeant de haut en bas et en avant, puis se terminant entre deux branches de la gaine du pénis prolongées aussi en pointe, branches de la pince courtes, obtuses, remontant de chaque côté vers le stylet où elles s'arrondissent et s'épaississent en contournant les deux lames (*H. Annulé*); chez d'autres plus compliquées et très-différentes, les deux lames très-étroites, s'écartant beaucoup et produisant d'abord une épine courbée, etc. (*Gazza*).

Ailes semblables, les supérieures un peu plus grandes, plus ou moins allongées ou lancéolées, laissant entre elles, à leur naissance, un espace triangulaire assez grand; nervures à peu près semblables sur les quatre ailes, la première n'étant pas plus forte ou plus faible que la seconde, surtout aux postérieures, plus épaisse vers la base, avant laquelle elle offre une sorte de tracé articulaire, envoyant dans ce point deux rameaux à la côte dont un paraît n'être qu'un pli, la deuxième, plus faible à la base, aux supérieures, donnant quatre rameaux dont le dernier paraît être sa continuation, aréoles très-larges, dépassant le milieu de l'aile en longueur, bornées par une très-longue nervule d'où partent cinq rameaux en comprenant

porte le premier stigmate abdominal, c'est elle qui prend les formes les plus variées et les plus singulières dans les Chélonides, les Noctuides, etc., et constitue la paroi postérieure de l'ouverture tympanique lorsqu'elle existe.

[*] Les lames peuvent émettre trois épines chacune; la base du stylet peut se prolonger immédiatement en deux épines très-fines, et ses côtés en un bord élevé portant une ou deux épines avec la pince courte, à branches droites, étroites.

celui qui continue la trosième nervure, dont deux font suite aux branches de la nervure accessoire, et le cinquième, en avant, qui est une dépendance de la seconde nervure, quatrième espace internervural ayant une nervure accessoire peu sensible ou nulle, surtout aux supérieures, quatrième nervure de celles-ci courbée en dedans après la base, parfois fortement (*Pyrenæus*), envoyant dans ce point, un rameau oblique à la troisième, se terminant au milieu du bord postérieur ou avant son tiers externe; vers le tiers interne aux inférieures, où elle est droite et n'envoie pas de rameau, cinquième aux supérieures réduite à une base épaissie et un peu prolongée, parallèle à la précédente aux secondes et atteignant le bord interne.

Les mâles sont parfois d'une couleur différente de celle des femelles, et les dessins, blanchâtres et bruns des supérieures, toujours variables, peuvent disparaître complétement, mais la forme des antennes et des pièces génitales font reconnaître les espèces.

Chenilles blanchâtres ou roussâtres, rongeant les racines des végétaux vivaces sans se tenir dans l'intérieur, remontant près de la surface de la terre pour se métamorphoser; chrysalides allongées, cylindriques, obtuses aux extrémités, ayant sur les sept derniers segments une double rangée d'épines comprimées, dont une plus forte en dessus, en dessous deux crêtes, et sous le pénultième, une forte rangée d'épines placée sur une partie très-saillante, en forme de crête épineuse.

HEPIALUS LUPILINUS, *Linné.*

Antennes munies d'une seule rangée de lamelles plus étroites et plus courtes chez la femelle; elle se trouve aux environs de Grenade.

Quatrième famille. ZEUZÉRIDES ·

Point de stemmates, spiritrompe nulle ou réduite à deux petits appendices maxillaires; plis prothoraciques souvent au

---

· La cinquième famille se compose des Limacodides placés en note.

nombre de quatre au milieu desquels se voit le scutellum ; præscutum du mésothorax n'étant pas distinct en dessus, du scutum ; métanotus ayant le scutum souvent visible dans son milieu , parfois assez épais, avec les côtés très-grands et le scutellum toujours beaucoup plus court que celui du mésothorax ; ailes assez grandes avec la première nervure souvent forte, renflée à la base, la troisième et ses quatre rameaux épais; inférieures parfois petites, courtes (*Stygia*) n'étant pas toujours munies d'un frein bien sensible, qui, le plus souvent, est remplacé, chez la femelle, par un pinceau de soies, leur deuxième nervure mince; aréoles discoïdales divisées par une nervure accessoire fourchue, parfois très-mince, pli du quatrième espace internervural, épaissi en une nervure plus ou moins sensible, cinquième nervure, après un court trajet, s'unissant à la quatrième, aux ailes antérieures; onglets non accompagnés de pelote.

Chenilles vivant dans l'intérieur des végétaux et peut-être aussi, parfois, à la manière de celles des Hépiales.

Genre TRYPANUS, *Nobis*.

Cossus *, *Fabricius*.

Antennes variables, uni ou bipectinées, ayant le scapus entouré de poils serrés, plus saillants en dessous, palpes appliqués sur la bouche, s'écartant l'un de l'autre vers leur extrémité, parfois assez grands (T. thrips), le second article long, le dernier très-court; jambes assez courtes, épaisses, ayant le premier article des tarses postérieurs élargi, les mêmes tibias plus longs que les antérieurs, munis de deux paires d'éperons courts, épiphyse variable, tarses un peu épineux.

---

* Godart a montré que les **Cossus** des Romains, se rapportaient à des larves de Coléoptères, tels que *Cerambix*, *Lucanus*, etc., et non à notre **Cossus**, Linné et Fabricius, ayant mal interprété le passage de Pline, qui traite des **Cossus**.

Ailes arrondies extérieurement avec le sommet court, ayant le bord postérieur, avant la base, saillant, arrondi, et les franges assez larges, nervule formant un angle rentrant très-prononcé, surtout aux secondes, aréoles des premières offrant, à son angle antérieur, une petite aréole accessoire allongée, placée entre le deuxième et le troisième rameau de la seconde nervure et qui, parfois, peut être ouverte (Thrips), cette nervure ayant quatre rameaux dont le premier naît peu après la base, le second et le troisième bifides, ou ce dernier trifide ; deuxième, aux inférieures, ayant deux rameaux qui partent du bord de l'aréole ou après, n'envoyant pas de rameau à la première. Corps épais, velu, couvert d'écailles serrées, parfois hérissées, ayant l'abdomen quelquefois atténué chez les mâles et terminé par une touffe de poils couvrant l'anus.

Tête petite, front grand, terminé en avant par une saillie un peu redressée, bordée de chaque côté par le trou nasal qui produit une fossette allongée, suivie par en dessous, d'un épistome assez long, portant un labre bien sensible ; borné plus bas par une fente transversale qui est la bouche ; scutum du mésonotus large, rétréci en avant, scutellum en losange très-court, assez large, un peu en pointe en arrière, ayant son entothorax * profondément divisé ; scapules larges, courtes, obtuses avec leur apophyse bien distincte, s'avançant en une pointe obtuse, sous l'attache de l'aile, n'étant pas dépassée en avant, par la pièce sous-scapulaire ; épisternum grand, épi-mère au moins aussi large que la hanche, à sa base ; scutum du métanotus ayant sa partie moyenne un peu visible, presque cachée par le scutellum précédent et les côtés larges convexes,

---

* C'est cette pièce épaisse, en grande partie interne, se prolongeant de haut en bas et qui fait saillie lorsque l'on a séparé la troisième division thoracique de la seconde ; il est en grande partie logé dans le métathorax. Audouin et Latreille réunissent toute sa partie supérieure, selon nous à tort, au postscu-tellum ; Latr., *Cours d'Entom.*, pl. 21, fig. 3 ; cette figure représente surtout l'entothorax, le postscutellum n'occupant que la partie supérieure, transverse et très-étroite.

le scutellum assez petit, se continuant par ses côtés en un bord saillant dilaté.

Abdomen épais, saillant en dessous à la base, arceau supérieur du premier segment moins large que le suivant, ne différant pas des autres sur le côté, dernier très-long chez la femelle (septième), oviduc long, presque toujours saillant après la mort, échancré à l'extrémité ou bifide, son premier article parfois large représentant le huitième segment, pièces génitales des mâles simples, stylet aplati, large épais, courbé, pince saillante, ses branches en forme de valves.

Chenilles (*Cossus, Terebra*) vivant dans la partie superficielle du bois des arbres, répandant une odeur pénétrante et désagréable.

Trypanus * Cossus, *Linné.*

Lsigniperda, Fabricius.

Nous avons rencontré la chenille dans les environs de Grenade, ** M. Staudinger nous annonce qu'il a aussi trouvé, en Andalousie, la *Zeuzera æsculi*, L. dont nous donnons les caractères en note.

---

* Le genre *Hypopta* établi dans le Catalogue de M. Staudinger, pour le *Trips* et le *Castrum*, paraît peu caractérisé, cependant ces espèces ont un aspect un peu différent, et leurs chenilles ne paraissent pas vivre dans l'intérieur des arbres. Au reste, le genre *Trypanus*, est aussi difficile à circonscrire que la famille elle-même, à cause des modifications organiques qui se voient dans chaque espèce; ainsi, le *Terebra* qui diffère peu du *Cossus*, par les couleurs, a les antennes bipectinées, tandis que le *Castrum* n'a qu'une rangée de lamelles comme le *Cossus*, quoiqu'il soit près du *Thrips* qui les a bipectinées; la forme des antennes ne signifie rien ici, quoiqu'elle ait suffi à Latreille et Godart pour faire un Trypanus de l'*H. sylvinus!*

** Nous n'avons pas trouvé le genre *Zeuzera*, Latr., qui diffère des *Trypanus* par les caractères suivants : palpes petits, grêles, écartés l'un de l'autre, laissant voir les appendices maxillaires, antennes pectinées en ellipse dans la moitié de leur longueur chez le mâle, grêles, denticulées, très-velues à la base chez la femelle, ayant le premier article très-épais, yeux gros, très-rapprochés en

Genre ENDAGRIA, Boisduval.

Il a des rapports avec les *Trypanus*, voici les caractères qui l'en distinguent.

---

ayant, front très-rétréci, excavé, terminé par une saillie, redressé et relevé par en haut, marqué de deux points enfoncés; tête et thorax couverts d'écailles et de duvet crépus; scutellum du mésothorax fortement enclavé dans le scutum, pièce sous-scapulaire en partie visible, épimères beaucoup plus larges que les hanches; métathorax ayant les côtés du scutum très-étendus, le scutellum très-court et très-large (allongé en travers), l'épimère plus large que la hanche à la base, arrondi en arrière, pièce sous-axillaire au moins deux fois aussi large que la pectorale, à la partie supérieure, extrémité anale de la femelle munie d'un long oviduc, grêle, hérissé; pattes assez longues, épiphyse étroite naissant de la base du tibia, onglets grands : ailes allongées, les inférieures évidées vers les deux tiers du bord antérieur, ayant les franges étroites, premier rameau de la seconde nervure, aux supérieures, naissant loin de la base, près de l'aréole accessoire, la même nervure très-mince à l'endroit où elle borde cette aréole, nervule semblable aux deux ailes, formant un angle rentrant moins prononcé à l'inférieure, où elle va finir à la première nervure qui semble border l'aréole, se continuant en deux rameaux, deuxième nervure très-mince, ayant perdu ses deux rameaux, l'un s'étant rapproché de la première nervure, l'autre s'étant éloigné sur la nervule, aréoles allongées. *Zeuzera æsculi*, L. Chez des exotiques la disposition des nervures est variable, et les palpes sont plus prononcés, quelques-unes ont le facies du *Cossus*; cette famille étant très-incomplètement représentée en Europe, tout travail, ne comprenant pas les espèces étrangères, ne peut être qu'une ébauche incomplète.

Duponchel a formé le genre *Macrogaster* avec la *Z. arundinis* Hübn.; il se distingue par une forme plus grêle, très-allongée et présentant l'aspect d'une *Nonagria*; palpes à articles presque globuleux, le dernier rudimentaire, mucroné, très-velus, appendices maxillaires insensibles, premier article des antennes assez long, médiocrement épais, celles-ci bipectinées comme chez la Zeuzère, mais dans une plus grande longueur et un peu chez la femelle jusqu'au bout; plis prothoraciques réduits à deux; mésothorax très-allongé, étroit, dont le scutellum est fortement enclavé à son angle antérieur, sternum saillant, élevé, ayant trois sillons, métasternum saillant, bien visible entre les épimères, ceux-ci deux ou trois fois plus larges que les hanches; côtés du scutum du métathorax très-étendus, remontant le long du scutellum précé-

Tête médiocre, yeux assez gros, non rapprochés en avant,
palpes peu longs, très-hérissés, dont l'article moyen grand,
le dernier très-court, couverts de poils non écailleux,

large qu'elle, presque carrée; corps couvert de poils épais, serrés, non crépus,
pattes très-velues, surtout les tibias, épiphyse assez grande, très-velue en dehors.

Abdomen très-long, surtout chez la femelle, ayant le premier segment plus
étroit que le suivant, présentant en avant du lobe latéral, une très-petite
ouverture; ailes étroites, nervures des supérieures comme chez le Zeuzera, la
deuxième d'abord épaisse, se continuant en un rameau fort, mais devenant
presque insensible derrière l'aréole accessoire où elle paraît n'être qu'un
faible rameau, quoique étant bien la nervure, son premier rameau
ne naissant pas avant l'aréole accessoire, la nervule formant un
angle rentrant prononcé; première nervure aux inférieures libre, seconde
mince, se continuant en un rameau, le deuxième éloigné, faisant suite à la
première branche de la nervure accessoire, nervule ne formant pas d'angle
rentrant. On a aussi fait pour cette espèce le genre **Phragmatoecia**. La larve
vit dans les rhizomes, de l'*Arundo phragmites*; la chrysalide est lisse, cylindrique, avec une carène sur le prothorax, et la tête terminée par une partie
palaire comprimée, des séries dorsales de très-petites épines, et la partie anale
obtuse avec des épines courtes, fortes. Nous n'avons pas rencontré la *Sugia*
australis de Draparnaud (*Bulletin de la Soc. d'Hist. nat. de Montpellier*, 1805)
qui s'éloigne un peu des autres genres de cette famille, surtout par la forme
de la tête; celle-ci médiocre, yeux petits, très-éloignés l'un de l'autre, front
large, palpes assez longs; revêtus de poils épais, antennes épaisses bipectinées
dans les deux sexes; les quatre plus prothoraciques minces, laissant voir le
scutellum qui est divisé par un sillon; mésothorax court, son scutellum arrondi
en arrière, large, ne formant pas d'angle sensible en avant où l'échancrure scutale laisse un léger espace vide; épisternum petit, épimère un peu plus large
que la hanche; métathorax étroit ayant le milieu du scutum insensible et
couvert, avec le scutellum court presque linéaire, épimère très-ambat,
linéaire extérieurement; pièce pectorale étroite; abdomen assez épais et
long, avec le premier segment plus étroit que le suivant, le septième
très-long chez la femelle, oviduc bifide; pièces génitales du mâle simples,
peu différentes de celles du *Cossus*; ailes petites surtout les inférieures,
obtuses, courtes, ayant les franges larges et les nervures à peu près comme
chez le *Cossus*; nervures accessoires des aréoles et une partie de la nervule
à peine sensibles; pattes petites avec l'épiphyse nulle. Corps couvert d'é-
cailles et de poils serrés plus longs sur l'abdomen où ils bordent les segments
en formant des touffes prolongées sur les côtés surtout chez le mâle; col villeux.

Larve vivant dans l'intérieur des *Echium*.

antennes assez longues, à premier article peu renflé, bipectinées chez le mâle * assez épaisses et sublamellées; tomenteuses, non ciliées chez les femelles, ayant la base entourée de poils, appendices mandibulaires nuls; thorax épais, court; prothorax très-court, très-comprimé, laissant à peine voir, en dessus, deux plis peu sensibles; mésothorax ayant le scutum large, surtout en arrière où il est concexe et presque gibbeux sur les côtés, peu échancré, le scutellum large, assez court, avec l'angle antérieur peu saillant, obtus, le postérieur mueroné, épimère plus large que la hanche; métathorax très-court, ayant les côtés du scutum médiocrement étendus, ne laissant aucun espace entre eux et le rebord alaire, le scutellum très-court presque linéaire, épimère très-mince, seulement visible en arrière, pattes courtes avec les tibias antérieurs munis d'une épiphyse longue, mince, prenant naissance vers la base. Abdomen renflé ayant le premier segment plus étroit que le suivant, membraneux, le dernier très-long chez la femelle, aminci, muni d'un oviduc.

Pièces génitales du mâle simples, stylet subtriangulaire, allongé, obtus, pince allongée, pénis saillant; ailes assez larges

---

* C'est à tort que M. Boisduval (*Icon. H. II*, p. 176, et *Ind. et G.* 76), les dit *unidentées*; il donne ainsi les caractères du genre : « Corps débile vêtu; antennes assez allongées, unidentées chez le mâle, ciliées chez la femelle; palpes squammeux, hérissés; ailes courtes, assez larges, variées de cendré et de blanchâtre; abdomen grêle, muni d'un oviduc chez la femelle »

Quoique l'*E. pantherina* soit considérée comme habitant seulement le midi, nous en avons cependant pris un individu, près de Tours, sur le coteau de Rochecorbon, au mois de juin.

Nous possédons un mâle d'Algérie qui paraît différer notablement de la *Pantherina* et de la **Marmorata**; un peu plus petite que cette dernière, et ayant une teinte générale d'un brun-clair un peu rousâtre, qui s'étend sur les parties blanchâtres, devenues plus obscures et plus restreintes; nervures ne formant pas de lignes plus obscures que le fond, les deux rameaux de la seconde nervure des ailes inférieures naissant bien au delà de l'aréole, et l'angle antérieur de celle-ci se trouvant beaucoup plus court, écailles des ailes plus étroites et plus fortement dentées, nous la nommons *E. Algeriensis*.

arrondies, nervures presque comme chez le *Cossus*; corps couvert de longs poils mous, soyeux, formant des touffes entre les antennes et sur le front, et sur le ventre, retombant presque en crinière et produisant de petites touffes non séparées en pinceaux sur les côtés, pattes très-velues à l'exception des tarses. Larves inconnues paraissant vivre à la manière de celles des Hépiales; on trouve parfois l'insecte sortant de naître, accroché à un brin d'herbe.

ENDAGRIA MARMORATA, *Nobis*.

Cat. Syst. Lép. And. pl. 5, f. 6.

Alis anticis supra fusco-rufescenti albidoque variegatis, subtus et alis posticis abdomineque supra fuscis.

Elle n'est peut-être qu'une grande variété de la *Pantherina*, près du double plus grande que les individus ordinaires de cette dernière; ailes supérieures ayant une grande partie du disque d'un roux-brunâtre pâle et la plus grande partie de la marge et un point central blanchâtres, ces couleurs plus ou moins mélangées et confondues, la côte dans plus de la moitié de sa longueur d'un brun-roussâtre, frange d'un gris-blanchâtre marquée de taches peu sensibles et deux autres vers l'extrémité de la côte, d'un brun-roussâtre; ailes inférieures et leur franges brunâtres, un peu blanchâtres vers leur base avec quelques nervures plus foncées; dessous brun, ayant une partie de la marge postérieure des premières, leur frange, l'extrémité de la côte, la marge antérieure des secondes et un peu leur aréole, blanchâtres; corps d'un gris-blanchâtre nuancé de plus foncé avec les poils un peu crépus; pattes blanchâtres, les premières brunes à leur face interne; abdomen brunâtre en dessus un peu plus pâle à l'extrémité et en dessous, dernier article de l'oviduc déprimé, non hérissé.

Nous avons pris à Grenade un individu femelle qui sortait de naître, le 22 avril.

Chez cette espèce, le sommet des supérieures est plus arrondi, plus saillant en avant, ce qui rend la côte un peu courbée; les inférieures ont le sommet plus allongé et plus aigu.

Sixième Famille. PLATYPTÉRYGIDES.

Point de stemmates, tête et yeux gros, antennes insérées un peu en arrière, bipectinées chez les mâles, à peine denticulées chez les femelles, finissant en pointe, dents peu serrées, finement ciliées du côté externe et à l'extrémité, les deux rangées écartées l'une de l'autre, n'allant pas toujours jusqu'au sommet de l'axe, palpes petits, très-grêles, éloignés l'un de l'autre, droits ou un peu courbés et appliqués, peu velus, spiritrompe petite ou rudimentaire, large à la base, souvent disjointe; prothorax ayant deux plis petits, étroits; corps mince, peu velu, surtout l'abdomen qui ne dépasse pas les ailes ou est plus court; pattes longues, plus ou moins velues surtout sur les côtés et un peu sur les tarses, les postérieures ayant une ou deux paires d'éperons, épiphyse plus ou moins prononcée, naissant vers le milieu du tibia, onglets petits avec une pelote épaisse; ailes grandes, larges, les supérieures ayant presque toujours l'angle apical saillant ou prolongé et parfois recourbé presque en crochet avec la marge antérieure un peu dilatée, aréoles grandes, larges, dépassant en longueur le milieu de l'aile avec l'angle antérieur plus court, première nervure épaisse, la seconde mince donnant quatre rameaux, dont le deuxième et le troisième forment une aréole accessoire allongée, fermée par un ramuscule de celui-ci, troisième assez forte ayant quatre rameaux et se courbant vers la nervule qui est anguleuse dans son milieu, en dedans, et peu sensible en ce point; secondes ayant la marge un peu dilatée vers la base où elle est saillante, munie d'un frein mince ou presque nul qui est remplacé par un pinceau de soies chez la femelle, première nervure très-forte surtout vers la base où elle est un peu

courbée, deuxième faible, se rapprochant beaucoup de la
précédente, puis se divisant et envoyant son second rameau
vers la nervule en formant avec elle un angle externe,
celle-ci se continuant, se courbe bientôt en un angle rentrant,
troisième nervure ayant trois rameaux, le quatrième paraissant être sur la nervule (rameau nervulaire) qui, sur la
largeur de l'aréole, forme un zigzag, l'angle antérieur de
celle-ci se trouvant rejeté en dedans, et en dehors de la partie
la plus large, quatrième nervure mince, cinquième nulle
ou peu sensible et basilaire, bord abdominal coupé droit,
non dilaté.

Tête courte, large, avec le front déprimé, occiput convexe;
prothorax très-court, surtout en dessus; mésothorax ayant le
scutum divisé par une rainure longitudinale, largement
échancré par le scutellum, qui est grand, arrondi en arrière,
et un peu saillant, avec l'entothorax assez grand, convexe,
entier, scapules assez allongées, étroites, ayant l'angle qui
entoure l'attache de l'aile très-obtus, pièce axillaire ne
dépassant guère la fosse du même nom, la sous-axillaire
ayant tout le centre membraneux, épimère plus large que la
hanche; métathorax assez étroit, laissant voir une partie du
postscutellum précédent, ayant ses côtés larges, courts et le
scutellum assez large, en carré très-allongé; abdomen souvent
bien plus court que les ailes, chez le mâle, où il est grêle,
son premier segment presque aussi large que le suivant avec
la partie moyenne rétrécie en avant, déprimée, son lobe
latéral renflé en forme de capsule dont le bord interne, élevé,
forme une ouverture presque postérieure, celle-ci fermée en
dedans par une membrane très-mince, sa cavité se continuant
en dedans, avec une sorte de vésicule solide, lisse, géminée,
descendant sous les côtés de la base du ventre * et formant

---

* On est surpris de retrouver une organisation presque semblable chez les
espèces du genre *Cymatophora* Ty.

ainsi un véritable tambour; extrémité anale du mâle garnie, en dessous, de poils couchés la dépassant peu.

Pièces génitales très-variables ainsi que la forme du dernier segment qui est fortement échancré par en dessous, anguleux ou bifide en-dessus, stylet et pinces toujours courts, pénis non épineux.

Chenilles assez allongées, épaisses dans leur partie antérieure, très-atténuées à leur extrémité qui est terminée par une queue en pointe faisant suite à la partie supérieure[*] du dernier segment, ayant parfois le corps rugueux ou presque épineux, ou seulement des poils épars peu sensibles, présentant des tubercules élevés sur divers segments, ou seulement sur le troisième et le pénultième, avec la tête grosse, aplatie en avant, échancrée au sommet; se tenant la partie postérieure élevée ainsi que l'antérieure, ce qui les rend bossues, ou la partie postérieure et toute l'antérieure recourbées, relevées; formant sur une feuille plus ou moins pliée, une toile en réseau, fortifiée par des cordons plus épais, sous laquelle elles filent une autre toile ou une coque légère, se changeant en une chrysalide allongée, arrondie en avant, terminée par une pointe épaisse, tantôt prolongée en une autre pointe dilatée, munie de crochets, tantôt ne portant qu'un faisceau de soies crochues ou une pointe divisée en crochets, parfois couverte d'une matière blanchâtre; vivant l'été sur les arbres.

---

[*] M. Boisduval (Gen. et Ind. p. 82) écrit faussement... « pedibus anticis in spinula didyma, apicia converta, quæ raræ apicia, nosfen... » Ces mots pourraient s'appliquer au genre Cerura Schr., mais nullement aux chenilles des Platypteryx, dont la queue n'est que le prolongement de la partie supérieure à l'anus, et qui est simple et peu courbée; les pattes anales ont disparu, une partie allongée, un peu renflée et latérale, de chaque côté, avant l'anus, en est peut-être le vestige; nous ne savons quelles modifications peuvent se trouver chez les chenilles exotiques, mais nous ne nous occupons ici, de même que M. Boisduval, dans l'ouvrage cité, que des espèces d'Europe.

Les espèces composant cette famille sont grêles avec les ailes larges,* et ressemblent tout-à-fait à des Métrocampides, mais la forme de leur tympanum et celle des chenilles les en éloignent beaucoup; elles ne ressemblent pas davantage aux *Cerura*, c'est un groupe isolé parmi les européens, peut-être se rapproche-t-il, par des exotiques, des Limacodides? Les caractères exposés pour la famille comprennent le genre *Platypteryx*.

PLATYPTERYX HAMULA, *Syst. verz.*

Hübn. Bomb., 46, 47.

Nous l'avons pris autour de Malaga; dans cette espèce et l'*Unguicula*, les deux paires d'éperons des tibias postérieurs sont développées*.

---

* Nous n'avons pas vu le genre *Cilix* de Leach, qui se distingue ainsi : tête très-large, couverte de poils très-courts, antennes bidentées, velues chez le mâle, presque simples chez la femelle, palpes très-grêles, appliqués, dépassant à peine le front, spiritrompe presque nulle, yeux gros, vertex élevé, pili prothoraciques très-minces, enfoncés; écusson du mésothorax assez large, non divisé par un sillon, très-convexe, ainsi que son scutellum qui est grand; pattes longues, épiphyses tibiale naissant après le milieu, allant jusqu'à l'extrémité, ailes blanches assez grandes, les premières n'ayant pas l'angle apical saillant, ni recourbé, ni le bord externe creusé au-dessous de lui; les secondes peu larges, ayant la marge antérieure dilatée à sa partie interne, munies d'un frein peu sensible, leur première nervure forte, renflée à la base, s'unissant à la seconde dans une assez grande étendue, absorbant un des rameaux de celle-ci, qu'elle ne laisse libre que vers l'extrémité de l'aile; les supérieures ayant des écailles larges, saillantes, nacrées, formant des liséments sur une partie de la troisième nervure et de ses rameaux, franges larges. A l'état de repos, les ailes sont tellement abaissées qu'elles se touchent presque par en dessous, lorsque l'insecte est accroché à un corps très-mince, comme une tige de graminée, position qui lui a valu le nom de Compressa, donné par Fabricius.

Chrysalide très-atténuée à son extrémité qui est obtuse, arrondie, ayant une pointe aplatie, munie de quelques échancrures.

Cilix spinula, Syst. Verz.

SEPTIÈME TRIBU. **BOMBYCIENS.**

Cette tribu, qui ne comprend qu'une partie des Bombyx des anciens auteurs, n'est pas plus homogène, ni mieux circonscrite que la précédente : elle contient six à sept familles qu'il serait impossible de réunir sous des caractères communs [*], les dernières n'ayant que peu ou pas d'affinités avec les premières ; on peut les considérer comme une sous-division dont plusieurs familles pourraient former des tribus.

Quant aux Limacodides, ils lient évidemment les Zeuzérides aux Lasiocampides, et font partie des *Pseudobombyciens* ; pour les Platyptérygides, c'est un rameau qui n'a pas de rapports immédiats avec les autres familles européennes.

Première famille. LASIOCAMPIDES.

Aucun auteur n'a limité exactement cette famille : Oehsenheimer y introduisit des espèces étrangères et mit dans le même groupe la *Processionea* et la *Crataegi* ; M. Boisduval suivit cet exemple, il y intercala les *Dumeti* et *Taraxaci*, ainsi que les Processionnaires ; Duponchel est allé plus loin, en la divisant en deux familles, tandis que M. H. Schæffer n'en faisait qu'un genre, mais en lui adjoignant les *Crateronyx taraxaci et dumeti*, auxquels il applique le nom de *Lasiocampa*, dont il change la véritable acception, et qu'il distrait de la famille pour laquelle il a été formé.

Point de stemmates, spiritrompe rudimentaire, palpes non redressés, mais plus ou moins saillants en avant, ou en forme de bec, antennes assez courtes, bipectinées chez les mâles jusqu'à l'extrémité qui s'amincit peu, les dernières dents ayant une certaine longueur, ce qui la rend obtuse ou un

peu tronquée, dents ciliées, un peu renflées vers l'extrémité
qui est amincie, les deux rangées dirigées en avant et en bas,
presque appliquées l'une contre l'autre, ce qui rend l'antenne
comprimée, celles des femelles le plus souvent beaucoup
moins pectinées ; pronotus n'ayant que deux plis saillants,
renflés ; ailes privées de frein, scapules allongées en arrière,
dépassant parfois l'épine scutale ; troisième nervure exactement quadrifide *, surtout aux inférieures dont la marge
antérieure toujours plus ou moins fortement dilatée, surtout
vers la base, reçoit un, deux ou plusieurs rameaux accessoires
provenant de la première nervure, celle-ci s'unissant à la
seconde vers la base, soit immédiatement, soit à l'aide d'un
rameau et formant une aréole accessoire qui borde la discoïdale et peut être au moins aussi grande, mais parfois très-
petite, nervule parfaitement distincte à sa jonction avec les
deuxième et troisième nervures, ne recevant jamais de
rameau dans sa longueur, courbée ou formant un angle
rentrant aux premières, plus ou moins oblique aux secondes,
où elle est fléchie peu après son insertion antérieure, bornant
des aréoles étroites et le plus souvent courtes ; première
nervure des inférieures empruntant parfois le premier
rameau de la deuxième, celle-ci divisée, le plus souvent, bien
avant la nervule et quelquefois presque dès la base, aréoles
ayant toujours l'angle postérieur plus allongé ; ouverture
tympanique nulle ; corps souvent très-gros, très-velu.

Tête moyenne, front étendu en arrière, prothorax étroit à
peine aussi large que la tête ; mésothorax convexe sur les
côtés, ses épimères beaucoup plus larges que les hanches,
bombés, pièce sous-axillaire large, couvrant une grande
partie de l'espace du même nom, le scutellum en losange
raccourci avec l'angle postérieur saillant, pointu, ayant son
entothorax court, non divisé ; partie moyenne du métathorax
en dessus, réduite au scutellum qui est plus ou moins

---

* Caractère employé par M. Guenée, pour diviser les Noctuides.

linéaire en travers, son scutum ayant les côtés peu larges, convexes, avec la partie pulvérulente plus ou moins étendue et une petite excavation en dehors, entouré par un bord peu saillant, pièce pectorale très-étroite ; pattes le plus souvent courtes, fortes, les postérieures n'ayant qu'une paire d'éperons courts, épiphyse variable, onglets assez forts, ayant entre eux une pelote courte, avec un petit appendice de chaque côté. Abdomen épais à la base, sur les côtés, très-développé et plus long chez les femelles, ayant le premier segment, en dessus, rétréci dans sa partie moyenne, surtout en avant, où l'on voit, de chaque côté, une petite ouverture peu sensible, faisant suite à la rainure, en partie membraneux, renflé sur les côtés, ainsi que le suivant qu'il égale ou surpasse en longueur, huitième, chez le mâle, plus étendu en dessus, coupé obliquement ; pièces génitales externes peu ou pas saillantes, stylet paraissant souvent nul, ou réduit à son support, gaîne du pénis accompagnée d'une pointe par en dessous et souvent de plusieurs autres ; jamais d'oviducte allongé chez la femelle, partie vulvaire épaissie, divisée en deux portions entre lesquelles le premier fait, parfois, un peu saillie.

Chenilles longues, épaisses, velues, vivant le plus souvent sur les arbres, tantôt passant l'hiver, tantôt naissant au printemps, formant une coque tantôt allongée, molle, pulvérulente, tantôt ferme, ovoïde, coriace ; chrysalides épaisses souvent garnies de très-petits poils rigides, devenant crochus sur l'extrémité qui est obtuse, ne se prolongeant pas en pointe ou saillie.

Cette famille se distingue des Zeuzérides et des Limacodides * par les antennes du mâle toujours bipectinées jusqu'à

* Près des Lasiocampides et après les Zeuzérides, se placent les Limacodides que nous n'avons pas rencontrés, et qui ne sont représentés en Europe que par deux espèces, si peu caractérisées qu'elles semblent à peine en faire partie ;

l'extrémité qui n'est jamais simple, par l'absence du frein, la
longueur des scapules et la disposition des nervures.

En la séparant seulement en deux genres, comme le fait
M. Staudinger, il est impossible d'en limiter les caractères,
et il vaut mieux n'en faire qu'un seul, comme M. H.
Schæffer; mais si l'on veut la diviser en plusieurs, à l'exemple
de la plupart des auteurs, l'on se trouve forcé d'en établir un
grand nombre.

---

en sont les *Limacodes testudo* et *axillas*. M. Boisduval, en citant les nombreuses
espèces de l'Amérique du Nord, émet l'idée que les uns se rapprochent des
Plusiptéryx, et les autres des Lasiocampides; nous croyons qu'ils s'unissent
surtout aux Zeuzérides dont il serait peut-être difficile de les séparer; du
reste, la plupart des pays étrangers en produisent, car nous possédons une très-
belle espèce de Madagascar.

Les caractères suivants ne conviennent qu'à nos deux espèces. Antennes
longues, presque simples, tout à fait simples à leur moitié interne (chez
beaucoup d'exotiques elles sont comme chez la Zeuzère), front large et long,
yeux rétrécis en avant, vertex et occiput peu distincts, larges, peu élevés,
réuni et formant un bord saillant coupé à pic, palpes peu longs, droits, velus,
non hérissés, spiritrompe très-petite; prothorax très-rétréci, ses plis très-
minces, à peine visibles en dessus; mésothorax large, son scutellum grand,
avec ses angles antérieurs et postérieurs arrondis, scapules courtes ayant un
crochet prononcé, épinière n'étant pas plus large que la hanche; métathorax
ayant ses côtes ponctuées, subtriangulaires, convexes, avec la marge pulvérulente large, la partie moyenne convexe, se confondant avec la précédente, ayant
une impression externe et une autre postérieure, scutellum large, peu épais,
pièce pectorale presque aussi large que la sous-axillaire, épinière bien plus
étroit que la hanche; pattes assez fortes, velues, dans toute leur longueur,
surtout du côté externe (beaucoup moins que les exotiques où les pattes sont
élargies par des masses de poils comprimés qui leur donnent presque la
forme de rames); les deux paires d'éperons des tibias postérieurs bien
sensibles, l'épiphyse des antérieures nulle, onglets courts portés sur une
base large, ayant entre eux une pelote courte munie de deux petits appendices; abdomen peu long avec le premier segment au moins aussi long que
le suivant, sans ouverture tympanique, couvert, ainsi que le reste du corps
d'une bourre moins molle que chez certains exotiques, de poils assez égaux.

Ailes courtes, assez larges, les supérieures un peu dilatées au bord postérieur, ayant à leur base leur deuxième nervure ayant cinq nervures dont la

Genre **MEGASOMA**, *Boisduval*.

A peu près les caractères des *Mecistosoma* [*] ; antennes forte-

___

donnant quatre rameaux, aréoles grandes, divisées par une nervure accessoire simple, ailées (bifurquée aux supérieures chez des exotiques), ayant leurs angles obtus, nervule formant un angle rentrant dans son milieu, cinquième nervure s'unissant à la quatrième après la base; ailes inférieures ayant un frein long chez le mâle, composé d'un petit faisceau de soies chez la femelle, première et deuxième nervures anastomosées dans une certaine longueur après la base, la seconde se bifurquant à l'angle antérieur de l'aréole, celle-ci plus courte qu'aux premières avec l'angle postérieur prolongé; les ailes d'une couleur uniforme (souvent tachées de blanc et de vert chez les exotiques, où le bord antérieur des secondes est parfois dilaté, et reçoit des rameaux accessoires de la première nervure). Pièces génitales du mâle composées d'une pièce très-large, très-saillante, cachant et enveloppant les autres pièces, dont les branches, se roulant un peu l'une sur l'autre, sont arrondies au sommet et divisées, par en bas, en une épine assez longue qui fait suite au haut inférieur, d'un stylet d'abord assez large, un peu courbé, finissant en pointe un peu tronquée, très-hérissé de poils, et d'un pénis très-long, cylindrique, en forme de tube, entourées du dernier segment qui n'est pas très-long, simple, égal; parties vulvaires de la femelle ressemblant à deux croissants contigus au centre, séparés vers leur sommet et un peu en forme de cœur (souvent séparés l'un de l'autre aux deux extrémités, chez les exotiques et échancrés sur les côtés), tomenteux, veloutés.

Chenilles larges, presque d'une forme ovale, aplaties par en dessous, déprimées en dessus, d'un vert jaunâtre plus ou moins foncé; portie dorsale formant comme une large carapace ayant deux côtes denticulées et une autre latérale festonnée; ventre complètement mou, mamelonné, muqueux, sans vestige de fausses pattes, les anales remplacées par deux mamelons, les autres très-petites; premier segment libre, rétractile dans la carapace, recevant lui-même la tête qui est petite et qui peut s'y cacher entièrement (parmi les exotiques quelques-unes pourraient bien vivre dans l'intérieur des végétaux), vivant sur les arbres, formant une coque solide, courte, dont une des extrémités se détache en forme de calotte pour la sortie de l'insecte; chrysalide épaisse courte molle, lisse, à parois minces, un peu pointue en avant, obtuse en arrière avec deux petits tubercules sans soies crochues.

Nous faisons pour l'*Otus* le genre mecistosoma et nous y joignons le *Liaris*. Palpes assez longs chez le mâle, droits, comme tronqués, ayant la

ment dilatées dans moins de la moitié interne, la rangée posté-
rieure de dents beaucoup plus longue, formant un bord arrondi
sinué, qui, à la base, se recourbe sur les antérieures, cette même

dernier article très-court, antennes fortement bipectinées dans leur moitié interne, ayant la rangée postérieure de dents plus longue et inférieure, l'antérieure recourbée en dedans et formant une saillie en dessus, la partie externe courbée et contournée après la mort; grêles et peu bipectinées chez les femelles, mais un peu plus vers l'extrémité. Corps épais ainsi que l'abdomen qui est très-long, couvert de poils serrés couchés; pattes courtes, fortes, ayant les tibias chargés de poils plus longs, pelote peu sensible, épiphyse courte et granuforme (*Gtus*), ou presque nulle (*Lineosa*); ailes assez grandes ayant les franges étroites, les supérieures ovalaires sans stigmate, les inférieures presque arrondies un peu sinuées; première nervure aux antérieures très-rapprochée du bord costal avec lequel elle paraît ensuite se confondre, aréole courte, étroite, bornée par une nervule courte, formant un angle en dedans, s'unissant aux deuxième et troisième nervures après leur second rameau; marge antérieure des secondes médiocrement dilatée, recevant un rameau accessoire, aréole accessoire petite ou moyenne, fermée par un rameau très-court, seconde nervure conservant ses deux rameaux, nervule peu oblique, peu fléchie avant son milieu.

Dernier segment abdominal très-allongé en dessus, court en dessous, muni d'une touffe de poils longs, pièces génitales peu saillantes, stylet nul, gaine du pénis produisant deux pointes saillantes, obtuses, courbées au sommet, et plus en dedans, deux lames pointues presque contiguës, plus peu visible, prolongée par en bas en une sorte de lame spatulée et plus haut, et en dedans, en une saillie épineuse (*Lineosa*). Chenille allongée, cylindrique, un peu aplatie en dessous, peu velue en dessus où l'on voit deux rangées de petits tubercules plus prononcés sur le huitième segment, formant sur le pénultième deux petites verrues coniques, hérissés de poils noirs, deuxième et troisième segments présentant une incision transverse ayant les bords très-larges, noirs, hérissés de poils rigides, fauves, côtés munis, au-dessous des stigmates, d'appendices très-prononcés aux trois premiers segments et produisant une bordure de poils assez épaisse; tête assez petite, bordée de poils; passant l'hiver appliquée sur les branches des arbres (Id.). Si l'on considère les exotiques, il devient difficile de séparer les deux genres; il en sera de même pour plusieurs des suivants, et dans ce cas, il faudrait les réunir à celui de *Gastropacha.*

*partie dilatée chez la femelle, mais beaucoup moins et propor-
tionnellement aux autres dents, celles de l'extrémité, chez le
mâle assez longues, ce qui rend l'antenne obtuse, celle-ci fléchie
en arrière, et contournée après la mort; ailes entières ayant les
franges étroites, les premières médiocres, petites et étroites
chez le mâle, sans stigmate, nervule naissant après le second
rameau de la deuxième nervure et aboutissant au quatrième de
la troisième nervure; marge antérieure des secondes assez
dilatée vers la base, où elle reçoit un rameau accessoire rameux
ou irrégulier, éridée chez le mâle; aréole accessoire assez
petite, fermée par un rameau peu visible ou par le rapprochement des deux premières nervures, nervule peu oblique,
à peine fléchie avant son milieu, aboutissant après le
second rameau de la troisième nervure; marge postérieure
des premières dilatée dans leur milieu; secondes, chez le
mâle, étroites et prolongées en arrière; dernier segment abdominal chez celui-ci, plus long en dessus qu'en dessous, portant
une très-longue touffe de poils supérieure presque bifide et deux
petites, inférieures, courtes.*

MEGASOMA REPANDUM, *Hübner.*

Feisth. Ann. Soc. Ent. Fr. 1832, p. 340, pl. 13.

Les ailes supérieures ont un petit point blanc à la base
et une petite lunule peu marquée; le thorax deux taches
d'un roux plus ou moins foncé, couvrant les scapules.

La chenille découverte à Cadix par le consul Bourboulon,
sur le *Spartium sphærocarpum*, a sur les côtés des appendices
très-prononcés, les incisions des deuxième et troisième
segments noirs et des tubercules, en dessus, plus prononcés
sur le pénultième segment. Chrysalide presque cylindrique,
très-obtuse aux deux bouts, rugueuse avec de très-petits
poils fauves sur les anneaux du ventre.

Nous avons trouvé cette chenille au mois de mai, près de Malaga où elle est rare, sur le *Sp. monospermum*; à Cadix, elle se trouve grosse dès le mois de janvier, et même l'insecte se montre dès la fin de ce mois; il doit paraître au moins deux fois et peut-être plus de trois, puisqu'il se rencontre depuis la fin de janvier jusqu'en septembre. La coque, blanchâtre, allongée, assez molle, est placée vers la base ou le milieu de la touffe du *Spartium*. Elle est si abondante à Cadix, que nous avons trouvé jusqu'à trois coques à la fois et se touchant, ce qui tient à ce que les *Spartium* sont conservés avec soin pour maintenir le sable; une mouche dépose souvent ses œufs sur la chenille et la chrysalide est piquée à travers le cocon par un ichneumon.

Genre **EPICNAPTERA** [*], *Nobis.*

Palpes médiocres, velus, un peu hérissés et en pointe, antennes non dilatées chez les mâles et peu bipectinées, à peu

---

[*] Nous avons séparé les grandes espèces auxquelles nous avons laissé le nom de GASTROPACHA imposé par Ochsenheimer; elles peuvent être considérées comme le type de la famille surtout la *Quercifolia*, qui présente les caractères suivants: palpes droits s'avançant en museau, comprimés, surtout le dernier article qui est assez long, revêtus de poils serrés appliqués, antennes peu dilatées vers la base, presque également et médiocrement bipectinées dans les deux sexes, contournées et recourbées en arrière après la mort, droits munies à l'extrémité d'une courte soie oblique tournée en dehors et qui n'est pas tout à fait terminale, peu sensible; corps très-épais, recouvert de poils écailleux très-serrés, non hérissés; pattes courtes, épaisses, chargées de poils épais formant bordure en dehors aux tibias, épiphyse comprimée bien visible, naissant près de la base, dépassant peu le milieu du tibia, dernier article du tarse un peu dilaté, hérissé de poils recouvrant les onglets qui sont munis d'une pelote avec deux appendices assez grands; abdomen long, très-épais chez les femelles.

Ailes assez grandes, dentées, ayant la frange étroite, les supérieures ovalaires ou allongées, avec le bord externe très-étendu aux dépens du postérieur, dilatées en arrière; les inférieures ovales, prolongées en arrière avec

près moitié moins chez les femelles, dents épaisses, obtuses, n'ayant pas de soie antéterminale sensible, un peu courbées après la mort; corps assez épais, très-chargé de poils touffus, pattes assez fortes, très-velues, épiphyse courte, peu sensible, dernier tarse peu dilaté, onglets peu couverts; abdomen médiocrement long et épais chez la femelle; ailes supérieures assez larges, sinuées, dilatées en forme de lobe au bord postérieur; les inférieures dentées, échancrées à l'union du bord externe et du bord antérieur, celui-ci très-dilaté, recevant deux rameaux accessoires éloignés l'un de l'autre, dont le premier parallèle au bord, aréole accessoire aussi grande que la discoïdale, fermée par un rameau peu long, deuxième nervure conservant ses deux rameaux qui sont rapprochés, les trois derniers rameaux de la troisième nervure naissant presque du même point.

Chenilles allongées, peu épaisses, n'ayant en dessus qu'un duvet très-fin peu visible, appendices, plis des côtés et bord antérieur du premier segment, excepté le milieu, portant des pinceaux de poils qui forment une bordure assez épaisse; tubercules du dessus peu sensibles, un seul épais et saillant sur le pénultième segment, incisions des troisième et quatrième ferrugineuses; coque ovalaire ou modifiée par les objets qui l'entourent, molle, d'un roussâtre un peu rose,

---

la marge antérieure très-fortement dilatée, arrondie, recevant de la première nervure cinq à sept rameaux accessoires, aréole accessoire aussi grande ou à peu près que la discoïdale, fermée par un long rameau, ce qui rend la première et la seconde nervure éloignées l'une de l'autre; dans le repos, ces ailes dépassent en avant les supérieures, leur nervule aboutissant après le deuxième rameau de la troisième nervure.

Chenilles longues, épaisses, velues surtout sur les tubercules, ayant des appendices et des plis latéraux plus velus, un seul tubercule allongé sur le pénultième segment et une incision bordée de noir sur les deuxième et troisième; coque allongée, molle, pulvérulente; chrysalide obtuse, presque cylindrique. Nous n'avons pas rencontré les deux espèces du genre, les *Gastropacha quercifolia* et *populifolia*.

imprégnée en dedans d'une matière pulvérulente blanchâtre.
Naît au printemps, l'insecte passant l'hiver en chrysalide.

EPICNAPTERA SUBERIFOLIA; *Nobis.*

Cat. Syst. Lép. And. pl. 5, fig. 3.
Dup. suppl. IV, p 79, pl 57, f. 3.

Cette espèce a été publiée, avant nous, par Duponchel
qui a conservé notre nom. De la taille de la *Betulifolia* et
s'en rapprochant beaucoup, mais ayant les ailes moins dentées; d'une teinte très-variable, allant du gris au roux foncé,
uniforme et laissant très-peu voir le dessin qui ne diffère pas
sensiblement de celui de ses congénères; marge externe des
supérieures un peu blanchâtre, parfois largement, surtout en
arrière, point discoïdal brun plus ou moins marqué, frange
entrecoupée de blanc et de roux foncé; dessous gris ou d'un
gris-roussâtre, avec une ligne transverse sur le milieu des
inférieurs d'un gris-roux et la partie antérieure de l'aile
nuancée de la même couleur. Elle diffère des deux autres par
une teinte plus uniforme sur laquelle le dessin est peu visible,
par le lobe du bord postérieur des premières moins prononcé
et par l'échancrure des inférieures beaucoup moins profonde.

Nous avons rencontré la larve de cette espèce au mois de
mai sur le *Quercus ilex*. Les différences existant entre notre
espèce et les deux autres sont-elles assez constantes pour les
distinguer nettement?

GENRE CLISIOCAMPA *, *Curtis.*

*Yeux petits, palpes courts à peine avancés, velus, hérissés
bordés par les poils de la tête, antennes bipectinées chez les*

---

* Nous n'avons pas vu les espèces appelées *Pruni, Ilici,* dont la première
se rapproche des *Gastropacha,* et pour lesquelles nous avons fait le genre

mâles, peu dilatées vers la base, obtuses, courbées après la mort, bidenticulées chez les femelles, front non saillant, large; corps et abdomen des femelles couverts de poils plus ou moins épais; pattes assez fortes, ayant l'épiphyse petite, ne dépassant

PHYLLOXERA qui présente les caractères suivants : palpes saillants, un peu avancés en museau, élargis dans leur milieu avec le dernier article assez long un peu abaissé, couvert de poils serrés peu hérissés, antennes le double plus pectinées chez le mâle, un peu dilatées vers la base surtout à la rangée postérieure (le type est le P. *Pruni*) de dents, celles-ci n'ayant pas la soie ou épine antéterminale bien sensible, un peu courbées après la mort; corps épais très-chargé de poils touffus; pattes et premier article des tarses ayant des masses de longs poils, dernier un peu dilaté, couvert de poils cachant en partie les onglets; ailes larges, courtes (*Pruni*), crénelées, à franges médiocres, les supérieures ayant un stigmate blanc discoïdal, leur marge postérieure peu ou pas dilatée vers la base; inférieures, arrondies, non prolongées, avec le bord antérieur évidé et la base dilatée et saillante, recevant un ou deux rameaux accessoires, aréole accessoire petite, fermée par un rameau court de la deuxième nervure qui cède un de ses rameaux à la première, nervule oblique, formant un angle interne à sa partie antérieure, aboutissant après le deuxième rameau de la troisième nervure.

Chenille ressemblant aux précédentes avec les appendices latéraux moins saillants, n'ayant qu'une seule incision, bordée de rouge, sur le deuxième segment et un tubercule sur le pénultième (*Pruni*).

Le *Pini* présente quelques différences : antennes moins dilatées, ailes moins crénelées, stigmate en lunule, bord antérieur des secondes non évidé, sa base peu saillante, peu arrondie. Chenille ayant deux incisions, passant l'hiver comme celle du *Pruni*. Le *Pini* mériterait peut-être un genre particulier, on peut lui laisser le nom d'*Eutrichia* imposé par Stephens. Nous proposons aussi, pour le *Lobulina*, le genre SELENEPHERA. Antennes nullement dilatées vers la base, ayant la rangée postérieure de dents plus allongée, un peu bipectinées chez les femelles, mais moins à la base, un peu recourbées après la mort, palpes grêles peu saillants, hérissés; corps couvert de poils épais; ventre long chez les femelles; pattes courtes, épiphyse courte, graniforme, tarses presque nus, onglets non couverts; ailes larges, courtes, dentées, les premières ayant un stigmate blanc en croissant; bord antérieur des secondes un peu évidé avec la base arrondie, saillante, recevant un rameau accessoire parallèle au bord, première nervure épaisse recevant de la seconde un rameau assez long qui ferme l'aréole accessoire.

*pas la moitié du tibia; onglets non couverts par des poils;
abdomen des mâles peu long, ne dépassant pas les ailes, terminé par une touffe de poils.*

*Ailes assez larges, courtes, les supérieures non marquées d'un
stigmate, ayant l'aréole assez longue, fermée par une nervule*

---

celle-ci grande, deuxième nervure, conservant ses deux rameaux, nervule
très-oblique, formant un angle près de sa naissance et aboutissant au quatrième rameau de la troisième nervure. Yeux gros, front un peu saillant,
franges médiocres.

Nous n'avons pas rencontré le genre Thaumetis de Germar, qui semble
tenir des *Gastropacha* et des *Lasiocampa*; dans le repos, les ailes inférieures
dépassent les supérieures; l'*O. palmeria*, pour offrir ces caractères :
antennes fortement bipectinées chez le mâle, plus étroites vers la base qu'au
delà du milieu, rétrécies presque subitement à l'extrémité, non fléchies après
la mort, ayant les dents grêles, espacées à l'extrémité avec une épine antéterminale dirigée en dehors et abaissée sur la dent suivante, bidenticulées chez
les femelles, palpes saillants comprimés, ayant le premier article court, le
dernier assez long, grêles, droits, aussi longs chez les femelles où ils sont
plus hérissés, mais moins couverts de poils; corps médiocre; abdomen long,
surtout chez la femelle qui est bien moins velue; pattes assez fortes; très-
velues, onglets courts ayant une pelote assez saillante; ailes courtes, arrondies, un peu sinuées, les supérieures marquées d'un ou deux stigmates,
aréoles courtes, surtout aux inférieures, rameaux des nervures longs, marge
antérieure des inférieures dilatée, arrondie à la base, recevant quatre
rameaux accessoires, aréole accessoire à peu près aussi grande que la discoïdale; ovale oblongue, fermée par un rameau assez long, deuxième nervure
conservant ses deux rameaux, nervule aboutissant au quatrième rameau de
la troisième nervure, qui prend naissance avec la troisième, ayant le milieu
de l'aile.

Chenille assez velue avec un pinceau de poils sur le second et le pénultième
segment, appendices et plis latéraux presque nuls, coque molle
allongée.

Le pénis en forme d'épine très-longue, ainsi une partie seulement
extérieure, est accompagné de chaque côté par deux autres épines à peu
près de la même longueur, ce qui fait cinq épines saillantes à peu près sur
le même rang; les plaies ne sont pas visibles, et la partie inférieure est
occupée par une pièce presque triangulaire, terminée par deux épines un
peu éloignées l'une de l'autre.

*partant après le troisième rameau de la seconde nervure et
aboutissant au quatrième de la troisième nervure, courbée en
angle dans son milieu; les inférieures ayant la marge antérieure
dilatée, très-saillante et arrondie avant la base, surtout chez
les mâles, recevant deux rameaux accessoires dont le second
parallèle au bord, aréole accessoire très-petite, fermée par les
deux premières nervures qui s'anastomosent, la seconde se
divisant assez loin de cette aréole, nervure très-oblique après
son angle, aboutissant après le second rameau de la troisième
nervure, franges étroites.*

Yeux très-écartés l'un de l'autre; thorax épais; plis du
pronotum larges, scapules larges à la base, prolongées en
arrière; pièce sous-axillaire et épimère moyen très-bombés,
celui-ci extrêmement large; premier segment abdominal ayant
les côtés saillants, déprimé en dessus et en partie membraneux,
huitième non visible (se voit un peu chez la femelle);
pièces génitales externes composées d'une pince saillante,
très-large à la base, entourant les autres pièces, échancrée par
en haut, terminée en dessous, où elle est très-rétrécie, par
deux épines qui rendent chaque branche fourchue, d'un
pénis en pointe aiguë accompagné, de chaque côté, d'une
tige mince, obtuse, droite, et, plus bas et en dehors de
la pince, d'une épine allongée.

Chenilles longues, légèrement velues, sans tubercules
sensibles, vivant sur les arbres en famille ou sur les plantes
herbacées, faisant une coque molle, pulvérulente; chrysalide
assez allongée, très-atténuée à l'extrémité, ayant des poils
très-courts; œufs disposés en un anneau très-large autour des
petites branches ou brins d'herbe.

CLISIOCAMPA NEUSTRIA, *Linn.*

Sepp, III, tab. 29.

Godart (T. IV, p. 140) cite deux individus de l'Amérique
du nord ne différant pas de ceux d'Europe. Nous possédons

aussi un mâle et une femelle de la Californie, qui semblent n'en pas différer.

Nous l'avons rencontré aux environs de Grenade, mais nous n'avons pas vu le *Castrensis*.

CLISIOCAMPA FRANCONICA, *Syst. Verz.*

God. t. IV, pl. 13, fig. 7, 8.

Boisd. Gen. et Ind. p. 79, n° 634, *Psyche grandiella.*

Malgré l'apparence si différente de cette espèce, on retrouve chez elle les principaux caractères du genre ; elle diffère par les ailes plus étroites, surtout les inférieures, bien moins couvertes d'écailles, par la longueur des aréoles qui, aux supérieures, atteignent ou dépassent la moitié de l'aile et par la longueur du ventre des femelles ; le mâle toujours plus petit, et parfois presque transparent, a un peu l'aspect d'une *Psyché*. Habite les environs de Grenade.

GENRE DIPLURA, *Nobis.*

Duponchel a placé le *Loti* dans le genre *Clisiocampa.*

Yeux très-petits, antennes ayant le premier article renflé par en dessus, assez fortement bipectinées chez le mâle avec la rangée postérieure de dents un peu plus longue, n'ayant pas d'épine antéterminale sensible ou confondue avec les cils, un peu sinuées après la mort, à peine bidenticulées (c'est presque la seule de la famille où les antennes soient à peu près simples) chez la femelle et un peu plus postérieurement, palpes courts très-couverts de poils et hérissés, front non saillant ; corps et abdomen assez épais chez les femelles, couverts de poils mous assez touffus chez le mâle où la partie anale supérieure est

munie d'une longue touffe, (à peu près comme chez le Populi *);
ailes larges, courtes, entières, les premières ayant un stigmate
blanc, deuxième nervure très-forte, presque renflée, donnant
cinq rameaux jusqu'à la nervule, dont le second bifide, celle-ci
très-mince aboutissant au quatrième rameau de la troisième
nervure et formant un coude intérar; bord antérieur des
secondes à peine évale, très-dilaté à la base qui est arrondie, où
il reçoit un rameau accessoire produisant parfois des ramuscules, parallèle à la première nervure, celle-ci épaisse dans sa
partie interne, aréole accessoire très-grande, ovale-oblongue,
fermée par un rameau assez long de la deuxième nervure,*

---

* Espèce probablement étrangère au midi de l'Espagne et pour laquelle
Stephens a créé le genre POECILOCAMPA qui se distingue ainsi : antennes du
mâle assez fortement bipectinées, à dents assez minces, non épaissies à l'extrémité qui n'a ni soie ni épine, fortement ciliées, presque lamineuses,
entourées d'un faisceau épais de poils à la base, peu bipectinées chez
la femelle, palpes courts, revêtus de longs poils ; corps et abdomen épais chez
la femelle, couverts de poils longs peu serrés, celui-ci assez mince chez le
mâle, où il est terminé par une touffe longue, fourchue ; pattes assez fortes
avec le tibia et le premier article des tarses revêtus de poils longs et épais,
épiphyse peu sensible, onglets découverts. Ailes médiocres, n'étant pas trop
chargées d'écailles ou parfois un peu transparentes, avec les franges assez larges ;
les premières sans stigmate ou ayant un point obscur dont le centre peut
s'éclaircir, aréole assez longue, nervule partant du troisième rameau de la
seconde nervure et aboutissant au quatrième de la troisième ; secondes
longues, avec la marge assez dilatée, recevant à la base un fort rameau
accessoire, aréole accessoire peu sensible ou nulle, premier rameau de la
seconde nervure réuni à la première, premier rameau de la troisième naissant loin des autres, nervule aboutissant au quatrième. Chenille naissant
au printemps, médiocrement velue, vivant sur les arbres, formant une
coque ferme, courte ; chrysalide épaisse, courte, rugueuse, obtuse à l'extrémité qui est garnie de soies crochues, fortes. Nous avons été surpris de
rencontrer le *poecilocampa populi* près de Cailloux. La partie anale de la
femelle est un peu fournie de poils, mais ne formant pas masse ; le pénis du
mâle ne se termine pas en épine et n'est accompagné d'aucune palme ; le
stylet est obtus, presque bilobé, la pièce est divisée en un lobe saillant, un
peu arrondi et en une partie inférieure étroite, tournée en dedans, terminée
en épine. Cette espèce a des rapports avec le *Crateus*.

*celles-ci conservant ses deux rameaux ordinaires, nervule très-
faible, assez oblique, se courbant presque au milieu de l'aréole,
aboutissant après le deuxième rameau de la troisième nervure.*

Tête un peu comprimée avec le vertex saillant, yeux très-
éloignés l'un de l'autre, portés sur une portion saillante formant en arrière des tempes larges; thorax épais, court,
saillant sur les côtés, ayant l'épinière moyen très-large, bombé,
pièce pectorale du métapectus extrêmement étroite avec l'épisternum grand; abdomen ayant le premier segment en dessus,
déprimé dans son milieu avec la partie moyenne rétrécie en
avant, dilaté sur les côtés, le deuxième saillant sur les côtés et
en dessous, le dernier échancré obliquement, allongé en dessus,
très-court en dessous; base du stylet se prolongeant, de chaque
côté, en une pointe qui dépasse le pénis, celui-ci déprimé, au
devant de lui se voient deux tiges obtuses un peu en massue,
un peu courbées en arrière, et opposées aux pointes précédentes.

DIPLURA LOTI, *Ochsenheimer.*

Ramb. Faun. And. pl. 15, fig. 1, 2. a, b, c.

Chenille couverte de poils noirâtres et jaunes, devenant rouges
sur les côtés et plus bas un peu gris, en grande partie portés
par des tubercules et formant des pinceaux; fond de la couleur
noir, ayant de chaque côté du dos, une série de taches, des
espèces de croissants au-dessus des pattes et des marques sur
le bord du premier segment, blanes; on voit, en outre, des
atomes jaunes dans la direction des stigmates.

Elle nous a paru vivre exclusivement sur les *cistinées*; nous
l'avons trouvée la première fois au mois d'août, et presque à
sa grosseur, dans les parties montagneuses près de Malaga,
puis autour de Cadix, où elle n'est pas rare, à la fin de février
et déjà assez grosse. Coque subovoïde presque d'égale grosseur
aux deux bouts, peu rugueuse, solide et coriace, d'un brun un

peu roussâtre; chrysalide épaisse, ressemblant à celle des Lasiocampes, presque lisse un peu ponctuée, très-obtuse vers la partie anale qui est garnie de soies crochues, d'un ferrugineux obscur. L'insecte est éclos à Paris en mai, mais il doit se montrer beaucoup plus tôt en Espagne.

GENRE LASIOCAMPA, *Schrank.*

C'est à ce groupe que Duponchel a appliqué le nom de *Bombyx*, qu'Ochsenheimer avait, avec raison, détourné des espèces européennes, car il doit rester au *Mori*; quand au genre *Bombyx* de M. Boisduval, il comprend à lui seul, des portions de plusieurs familles. Celui-ci a des rapports avec les *Eriogaster** de Germar.

---

* Nous n'avons trouvé aucune espèce de ce genre, dont voici les caractères : antennes nullement dilatées à la base, avec les dents un peu pointues, ciliées, non lamineuses, sans épine antécornoïnale, à peine bidenticulées chez les femelles, base entourée de poils peu sensibles, palpes courts, très-velus; corps couvert de poils mous très-longs et très-nombreux; abdomen du mâle court, couvert de touffes de longs poils dont une plus longue de chaque côté de la partie anale, celui de la femelle épais, cylindrique chargé à son extrémité, d'une masse épaisse, arrondie, formant bourrelet autour du ventre, de poils très-drus, très-serrés, souvent crépus, luisants, gris ou bruns pour couvrir les œufs; pattes revêtues de longs poils soyeux, peu serrés, n'ayant pas d'épiphyse ni d'éperons sensibles, onglets assez grands. Ailes courtes, assez larges, ayant les franges étroites, premières marquées d'un large stigmate blanc discoïdal, nervule très-mince, se rendant au quatrième rameau de la troisième nervure qui est un peu divisé en dedans, aréole allant presque jusqu'au milieu de l'aile; marge antérieure des secondes un peu évidée à son bord, assez dilatée à la base qui est arrondie et reçoit un ou plusieurs rameaux accessoires un peu vagues, parfois rameux, aréole accessoire petite, formée par le rapprochement des nervures ou par un très-petit rameau, première nervure absorbant le premier rameau de la seconde et ne se divisant qu'après l'aréole accessoire, la discoïdale grande, nervule très-oblique à peine anguleuse en avant, aboutissant au quatrième rameau de la troisième nervure qui, de même qu'aux premières, s'éloigne toujours un peu du troisième. *Eriogaster lanestris*, etc.

Nous avions imposé à ce groupe (Cat. Syst. Aud. pl. 5, fig. 1, 2.) le nom d'*Eriocampa* (par transposition de lettres, le graveur a écrit *Ircocampa*), mais nous avons cru devoir lui restituer son nom primitif.

Antennes fortement bipectinées chez le mâle, de la base à la pointe qui est un peu obtuse, ayant les dents serrées, un peu dilatées et comprimées à l'extrémité qui est munie, vers le sommet, d'une petite épine oblique dirigée en dehors sur la dent suivante, seulement denticulées chez la femelle, leur premier article renflé presque sphérique, palpes assez courts, couverts de poils, peu hérissés ou le dernier presque nu, à articles épais, tête petite, front ayant une saillie en pointe ou en crête, couverte de poils serrés formant une touffe plus ou moins saillante; scapules étroites, très-prolongées en arrière. Thorax et

---

Yeux petits, front saillant en pointe carénée, épinière moyen très-large et lamellé, pièces génitales externes très-peu saillantes, stylet nul, sa base étendue en un tubercule aplati, pinces s'élevant en une sorte de palpe massue, pénis large, terminé en épine très-courte, courbée ou flottant. Chenilles assez velues vivant en société sur les arbres, naissant au printemps; œufs courts, fermes; chrysalide épaisse obtuse.

Le *Neogyne* qui a été mis par M. Boisduval avec les Processionnaires, mais qui est une Lasiocampe, diffère de ses congénères par son aspect et quelques caractères. Yeux assez gros, palpes très-courts, presque cachés par les poils du front qui descendent sur eux, très-velus, antennes du mâle fortement bipectinées, obtuses, dents pointues, sans épine ou soie antéterminale, biunidentées chez la femelle où les dents naissent après la base, front bombé, saillant, non caréné avec l'épistome redressé en lame saillante, corps couvert de poils peu serrés, peu épais; ventre de la femelle assez long cylindrique, pas très-gros, garni d'une masse de poils beaucoup moins épaisse que chez les *Eriogaster*, ayant des touffes en dessous; pattes assez grêles, garnies de poils longs, mous, épiphyse et éperons peu sensibles, carène faible, ayant une pointe très-courte. Ailes assez larges, courtes, nervures comme chez les précédents, les trois derniers rameaux de la seconde nervure aux premières, les nôtres de la troisième aux secondes, partant presque du même point; abdomen du mâle très-velu, terminé par des poils plus longs non divisés en deux touffes. Nous ne connaissons pas ses premiers états. Nous la distinguons sous le nom d'*Lasiophyla neogyne*.

abdomen très-gros chez les femelles, celui-ci médiocrement long, dépassant peu ou ne dépassant pas les ailes, chargé chez le mâle, d'une touffe anale assez longue. Pattes médiocres ayant une épiphyse bien sensible et les éperons assez forts, aigus; onglets faibles, surmontés d'écailles, avec une pelote saillante. Ailes grandes, larges, entières; nervures ayant les rameaux très-longs, frange moyenne, parfois un peu sinuée, les premières marquées d'un stigmate blanc accidentellement absorbé par un point obscur; deuxième nervure produisant cinq rameaux, dont le deuxième bifide, nervule partant du cinquième*

---

* Pour les deux nervures composées, nous comptons toujours les rameaux à partir de la base, en dehors de l'aréole discoïdale; les divisions qui ont lieu hors des bords de l'aréole, en après, sont pour nous des ramuscules, les rameaux chez une espèce deviennent souvent ramuscules chez d'autres, et par variation, dans la même espèce, comme chez le *Quercus*, ainsi le deuxième rameau de la nervure indiquée produit deux ramuscules, mais il arrive aussi que le troisième et le quatrième, s'unissant dans un tronc commun, produisent deux ramuscules aux dépens de l'un des rameaux; il devient utile de les désigner, pour les reconnaître dans leurs modifications.

Le rameau que nous avons appelé *nervule* (disco-cellulaire Guenée) s'étend en travers, aux deux nervures composées, et clôt l'aréole, ici parfaitement circonscrite; elle ne porte aucun rameau, c'est pour moi un des principaux caractères de la famille; la deuxième composée ou troisième nervure possède ses quatre rameaux, elle est *quadrifide*; si on l'examine chez un *Bombyx*, on ne lui trouve plus que trois rameaux, elle est devenue *trifide*; il ne faut pas croire que le rameau a disparu, il a seulement changé de place; s'éloignant sur la nervule, il a dépassé le pli médian, et s'est rapproché de la deuxième nervure, c'est le rameau que nous avons appelé *nervulaire indépendante*, Guenée, et qui offre de précieux caractères; mais s'il se trouve tantôt au-dessus, tantôt au-dessous du pli médian, ce pli perd complètement comme point de repère, l'importance qu'on a voulu lui donner aux dépens du rameau nervulaire dont on méconnaissait la qualité? On le voit, selon les genres, petit à petit cheminer sur la nervule, abandonner la troisième nervure pour venir se mettre sous la dépendance de la seconde. *Papilio-Piéris* ce rameau est surtout la cause pour laquelle nous rejetons les *Cratéreus* des Lasiocampides. Par rapport à ce groupe, M. Guenée (loc. cit.) dit à ces secondes ailes 1 et 2 sont simples et insérées sur une aréole basilaire formée par la naissance de la nervule qui est reliée avec 1 par un petit rameau *et s'unissant au quatrième de la troisième nervure ; inférieures ayant la marge antérieure très-dilatée surtout à la base qui est arrondie, ne recevant pas d'ordinaire de rameau accessoire, mais rugueuse, aréole accessoire moyenne, allongée, fermée par un rameau très-court ou à peine sensible, les deux nervures étant très-rapprochées, la deuxième se divisant presque dès la base, nervule ayant d'abord une direction transverse puis formant un angle et se dirigeant obliquement, dans le sens de la longueur, vers le quatrième rameau de la troisième nervure où elle aboutit en formant l'angle postérieur de l'aréole qui est très-allongé, celle-ci courte.*

Pièces génitales peu saillantes, stylet réduit à sa base, au-dessous de laquelle se voit l'extrémité anale formant une sorte de pointe, puis plus bas, le pénis muni d'une petite épine, et de chaque côté et l'enveloppant, une pièce formant en dehors une saillie obtuse et envoyant le long du pénis une tige aplatie courbée en dehors, obtuse, au-dessous existe une cavité lisse de la partie inférieure de laquelle, on voit saillir deux lames pointues.

Chenilles presque cylindriques, couvertes de poils fins et mous, disposés dans différents sens sans appendices latéraux, mais ayant des plis; à peu près polyphages quoiqu'affectionnant certains végétaux; coque ovoïde ou oblongue, égale des deux bouts, d'une consistance coriace, fragile; chrysalide épaisse à parois minces, presque lisse, amincie vers la partie anale qui est obtuse, marquée de stries et munie de très-petites soies crochues ferrugineuses.

Nous ne voyons dans ce genre que deux espèces bien authentiques, les autres n'étant appuyées d'aucun caractère solide.

---

anastomotique ou; mais ce que cet auteur appelle 1re est justement sa nervure costale, et ce qu'il prend pour la nervure costale est un des deux rameaux de la sous-costale (deuxième nervure), qui, dans cette famille, abandonne parfois la deuxième nervure, pour s'unir à la première; mais celle-ci étant simple d'habitude ce rameau ne lui appartient pas.

LASIOCAMPA QUERCUS, *Linné*.

Sepp., VI, tab. 17, 18.

Var. *Spartii* Hubn. 173, 224. — Guen. Ann., Soc. Ent. F. 1858,
p. 441. — Var. *Callunæ*, palmer. * Guen. Id. p. 442, pl. 10,
fig. 3.

Nous avons rencontré la chenille dans les environs de Grenade, ses poils très-fins et couchés sont disposés par petites
bandes, se joignant sur le dos et formant une sorte d'arête;
entre les bandes il y a des pinceaux d'autres poils dirigés
latéralement et en bas; sur les côtés où les plis et les tubercules sont plus prononcés, les poils affectent aussi diverses
directions. Elle passe l'hiver; dans son jeune âge elle se tient
appliquée sur les arbres et les arbrisseaux et fait du dégât dans
les vergers lorsque les bourgeons et les fleurs se montrent;
plus tard elle descend à terre.

LASIOCAMPA TRIFOLII, *Syst. Verz.*

Sepp. II, tab. 13, 14.

Var. *Retamæ*, Cat. Syst. And. pl. 5, f. 1; H. Schœff. Suppl. fig.
152-53. — Guen. ibid. p. 455, *Ratamæ* **; — Var. *Cœles*
Hübner, Bomb. 332-34; — Guen. ibid. p. 452; — Var. *Evers-
manni*, Freyer, H. Schœff. II, p. 107, fig. 73, 74, 165; — Guen.
ibid. p. 456; — Var. *Terreni*, H. Schœff. p. 105, fig. 120-23;
Guen. ibid. p. 156; — Var. *Iberica*, Guen. ibid. p. 453, pl. 10,
fig. 1; — Var. *Serrulæ*, Guen. ibid. p. 454, fig. 2.

Toutes ces variétés ont été érigées en espèces d'après des
différences de dessin et de coloration qui se rencontrent en

---

* M. Guénée cite la bruyère commune, *Calluna erica*, comme nourriture
particulière à la chenille de cette espèce; nous avons souvent rencontré le
Quercus sur cette plante.

** C'est par erreur que M. Schœffer écrit *Rasmæ*; le nom espagnol latinisé
est *retama*, qui signifie genêt *Genista*.

partie chez les individus de France, et il ne s'est trouvé aucun caractère organique pour les confirmer.

Il s'en trouve un, au contraire, particulier au *Trifolii*, et qui n'est pas modifié dans la série des variétés citées ; ce caractère, dont on a pas fait mention, est, chez cette espèce, d'avoir les tibias antérieurs plus courts, prolongés en une forte épine antérieure et une autre externe petite.

Au reste, le *Trifolii* est variable pour le dessin et les couleurs, aussi pour la forme et la largeur des ailes, surtout chez les femelles, de même que pour la forme et la quantité des écailles et des poils qui recouvrent les ailes.

Ainsi nous avons un *Cocles* dont la partie externe des supérieures est entièrement couverte d'écailles, tandis que chez d'autres, comme la variété *Iberica*, surtout commune à Paris et dans le centre, ces mêmes ailes présentent plus de poils que d'écailles et en sont parfois peu couvertes ; d'autres fois, aussi, les écailles sont redressées et courbées.

Il est très-commun autour de Cadix et de Malaga, où presque toutes les variétés se trouvent ; plusieurs de nos femelles sont identiques avec la variété *Terreni* du même sexe, figuré par M. Schæffer.

La V. *Retamæ* que nous représentons offre une tache jaune à l'angle anal de la frange, cette couleur de la frange se voit surtout chez la V. *Cocles*, mais plusieurs de nos *Retamæ* ont aussi la frange jaune.

La chenille se trouve à terre dès le premier âge, ses poils sont plus jaunes et bien moins disposés en différent sens que dans le *Quercus* ; elle aime surtout les *Spartium*, *Genista* et autres *légumineuses* ; la coque est plus courte, plus jaune et la chrysalide plus pâle.

Genre MACROTHYLACIA, *Nobis.*

Nous n'avons pas trouvé le *Rubi*, pour lequel nous formons ce genre ; mais M. Staudinger pense l'avoir vu voler, c'est donc avec doute que nous le citons. Quoique très-rapprochée des précédentes, cette espèce offre des différences caractéristiques notables.

Tête petite, front non gibbeux, épistome saillant, antennes assez fortement bipectinées chez le mâle, ayant les dents un peu courbées à l'extrémité ; munies d'une petite épine tournée un peu en dedans, à peine bidenticulées chez la femelle ; chez celle-ci le thorax et surtout l'abdomen extrêmement épais, velus ; ce dernier assez grêle chez le mâle, terminé par une touffe de poils allongés ; pattes assez fortes, ayant l'épiphyse peu sensible et les éperons bien visibles; ailes grandes, larges, couvertes d'écailles peu serrées, longuement divisées en lanières fines ressemblant à des poils, franges peu larges ; nervule des premières partant après le troisième rameau et aboutissant au quatrième de la troisième nervure ; secondes ayant la marge antérieure très-dilatée surtout à la base qui est très-saillante et arrondie, recevant deux rameaux accessoires, dont un épais et courbé ; aréole petite, fermée par un rameau court, épais, premier rameau de la deuxième nervure très-rapproché de la première et tendant à s'y unir ; nervule d'abord droite et formant un angle au quart de sa longueur, puis oblique et aboutissant au dernier rameau de la troisième nervure ; abdomen du mâle très-aminci à l'extrémité, premier segment en dessus, plus étroit que le suivant, membraneux à son bord antérieur, huitième étroit, long en dessus, très-court en dessous ; pièces génitales externes peu saillantes, stylet nul, sa base formant de chaque côté une saillie un peu épineuse, au-dessous de laquelle on en voit une autre plus épaisse et obtuse qui n'est que la base des branches de la pince, entre elles se voit le pénis en ouverture arrondie, terminé par une épine courte et forte, accompagné de deux tiges assez épaisses, courtes, supportées par une base étroite ; en avant existe une excavation sur les côtés de laquelle est une pointe courte, crochue, aplatie.

Chenilles épaisses et longues, cylindriques, très-velues, se

tenant à terre, presque polyphages, passant l'hiver, quoique
déjà écloses au mois de juin, faisant une coque molle, allongée en forme de sac ; chrysalide très-épaisse, atténuée aux
deux bouts chez la femelle, s'amincissant lentement vers
l'extrémité, chagrinée sur le thorax, rugueuse sur l'abdomen,
qui est garni de très-petits poils roux, subépineux, plus forts
à la partie anale qui est très-obtuse.

MACROTHYLACIA RUBI, *Linné*.

Supp. II, tab. 2.

GENRE TRICHIURA, *Stephens*.

*Palpes courts, grêles, couverts de poils hérissés, un peu
abaissés, antennes des mâles médiocrement bipectinées, ayant
les dents ciliées en dedans et un peu laineuses, sans épine
antéterminale, celles des femelles bidenticulées, poils entourant
leur base, nombreux et longs, ceux de la tête déprimés, dirigés
en avant avec ceux des palpes, front s'avançant en une saillie
tronquée, denticulée sur son bord, un peu excavée à son extrémité ; thorax et abdomen assez épais chez la femelle, celle-ci
ayant une masse de poils autour de l'anus arrondie en forme
de bourrelet, pour recouvrir les œufs ; abdomen du mâle peu
épais et court, terminé par une touffe de poils large, longue,
déprimée, presque bifide ; corps et pattes couverts de longs poils,
celles-ci n'ayantpas d'épiphyse sensible, éperons peu développés, onglets en partie recouverts par les poils avec une pelote
petite. Ailes larges, courtes, ayant les franges larges, les
supérieures non marquées d'un stigmate.*

Deuxième nervure des premières, forte, ayant le second rameau épais, les suivants minces, nervule naissant en arrière
du troisième, formant un angle interne prononcé, se rendant
au quatrième rameau de la troisième nervure ; marge antérieure des secondes assez élargie, arrondie et saillante à la
base, ayant le bord un peu évidé, recevant un rameau acces-

soire fort, courbé, aréole accessoire petite, parfois peu visible
ou nulle, première nervure s'emparant du premier rameau de
la seconde, nervule se fléchissant dès sa naissance, devenant
très-oblique ou presque longitudinale, aboutissant au quatrième rameau de la troisième nervure.

Chenilles allongées médiocrement velues, vivant sur les
arbres, naissant au printemps, réunies en famille ; faisant une
coque ferme, courte ; chrysalide peu allongée, atténuée à son
extrémité ; ce genre a des rapports avec celui d'*Eriogaster*.

Yeux assez gros, vertex élevé, premier article des antennes,
renflé par en dessus ; prothorax étroit ayant ses plis petits,
comprimés, écartés l'un de l'autre ; scapule large, prolongée
à son extrémité qui est arrondie ; métathorax court, assez
épais, bombé sur les côtés ; mésothorax très-court, les côtés
de son notus étroits, obliques, ceux de son pectus, extrêmement rétrécis ; premier segment abdominal peu déprimé en
dessus, plus étroit que le suivant, sa partie moyenne non rétrécie en avant, dilaté sur les côtés, ainsi que le second ;
huitième assez court, plus long en dessus, un peu échancré
obliquement, pièces génitales un peu saillantes, stylet épais,
très-obtus, un peu bilobé, ou terminé en deux tubercules
noirs, courts, entouré en dessous, à sa base, par une lame
saillante qui cerne aussi l'ouverture anale et dont les angles
s'élèvent en pointes, pince bien visible, divisée en deux lobes
dont un supérieur allongé, courbé, presque pointu, l'autre
plus court, épaissi par en bas, terminé au-devant du stylet, en
une épine fléchie, tournée en dedans et en haut.

TRICHIURA CRATÆGI, *Linné*.

Sepp. II, tab. 25.

Il a été trouvé en Andalousie par M. Staudinger.

GENRE ACHNOCAMPA, *Nobis*.

À peu près les mêmes caractères que le genre précédent.

Front gibbeux s'avançant en une saillie obtuse, un peu excavée et denticulée sur son bord, base des antennes entourée d'un faisceau de longs poils, celles-ci bipectinées, paraissant un peu laineuses, bidenticulées chez la femelle; tête, thorax et pattes couverts de longs poils, peu serrés; abdomen médiocrement épais chez la femelle, n'ayant pas, à la partie anale, de bourrelet de poils pour couvrir les œufs, celui du mâle très-atténué, terminé par une touffe de poils assez longs; ailes médiocrement larges, surtout les inférieures, les premières ayant un stigmate blanchâtre qui n'est pas constant, leur nervule naissant après le deuxième rameau de la seconde nervure et aboutissant au quatrième de la troisième nervure, peu sensible; marge antérieure des secondes assez dilatée, saillante et un peu arrondie à la base où elle reçoit un grand rameau accessoire courbé, aréole accessoire nulle ou presque nulle, les deux premières nervures réunies dans une certaine longueur en un tronc d'où partent, à peu près du même point, trois rameaux, nervule comme dans le genre précédent, franges très-larges.

Il diffère surtout en ce que la femelle n'a pas l'anus garni de poils; pour la chenille elle est très-différente.

ACHNOCAMPA ILICIS, *Nobis.*

Cat. Syst. Lep. And. pl. 5, fig. 4 [*], et pl. 14, fig. 1, a chenille.

Ressemblant pour le dessin au *Cratægi*, mais souvent, surtout chez la femelle, les différentes lignes étant effacées; ailes supérieures d'un gris plus ou moins blanchâtre, traversées presque au milieu par une bande peu foncée, dont les bords sinués sont noirâtres, ainsi que par quelques lignes à peu près comme chez le *Cratægi*, et avant le bord externe, par une ligne brune, sinuée, anguleuse, souvent interrompue; bord

---

[*] La première planche est un peu inexacte pour le dessin, et les ailes inférieures sont trop courtes.

interne de la bande médiane plus sinué et anguleux que dans le *Crataegi*, bord externe aussi plus anguleux et moins arrondi dans ses courbures, ainsi que la ligne externe; ce même bord et la frange, marqués de points plus foncés et plus distincts, base variée de parties blanches, luisantes ainsi que les nervures; inférieures d'un gris-brunâtre un peu roussâtre, à peu près uniforme. Chez la femelle, ailes souvent entièrement grises, les premières marquées d'un stigmate et d'atômes blanchâtres. Dessous des quatre ailes de la couleur des inférieures, les supérieures ayant parfois des marques de dessin; tête et thorax d'un gris-brun un peu blanchâtre en avant; poitrine, pattes, abdomen de la couleur des ailes inférieures.

Chenille allongée, assez mince, avec un tubercule pointu, noirâtre sur le pénultième segment, d'un rouge-fuligineux foncé, couverte d'un duvet très-court, noirâtre avec des poils blanchâtres; tubercules pilifères noirs, saillants, accompagnés d'une tache rougeâtre ou fauve; le dessin du dos, étant plus foncé, forme parfois une série de taches mal circonscrites, placées sur la section des anneaux; côtés marqués de traits noirs avec une tache semblable à la base des vraies pattes, celles-ci d'un rouge fauve; les autres de la couleur du corps; côtés du ventre formant comme une bande roussâtre, celui-ci marqué d'une bande noire dilatée à chaque segment et qui peut être interrompue.

Trouvée au mois de mai sur les collines des environs de Grenade, où elle se tient à l'extrémité des rameaux du *Quercus ilex* et *coccifera*, dont elle ne semble manger que les parties desséchées. L'insecte a aussi été rapporté du même pays, par M. Staudinger[*].

Faute de matériaux, nous ne pouvons former une famille du genre suivant que nous excluons des Lasiocampides.

[*] Nous ne pouvons rien dire du *Chondrostega pastrana*, de M. Lederer, ne l'ayant pas vu en nature; s'il est bien une Lasiocampide, il se rapprocherait beaucoup du *Crataegi* à cause de ses larges franges; d'après son nom générique, il se construirait une coque cartilagineuse.

GENRE CRATERONYX, *Duponchel*.

Catal. Meth. p. 77.

Presque tous les auteurs ont méconnu ce genre; le Catalogue de M. Staudinger, qui est un des derniers résumés de la science, le place dans le genre *Gastropacha*; seul, plus de dix ans après Duponchel, dont il ne connaissait peut-être pas le dernier ouvrage, M. H. Schæffer le sépare sous le nom impropre de *Lasiocampa*, qui ne pouvait lui rester, mais en le laissant dans la même famille, dont les caractères suivants le distinguent bien : point de stemmates, antennes fortement bipectinées chez le mâle, assez courtes, non obtuses, terminées en pointe, ayant l'axe courbé et les dents assez serrées, les deux rangées peu ouvertes, bien moins bipectinées chez la femelle, où les dents sont droites avec une soie apicale plus sensible, palpes courts, droits, hérissés, de niveau avec les poils de la tête qui sont épais, spiritrompe nulle, yeux glabres; thorax couvert de poils touffus, longs sur les cuisses et les tibias, sensibles sur les tarses qui sont un peu épineux, tibias postérieurs n'ayant qu'une paire d'éperons courts, pattes antérieures anormales dans les deux sexes, avec la hanche et la cuisse grosses, épaisses, le tibia et le tarse de la longueur de cette dernière, qui est renflée, tous les deux épais et très-courts, les articles du tarse formant des anneaux serrés, très-courts, dont le premier et le dernier plus longs, celui-ci terminé par des onglets beaucoup plus grands que les autres, peu courbés, denticulés, épiphyse nulle.

Ailes assez grandes, étroites à leur attache, les premières non dilatées à leur bord postérieur, marquées d'un stigmate jaune ou noir, deuxième nervure donnant deux ou trois rameaux dont le second, divisé trois fois, naît d'un tronc commun avec le troisième, troisième nervure n'ayant que trois rameaux, le quatrième devenu nervulaire, s'insérant

aux deux ailes, en avant du milieu de la nervule (*Dumeti*)[*],
aréole médiocre, ayant l'angle antérieur très-avancé, nervule
formant un angle rentrant bien au-delà de son milieu ;
secondes dilatées à la base du bord antérieur qui s'avance
en angle obtus, épaissi à sa partie interne qui est presque
parallèle au corps et qui ne porte pas de frein, première et
deuxième nervures s'éloignant l'une de l'autre à la base, puis
se rapprochant avant le milieu dans une certaine longueur,
ensuite s'écartant sans être divariquées, la première plus
épaisse, courbée après sa naissance, recevant plus loin un
rameau court de la seconde et formant ainsi une aréole
accessoire basilaire allongée, celle-ci bifurquée après l'aréole
qui est large, assez courte, avec l'angle postérieur plus long
et la nervule un peu en zigzag, ayant un angle rentrant prononcé, qui se prolonge en une nervure accessoire fine.

Tête assez grosse, yeux petits, front large, peu rétréci par
en bas, où existe un rebord plus ou moins saillant, vertex et
occiput peu distincts l'un de l'autre ; prothorax étroit, ayant
deux plis grands, courbés, un peu renflés, presque contigus ;
scapules assez grandes, peu larges à la base, rétrécies en
arrière d'une manière insensible, prolongées, très-obtuses ;
mésothorax large, assez court, peu rétréci en avant où le
præcustum est peu distinct, élargi vers l'épine scutale qui est
saillante, ayant en avant, sur le côté, une impression profonde, pièce axillaire très-grande, élevée, la sous-axillaire
très-étroite, à peine visible en avant, réduite à un bord,
épimère plus large que la hanche ; métathorax ayant les côtés

---

[*] Les caractères sont surtout pris sur le *Dumeti*, le *Taraxaci* en diffère
seulement par l'aspect général et le point noir discoïdal des premières, mais
encore par l'insertion du rameau nervulaire au milieu de la nervule, et par
les onglets antérieurs non denticulés ; mais il ne peut être séparé. Nous ne
connaissons le *Balcanica* que par la figure de M. H. Schäffer ; la forme des
pattes antérieures, qui ne semble pas différer des autres, ferait croire qu'il
n'appartient pas à ce genre.

larges, courts, un peu échancrés en dehors, un peu convexes, uniformes, sans traces de division, n'ayant pas d'efflorescence sur le bord antérieur, laissant voir, en arrière, la troisième pièce alaire très-étroite, un peu saillante chez le *Taraxaci* *, scutellum assez épais, assez large, pièce axillaire très-large, épimère presque aussi large que la hanche à la base.

Abdomen du mâle très-rétréci à son insertion thoracique, dans son premier segment, dont la partie moyenne est étroite et déprimée, surtout en avant, dominée en arrière par le deuxième qui est plus long et saillant sur les côtés, atténué vers l'extrémité avec le huitième très-long en-dessus, à peine sensible en dessous, où se voient les pièces génitales, stylet assez large, courbé, échancré au bout, au-dessous duquel se voit une excavation bornée par une lame saillante, concave, pénis saillant, incrme, pince inférieure, ovale, simple, en forme de valve.

Chenille épaisse, cylindrique, couverte d'un léger duvet, naissant au printemps, vivant à terre, surtout de *chicoracées*, entrant en terre et produisant une chrysalide épaisse, atténuée à l'extrémité, terminée par une pointe, enveloppée d'une coque peu sensible.

Nous avons trouvé une chenille non loin de Malaga dans un champ inculte; elle courait vivement sur la terre rendue brûlante par l'ardeur du soleil, et avait dû se nourrir de *chicorée sauvage*, seule plante épargnée par les troupeaux, ou l'intensité de la chaleur. Nous n'avons pas vu l'insecte qui s'est échappé, à son éclosion, pendant notre absence, mais nous avions cru reconnaître la chenille du *C. Dimeti* que nous avions déjà rencontrée.

---

* Dans cette espèce, le scutellum du métathorax est étroit, plus épais, ainsi que celui du mésothorax, le premier segment abdominal est plus rétréci.

CRATERONYX DUMETI, *Linné.*

Esp. III, tab. 14, fig 3, 4.

GENRE BOMBYX *, *Linné.*

Nous ne formons pas de famille pour ce genre exotique, qui ne se lie pas avec nos européens, ni pour celui d'*Endromis* **, espèce isolée dont les nervures rappellent celles des Lasiocampides, de sorte que plusieurs familles sont omises comme n'étant pas suffisamment représentées en Europe.

---

* Il ne paraît pas cependant s'éloigner beaucoup du genre *Crateronyx*, malgré le peu de ressemblance qu'on remarque entre les chenilles.

** Nous n'avons pas vu l'*Endromis versicolora* L., dont voici les caractères : antennes fortement bipectinées chez le mâle, obtuses, les dernières dents étant encore longues, celles-ci crispées et repliées après la mort, peu bipectinées chez la femelle; palpes courts, très-velus, atteignant à peine les bords du front, spiritrompe insensible, stemmates nuls.

Thorax revêtu de poils longs hérissés, pas très-serrés, élevés en arrière, ceux de l'abdomen très-longs, peu serrés, un peu relevés et prolongés au bord des segments abdominaux qu'ils reproduisent, hérissés surtout à l'extrémité; pattes assez longues, grêles, ayant les cuisses velues et le reste presque glabre surtout en dessus, épiphyse naissant, chez le mâle, après le milieu du tibia et se prolongeant au delà en se contournant, obtuse, grêle, comprimée, presque nulle chez la femelle, tibias postérieurs ayant les éperons à peine sensibles, onglets grands, semblables à toutes les pattes, ayant la base très-saillante en dessous, accompagnés d'une pelote et de deux appendices.

Ailes grandes, larges, surtout les supérieures, un peu dilatées avant la base, au bord postérieur, deuxième nervure donnant trois rameaux, dont le second se divise trois fois, troisième quadrifide aux deux ailes, quatrième très-mince, très-éloignée de la précédente allant à peine jusqu'à l'angle postérieur, recevant la cinquième vers le tiers de sa longueur, aréoles assez longues dont l'angle postérieur dépasse un peu le milieu de l'aile; inférieures un peu arrondies au bord externe, dilatées à la base du bord antérieur qui est arrondie et garnie d'une bordure interne de poils, frein tout à fait nul, première et deuxième nervures libres à leur naissance, puis un peu écartées l'une de l'autre, ensuite rapprochées après la base où la seconde envoie à l'autre un rameau très-court, à peine divergentes, deuxième bifide

Yeux saillants, palpes petits n'atteignant pas le front, le dernier article très-court, velus par en dessous, spiritrompe nulle, poils du front couchés, non saillants, antennes courtes, bipectinées, presque de la même manière dans les deux sexes, dents longues dès la base, se raccourcissant beaucoup avant le sommet, la rangée antérieure plus courte, rapprochée de l'autre, ciliées, velues, avec l'axe courbé, scapus très-gros, très-renflé; corps épais ayant ses poils presque uns, un peu touffus, cotonneux; pattes courtes, fortes, tibias et tarses, surtout le premier

à l'angle antérieur de l'aréole, nervules fortement courbées en dedans, où elles reçoivent une nervure accessoire postérieure peu sensible, ailes d'un fauve obscur, tachées de blanc avec un trait noir, courbé aux premières.

Tête assez petite, un peu déprimée, presque nulle, scapus peu renflé; notus du prothorax non comprimé, ayant deux plis presque contigus un peu renflés; scapules courtes, presque triangulaires, peu prolongées en une partie renflée, leur apophyse en forme de tubercule, non en crochet, laissant voir, en dedans, une portion notable de la pièce sous-scapulaire, mésonotus grand, présentant en avant et au-dessus de l'épine scutale, qui est bien marquée, une fosse profonde, scutellum plus large que long, peu saillant en avant, arrondi en arrière avec un rebord saillant; mésopectus épais, ayant l'épimère bien plus large que la hanche, un peu saillant en arrière, pièce axillaire assez grande, la sous-axillaire large; scutellum du métanotus un peu visible dans son milieu, ayant les côtés assez grands, mais, avec une légère impression en dehors, marge antérieure non distincte, non visible, scutellum très-court linéaire en travers.

Abdomen assez épais, dépassant un peu les ailes, ayant le premier segment bien plus court que le suivant, division externe de l'arceau supérieur peu différente des autres, ne laissant pas d'ouverture tympanique, dernier segment prolongé presque carrément en dessus, assez court en dessous, pièces génitales d'un noir luisant, stylet simple, étroit à la base, épais, courbé, canaliculé, terminé en pointe, pièce inférieure, étroite, simple, dont les branches excavées en dedans sont courbées sur le stylet à leur extrémité qui est rétrécie, pénis très-petit et grêle, sortant d'une gaîne évasée courte, non épineuse; partie anale de la femelle ayant, en dessous, une petite pièce saillante cornée.

Chenille glabre, atténuée en avant avec le pénultième segment élevé en pyramide, vivant sur les arbres; chrysalide épaisse, terminée en pointe.

et le dernier article de ceux-ci couverts, du côté externe, de
poils longs très-épais, non hérissés ni mêlés, laissant voir les
articulations, le premier article assez long, les autres très-
courts, surtout les trois moyens, les derniers tibias ayant une
paire d'éperons courts, épiphyse aplatie, atténuée, dépassant le
tibia; abdomen assez long et épais, surtout chez la femelle.

Ailes petites, les supérieures étroites vers la base, non dilatées au bord postérieur, un peu sinuées au bord externe,
deuxième nervure ne donnant que deux rameaux dont le
second se divise quatre fois et dont les ramuscules sont un peu
divergents, troisième divisée en trois rameaux très-espacés,
surtout le premier, aréole étroite, assez longue, ayant la nervule bien distincte à ses deux extrémités, recevant dans son
milieu le rameau nervulaire; postérieures larges, dilatées en
avant, arrondies et un peu sinuées à leur bord externe et
antérieur, celui-ci un peu anguleux à sa base où l'on voit une
petite pointe en place du frein, première et deuxième nervures
distinctes à la base après laquelle, celle-ci envoie à l'autre un
rameau assez fort, court, celle-là devenant divergente, la seconde
bifide après l'aréole, troisième donnant trois rameaux un peu
divergents, aréole médiocre, fermée par une nervule oblique, un
peu sinuée avec l'angle postérieur plus long, cinquième nervure
finissant bien avant l'angle anal.

Chenille longue, glabre, avec la tête petite et les premiers
segments renflés et plissés, ayant un appendice caudal
sur le pénultième; vivant sur les *mûriers (Morus alba,
nigra)*, filant entre les ramuscules et les feuilles une coque
subovoïde solide, jaune ou blanchâtre, formée en grande partie
de fils continus d'une très-belle soie; espèce peu connue à l'état
naturel.

Insecte blanchâtre ayant les ailes marquées de plusieurs
lignes transverses brunâtres, peu ou pas sensibles et parfois
d'un stigmate sur les premières qui sont un peu falquées,
couvertes d'écailles à dentelures multifides, souvent longuement prolongées, et ayant un aspect cotonneux.

Tête médiocre ayant le front très-large, un peu comprimé, peu rétréci en avant avec le bord antérieur ou l'epistome un peu redressé, trous antennaires très-larges, recevant un scapus grand et très-épais qui s'articule par une sorte de pédicule, second article très-comprimé, s'articulant obliquement, axe antennaire d'abord large, s'amincissant progressivement, stemmates nuls, occiput ayant une forte gibbosité au milieu ; notus du prothorax peu comprimé, ayant quatre plis dont les deux premiers un peu renflés en avant, les autres très-minces, foliacés, avec un scutellum enfoncé, peu sensible ; scutum du mésonotus allongé, cerné, au-dessus des côtés en avant, par une carène obtuse, après laquelle se voit sur les côtés un sillon oblique, les divisant au-dessus de l'épine scutale qui est peu sensible, son bord antérieur ayant une échancrure arrondie pour recevoir le præscutum qui est bien distinct et profondément excavé en dessous, où il reçoit l'extrémité du pronotus, largement échancré en arrière par son scutellum qui est grand, avec l'angle antérieur avancé, formant en arrière un angle court un peu redressé, ayant ses angles latéraux étroits, scapule étroite prolongée en arrière et terminée en pointe, avec son apophyse très-courbée, assez longue, pièce axillaire s'étendant sur presque tout l'espace axillaire, convexe, la sous-axillaire étroite, formant un rebord saillant, épimère convexe, beaucoup plus large que la hanche ; côtes du métanotus très-déclives, de dedans en dehors médiocrement larges à surface assez unie, élevée dans son milieu, déclive en arrière avec la marge antérieure étroite, saillante par en haut, non pulvérulente, ayant une impression en dehors, scutellum étroit avec ses angles prolongés, pièce pectorale étroite, épimère réduit à sa base qui est renflée.

Abdomen large, son premier arceau en dessus, ayant la partie moyenne étroite, surtout en avant, sa division externe très-courte, allongée en travers, arrondie, laissant en avant et en arrière de la rainure une excavation, tympanum nul, deuxième segment un peu anguleux sur le côté, arceau supérieur du dernier segment, chez le mâle, prolongé, arrondi, l'inférieur largement échancré et borné de chaque côté, par un angle saillant, crochu, pièces génitales externes visibles, stylet court, épais, courbé, canaliculé, terminé en deux pointes obtuses, sa base dilatée en dessous, excavée, prolongée en pointe obtuse, pince supérieure, épaisse à la base qui est renflée, arrondie, prolongée en arrière le long du stylet qu'elle dépasse en une longue tige, flexueuse, mince, pénis très-grêle, long, cylindrique, sortant d'une gaine solide, prolongée par en haut en une lame pointue ; partie anale de la femelle entourée, en dessous, d'un bord scarieux fendu au milieu.

BOMBYX MORI, *Linné*.

Faun. Suec. édit. 1, nº 392. *Phalæna pectinicornis, elinguis, Bombyx dicta*.

Cinquième famille. ATTACIDES, *Duponchel*.

SATURNIA, *Schrank*.

Point de stemmates, antennes courtes, bipectinées, ayant quatre dents à chaque article (d'ordinaire deux), placées aux extrémités et dont les deux externes sont souvent plus courtes, plus grêles, moins ciliées, et parfois accolées si intimement avec celles de l'article suivant qu'elles paraissent à peine s'en distinguer, d'autres fois ayant vers l'extrémité une direction différente, des deux séries de dents, l'une est supérieure et l'autre inférieure, ce qui rend l'antenne aplatie et lui donne la forme d'une feuille à nervures serrées et parallèles dont le parenchyme a disparu, partie antérieure de l'axe et la plus étendue, paraissant être l'interne des autres familles et la postérieure où naissent les dents, et qui est plus étroite, l'externe, de sorte que les dents naissent en dessus, ce qui est l'opposé des autres ; dents variables pour la longueur, parfois courtes et

disparaissant avant l'extrémité qui est presque nue (exotiques),
les quatre dents de chaque article, n'étant pas parallèles, les
externes plus rapprochées que les autres, et, celles d'un côté
ne naissant pas au même point que celles de l'autre, un peu
courbées après leur base, les internes un peu plus; plus petites chez les femelles où les externes disparaissent souvent,
parfois presque semblables dans les deux sexes, d'autres fois
disparaissant presque entièrement chez les femelles [*]. Ailes
le plus souvent très-grandes, mais aussi parfois médiocres ou
étroites (exotiques) et souvent les supérieures falquées, leur
troisième nervure trifide, le rameau nervulaire quittant la
nervule et se joignant à la deuxième nervure, mais parfois
restant au milieu de celle-ci; inférieures plus ou moins arrondies ou allongées en arrière, ou même prolongées en queue,
dilatées au bord antérieur, surtout à la base, évidées et un
peu tronquées au bord interne, privées de frein, ayant la première nervure divergente dès la base, les deux nervures composées (2ᵉ et 3ᵉ) trifides, semblables [**], le rameau nervulaire

[*] Certains Sphingides dont les antennes sont un peu bipectinées, tels que
le *Smerinthus juglandis* et notre *quercus* (très-peu), offrent une disposition
analogue, quoique la forme de l'antenne soit très-différente; ce qui a sans
doute engagé M. H. Schæffer à mettre les *Saturnia* après les *Smerinthus*; chez le *Juglandis* les articles de l'antenne présentant une crôce-
ture inférieure dont chaque extrémité se dilate et se prolonge en deux dents
opposées et reproduit en partie ce qui a lieu chez les Attacides, mais l'antenne conserve sa forme sétiforme; la partie supérieure est revêtue d'é-
cailles et les dents naissent de l'intérieur, tandis qu'ici la forme et la
disposition sont modifiées, les faces deviennent antérieure et interne,
postérieure et externe, et les dents semblent naître de cette dernière face qui
paraît être le dessus, de sorte que l'antenne serait renversée.

[**] Les caractères si remarquables, fournis par les antennes et les nervures
qui distinguent cette famille, et suffisent pour la caractériser, ont été complétement méconnus par MM. Duponchel et Boisduval; voici ceux que leur attribue
ce dernier : « *Alae paulo latae; saepius macula ocellari* (les ailes de beaucoup
d'exotiques n'ont pas d'yeux), *vel diaphana ornatae; lingua nulla;* » Gen. et
Ind. p. 7[illegible]. Il ne mentionne donc pas l'absence du frein; il n'est donc pas
[illegible] que ces deux ailes, en avant [illegible] pour la mettre

étant réuni à la deuxième ou rarement un peu écarté sur la nervule, aréoles variables, nervules tantôt assez marquées, tantôt disparaissant complètement (*Attac.*, *L. Hesperus*, *L.*); cinquième nervure nulle ou peu sensible.

Ailes se recouvrant peu, horizontales dans le repos, souvent marquées de taches discoïdales ocellées ou transparentes. Cette famille, une des plus nombreuses parmi les exotiques, contient les espèces dont le système alaire est le plus développé, et dont l'*Attac* est l'un des plus remarquables représentants; chez quelques exotiques le rameau nervulaire se fixe vers le milieu de la nervule, mais la forme des antennes fait reconnaître la famille.

---

dans les Endromides avec lesquels elle n'a pas de rapports; voici ses caractères: antennes fortement bipectinées jusqu'au bout, les dents externes de chaque article plus courtes, plus minces, arquées par en bas avec celles de l'article suivant, puis disjointes, les internes terminées par deux poils épais couchés, tournés vers le sommet, bidenticulées chez la femelle, palpes peu hérissés, presque lisses, comprimés, droits, atteignant le front, spiritrompe nulle; thorax épais, ayant des poils nombreux lâches; pattes assez courtes, velues, tibias bordés de poils et un peu les tarses, les postérieures ayant une paire d'éperons très-courts, cuphyse longue, naissant dès la base, plus courte que le tibia, un peu courbée en dehors; ailes grandes, marquées d'une tache discoïdale ocellée et d'une ligne marginale située à la base; les inférieures presque arrondies, un peu tronquées au bord externe avec le même angle un peu saillant et le bord antérieur dilaté, surtout à la base où il forme un angle obtus, arrondi, deuxième nervure des premières donnant quatre rameaux dont le second bifide, le quatrième éloigné sur la nervule, celle-ci sinuée, émettant en dedans, en avant, un petit rameau, aréole plus courte que le milieu de l'aile, dilatée en dehors, celle des inférieures égalant la moitié de l'aile avec l'angle postérieur plus long, nervule formant un angle rentrant dans son milieu; abdomen assez grêle chez les mâles, épais chez les femelles, court, peu velu, n'ayant pas de cavité tympanique sensible.

Tête assez petite, vertex un peu gibbeux; prothorax comprimé n'ayant en dessous que deux plis bien sensibles peu renflés, éloignés l'un de l'autre et laissant voir un sternum très-large et l'apparence de deux autres plis; mésothorax court, scapules étroites à la base, presque linéaires, prolongées en arrière, épaisses, un peu obtuses, ayant un crochet épais, obtus, peu courbé, scutellum large, court, ayant l'angle antérieur assez avancé, le

GENRE **ATTACUS**, *Linné.*

Tête enfoncée, abaissée et dominée par les poils du prothorax, antennes courtes, plus ou moins bipectinées, les deux dents externes de chaque article un peu plus courtes et plus minces, assez éloignées des suivantes, celles-ci n'ayant pas des cils plus longs à leur sommet; peu ou pas bipectinées chez la femelle où les dents externes disparaissent ou sont peu sensibles, glabres, front couvert de poils assez longs, épais, rabattus sur la bouche, palpes très-courts, très-velus, spiritrompe nulle; thorax épais, revêtu de poils fourrés un peu redressés et crépus; pattes très-velues, excepté sur le tarse dont les articles sont un peu épineux sur le côté avec le pénultième très-court, épiphyse assez grande partant de la base, un peu contournée, peu sensible chez la femelle, tibias postérieurs n'ayant qu'une paire d'éperons courts, parfois bifides et épais, ce qui fait penser que la première paire y est réunie, onglets assez forts, ayant une pelote très-courte ou presque nulle.

Ailes très-grandes et larges, toujours marquées d'une tache

---

postérieur presque nul, mucroné, au-dessous duquel se voit le postscutellum, épimère beaucoup plus large que la hanche, presque gibbeux, métathorax ayant les côtés du scutum étroits, convexes, déclives, presque unis, avec l'enfoncement externe peu sensible, scutellum médiocre étroit par en haut; premier segment abdominal bien plus court que le suivant en dessus, huitième court, cachant peu les pièces génitales, pince assez allongée, obtuse, ses branches épaisses, peu rétrécies, courbées au sommet en forme de capuchon, stylet court, épais, très-courbé, bifide, pénis saillant, mince, grêle, entouré d'une gaine prolongée, en dessous, en une lame courbée, large, presque bilobée; septième chez la femelle plus long que le précédent, laissant voir le huitième qui est très-étroit, échancré, formant en dessous une excavation d'où sort une lame saillante, tronquée, ayant en dessous une forte impression. Chenille non velue, épaisse, rugueuse, munie de plusieurs épines, dans sa jeunesse, qui disparaissent, ayant en dessus la plupart des segments élevés; vivant sur les arbres; se transformant entre les débris, produisant une chrysalide épaisse, terminée par une saillie hérissée.

discoïdale ocellée, traversée par la nervule et d'une double ligne dentée en scie, les supérieures peu ou pas falquées, deuxième nervure donnant trois rameaux dont le premier divisé en deux longs ramuscules, l'antérieur laissant voir une petite division qui n'est pas toujours sensible, le troisième n'étant que le rameau nervulaire qui s'est ajouté à cette nervure, troisième nervure courbée en dedans, ayant son premier rameau très-éloigné du second, nervule fléchie en dedans, bien distincte des nervures; inférieures ayant à la base du bord antérieur un pli épaissi dépourvu du frein ordinaire, un peu rétrécies et évidées au bord interne, peu ou pas prolongées en arrière vers l'angle anal, première nervure courbée, deuxième ayant trois rameaux (deux d'ordinaire), le troisième, le nervulaire s'étant ajouté à cette nervure, du reste semblable, ainsi que la suivante, à celles des premières ailes, aréole dépassant le milieu de l'aile plus longue qu'aux premières; abdomen garni de poils touffus, hérissés, divergents, reproduisant les segments, n'ayant pas chez le mâle le huitième plus long que les autres; corps épais, très-épais chez le type (A. pavonius).

Chenilles très-épaisses, ayant une série de tubercules gros et saillants sur chaque segment, non rangés en trapèze en dessus, hérissés d'épines qui se continuent souvent en un gros poil parfois renflé au sommet ; vivant sur les arbres et arbrisseaux ; produisant une coque ovoïde ou presque vésiculeuse ou très-amincie d'un bout, dure, coriace, formée d'une sorte de gomme et de soie grossière, le bout aminci presque libre et seulement fermé par des faisceaux de soie convergents, recouverts par la partie externe qui est ouverte ; chrysalide épaisse, courte, terminée par une saillie couverte de pointes nombreuses, fines, non crochues.

Les détails suivants, ne concernent que les espèces européennes : tête assez petite, abaissée, front large en haut, rétréci en bas, espace buccal très-court, ne laissant voir aucune trace d'appendice maxillaire, palpes très-courts, épais, leur second article globuleux, le troisième peu sensible, palpes

maxillaires assez saillants, ayant trois articles, épistome
visible, trou antennaire très-large, rétrécissant le sommet du
front, scapus épais et renflé, court, vertex étroit, bossu, peu
distinct de l'occiput, yeux variables; prothorax n'étant pas
très-comprimé en dessus, ayant quatre plis, dont les premiers
renflés, saillants, séparés des autres par un scutellum assez
élevé; scutum du mésothorax assez allongé, rétréci en avant,
ayant l'épine scutale très en arrière, assez fortement échancré
postérieurement avec les deux angles très-obtus, tronqués;
scutellum grand, large, ayant l'angle antérieur avancé, le postérieur très-court, submucroné, les latéraux allongés; épisternum petit, pièce axillaire élargie par en bas, épimère plus
large que la hanche, convexe, saillant; dessus du métathorax
large, præscutum membraneux, côtés du scutum uniformes
en carré allongé, courbé, à surface unie, déclive en arrière,
avec l'impression externe large, peu profonde, et le bord
antérieur saillant dans son milieu, nullement efflorescent, scutellum assez étroit, presque carré et aussi long que le scutum,
à face très-déclive et postérieure avec le bord antérieur enfoncé et arrondi, éloigné du scutellum précédent; épimère
aussi large à sa base que l'extrémité de la hanche. Abdomen
gros chez la femelle, médiocrement long dans les deux sexes,
rétréci à son attache où il est débordé par le métathorax; premier segment plus étroit que le suivant, division externe de
l'arceau supérieur peu saillante, ne différant pas de la même
partie chez les autres, membraneuse, ayant un stigmate très-
grand, séparée par une rainure peu profonde, formant en
avant une petite excavation, partie moyenne rétrécie antérieurement, tympanum tout à fait nul, deuxième segment
ayant les côtés saillants, huitième n'étant pas plus long que le
précédent, ne couvrant guère que la base du stylet, très-court
en dessous et laissant voir une grande partie de la pince,
celle-ci large à la base, surtout par en dessous, plus ou moins
bilobée ou trilobée à son bord inférieur, un peu rétrécie et
convexe vers l'extrémité, qui est obtuse et s'élève au-dessus du

stylet, premier lobe étroit, court, courbé en dedans, le moyen en forme d'épine courbée en dedans et longeant le bord inférieur; stylet très-épais, parfois très-courbé en dessous, plus ou moins creusé par un large sillon, bifide, terminé en deux pointes crochues, parfois se confondant en dedans avec sa base qui est très-épaisse (*A. pavoniellus*); pénis peu ou pas saillant, muni d'une pièce solide du côté droit qui se prolonge en une pointe forte, entouré d'une gaine très-large, excavée et évasée, longuement prolongée par en dessus et en côté, et divisée en deux parties pointues conniventes; septième segment chez la femelle, formant, en dessous, un bord épaissi et une petite excavation, laissant voir le huitième qui est étroit, un peu évasé, entourant la partie vulvaire, celle-ci saillante un peu en forme d'oviduc[*].

1. ATTACUS[**] PAVONIUS[***] *Linn.*

Scopoli, p. 191, n° 482.
Esp. III, tab. I, 2. Syst. Verz. *Pyri*.
Geoffr. Hist. Ins. p. 100, le Grand Paon de nuit.

Habite l'Andalousie; la soie grossière de son cocon ne peut être d'aucune utilité.

---

[*] Le *Cecropia*, Kupido, peut être séparé sous le nom de *Typhloteta*. Ailes d'une teinte uniforme, traversées par deux lignes brunes sinuées, tache ocellée réduite à un petit cercle brun clair au milieu; deuxième nervure des premières n'ayant que deux rameaux, le nervulaire s'unissant au même point que la nervule qui est droite; troisième aux secondes ayant ses trois rameaux à égale distance. La larve nous est inconnue. Il se trouve dans la Carniole et paraît pendant l'automne.

[**] Le nom de *Saturnia* peut être appliqué au groupe de l'*Atlas*, chez lequel la nervule disparaît de même que dans le groupe du *Cynthia*.

[***] Il faut ajouter les *Spini* S. V.; *Boisduvali*, Eversman, et l'*Atlanticus* Lucas (*Expl. Sc. de l'Alg.* Lép. pl. 3, fig. 4), qui ressemble beaucoup au *Pavonia*, dont il paraît différer par les ailes supérieures plus étroites et falquées, et surtout par la ligne transverse noirâtre avant la tache basilaire qui, si le dessin est exact, se trouve beaucoup plus rapprochée de la tache discoïdale ocellée, sur les deux ailes; par quelques différences dans ces mêmes taches, et par les lignes en zigzag plus fortement dentées.

2. ATTACUS PAVONIELLUS, *Scopoli*.

Esp. III, tab. 4; *Porcata minor*.

Trouvé dans le midi de l'Espagne par M. Staudinger. La chenille, dans le premier âge, vit en société et est presque polyphage sur les arbres et arbrisseaux; lorsqu'elle est effrayée elle fait sortir par ses tubercules ou ses poils, des petites gouttelettes comme celles de Zygènes.

3. ATTACUS ISABELLÆ, *Graells*.

— Ann. Soc. Ent. Fr. 1850, p. 241, pl. 8.

Cette espèce, si différente des précédentes, pourrait peut-être former un genre.

Elle a été découverte en Espagne par le docteur Graells, qui a rencontré sa chenille sur le genre *Pinus*.[*]

Sixième famille. **NOTODONTIDES**.

On peut les considérer comme formant une petite tribu, composée de plusieurs familles assez différentes, mais réunies par un caractère commun dont le plus grand développement

---

[*] Cette espèce, sur la patrie de laquelle, des entomologistes espagnols et français ont exprimé des doutes, se trouve encore entourée d'un certain mystère; on peut reprocher à M. Graells de n'avoir pas fait connaître la plante sur laquelle vivait la chenille, lorsqu'il en publia la figure; on peut aussi s'étonner que, ce naturaliste, n'ait pas cherché à répandre davantage cette espèce, et surtout, qu'il n'ait pas fait constater, par quelque entomologiste, son existence réelle en Espagne; enfin, nous sommes également surpris qu'une espèce qui paraît être très-méridionale, se soit trouvée seulement dans des parties élevées du centre de l'Espagne, plutôt qu'en Andalousie; car M. Staudinger, lépidoptériste distingué, est resté assez longtemps à Chiclana, près de Cadiz, où existent des bois de pins, sans la rencontrer, et il a inutilement cherché sa chenille, pendant une autre saison dans la partie centrale de l'Espagne. Au reste elle diffère moins de nos espèces que le *Cecigena*, quoiqu'elle fasse un groupe à part.

se rencontre chez l'*Uropus ulmi* et le moindre, dans le genre *Cerura*; caractère fourni par la troisième pièce scutale[1], que nous nommons aussi tubercule métathoracique. Ils se distinguent ainsi : antennes le plus souvent bipectinées dans une partie ou dans leur longueur chez les mâles, parfois chez

---

[1] Audouin considérait ces pièces comme faisant partie du notus (tergum); la première du notus; on peut reconnaître facilement les trois pièces scutales sur les côtés du notus du mésothorax de l'*Att. pavonia*, (*A. pyri*, N.) où elles reçoivent les parties supérieures de l'attache de l'aile; la première surtout très-grande, est placée au côté du scutum, avec lequel elle est unie par une ligne articulaire bien visible, allant jusqu'à l'épine scutale (voir notre partie anatomique); la seconde sous l'épine et la troisième en côté de l'extrémité du scutum, en avant des angles latéraux du scutellum, occupant l'extrémité postérieure de l'attache de l'aile. Au métathorax elles sont bien moins visibles; cependant on distingue bien la troisième, dont il est question ici, derrière le côté du scutum où elle est entourée par le bord postérieur de l'attache de l'aile (voyez Latr. *Cours d'Ent.* pl. 21, fig. 3, 4; Lac. *Intr. à l'Ent.* pl. 3). Les parties latérales du scutum, un peu au-dessus de la ligne qui les désigne, et les parties latérales du scutellum, sont les deux premières pièces scutales au premier et la troisième au second; la partie anguleuse de chaque côté du scutum, au delà du milieu, est l'épine scutale; ces figures, surtout pour les pièces scutales, sont très-inexactes.

La troisième pièce se trouve bien visible et saillante chez les *N. tyrrhœa* et *illunaria*; mais c'est surtout ici qu'elle prend un développement anormal et qu'elle paraît, chez l'*Ulmi* où elle a la forme d'une grosse vésicule, constituer la plus grande partie des côtés du scutum du métathorax (on sait que la partie moyenne est rarement visible) dont nous la croyons bien distincte. Si on examine, au contraire, les côtés en dessus, du même scutum, chez la *N. prannda*, où ils sont très-larges, et qu'on peut diviser en trois parties, on serait tenté de prendre la troisième et postérieure, qui est saillante, pour la même pièce scutale; mais il n'en est rien; cette pièce, à peine visible, se trouve en dessous de cette partie saillante postérieure; les côtés larges et complets du scutum de ce métathorax se divisent facilement en trois parties, d'abord la marge antérieure pulvérulente ou couverte d'une efflorescence persistante, rendue distincte, par une ligne, de la suivante qui est plus ou moins déclive et sinuée, ayant en dehors une saillie qui représente l'épine scutale, puis après la troisième partie, qui est postérieure, élevée et plus étroite, séparée de l'autre par un enfoncement; en comparant les

les femelles, d'autres fois seulement denticulées ; spiritrompe presque toujours très-petite ou incomplète, stemmates souvent un peu visibles, yeux glabres : ouverture tympanique variable, peu sensible ou médiocre ; pattes courtes, les tibias antérieurs ayant une épiphyse variable, les postérieurs munis d'éperons parfois peu sensibles dont les deux paires très-rapprochées ; troisième pièce scutale, la seule bien visible, très-développée aux dépens d'une partie du scutum du métathorax : troisième nervure aux deux ailes, n'ayant que trois rameaux, le quatrième, le nervulaire, s'insérant au milieu ou en avant du milieu de la nervule ; première et deuxième nervures aux secondes, presque contiguës après la base jusque près de la moitié de leur longueur, puis divergentes, se touchant parfois dans un point soit à l'aide d'un petit rameau, soit par leur tronc, mais ne s'anastomosant jamais complètement, frein un peu variable quelquefois très-petit, le plus souvent formé d'un certain nombre de soies réunies en faisceau chez les femelles.

GENRE CNETHOCAMPA

Antennes peu aiguës, assez longues, bipectinées chez le mâle avec les dents minces, très-villeuses en dedans, couvertes à la base d'une touffe de poils saillants, peu bipectinées chez la femelle, à dents plus épaisses, terminées par un poil, palpes petits très-velus, spiritrompe presque nulle, stemmates très-petits placés dans une dépression derrière les antennes ; thorax assez épais et court, couvert de poils touffus ; abdomen du mâle n'étant pas plus long que les ailes, très-atténué à l'extré-

---

mêmes parties chez l'*Erepus*, on voit que les deux tiers des côtés du scutum ont disparu, savoir la partie moyenne et la postérieure, absorbées par l'énorme développement de la troisième pièce scutale et que la marge antérieure pulvérulente, assez étroite, constitue, à elle seule, ces mêmes côtés. Le genre *Pygæra* est presque dans le même cas.

mité, subconique, terminé par un pinceau de longs poils;
cylindrique et plus long que les ailes chez la femelle, peu velu,
chargé à l'extrémité d'une masse de grandes écailles très-
minces, appliquées les unes sur les autres, couronnant la partie
anale, au-dessus de laquelle elles forment un bourrelet qui est
entouré de poils plus ou moins longs; pattes très-velues, ayant
les cuisses et tibias bordés de longs poils avec les épiphyses
médiocres chez les femelles, grandes chez les mâles et parfois
très-grandes, onglets assez grands, à base saillante avec une
pelote courte, tibias postérieurs munis d'une seule paire d'éperons, le plus souvent peu saillants; ailes supérieures assez
grandes, ayant la première nervure épaisse, saillante en
dessous, la deuxième faible, surtout dans son milieu et très-
rapprochée de la précédente, donnant trois rameaux dont le
second se divise trois fois, troisième n'ayant que trois rameaux,
le quatrième étant nervulaire et placé vers le milieu de la
nervule; inférieures ayant leur première et deuxième nervures
séparées à leur naissance, puis contiguës, ensuite divergentes,
la deuxième devenant bifide bien après l'aréole, celle-ci large,
longue, surtout aux premières et en avant, rameau nervulaire
très-faible, nervules formant un angle rentrant sur les deux
ailes, frein bien visible.

Tête assez grosse, ayant le front étendu, tantôt saillant à son
sommet, tantôt s'avançant en une lame épaisse dentelée en forme
de scie dans les deux sexes, occiput saillant ou s'avançant en
une dent (*Pityocampa*), un peu prolongé et élargi en arrière,
prothorax très-court, non visible en dessus et seulement
représenté par deux plis en forme de tubercules très-éloignés
l'un de l'autre; mésothorax court, son scutum ayant un large
sillon de chaque côté en avant, et le scutellum large, court
avec ses côtés obtus et l'angle antérieur peu sensible ou coupé
carrément et élevé, scapules médiocres, formant sous la base
de l'aile un crochet obtus; métathorax très-court, surtout en
dessus, dans son milieu, avec le scutellum linéaire, ayant les
côtés peu larges, composés de la marge intérieure pulvé-

rulente, de la pièce scutale, très-développée, et d'un tubercule placé en dehors entre les deux, côtés du pectus un peu convexes, épimère moyen bien plus large que la hanche, pièce axillaire saillante en dehors de la fosse, la sous-axillaire membraneuse dans son milieu; dernier épimère plus mince que la hanche, tympanum formant une cavité étroite, simple, presque thoracique.

Abdomen du mâle épais à la base, conoïde, presque gibbeux en dessus, division latérale du premier arceau supérieur peu modifiée, dernier segment échancré, son arceau supérieur plus allongé, couvrant le stylet, celui-ci courbé, presque couché en dedans, et sa base faisant saillie de chaque côté, pince visible en dessous ayant les branches simples, courbées, obtuses, pénis grêle, plus ou moins saillant, non épineux, écailles anales de la femelle implantées sur l'arceau supérieur du septième segment.

Chenilles velues, ayant la tête rugueuse, vivant en société, se suivant les unes les autres, lorsqu'elles changent de place, et formant une sorte de procession; se métamorphosant en commun dans des coques disposées en une masse ou gâteau, comme les cellules des abeilles; se nourrissant de feuilles d'arbres et de plantes basses.

Premier groupe : CHENILLES SE MÉTAMORPHOSANT SUR LES ARBRES EN COMMUN; INSECTE AYANT LE SOMMET DU FRONT UN PEU SAILLANT, TRÈS-VELU ET LES TIBIAS ANTÉRIEURS INERMES, AU MOINS AUSSI LONGS QUE LA CUISSE *.

Deuxième groupe : CHENILLES VIVANT SUR LES ARBRES, SE MÉTAMORPHOSANT EN COMMUN DANS LA TERRE; INSECTE AYANT LE FRONT TRÈS-SAILLANT, DENTELÉ EN SCIE, LES TIBIAS ANTÉRIEURS ÉPINEUX, PLUS COURTS QUE LES CUISSES, LE SCUTELLUM DU MÉSOTHORAX PROLONGÉ EN AVANT.

---

*. Nous ne l'avons pas trouvé. Il se compose du *Processionea* L. et du *Solitaria*, Fray. Celui-ci a les écailles anales assez larges, moitié grises et moitié noires avec le bord externe finement dédoublé, blanchâtre et coupé presque carrément; elles sont entourées de poils peu nombreux assez longs; celles du *Processionea* sont plus longues, étroites, pâles à leur partie interne, noirâtres à l'extrémité qui est coupée carrément, entourées de poils épais les couvrant en partie; mais ne croyons pas que la chenille du *Solitaria* soit isolée.

1. CNETHOCAMPA PITYOCAMPA, *Syst. Vers.*

Habite le midi de la France, les Landes, la Corse, ainsi que le midi de l'Espagne; la femelle place ses œufs autour d'un rameau et recouvre chacun d'une écaille assujétie par son extrémité, de sorte que la base qui est pointue se trouve à l'extérieur; ces écailles sont imbriquées et se recouvrent toutes en cachant les œufs et ressemblent à des feuilles de mousse desséchées; elles sont très-grandes, larges, pâles, d'un roux obscur vers l'extrémité qui est arrondie, blanchâtre, ciliée; les chenilles éclosent en septembre et se divisent en plusieurs familles, qui plus tard, peuvent se réunir; dans les endroits chauds, comme à Toulon, dès la fin de janvier elles se métamorphosent; pour cela elles descendent à terre en suivant un certain ordre, et après avoir choisi une partie du sol un peu déprimée, les premières s'y enfoncent, mais lentement, de sorte que les autres arrivant incessamment, elles finissent par former une masse souvent considérable et épaisse qui, à la longue, disparaît entièrement dans la terre. Elle fait des dégâts dans les Landes et dans le Midi.

M. H. Schœffer cite un *C. maritima*. Kaden, de Portugal qui pourrait habiter l'Espagne, mais nous ne savons en quoi il se distingue [*].

Troisième groupe : CHENILLES SE TENANT A TERRE EN SOCIÉTÉ, VIVANT DE PLANTES HERBACÉES, SE MÉTAMORPHOSANT DANS LA TERRE EN COMMUN? INSECTE AYANT LES ANTENNES FORTEMENT BIPECTINÉES AVEC LE PREMIER ARTICLE TRÈS-RENFLÉ, L'OCCIPUT NON DENTÉ, L'ÉPIPHYSE TIBIALE CHEZ LES MALES TRÈS-LONGUE, DÉPASSANT LE TIBIA, RECOURBÉE EN DEHORS, LES EPERONS ASSEZ LONGS TERMINÉS EN ÉPINE; ÉCAILLES ANALES FORMANT UN BOURRELET MÉDIOCREMENT EPAIS, ENTOURÉES DE POILS NOMBREUX ET LONGS QUI LES RECOUVRENT.

---

[*] Ce groupe comprend aussi le *Pinivora*, Kaldwein, espèce bien distincte du nord de l'Allemagne, dont les écailles anales plus petites, plus courtes, blanchâtres, sont noirâtres à l'extrémité qui est coupée carrément, bordée de blanchâtre, avec des cils noirs très-courts.

2. CNETHOCAMPA HERCULEANA, *Nobis*.

Ramb. Faune And. II, pl. 14, fig. 5, 6, c, d, e.
Cat. Syst. Lep. And. pl. 4, fig. 5, 6.
Boisduval, *Genera*, p. 70, *Neogena*, var. *

Alis anticis albidis, supra lineis quatuor sinuatis et angulatis, linea baseos et externa dentatis, lunula discoidali, maculis marginis exterioris fimbriaeque fusco-rufis; posticis albis vel rufescentibus, puncto discoidali maculisque fimbria fuscantibus; lineis praesertim in feminis aliquando confluentibus; varius alis anticis fusco-rufis, macula baseos et discoidali albidis.

Cette espèce diffère des précédentes par divers caractères. Les individus venus des chenilles trouvées par nous à Cadix, sont beaucoup plus foncés que ceux rencontrés plus tard à Madrid, par M. Graells ; nous décrirons d'abord cette variété comme ayant le dessin beaucoup moins confus.

Ailes blanchâtres, les supérieures traversées par quatre lignes sinuées-anguleuses dont l'externe est dentée et la basilaire fléchie en une dent médiane très-saillante en dehors, avec le premier et le troisième intervalle, entre les lignes, nuancé de roussâtre, marquées d'une tache basilaire, de plusieurs autres tendant à se toucher sur la marge externe et d'une série sur la frange, d'un brun roussâtre ; inférieures ayant un point discoïdal, et la frange entrecoupée de la même couleur ; dessous des premières, en partie brun, avec la partie postérieure blanche, ne laissant voir qu'une portion des lignes. Antennes blanches ayant les dents roussâtres ; thorax blanchâtre, varié de roussâtre ; abdomen roux, terminé en pointe chez le mâle et muni d'un pinceau de poils longs.

---

* Notre *Herculeana* n'a aucun rapport avec le *Neogena*. Il n'est ni du même genre, ni de la même famille. M. H. Schaeffer (*Suppl.* II, p. 115), avait depuis longtemps rectifié cette grossière erreur.

Chez l'*Herculeana* mâle de Cadix, la première et la deuxième
ligne ainsi que les deux autres avant la base sont confluentes,
leurs bords, surtout celui de la ligne externe (fulgurale), sont
plus foncés, et les taches de la marge externe forment une
bande très-sinuée ; chez la femelle les lignes se confondent,
parfois entièrement, en une teinte d'un brun roux presque
générale, ne laissant voir que peu de parties blanchâtres, surtout à la base et autour de la lunule discoïdale ; corps devenant
presque entièrement roux, surtout sur l'abdomen ; thorax
couvert de poils touffus et saillants, pattes très-velues ; écailles
anales assez petites, plus larges vers la partie externe, l'interne blanchâtre, l'autre brune avec l'extrémité pâle, arrondie,
tronquée au sommet, recouvertes par de longs poils blanchâtres.

Chenille bien différente des précédentes ; assez épaisse,
noirâtre, ayant une série latérale de taches blanches et des
tubercules jaunâtres portant des poils assez longs, de la même
couleur ; formant en terre une coque légère et produisant une
chrysalide courte, épaisse, solide, un peu rugueuse, ayant la
poitrine bombée, la partie postérieure très-obtuse avec deux
pointes crochues, distantes l'une de l'autre et une partie inférieure saillante, l'antérieure plus ou moins saillante en pointe
obtuse.

Nous avons rencontré plusieurs familles à terre dans les
environs de Cadix au commencement de janvier, elles se
nourrissaient surtout de *géraniacées*.

Genre PYGÆRA.[*] *Ochsenheimer.*

*Antennes bipectinées chez le mâle, peu longues avec les
dents minces, ciliées et la base entourée, en avant et en dessus,*

---

[*] Nous maintenons, comme le fait M. Schuster, au groupe du *Curtula*, le
nom de *Pygæra* qui ne peut convenir à celui du *Bucephala*; nous adoptons
pour celui-ci le nom de *l'Anton* type d'Hübner et appliqué par M. H.
Schæffer.

d'une touffe de poils, plus ou moins bipectinées chez la femelle, yeux velus, palpes droits, médiocres ou assez longs, comprimés, hérissés en dessous, ayant l'article moyen plus long que les deux autres, spiritrompe rudimentaire ou petite, stemmates très-petits ou peu visibles; thorax paraissant épais avec ses poils serrés qui forment une saillie ou sorte de crête sur le milieu, marqué d'une tache antérieure obscure naissant sur la tête; pattes assez courtes, bordées de longs poils à leur bord postérieur, les antérieures garnies d'une bordure épaisse allant jusqu'à l'onglet, épiphyse naissant vers le milieu du tibia médiocre, tibias postérieurs portant deux paires d'éperons, onglets ayant une dentelure ou divisés avant la base, munis d'une pelote courte et d'appendices peu sensibles.

Abdomen du mâle aussi long que celui de la femelle, surmonté, à l'extrémité, d'un pinceau de poils presque géminé, redressé, coupé presque carrément, plus court et plus épais chez la femelle, poils de la base en dessus, longs, presque élevés en crête.

Ailes entières, assez larges, peu allongées au sommet, premières un peu dilatées après la base postérieurement, n'ayant pas la première nervure plus épaisse que le bourrelet costal, deuxième assez mince, fournissant trois rameaux, dont le troisième et le second ont un petit tronc commun, celui-ci subdivise trois fois, troisième ayant trois rameaux, le quatrième nerculaire, s'avançant jusqu'en deçà du milieu de la nervule, celle-ci presque nulle dans son milieu qui forme un angle arrondi, quatrième s'éloignant beaucoup de la précédente dans son trajet, un peu courbée, recevant la cinquième après la base, aréole dépassant à peine le milieu de l'aile, ayant ses deux angles externes presque égaux; inférieures munies d'un frein ayant les deux premières nervures libres, mais presque contigues après la base, puis s'éloignant l'une de l'autre, la deuxième se divisant à quelque distance de l'aréole, celle-ci grande avec l'angle postérieur plus saillant, bornée par une nervule courbée en dedans en angle obtus, rameau nervu-

*laire naissant un peu en deçà du milieu, très-ténu, à peine
sensible.*

Mâle ayant la tête assez large, déprimée d'avant en arrière
avec les yeux gros, front très-long, vertex et occiput étroits,
le dernier non prolongé, premier article des antennes renflé ;
prothorax très-court, ayant, en dessus, deux plis allongés en
travers presque contigus, comprimés ; mésothorax court, large,
non échancré par le scutellum qui est grand , subtriangulaire
avec l'angle antérieur nul, cette partie formant un bord peu
saillant en avant, son angle postérieur très-obtus, arrondi, entothorax ayant l'extrémité un peu bilobée, scapule assez large,
peu allongée, formant un crochet très-mince et aigu autour
de l'attache de l'aile ; côtés du pectus non renflés, pièce axillaire large s'étendant par en bas, la sous-axillaire étroite
membraneuse au milieu, épimère plus large que la hanche ;
métathorax étroit en dessus, ayant le scutellum court, linéaire,
les côtés composés de la marge antérieure pulvérulente, de la
pièce scutale grande, renflée, vésiculeuse, et d'un très-petit
espace entre les deux ; pièce pectorale étroite, épimère tout à
fait postérieur, ne formant qu'un bord très-étroit après la
hanche ; pattes postérieures ayant les deux paires d'éperons
rapprochées l'une de l'autre.

Abdomen épais et un peu renflé, sur les côtés, à la base,
premier segment, en dessus, ayant sa partie moyenne très-
rétrécie en avant, et la rainure latérale élargie à la base
en une petite cavité, division latérale renflée, vésiculeuse,
ouverture tympanique peu sensible, dernier segment prolongé en dessus à l'extrémité, comprimé, échancré sur les
côtés ; pièces génitales variables, stylet court, (*Curtula*) fourchu, prolongé en deux épines, sa base produisant au-dessous
de lui, de chaque côté, un appendice plus long, divisé en une
épine interne courbée et une portion externe obtuse , pénis
non épineux, entouré d'une gaîne surmontée de deux pointes,
pince assez courte et large, arrondie, striée de noir, terminée
par en haut en un angle aigu ; le stylet peut être simple (*Inc-*

chorèta) et les branches de la pince munies d'une pointe crochue (*Anastomosis*).

Chenilles couvertes de poils courts ou d'une sorte de duvet, ayant des rangées de tubercules peu sensibles, le quatrième et le pénultième segment un peu élevés; se tenant cachées dans des feuilles pliées qu'elles lient avec de la soie et d'où elles sortent la nuit pour manger, se tenant parfois à découvert lorsqu'elles sont à leur grosseur; vivant isolées sur les *saules* et les *peupliers* à la fin du printemps et en été; se métamorphosant entre les feuilles, dans une toile blanchâtre ou rougeâtre, et produisant une chrysalide épaisse, lisse, luisante, un peu transparente, d'un ferrugineux foncé, obtuse à l'extrémité qui est munie d'une pointe garnie de crochets au sommet : œufs arrondis, aplatis en dessous.

Pygæra Bucephala, *Syst. verz.*

Hübn. Beitr. 1, 90.

Assez commun autour de Malaga sur les *saules*.

Genre PHALERA, *Hübner*.

Antennes des mâles pectinées, crénelures ayant une double rangée de cils beaucoup plus longs sur les côtés et convergents, imitant des dentelures, disparaissant avant le sommet qui est aigu, simples chez les femelles, base entourée d'une touffe de poils, stemmates très-petits, peu visibles, front garni de poils épais, serrés, saillants, palpes petits, presque droits, couverts de poils serrés, l'article moyen à peine aussi long que les deux autres, spiritrompe petite, yeux glabres; thorax épais revêtu d'écailles longues, redressées, touffues, longuement dentées, un peu crépues, formant une crête transverse peu élevée, marquée d'une très-grande tache en forme de capuchon; pattes assez courtes et fortes, ayant les cuisses et les tibias couverts de poils épais, et les tarses non velus, antérieures

*semblables aux autres, avec les tibias courts, munis d'une forte
épiphyse, postérieures ayant deux paires d'éperons assez forts,
onglets offrant une dentelure et une pelote grande, épaisse.*

*Ailes assez grandes et larges, les antérieures un peu sinuées,
un peu allongées au sommet n'ayant pas la première nervure
plus grosse que la deuxième, celle-ci donnant trois rameaux dont
le second se ramifie deux fois, formant avec le troisième une
petite aréole accessoire étroite, la discoïdale large, bornée par
une nervule fine, droite, recevant le rameau nervulaire vers son
milieu, n'ayant pas l'angle antérieur sensiblement plus saillant,
troisième divisée en trois rameaux; postérieures arrondies,
munies d'un frein faible, composé de trois soies chez les
femelles, avec les deux premières nervures distinctes, rapprochées après la base, la seconde se ramifiant après l'aréole,
celle-ci ayant une nervule un peu courbée, recevant dans son
milieu un rameau nervulaire plus grêle que les autres; abdomen allongé, dépassant les ailes inférieures, plus velu sur les
côtés, atténué et déprimé à l'extrémité chez le mâle, garni de
poils peu longs.*

Tête avec le front grand, assez large, l'occiput étroit, les
yeux assez gros; prothorax très-court ayant, en dessus, deux
grands plis allongés; mésothorax épais, court, large en dessus
surtout vers le milieu, son scutellum assez grand, plus étendu
en travers, échancrant peu le scutum avec l'angle antérieur
obtus, arrondi, le postérieur court, pointu, scapule large à la
la base où elle forme un crochet autour de l'attache de l'aile,
rétrécie en arrière, peu prolongée, pièce axillaire élargie par en
bas, convexe, sous-axillaire n'étant pas très-étroite, membraneuse dans son milieu, épimère moins large que la hanche;
métathorax court, ayant le scutellum un peu saillant, un peu
épais et les côtés assez larges, composés de la marge antérieure
pulvérulente, épaissie en dehors, puis d'un espace moyen
assez grand, creusé en gouttière, joignant la pièce alaire qui
est à peine renflée, peu large, pièce pectorale assez grande,
épimère moins épais que la hanche.

Abdomen du mâle médiocrement épais à la base, premier segment, en dessus, plus large que le suivant, rétréci en avant, en partie membraneux, ayant sa division externe saillante, renflée, la rainure qui les sépare très-large en avant, formant une excavation, ouverture tympanique presque nulle, huitième segment grand, déprimé, élargi, un peu dilaté sur ses côtés, arceau supérieur un peu renflé, dépassant l'inférieur, celui-ci déprimé arrondi à l'extrémité qui peut être échancrée, présentant un peu en avant une fossette, renfermant et cachant les pièces génitales qui sont compliquées; stylet simple rétréci en pointe à l'extrémité, large à la base qui émet en dessous, de chaque côté du prolongement anal, une grande pièce subtriangulaire un peu en hache, ayant trois pointes (*Bucephala*), branches de la pince grandes, contournées, en partie membraneuses inférieurement, un peu prolongées en spatule à l'extrémité, ayant dans leur milieu une crête très-saillante, pénis entouré d'une gaine bilobée en dessous; septième segment chez la femelle, très-allongé, surtout l'arceau supérieur, le huitième renflé en forme de capuchon, rétréci en arrière avec le bord un peu évasé formant l'ouverture arrondie d'une cavité dans laquelle se voit l'oviduc qui est épais renflé, au-dessous, en dehors, se trouve une pièce subtriangulaire appliquée, tronquée au bout qui est épaissi.

La forme des antennes, des épimères, des côtés du notus du métathorax et de la pièce scutale, éloignent un peu ce genre du précédent.

Chenilles allongées, assez épaisses, molles, légèrement velues avec la tête très-grosse, rayées de noirâtre, ayant les fausses pattes postérieures cylindriques, plus minces, paraissant servir peu et le pénultième segment un peu élevé (*Bucephaloïdes*); vivant en société sur divers arbres, surtout sur les *chênes* où elles se tiennent la partie postérieure relevée; se métamorphosant en terre sans faire de toile sensible et produisant une chrysalide allongée, assez épaisse, ponctuée et un peu rugueuse, très-obtuse à l'extrémité qui porte une saillie divisée

ou deux pointes bi ou trifides, d'un noir ferrugineux (*Bucephala*).

Phalera Bucephala, *Linné.*

Sepp, I, pl. 14.

Trouvé aux environs de Grenade ; nous n'avons pas vu les
Bucephaloïdes. La chenille de cette espèce que nous avons
découverte en Corse et dans le midi de la France a les pattes
postérieures plus allongées, la partie solide en forme de tube,
reçoit parfois l'extrémité externe, molle, qui est rétractile ;
c'est une analogie avec celle de l'*Uropus ulmi*, cependant les
insectes présentent des différences caractéristiques très-
grandes ; d'un autre côté, lorsqu'elle est tourmentée, elle fait
sortir d'une fente placée à la partie antérieure du dessous du
premier segment, un petit caroncule roussâtre, de même que
les chenilles du genre *Cerura.*

Genre CERURA , *Schrank,*

Harpya, *Ochsenheimer.* Dicranura, *Latreille.*

*Antennes des mâles fortement bipectinées, se recourbant
après la mort vers l'extrémité, dents minces, velues, presque
laineuses en dedans, souvent crispées et contournées, diminuant
rapidement sur la partie externe, beaucoup moins bipectinées
chez les femelles, entourées de poils épais à la base, stemmates
nuls, palpes très-petits, spiritrompe rudimentaire : yeux
glabres, thorax épais couvert de poils touffus un peu crépus,
disposés, en arrière, en masse un peu saillante, pattes assez
fortes, garnies de touffes de poils, parfois, jusque sur les tarses,
épiphyse longue, dépassant le tibia chez les mâles, tournée en
dehors, onglets simples, munis d'une pelote avec des appendices,
plus ou moins recouverts par des écailles, éperons des tibias
postérieurs peu ou pas sensibles.*

Ailes supérieures assez grandes, deuxième nervure au moins aussi épaisse que la première, ayant trois rameaux et paraissant en avoir quatre lorsque le nervulaire est tout à fait rapproché (Vinula), troisième rameau formant avec le deuxième une aréole accessoire variable et pouvant manquer, celui-ci se ramifiant trois ou quatre fois, troisième nervure donnant trois rameaux dont le premier très-éloigné des autres; inférieures petites, ayant un frein allongé, première et seconde nervures naissant isolées et s'écartant un peu l'une de l'autre, puis contiguës ou anastomosées en un point, ensuite s'éloignant l'une de l'autre, la deuxième se divisant plus ou moins loin de l'aréole, celle-ci bornée par une nervule courbe, rameau nervulaire inséré vers le milieu, plus faible que les autres, troisième nervure trifide, les deux derniers rameaux partant du même point.

Abdomen épais, cavité tympanique un peu sensible en dehors, premier segment étroit dans son milieu, en dessus, en grande partie membraneux, ses côtés divisés par une rainure formant en avant une petite excavation.

Corps entier couvert de poils épais, touffus, parfois un peu crépus, laineux, peu allongés sur la partie anale.

Tête assez forte, yeux gros, front allongé, large supérieurement, premier article des antennes renflé en dessus, excavé en dessous, inséré sur un trou large, vertex et occiput assez courts; thorax épais; prothorax court ayant deux plis épais, presque contigus, renflés, étendus en travers et parfois les rudiments des postérieurs ; mésothorax assez allongé et épais, ayant son scutellum grand avec l'angle antérieur avancé, échancrant le scutum, le postérieur très-peu saillant, formant une petite pointe obtuse, scapules variables, pièce axillaire grande, étendue par en bas, épimère beaucoup plus large que la hanche ; métathorax ayant le scutellum, très-étroit en travers et allongé dans ce sens, un peu courbé en avant avec ses angles latéraux fléchis en arrière, côtés assez larges, avec la marge antérieure séparée de la partie moyenne par un sillon, celle-ci saillante, étroite, s'appuyant sur la pièce alaire qui est peu saillante, comprimée, médiocre.

Abdomen un peu renflé sur les côtés des deux premiers segments, les quatre suivants subcarénés en dessus, le dernier n'étant pas très-allongé, enveloppant les pièces génitales qui sont un peu saillantes et très-variables selon les espèces; très-épais chez la femelle avec le dernier segment long, le huitième plus ou moins visible entourant la partie vulvaire composée de deux pièces presque semilunaires, contiguës, un peu pointues et velues.

Chenilles ayant les pattes postérieures remplacées par deux tubes contenant un tentacule très-délié et très-retractile, épaisses, allongées et très-atténuées à l'extrémité lorsqu'elles marchent, très-raccourcies et épaissies avec les deux extrémités relevées, contractées, lorsqu'elles éprouvent de la crainte, et alors faisant sortir à différentes reprises leurs tentacules et parfois entr'ouvrant une fente qui se trouve sous le premier segment, d'où elles font jaillir des gouttelettes d'un liquide d'une acidité acre et presque caustique et sortir un double tentacule bifurqué; ayant le corps un peu fléchi au troisième anneau qui est un peu élevé en bosse, vivant isolément et à découvert sur les *saules* et les *peupliers*, se métamorphosant dans une coque solide, composée d'atomes d'écorce ou de bois rongés, liés avec une matière très-tenace, fixée au tronc ou sur un rameau parfois très-mince, en une chrysalide épaisse, presque lisse ou un peu rugueuse, très-obtuse à l'extrémité qui est arrondie, lisse ou munie de pointes très-courtes; œufs convexes d'un côté, aplatis de l'autre qui est collé sur le milieu d'une feuille où la larve naissante reste fixée. On peut les diviser de la manière suivante :

Première groupe. — *C. verbasci*; SCAPULE COURTE, SUBTRIANGULAIRE; EXTRÉMITÉ ANALE DE LA FEMELLE GARNIE D'ÉCAILLES ET DE POILS NOIRS; FRANGES ASSEZ LARGES, DEUXIÈME NERVURE DES INFÉRIEURES BIFIDE A L'EXTRÉMITÉ. Novum genus ?

Deuxième groupe. — *C. fureula*; SCAPULE ID.; EXTRÉMITÉ ANALE DE LA FEMELLE SANS ÉCAILLES NI POILS PARTICULIERS; FRANGES ID., DEUXIÈME NERVURE ID.

Troisième groupe. — *C. vinula*; SCAPULE ALLONGÉE; EXTRÉMITÉ ANALE ID.; FRANGES ÉTROITES, DEUXIÈME NERVURE DES INFÉRIEURES BIFIDE PEU APRÈS L'ARÉOLE.

CERURA FURCULA *, *Linné.*

Sepp, I. tab 6.
Hübn. Bomb. fig. 37, 38, 39.
Dup. supl. III., pl. 12. fig. 2, 4, 5.
Boisd. Icon. Hist. II. pl. 70, 1, 2, 3.
B. R. G. Coll. ic. Ch. pl. 6, fig. 3. *Bicuspis*, pl. 1, fig. 5.
non 4, 6. *Vinula* jeune! **

Les individus d'Espagne ont un dessin peu tranché, peu mélangé de jaune; les lignes sinuées peu visibles, le bord externe de la bande médiane à peine courbé; assez commune aux environs de Malaga.

---

* Nous n'avons pas rencontré la *Verbasci*; cette espèce, très-différente des autres par le dessin des ailes supérieures et par d'autres caractères, pourrait peut-être constituer un genre; les écailles et les poils de la partie anale de la femelle serviraient, comme l'a observé M. Daube, à recouvrir ses œufs.

** On a érigé en espèces plusieurs variétés de la *Furcula*, dont deux surtout paraîtraient devoir être distinguées, quoique, pour nous, elles ne soient que des variétés; ce sont les *C. bicuspis* Hübner, et *Forficula* Zetterstedt; la première diffère par un dessin plus noir et bien nettement accusé sur un fond blanc; les parties vulvaires en croissant, chez la femelle, sont plus étroites; nous ne possédons que des femelles. C'est la *Furcula* que M. Boisduval figure pour elle, *Icon. H.* pl. 70, et aussi B. R. G. pl. 6, d'après un dessin fait par nous, sur une chenille vivant sur le *hêtre*.

Quant à la *Forficula* H. Schaeff. Suppl. Bomb. 147, la teinte des supérieures d'un gris roussâtre et la bande médiane, plus large en avant qu'en arrière, la font distinguer de suite; nous croyons pourtant que ce n'est qu'une curieuse variété; nous ne possédons que la femelle.

CERURA VINULA *, *Linné.*

Sepp, I, tab. 5.

Elle n'est pas rare dans le midi de l'Espagne; elle a aussi été trouvée en Algérie par M. Poupillier.

Genre HYBOCAMPA, *Lederer.*

Tête paraissant enfoncée dans le thorax, assez large, ayant les yeux gros, antennes courtes avec le premier article renflé, bipectinées chez le mâle dans les deux tiers de sa longueur, nues dans le reste, dents fines, laineuses en dedans, un peu crispées après la mort, peu bipectinées chez la femelle et de la même manière, stemmates nuls, palpes petits, grêles, très-velus, spiritrompe rudimentaire; thorax court, épais, ayant les scapules couvertes d'écailles et de poils qui les font paraître grandes, élevées, saillantes, et très-rapprochées en avant; pattes assez fortes, ayant les cuisses et les tibias chargés de poils longs, épais, avec l'épiphyse appliquée en dedans, éperons des tibias postérieurs peu sensibles, onglets simples, munis d'une petite pelote avec des appendices; ailes supérieures allongées, non dilatées à leur bord postérieur, ayant leur deuxième nervure forte, donnant trois rameaux dont le second et le troisième naissent d'un tronc commun assez long, celui-là trifide, aréole longue avec l'angle antérieur plus allongé, nervule oblique, droite, recevant le rameau nervulaire en avant du milieu, de sorte qu'il paraît presque appartenir à la deuxième nervure, la nervule se trouvant plus épaisse entre elle et

---

* Nous n'avons pas vu l'*Hermisea*; la *C. phantoma* Dalman, H. Schæffer: suppl. fl. C. 3, du nord de l'Europe, qui peut être toute noire à l'exception de la base des ailes, nous semble être une variété de la *Vinula*; nous possédons, de la Russie méridionale, la variété opposée, c'est à dire presque toute blanche avec des restes de dessin vers la base et le bord postérieur.

*lui ; inférieures petites marquées d'une tache à l'angle anal,
munies d'un frein assez fort, les deux premières nervures
non contiguës, ni anastomosées dans un point, mais rapprochées l'une de l'autre avant leur milieu, la deuxième devenant
bifide assez loin de la nervule, celle-ci formant un petit angle
en dehors, rameau nervulaire s'insérant en avant du milieu.*

Corps couvert de poils touffus sans produire de touffes bien
saillantes sur le thorax et l'abdomen.

Tête comprimée, large, courte, front large par en haut,
épistome bien visible, vertex et occiput très-courts ; prothorax très-comprimé avec ses deux plis assez grands, presque
contigus ayant leur côté interne courbé en avant ; mésothorax
large et court, rétréci en avant où il est marqué d'un large
sillon prolongé en arrière, caréné au fond, échancré en
arrière par l'angle intérieur du scutellum avec ses angles
obtus, comme repliés, tronqués, scutellum large, court, obtus
en avant, presque arrondi en arrière, pièce axillaire très-
élargie par en bas, saillante, la sous-axillaire très-rétrécie par
la pièce conéique, qui est très-grande et bien distincte, épimère plus large que la hanche, saillant surtout en arrière,
scapule grande, large à la base, puis rétrécie et très-prolongée
en arrière avec le crochet épais, aigu ; métathorax ayant les
côtés assez larges avec la marge antérieure pulvérulente
élargie en dehors, séparée de la partie moyenne par un petit
sillon, celle-ci saillante en dehors, appuyée sur la pièce sentale
qui est peu saillante, non arrondie et peu développée, scutellum assez large, presque linéaire en travers, épimère presque
d'égale épaisseur dans sa longueur, moins large que la
hanche.

Abdomen assez épais chez la femelle, ayant la partie
moyenne du premier arceau, en dessus, très-rétrécie en avant
et la rainure qui la sépare de sa partie latérale, élargie en
une petite cavité, ouverture tympanique peu sensible, deuxième
segment un peu élargi sur les côtés, marqué aussi d'une rainure peu profonde, huitième assez long, plus court en dessous

où le bord est épaissi, un peu sinué, pièces génitales peu saillantes, stylet très-large, en forme de cuiller renversée, à bords
rabattus, échancré à l'extrémité et en côté vers la base, émettant en dedans de sa base, de chaque côté, une pointe recourbée
par en haut, branches de la pince étroites à la base, dilatées,
renflées au sommet qui est très-obtus, arrondi, membraneux,
pénis non épineux; parties vulvaires de la femelle offrant deux
croissants contigus, pointus par en haut, entourés du bord
peu saillant du huitième segment, bordés, en dessous, d'un
large espace noirâtre échancré au milieu par une partie membraneuse blanchâtre.

Ces caractères ne concernent que :

L'HYBOCAMPA MILHAUSERI*, *Esper.*

Sepp, V, tab, 39.

C'est l'espèce qui se rapproche le plus des *Cerura.*
Chenilles n'ayant que quatorze pattes, les anales manquant,
avec les trois premiers segments unis, les cinq suivants élevés,

---

* Nous n'avons pas vu le *Fagi* auquel, nous conservons, à l'exemple d'autres
auteurs, le nom d'*Harpya* d'Ochsenheimer. Ayant quelques-uns des caractères des précédents, mais présentant des différences très-notables : tête
large, yeux gros, front rétréci en avant, allongé, antennes fortement bipectinées dans plus des deux tiers de leur longueur avec l'extrémité nue, ayant
les dents grêles, laiteuses en dedans, un peu crispées après la mort, celles de
la femelle nues; spiritrompe incomplète, palpes grêles, peu velus, dépassant
le bord du front, stemmates nuls; prothorax ayant, en-dessus, quatre plis
dont les postérieurs petits; mésothorax assez large et épais, son scutellum
arrondi en arrière, écupules n'étant ni élevées ni rapprochées en avant avec
leurs poils, n'étant pas très-larges à la base, avec un crochet assez fort, courbé
presque aigu, limité par une rainure, fortement prolongées en arrière en se
rétrécissant, obtuses au sommet; jambes très-velues à l'exception des tarses,
tibias postérieures n'ayant qu'une paire d'éperons sensible, épinières plus
larges que les hanches; métathorax ayant les côtés assez larges, composés
de la marge antérieure, d'un très-petit espace médian et de la pièce scutale,
arrondi, renflée, vésiculeuse, marquée d'une strie; ailes antérieures assez
aiguës avec le sommet allongé, deuxième nervure ayant trois rameaux

terminés en pointe bifide, très-grande sur le premier de ceux-ci,
courte et courbée vers l'anus sur les suivants, ayant l'extrémité

---

distinctes, dont la seconde divisée trois fois; inférieures assez courtes, arrondies, munies d'un frein grêle et long, ses deux premières nervures bien séparées à la base, d'abord distantes l'une de l'autre, puis rapprochées et anastomosées par un très-petit rameau, la seconde bifide peu après l'aréole, celle-ci large aux deux ailes, nervules peu fléchies, celle des secondes formant un petit angle en dedans, rameau nervulaire inséré en avant du milieu.

Abdomen plus long que les ailes inférieures, très-atténué chez le mâle à l'extrémité, où il se termine par une touffe de poils longs, caréné en-dessus par une série de touffes étroites; premier arceau supérieur ayant la suture de sa division externe très-élargie en avant, et celle-ci excavée, ouverture tympanique presque nulle; pièces génitales compliquées; scylet nul, sa base se prolongeant par en bas et en arrière, en deux longs appendices appuyés sur la pince, trilobés en arrière à leur bord externe qui est épaissi, pince courte, arrondie, prolongée par en bas par une portion rétrécie, épineuse, partie inférieure occupée par une grande pièce divisée en deux lobes très-longs, obtus, sinués en dehors, pénis terminé en une longue pointe un peu courbe, soutenu en dessous par une pièce en gouttière; pièces vulvaires de la femelle larges, saillantes, précédées d'une excavation, et plus en avant, de deux larges impressions unies, luisantes; *Harpya fagi*, Linné. Il s'éloigne beaucoup du *Milhauseri* et présente des rapports avec l'*Ubni*, que nous n'avons pas rencontré.

L'*Uropus ulad*, dont le facies et une partie des caractères rappellent tout à fait les Noctuides, ne peut être séparé, d'après les autres, des Notodontides; M. Boisduval (*Gen. et Ind.* p. 85), le rapproche des *Pella* et *Casibia*, qu'il met à tort dans le même genre, mais qui n'appartiennent pas à cette famille, il s'éloigne aussi beaucoup de nos espèces.

Genre Unorus, Rambur, Ann. Soc. Ent. France, 1832, p. 278. (M. Staudinger Cat. Lep. Eur. commet une erreur en attribuant notre genre à M. Boisduval, qui ne l'a signalé dans son *genera* qu'en 1840.)

Antennes fortement bipectinées dans près des deux tiers de leur longueur chez le mâle, nues dans le reste, avec les dents peu serrées, laineuses en dedans, crispées et repliées sur leur axe après la mort; filiformes chez la femelle, premier article grand, renflé, touffe de la base saillante en dedans, palpes comprimés, hérissés par en dessous, de niveau avec les poils du front, spiritrompe forte sans être longue, ayant un peu plus de trois tours de spire, stemmates bien prononcés, noirs à la base; un pinceau de poils noirs partant de l'angle supérieur du front et rabattu sur l'œil, presque comme chez les Hespérides; ce caractère existe aussi chez le *Planigera*.

anale tronquée, épaisse, angulense, avec le pénultième chargé d'une pointe; se tenant dans le repos, les extrémités relevées,

---

Thorax lisse ou faisant une petite saillie en avant; cuisses et tibias couverts de poils épais, crépus sur les premières, épiphyse pointue naissant près du milieu du tibia, atteignant l'extrémité, les deux paires d'éperons postérieurs assez sensibles, onglets petits, ayant une pelote et deux appendices. Ailes peu grandes, étroites, un peu sinuées, les postérieures non arrondies en arrière, assez petites, deuxième nervure des antérieures donnant deux rameaux bien avant l'angle de l'aréole, le second se divisant deux fois, formant avec le troisième une aréole accessoire étroite, celui-ci et le suivant très-rapprochés à leur naissance, aréole longue dépassant le milieu de l'aile, nervule formant un petit angle en dehors d'où part le rameau nervulaire; les deux premières nervures des postérieures libres, rapprochées dans la moitié de leur longueur, puis la première divergente, la seconde se bifurquant peu après l'aréole, nervule peu sensible, presque droite, ou un peu anguleuse en dehors, frein du mâle retenu par une lanière assez longue, celui de la femelle composé de trois soies (caractère qui ne se trouve que chez les *Phalera*).

Abdomen assez épais, aussi large que le thorax, très-atténué à l'extrémité dans les deux sexes, ayant l'ouverture tympanique large, couvert de poils très-fins, sinués, presque touffus, plus longs sur les côtés et à la base en dessous.

Tête assez grosse, large, front saillant, peu étendu par en bas, n'ayant pas d'épistome sensible, occiput très-large, uni, stemmates paraissant mieux organisés que dans les autres genres; prothorax court, comprimé par la tête, ayant les deux plis du dessus grands, allongés en travers, contigus, déprimés; mésothorax ayant le scutum très-large et court, recourbé en dedans, en avant, et formant deux petits angles où le praescutum se confond avec lui, au milieu, sans laisser de trace, côtés recevant immédiatement l'attache de l'aile par l'épine scutale sans laisser d'espace entre elles, angles postérieurs très-courts repliés en dedans, échancrure produite par le scutellum, peu profonde, arrondie, scutellum court, convexe, obtus en arrière avec les angles latéraux obtus, un peu épaissis, scapules très-prolongées en arrière, atteignant l'extrémité du scutum, épimère un peu plus large que la hanche, pièce axillaire un peu élargie par en bas; mésothorax ne laissant voir au milieu que le scutellum qui est assez large, peu épais, presque linéaire en travers, un peu évidé en avant, côtés réduits à la marge antérieure pulvérulente, d'égale largeur dans sa longueur, amincie à son angle externe, le reste envahi par la pièce scutale très-grosse, renflée, vésiculeuse, saillante en arrière, espace axillaire renflé, contribuant à former l'ouverture tympanique.

Abdomen au moins aussi large que le thorax, son premier arceau supérieur

surtout la postérieure ; formant une coque solide, coriace, sur le tronc des *chênes* dont elle se nourrit ; produisant une chrysalide assez épaisse, noirâtre, ayant à la partie antérieure quatre petites saillies rugueuses et la postérieure obtuse avec une pointe courte. Habite l'Andalousie et presque toute l'Europe.

Genre NOTODONTA *, *Ochsenheimer*.

Cette division comprend les vraies Notodontides, et peut être considérée comme une famille.

---

très rétréci en avant, ayant en arrière un bord saillant, rainure qui sépare un lobe externe, très-élargie en avant, celui-ci formant en grande partie l'excavation tympanique, disposé en dehors en un bord large, creusé en gouttière, puis arrondi et évasé par en bas, premier stigmate abdominal s'ouvrant au fond de la cavité, sur le bord antérieur et enfoncé du lobe, celle-ci pénétrant en avant le long du thorax ; deuxième arceau supérieur un peu dilaté sur le côté, l'intérieur renflé avant sa jonction avec le suivant, extrémité très-rétrécie, huitième segment court, entourant les pièces génitales qui sont visibles en dessous, pince allongée, rétrécie vers l'extrémité qui est obtuse, arrondie, stylet court, droit, un peu courbé, étranglé avant son sommet qui est dilaté et arrondi, envoyant par en dessous un prolongement recourbé vers lui et bifide, accompagné de deux longues tiges filiformes pointues, partant au-dessous de sa base, puis se recourbant d'une manière arrondie et venant se joindre à leur extrémité, pénis terminé par une petite pointe ; extrémité abdominale de la femelle très-rétrécie avec le dernier segment assez long, ayant le bord simple, parties vulvaires dilatées sur le côté, un peu saillantes, pointues, entourées d'un bord à peine élevé.

Chenille allongée, assez mince, atténuée à l'extrémité où les deux dernières pattes sont longues, hérissées, en forme de tube, dans lequel la partie molle du sommet, munie de crochets, est ordinairement rétractile, ayant la tête comprimée, un peu échancrée au sommet, un tubercule allongé sur le quatrième segment et le pénultième bossu, tenant, dans le repos, sa partie postérieure un peu relevée ; vivant sur l'arbre, entrant en terre pour filer sa coque, dans laquelle elle ne met presque pas de soie ; chrysalide ayant l'extrémité assez obtuse, munie de deux faisceaux de soies crochues.

* Ce genre était surtout basé sur la présence d'un angle ridé ou seulement formé par des poils, au bord postérieur des premières ailes ; l'auteur avait

Palpes grêles, dépassant rarement le front, spiritrompe petite ou incomplète, antennes bipectinées ou dentées dans leur longueur, ayant une touffe plus ou moins épaisse et saillante à la base ; thorax couvert de poils épais qui peuvent former des touffes élevées ; pattes ayant de longs poils sur les cuisses et les tibias, épiphyse des antérieurs assez épaisse, appliquée, toujours plus courte qu'eux, les postérieurs ayant les deux paires d'éperons très-rapprochées, terminales, la première souvent avortée, onglets presque toujours entiers, munis d'une pelote et de deux appendices.

Ailes supérieures le plus souvent élargies au bord postérieur, avant la base, qui présente un angle surtout formé par des poils, deuxième nervure ayant trois ou quatre rameaux, dont deux partent, parfois, d'un tronc commun ; inférieures souvent assez courtes et arrondies, munies d'un frein grêle, parfois peu sensible, toujours divisé en un faisceau composé de plus de trois soies chez la femelle, première et deuxième nervure toujours distinctes l'une de l'autre, à la base et dans leur longueur, d'abord très-rapprochées après la base, puis divergentes, la deuxième devenant toujours bifide plus ou moins loin après l'aréole ; celle-ci grande aux deux ailes, à nervule peu courbée, recevant le rameau nervulaire dans son milieu ou un peu en avant ; præscutum du mésothorax large, assez distinct du scutum, pièce sous-scapulaire faisant une petite saillie en dedans de la scapule ; abdomen n'ayant pas de touffes dorsales bien sensibles, rainure du premier anneau supérieur, élargie en avant, division externe s'excavant plus ou moins pour former le tympanum ; pièces génitales très-variables, partie vulvaire de la femelle divisée en deux pièces contiguës, souvent amincies par en haut, et parfois saillantes.

établi, d'après les chenilles, plusieurs divisions qui, depuis, ont été augmentées et érigées en genres nombreux qui ne sont pas tous adoptés. On doit être surpris du nombre de ces genres, si l'on considère que les Lasiocampides n'en ont fourni qu'un seul à M. H. Schaffer, et pourtant le *Quercifolia* paraît s'éloigner beaucoup plus du *Neogena* que le *Tritophus* du *Cnethus*.

Chenilles toujours glabres, n'ayant jamais le troisième segment élevé, lisses, bossues, ou granuleuses, faisant une toile entre les feuilles ou à la surface de la terre ; chrysalide souvent courte, obtuse à l'extrémité qui offre une petite saillie munie de soies crochues.

La plupart des divisions génériques n'ayant été faites que d'après les chenilles, le faciès, la forme des ailes et de la dent, de leur bord postérieur, nous ne les indiquons que comme des groupes dont ceux du *Palpina*, du *Carmelita*, et surtout du *Plumigera*, sont plus ou moins distincts ; quant à l'*Hybris*, si mal à propos enclavée dans ce genre, dont elle s'éloigne beaucoup, elle nous paraît être une Noctuide.

Groupe de l'*Argentina* (*).

Genre SPATALIA. *H. Schæffer.*

Antennes des mâles bipectinées avec l'extrémité un peu nue, filiformes chez la femelle, touffe de poils de la base très-pro-

---

(*) Nous commençons sans intention par cette espèce, car nous croyons que le *Plumigera* a des rapports avec l'*Ulmi*.

Groupe du *Plumigera*, syst. Verz. Genre Ptilophora, *Stephens*. Antennes peu longues, en forme de plume, ou ayant deux rangées de longues barbes très-finement ciliées, ouvertes et donnant à l'antenne une forme ovale, leur premier article très-renflé ; subdenticulées, surtout par en bas, chez la femelle, palpes très-petits, grêles, spiritrompe presque nulle; pattes assez faibles ayant les tarses non-velus, les crochets simples, longs, épiphyse du mâle naissant à la base, mince, contournée en dehors, aussi longue que le tibia, rudimentaire chez la femelle, éperons postérieurs courts, les deux derniers assez sensibles, obtus; tête et thorax revêtus de poils très-longs, lâches, qui ne laissent guère distinguer que les yeux, la base externe des antennes et les tarses, ceux de la tête très-avancés, comprimés, faisant suite à ceux du thorax, un certain nombre formant un pinceau noirâtre au-dessus des yeux ; abdomen très-velu sur les côtés et à l'extrémité où les poils forment une touffe allongée, dilatée, presque divisée en deux ; ailes assez petites, allongées, un peu transparentes, ayant les franges très-larges, continuées sur le bord postérieur par des poils très-longs, déliés, peu épais, formant aux antérieures la dent ordi-

*noncée, palpes dépassant un peu le front; thorax ayant une
touffe élevée, redressée sur le milieu, et deux autres latérales;*

---

naire qui est distincte, s'implantant sur toute la marge du côté interne,
deuxième nervure très-rapprochée de la première après son milieu, fournissant trois rameaux dont le premier assez près de l'angle de l'arête, le
deuxième qui part de cet angle, se divisant peu après et ayant ses ramuscules
divergents, troisième nervure ayant ses rameaux très-écartés les uns des
autres, quatrième très-rapprochée du bord postérieur qui n'est pas dilaté, assez
épaisse, cinquième insensible; deuxième nervure des inférieures bifide vers
l'extrémité, contiguë avec la première après la base, peu divergente, assez
grandes, dépassant le milieu de l'aile, leur angle postérieur plus allongé, nervure des premières formant, en dedans, un angle obtus dans son milieu où
s'insère le rameau nervulaire, celle des secondes oblique en dedans, déclive
bien en avant du milieu où s'insère le rameau nervulaire, troisième nervure
ayant ses rameaux écartés les uns des autres.

Tête assez large, front étroit, son épistome blanchâtre, bien distinct, vertex et occiput élevés, bossus, en une sorte de carène obtuse, transverse;
genoux mâles; plis prothoraciques très-petits, peu élevés, très-éloignés l'un
de l'autre; mésothorax ayant le scutum court, échancré en avant presque
bifide avec une élévation étroite, saillante au-dessus et en avant de l'attache
de l'aile, très-largement échancré en arrière par l'angle obtus du scutellum,
scapules étroites, saillantes, et presque pointues en avant, formant, sous l'attache de l'aile, un crochet d'abord très-large, recourbé, terminé en pointe fine
se prolongeant, en arrière, presque dans la même largeur, très-obtuses et arrondies vers le bout, pièce sous-scapulaire saillante en dedans de la scapule, scutellum large, peu rétréci à ses angles latéraux, le postérieur très-court, pièce
axillaire très-étendue, couvrant presque tout l'espace axillaire, sa circonférence débordant et formant un bord élevé qui domine la sous-axillaire dont
elle est entourée, celle-ci n'ayant un peu de largeur que par en bas, épimère
plus large que la hanche; côtés du métathorax peu larges en dessus, marge
antérieure étroite, partie moyenne creusée en gouttière, pièce scutale assez
large, subtriangulaire, élevée, scutellum un peu saillant dans son milieu, un
peu échancré, dominant l'abdomen qui laisse voir le postscutellum; abdomen
rétréci à son premier segment, dont le lobe latéral de l'arceau supérieur est
élevé en un rebord formant une sorte de cuvette qui est la partie postérieure
du tympanum, puis renflé, plus large que le thorax, avec le deuxième segment dilaté sur les côtés, évasé en dessous en un large bord saillant, atténué
à l'extrémité, dernier segment, chez le mâle, échancré en dessous, où il y a
une impression faisant saillie en dedans; pince ayant les branches saillantes

*ailes supérieures assez courtes et larges, dentées, ayant le bord
posterieur arrondi avant la base, évidé en dehors, le même*

---

arrondies à l'extrémité, qui est épaisse, un peu repliée en dedans, émettant
de leur face interne, une lame large, échancrée; stylet recourbé en dedans
vers sa base, entre deux lames pointues qui en partent (comme chez le
Chaonia), pénis accompagné de deux pointes aplaties, assez longues; femelle
ayant la partie valvaire allongée, saillante, pénis de dans une excavation formée
par un bord élevé en dessus, échancré sur les côtés, au-dessous duquel se
voit une partie scailleuse enfoncée en dessus du bord du septième segment,
d'où partent deux petites tiges obtuses, comprimées.

Groupe du Carmélita, Esper. Genre Odonrosis. H. Schæffer (Hübner).

Antennes non bipectinées, mais crénelées chez les mâles, un peu chez les
femelles, ciliées, palpes très-petits, grêles, velus; thorax court, couvert de poils,
dont une partie dilatée en écailles, un peu élevée en lames touffes hérissées;
ailes un peu dentées, un peu anguleuses au milieu du bord externe et à l'angle
anal des secondes qui est marqué d'une tache, et ce même bord un peu coupé
carrément, dent ordinaire du bord postérieur des premières assez forte, celui-
ci peu dilaté, leur deuxième nervure ayant deux rameaux avant l'angle de
l'aréole, le second et le troisième formant une aréole accessoire, secondes
n'ayant pas de frein sensible, deuxième nervure bifide vers l'extrémité, aréoles très-grandes et larges, dépassant le milieu de l'aile, rameau nervulaire
inséré au milieu de la nervule, troisième nervure, aux deux ailes, ayant ses
deux derniers rameaux éloignés l'un de l'autre; tarses courts, les antérieurs
un peu velus, tibias antérieurs ayant une épiphyse bien plus courte qu'eux,
les postérieurs munis d'éperons peu sensibles; abdomen un peu déprimé chez
le mâle à l'extrémité, plans, sans touffe de poils sensible.

Tête assez petite, front allongé par en bas, vertex et occiput grands, celui-
ci un peu élevé, un peu bossu, plis prothoraciques petits, comprimés, écartés l'un
de l'autre; mésothorax large, court, scapulas assez prolongées, obtuses, avec
un crochet prononcé; métathorax ayant les côtés assez larges avec la partie
moyenne aussi large que la pièce scutale qui est peu élevée, divisée par une
ligne enfoncée; abdomen peu épais ayant l'ouverture tympanique peu sensible, dernier segment beaucoup plus long que le précédent, plus court en
dessous, où il y a une impression, à bords unis, laissant voir la pince dont les
branches se croisent en se recourbant et sont saillantes, stylet simple, courbé,
très-petit, pointu, formant avec la double pointe courbée qui part de sa base
et qui l'égale, une sorte de pince; pénis bordé d'un côté d'une série
d'épines, partie valvaire entourée d'un bord élevé, surtout par en dessous,

angle et la dent ordinaire très-prononcés, deuxième nervure
ayant trois rameaux dont le premier éloigné de l'angle de

Groupe du *Camelina*, L., *Cucullina*, Syst. Verz. Genre LOPHOPTERYX, Stephens.

Il est à peine caractérisé et n'offre guère que des différences spécifiques; le *Cucullina* a les antennes un peu bipectinées et le thorax présente une touffe de poils redressés et très-élevée, les ailes ne sont pas anguleuses, les aréoles des inférieures sont plus courtes, leur angle anal non saillant, la troisième nervure n'a pas son dernier rameau éloigné du précédent, le frein est sensible; l'occiput est moins saillant, les côtés du métathorax ont la pièce scutale plus grande et la partie médiane plus étroite, surtout chez le *Cucullina* où l'ouverture tympanique est presque nulle; chez le *Camelina* femelle, le deuxième segment abdominal est très-développé en-dessus et sur les côtés, tandis que le premier se trouve très-étroit; l'extrémité anale présente, en dessous des parties vulvaires, une plaque épaisse, renflée en avant, dilatée à ses angles qui sont arrondis, surmontée d'une autre plus petite, échancrée, bifide.

Groupe du *Dictæa*, L. Genre LEIOCAMPA, Stephens.

Antennes bipectinées chez le mâle, bidenticulées chez la femelle, à dents peu serrées, ayant le premier article renflé, palpes petits; plis prothoraciques assez grands, un peu écartés l'un de l'autre, thorax court, presque lisse, poils de la partie postérieure coupés en brosse en arrière et un peu élevés, ceux des scapules peu allongés; ailes à peine sinuées, allongées au sommet, les premières dilatées et arrondies dans la moitié interne du bord postérieur, évidées à l'externe avec le même angle un peu saillant et la dent ordinaire peu forte, deuxième nervure ayant trois rameaux dont un seul avant l'angle antérieur de l'aréole qui est très-saillant, les secondes un peu sinuées avant l'angle anal qui est un peu saillant et taché de noir, deuxième nervure bifide avant l'extrémité, aréole large, rameau nervulaire, aux deux ailes, s'insérant très-peu en avant du milieu; pattes peu longues, les antérieures très-garnies de poils avec le tarse un peu velu, épiphyse assez grande, plus courte que le tibia, s'insérant près de la base. Abdomen grêle, long, avec l'extrémité épaisse dans les deux sexes, sans touffe de poils latéraux chez le mâle.

Tête assez large, yeux gros, front étroit vers la bouche, prolongé par en bas, vertex rétréci en avant; thorax peu épais; scapules assez prolongées en arrière, courbées, obtuses, carénées en dessus avec un crochet assez fort, pièce axillaire très-élargie par en bas, la sous-axillaire très-rétrécie par la pièce cunéique qui s'avance profondément en formant un triangle, épimère bien plus large que la hanche; scutellum large, épais, un peu en pointe en arrière; métathorax ayant les côtés peu larges en dessus, avec la marge antérieure étroite, un peu élargie en dehors, la partie moyenne étroite,

l'aréole, le second naissant d'un petit tronc commun avec le
troisième, se ramifiant trois fois, à ramuscules divergents, ner-

---

tement, en dehors, un angle saillant, un peu appuyée sur la pièce
centrale qui est grande, saillante, ovalaire; scutellum allongé en travers,
linéaire, un peu courbé, ayant ses côtés un peu élevés et épaissis. Abdomen
peu épais, plus long chez la femelle, division externe du premier anneau
supérieur relevée en un bord qui contribue à former la cavité tympanique,
celle-ci peu prononcée, huitième segment allongé en dessus, coupé carrément, simple à son bord, fortement échancré en dessous, stylet large, courbé,
rabattu sur la pince, dilaté à l'extrémité qui est échancrée, émettant de sa
base, en dedans, deux appendices assez longs, contigus, branches de la pince
courtes, tronquées, denticulées, saillantes en dedans, pénis muni de deux
longues épines en forme de fourche; dernier segment, chez la femelle, long en
dessus, à bord uni, partie vulvaire entourée d'une bordure coriace, frangée,
échancrée en dessous. Chenilles glabres, longues, lisses avec le pénultième
segment bossu, vivant sur le *peuplier* et le *bouleau*, formant une toile ou
coque lâche; chrysalide un peu rugueuse, assez épaisse, obtuse à l'extrémité qui présente une saillie munie de petites pointes crochues.

Groupe du *Tritophus*. Genre NOTODONTA, Ochsenheimer.

Antennes bipectinées chez le mâle, presque nues à l'extrémité, filiformes
chez la femelle, palpes petits, dépassant un peu le bord du front, grêles,
hérissés, spiritrompe incomplète; stemmates peu visibles; thorax assez
épais, à peu près uni; pattes antérieures recouvertes de poils serrés jusque
sur le tarse; ailes à peine denticulées, les supérieures assez grandes, dilatées
au bord postérieur, avec la dent ordinaire forte; inférieures médiocres, un peu
arrondies, ayant un frein prononcé avec l'angle anal à peine saillant, un peu
taché de noir; abdomen aussi large que le thorax chez le mâle, ayant parfois
le deuxième segment un peu saillant sur le côté, obtus à l'extrémité qui est
large, déprimée, cavité tympanique peu sensible. Chenilles ayant plusieurs
segments bossus et le pénultième; vivant sur les arbres (*chêne, peuplier,
saule*), faisant une toile entre les feuilles ou les débris, produisant une chrysalide épaisse, obtuse à l'extrémité qui est munie de petites pointes
crochues.

Côtés du métathorax ayant la marge antérieure puis postérieure assez large,
la partie moyenne creusée en gouttière, s'avançant un peu sur la pièce
scutale qui est saillante, assez grosse; ici s'ajoutent les *Zizac*, L. *Torva*, Hübner, *Dromedarius*, L.

Groupe du *Tritula*, Syst. verz. Genre PTILODES, Stephens.

Différant surtout des précédents par sa larve; ailes assez grandes, les
premières dilatées à la partie interne du bord postérieur, et les secondes un

*cule presque nulle dans son milieu; secondes ailes assez larges,
arrondies, première et seconde nervure se touchant avant leur*

---

peu au bord postérieur, n'ayant pas de lunule discoïdale ni de tache à l'angle
anal, stemmates sensibles; plis prothoraciques saillants en dedans et en
avant, échancrés; premier arceau supérieur de l'abdomen très-rétréci en
avant dans sa partie moyenne, deuxième saillant sur le côté, plus large que
le thorax.

Chenille non bossue, déprimée et élargie à sa partie antérieure, qu'elle
tient élevée pendant le repos, presque renflée dans son milieu, atténuée à
l'extrémité; vivant sur le *chêne*, formant une toile lâche au milieu des débris
et produisant une chrysalide épaisse, allongée, rugueuse, obtuse à ses extrémités qui sont lisses, sans pointe ni rugosités.

Groupe du *Velitaris*, Hufnagel; genre DASYCHIRA, Duponchel.

Antennes bipectinées jusqu'au bout chez le mâle, filiformes chez la femelle;
palpes dépassant à peine le bord du front, velus hérissés, spiritrompe presque
nulle, stemmates un peu visibles; thorax ayant une touffe élevée, médiane et
postérieure, et la masse velue des scapules, grande, élevée en arrière; pattes
ayant les cuisses et les tibias très-velus, les postérieures avec les deux paires
d'éperons assez fortes, égales, un peu éloignées l'une de l'autre; ailes entières
courtes, ayant les franges larges et les aréoles grandes, bord postérieur un
peu dilaté avant la base et la dent ordinaire assez marquée; inférieures sans
tache discoïdale ni anale; abdomen un peu déprimé à l'extrémité chez le
mâle, muni d'une touffe de poils courte, géminée; plis prothoraciques petits,
peu saillants, un peu distants l'un de l'autre; scapule assez large à la base et
prolongée, très-obtuse, avec un crochet terminé en pointe mince; deuxième
segment abdominal chez la femelle un peu renflé sur le côté, dernier chez le
mâle assez allongé avec l'arceau supérieur simple à bord uni, l'inférieur formant une plaque écailleuse échancrée, pièces génitales peu saillantes, stylet
simple, étroit, sinué, ayant en dedans, à la base, une double tige recourbée
vers lui, branches de la pince prolongées en dedans au sommet ou sous le
stylet, aiguisées, pénis non épineux, ayant en dessous une lame écailleuse
plus ou moins saillante; chenilles allongées, atténuées, sans bosses; il comprend le *Melagona*, Borkhausen. Ce groupe diffère peu du précédent et du suivant.

Groupe du *Bicoloria*, Syst. Verz. Genre MICRODONTA, Duponchel.

Antennes bidenticulées, ciliées chez le mâle, filiformes chez la femelle,
palpes droits, grêles, aigus, peu velus, dépassant peu le front, spiritrompe
incomplète; thorax recouvert de poils mous peu épais, très-hérissés, divariqués
et allongés sur la scapule et un peu sur le milieu en arrière, et formant des
touffes élevées; ailes courtes, entières, les secondes arrondies, ayant un frein peu

milieu, puis divergentes, aréole très-large aux deux ailes, ner-
vule très-mince, ainsi que le rameau nervulaire qui s'insère en

fort et l'angle anal non inclus; leur deuxième nervure bifide à l'extrémité, les premières dilatées et arrondies au bord postérieur, ayant la base, ayant une dent peu prononcée, leur deuxième nervure donnant trois rameaux dont le deuxième fait partie un peu avant l'angle de l'aréole, formant avec le troisième une aréole accessoire étroite, allongée, aréoles discoïdales très-larges, ayant l'angle postérieur plus allongé sur les deux ailes, rameau nervulaire s'insérant en avant du milieu; pattes couvertes de poils peu serrés, avec l'épiphyse plus courte que le tibia et les deux paires postérieures d'éperons assez forts, mucronés, onglets placés sur une base large, ayant une denteture; abdomen peu épais, peu velu, son rétréci à son premier segment, dont le lobe latéral de l'arceau supérieur est disposé en un bord faisant partie du tympanum, celui-ci peu ouvert, deuxième segment peu rimelé sur les côtés.

Tête ayant le vertex et l'occiput élevés, bossus; plis prothoraciques très-comprimés; mésothorax court, scapules très-courtes, ayant un crochet peu sensible, pièce axillaire claricle par en bas la sousaxillaire très-étroite, épimère à peine plus large que la hanche; dernier segment abdominal assez long, ayant, chez le mâle, l'arceau inférieur débarcé avec une impression, tranches de la pince larges, dilatées par en haut, obtuses au sommet qui est un peu recourbé au dedans, émettant de leur face interne une lame (stylet) d'abord très-large, puis rétrécie et dirigée sous le stylet, celui-ci étroit, abaissé, échancré par en dessous à l'extrémité qui est courbée, envoyant de sa base, en dedans, deux tiges presque contiguës, fléchies par en haut; pénis très-large, évasé inférieurement; femelle ayant le dernier segment très-long, simple à son bord libre qui est sinué et très-rétréci, partie valvaire allongée, étroite, entourée d'un bord peu élevé, échancré en haut, plus saillant et arrondi par en bas.

Groupe du *Chaonia*, Syst. Verz. Genre DRYMONIA, H. Schæffer.

Peu distinct des genres *Drymonia* et *Notodonta*; antennes un peu plus bipectinées, leur premier article très-renflé; tibias et tarses très-velus; épiphyse large, un peu contournée en dehors, plus courte que le tibia; thorax à peu près uni, ailes un peu allongées au sommet, ayant les franges larges avec le bord postérieur un peu dilaté et arrondi avant la base, dent ordinaire très-petite ou presque nulle, aréoles larges, rameau nervulaire très-mince, surtout aux inférieures où la deuxième nervure se bifurque vers l'extrémité; abdomen lisse, peu velu même à l'extrémité.

Front large, vertex et occiput un peu prolongés en arrière, sommités assez visibles; plis prothoraciques assez grands, non bossus; scapules allongées, sinuées, avec un crochet fort, mésothorax ayant le scutum échancré en avant.

avant du milieu. Abdomen ayant une double touffe en dessus à la base, et une autre, chez le mâle, à l'extrémité, divisée en

---

laissant voir le prescutum, scutellum large, arrondi en avant, un peu aigu en arrière; métathorax ayant les côtés peu larges, la marge antérieure pulvérulente, élargie en dehors, la partie moyenne très-étroite, un peu saillante en dehors, et la pièce scutale grosse, large, élevée; premier arceau abdominal en dessous, beaucoup plus court que le suivant, qui est grand, renflé sur les côtés et en dessous chez le mâle, tympanum peu sensible, dernier segment très-long, surtout en dessous, où il forme, chez le mâle, une plaque à bord épaissi ou échancré, pièces génitales variables, pince à branches saillantes dont l'extrémité est spatulée ou même cornue. Les *Querna*, Syst. Verz., et *Dodonæa*, Syst. Verz., font partie de ce groupe.

Groupe du *Cremula*, Esper, Genre CHAONIA, H. Schæffer, qui a rejeté le mot ridicule de *Glaphisia*.

Antennes fortement bipectinées jusqu'au bout chez le mâle, avec les dernières dents assez longues, peu chez la femelle, palpes très-petits et grêles, velus, spiritrompe presque nulle; thorax très-couvert de poils touffus; pattes assez courtes, très-velues, les premières l'étant un peu sur le tarse, onglets placés sur une base large avec une pelote grande; ailes courtes, assez larges, les supérieures un peu dilatées au bord postérieur qui est un peu arrondi avant la base, avec la dent ordinaire nulle, aréoles grandes, celles des premières ayant l'angle antérieur plus long, nervules des secondes formant un angle rentrant, rameau huméral bien plus faible que les autres, deuxième nervure labile vers l'extrémité.

Tête un peu comprimée, front très-large par en haut, étendu, premier article des antennes très-renflé en arrière, stemmates sensibles, occiput un peu prolongé; prothorax très-court ayant les plis à peine saillants, petits, comprimés, écartés l'un de l'autre; mésothorax court, son scutum ayant en avant un sillon qui sépare deux parties élevées, scutellum arrondi en avant échancrant peu le scutum, son angle postérieur un peu plus saillant, épimère plus large que la hanche; métathorax saillant en dessus, ayant ses côtés presque réduits à la marge antérieure pulvérulente, la partie moyenne seulement sensible dans un petit point saillant en dehors, pièce scutale grande, subtriangulaire, élevée, le scutellum peu oblitéré en travers, évidé en avant, linéaire; abdomen assez épais, court, intra-latéral du premier arceau supérieur un peu renflé, ouvert en avant en un bord mince, arrondi, excisé en forme de rapaule au fond de laquelle se voit le premier stigmate abdominal, formant en grande partie le tympanum qui est assez sensible (presque comme dans le *Plumigera*), deuxième segment dilaté sur les côtés, surtout chez la femelle, et l'arceau supérieur très-étendu, saillant aussi en dessous, dernier segment, chez le mâle, rétréci, redressé en dessus, où il s'appuie sur le stylet coupé

*deux parties divergentes, côtés ayant aussi des petites touffes ;
pattes antérieures non velues sur les tarses.*

Front n'étant pas très-allongé, vertex et occiput un peu
bossus, plis prothoraciques courts, comprimés, petits, un peu
écartés l'un de l'autre, scapule ayant un crochet allongé, presque aigu, épimère moyen à peine plus large que la hanche ;
côtés du métathorax, en dessus, assez larges, partie moyenne
aussi large que l'antérieure, un peu saillante en dehors, peu
déprimée, s'appuyant en arrière sur la pièce scutale qui est
petite, étroite, peu élevée, épimère presque aussi large que la
hanche à sa base.

Abdomen peu épais, rétréci à son attache, premier arceau
supérieur large, peu rétréci en avant, déclive, bien plus court
que le suivant, lobe externe un peu évasé pour former le tympanum, qui est peu prononcé, le segment suivant un peu dilaté,
surtout à sa partie latérale, son arceau inférieur très-large,
évasé, huitième segment, chez le mâle, en forme de gueule,
bifide par en haut ou formant deux angles, plus court par en
bas, laissant voir le stylet qui est saillant, courbé au devant
de son ouverture, épais, étroit, étranglé après sa base qui est
large, puis renflé en dessous à son sommet, terminé par
une petite pointe tournée en dedans, émettant en dessous de sa
base une double pièce large, subtriangulaire, pincée allongée,
étroite, simple, munie inférieurement, de chaque côté, d'un long
style filiforme, pointu, courbé par en haut ; dernier segment,

<hr>

obliquement, stylet grand, saillant, courbé, étroit vers la base, puis dilaté,
presque arrondi, profondément échancré, excavé en dessous, un peu bossu
en dessus, émettant de sa base, en dessous, une seule tige grêle, menue,
longue, un peu courbée par en haut, naissant de la largeur de sa base ;
pince courte, large à la base, membraneuse, triangulaire, terminée en pointe
avec le bord supérieur solide, épaissi, arrondi ; pénis cylindrique, mince,
muni d'une petite épine ; dernier segment chez la femelle simple à son bord ;
pièce vulvaire grande, allongée, entourée d'un bord épais, arrondi, non
élevé.

Chenilles assez minces, sans bosse, vivant sur le *peuplier*, se métamorphosant entre les feuilles ou les débris. *Glyphidia crenata.*

chez la femelle, formant une ouverture arrondie contenant la
partie vulvaire, qui est large, tomenteuse, à pièces contiguës,
pointues au sommet.

Ce n'est qu'avec doute que nous indiquons cette espèce du
midi de l'Espagne, d'après une chenille de Notodonte trouvée
par M. Staudinger, mais qu'il n'a pas décrite, et comme étant
assez commune dans le midi de la France.

SPATALIA ARGENTINA. *Syst. Verz.*

GROUPE DU *Palpina.* — GENRE **PTEROSTOMA**, *Germar.*

*Antennes des mâles fortement bipectinées, peu chez la femelle,
touffe de la base peu visible, poils de la tête formant une touffe
avancée, palpes redressés, très-longs, très-comprimés, élargis par
des poils serrés, en forme de plume, spiritrompe un peu sensible,
roulée, stemmates nuls; plis prothoraciques petits, comprimés, un peu saillants et épaissis en dehors, écartés l'un de
l'autre; poils du thorax formant trois touffes dressées, comprimées, laissant entre elles deux profondes dépressions, et un
angle sur la base de l'aile; scapules couvertes de poils très-longs,
non relevés; ailes supérieures dentées, avec l'angle postérieur
et surtout la dent ordinaire très-grands, très-larges, deuxième
nervure ayant quatre rameaux dont deux avant l'angle
de l'aréole, le deuxième et le troisième formant une aréole
accessoire petite, étroite, troisième ayant ses deux derniers
rameaux assez éloignés l'un de l'autre sur les deux ailes;
inférieures larges, peu dentées, un peu aiguës au sommet, leur
aréole longue avec l'angle postérieur prolongé, les nervules
formant une courbe, rameau nervulaire s'insérant très-peu en
avant du milieu; ailes au repos en toit très-abaissé; pattes
courtes, revêtues de poils peu longs, épiphyse longue un peu
tournée en dehors, dépassant le tibia, surtout chez le mâle,
éperons des tibias postérieurs longs, aigus; abdomen dépassant
les ailes inférieures dans le repos, très-grêle chez le mâle et
terminé par deux touffes longues de poils serrés, laissant entre
elles, à leur base, une dépression en gouttière.*

Tête large, un peu prolongée en arrière, front assez court, convexe ; prothorax très-court, mésothorax peu épais, un peu échancré en avant, son scutellum grand, obtus en avant et en arrière, épimère à peine aussi large que la hanche ; métathorax assez large sur les côtés en dessus, dont la marge antérieure pulvérulente est de la même largeur dans sa longueur, la partie moyenne assez étroite, excavée, s'avançant un peu sur la pièce scutale qui est développée et renflée, son scutellum assez étroit et épais, épimère beaucoup plus étroit que la hanche.

Abdomen à peine dilaté sur les côtés du deuxième segment, arceau supérieur du premier très-étroit en avant où la rainure est très-large, sa division externe formant une cuvette à bord élevé qui constitue en grande partie l'ouverture tympanique ; très-long et grêle chez le mâle, où le dernier segment est en forme de gueule, stylet divisé dès la base en deux branches ouvertes, courbées, cette même base se continuant par en dessous en deux branches presque semblables, pince assez large, obtuse à l'extrémité, en partie membraneuse, repliée en dedans par en dessous à son bord interne en un lobe étroit, écailleux, un peu épineux, pénis ayant en dessous une lame courbée ; partie vulvaire de la femelle étranglée avant son sommet.

Chenille longue, rugueuse ou granuleuse, sans bosses, entrant en terre pour faire sa coque, produisant une chrysalide allongée, un peu rugueuse, terminée par une pointe striée, obtuse, munie de plusieurs épines crochues, courtes.

PTEROSTOMA PALPINA, Linné.

Sepp, 1, tab. 4.

Habite les environs de Malaga. La longueur des palpes nous semble plutôt un fait insolite qu'un caractère stable.

FIN DE LA PREMIÈRE PARTIE.

TABLEAU

DES TRIBUS, FAMILLES, GENRES ET ESPÈCES* CONTENUS
DANS CETTE PREMIÈRE PARTIE.

Première Division. DIURNES. RHOPALOCÈRES.

Tribus, Familles.	pages.	Genres.	pages.	Espèces.	pages.
PAPILIONIENS	1				
NYMPHALIDES	2	MÉLITÉA	3	Desfontainii	10
				*Bætica	11
		ARGYNNIS	12	Aglaïa	13
		VANESSA	13	Cardui	15
		LIMENITIS	14	Camilla	
		CHARAXES	17	Jasius	
APATURIDES	17	APATURA	18		
SATYRIDES	18	ARGE	19	Ines	21
		PARARGA	21	Megæra	22
		HIPPARCHIA	22	Eudora	23
		CŒNONYMPHA	23	Dorus	24
		EREBIA	24	Tyndarus	—
		SATYRUS	25	Hippolyte	26
				Podarce	28
LIBYTHÉIDES	28	LIBYTHEA	29	Celtis	29
ERYCINIDES	30	NEMEOBIUS	30	Lucina	30
LYCÉNIDES	—	THECLA	31	Ilicis	32
		*LÆOSOPIS	32	Roboris	33
		*TOMARES	—	Ballus	34
		POLYOMMATUS	34	Gordius	35
		LYCÆNA	35	*Hypochiona	—
				*Idas	38
				*Hesperica	40
PIÉRIDES	44	RHODOCERA	46	Cleopatra	46
		COLIAS	47	Hyale	48
		LEUCOPHASIA	48	Sinapis	49
		*ZEGRIS	49	Euphene	50
		ANTHOCHARIS	50	Tagis	51
		PIERIS	52	Brassicæ	54

----

* Les noms de genre et d'espèce, marqués d'un astérisque, sont ceux qui ont été donnés par nous.

Deuxième Division. CRÉPUSCULAIRES. CLOSTEROCÈRES.

Troisième Division. NOCTUNES. CHÉTOCÈRES.

FIN DU TABLEAU DE LA PREMIÈRE PARTIE.

ERRATA MAJORA et ADDENDA

PREMIÈRE LIVRAISON.

Page 17, Genre *Papilio*. Nous avons commis une erreur en écrivant : il se distingue de tous les précédents par la présence de l'épiphyse tibiale; cette épiphyse est sensible dans toutes les espèces de la famille des Papilionides, du moins chez les européennes.

Page 84, ligne 22, *Euydryas Maturna*. D'après l'envoi qui nous a été fait par M. Lederer, de l'individu pris par lui dans les montagnes de la Sierra-de-Ronda, et qui avait été rapporté par M. H. Schueller à la *Marloyi*, nous avons acquis la certitude qu'il est bien l'*E. rerratus*.

DEUXIÈME LIVRAISON.

— 99, (note) ligne 4, *au lieu de* : il s'avance de, *lisez* : il s'allonge de.
— 101, — 4, — celui-ci étroit, presque linéaire ou un peu, *lisez* : celui-ci étroit, presque linéaire en travers, un peu.
— 103, — 4, — alabominal, *lisez* : alabominal.
— 106, (note) — 3, — celle-ci, *lisez* : celle-ci.
— 107, (note) — 5, — à peine sensible, *lisez* : à peine sensible.
— 108, (note) — 8, 10, 13 — pièce sternale, *lisez* : pièce scutale. — fosse sternale postérieure, — fosse scutale postérieure. — sternale antérieure, — scutale antérieure.
— 127, (note) — 30, — le supérieur, *lisez* : l'inférieur.
— 157, — 5, — cavité buccale, *lisez* : fosse labiale.
— 165, — 2, (*Zygaena*); il en est qui se meurent dès la fin de mai (*Achilleae*), *ajoutez* : cette espèce, se trouvant aussi en Touraine, sur des côteaux arides, dans le mois d'août, doit paraître deux fois.
— 172, (note) — 40, *au lieu de* : du, *lisez* : de. — étiquite, *lisez* : étiquote.
— 203, ETHOSIA RUBESCEATA'; après la citation d'Hubner, *ajoutez* : Cat. Syst. Lep. Ani. pl. II, fig. 1.
— 204, (note) — 32, *au lieu de* : Ruficolis, *lisez* : Rubricollis.
— 206, — 4, — antérieures, *lisez* : antérieurs.
— 207, — 1, — dont le bord est costal elliptique, *lisez* : dont le bord costal est elliptique.

ERRATA

Page 219, (note) ligne 1, au lieu de : l'Ilam, lisez : de l'Ilard et
—   226, (note) —   7, —   nombre en dehors, lisez : nombre en dehors.
—   246, (note) — 14, —   l'Ilybeu Maltner, lisez : l'Ilybris.
—   248, (note) — 15, —   Partula, Charpentier, lisez : Cuvier. Il
                            ainsi que page 260, lignes 9,12, et note,
                            ligne 19. Nous avons été induit en
                            erreur par le catalogue de M. Klau-
                            diuer, cette partie des supplements
                            à Paper, faits par Charpentier, n'a pas
                            paru avant 1803

—   267, (note) — 17, —   Lelia, lisez : Lælia.
—   268, (note) — 15, —   Lilia cornea, lisez : Lælia cornea
—   272, (note) — 24, —   crisseux de la quatrième, lisez : crisseux
                            de la troisième.
—   304, (note) — 17, —   probablement, lisez : probablement.
—   323,   — 13, —   pince sternale courte, lisez : pince pectorale
                            courte.
—   380, après le genre Cylyocara, ajoutez : Stephini.
—   382, ligne 31, au lieu de : pièce aliaire, lisez : pièce scutale
—   393,   —   1, —   pièce alaire, lisez : pièce scutale.

Pl. 8, fig. 4, et pl. 14, fig. 1, 2, au lieu de : Amycterapis Iliolt, lisez : Achmotrapis
Iliolt.

Pl. 21, fig. 8, au lieu de : Constantin, lisez : Caryocapsa, Nobis.